MATLAB 程式設計實務

鄭錦聰 編著

 全華圖書股份有限公司

商標聲明

■ Matlab 是 MathWorks 公司的註冊商標。

■ 書中引用之 Matlab 商標、商品名稱、英文註解著作權均屬於 MathWorks 公司，本書僅為介紹用。

序

　　Matlab 具有強大的數值運算能力、最佳化分析、圖形處理能力、資料統計與大數據分析及豐富的智慧型分析工具，有關這些強大的功能包含內建超過 650 種數學、科學及工程分析函式，並有互動式的編輯器/除錯器，且支援多維陣列、提供使用者可自訂結構及物件等資料型態，同時可延伸至 C、C++、ActiveX 及 DDE 環境，若再搭配合 Matlab 相關工具箱，非常方便協助電資相關系所學生進行數值分析、資料視覺化、工程計算、快速開發應用及人工智慧、深度學習與電腦視覺應用之分析程式開發，同時可方便研究學者在 Matlab 環境下開發新的程式與模型等；在強大之數值分析與最佳化分析的架構下，可達到大幅縮短分析時間及寫出便利好用的分析軟體。期望本書可增進各科系學生在分析程式設計能力有所增進。

　　本書之編書理念以大量例子來進行說明，方便讀者快速明瞭 Matlab 程式設計之觀念，本書共分為十七章和七個附錄，其內容分別如下：

第一章　　基本 Matlab 摘要。

第二章　　Matlab 環境介紹。

第三章　　基本指令及符號介紹。

第四章　　矩陣和陣列(向量)之介紹。

第五章　　函數指令的介紹。

第六章　　流程控制指令。

第七章　　一般程式和函數的介紹。

第八章　　繪圖。

第九章　　Matlab 的線性代數之計算與應用。

第十章　　多項式處理及曲線近似。

第十一章 符號數學。

第十二章 微分積分的數值解。

第十三章 GUI 程式設計。

第十四章 Simulink 之介紹與應用。

第十五章 控制系統程式設計。

第十六章 線性規劃與非線性規劃計算。

第十七章 演算法實現使用 Matlab。

附錄 A 　除錯器之使用。

附錄 B 　繪圖指令之參數資料。

附錄 C 　文字檔輸入輸出之操作的說明。

附錄 D 　過去 Matlab 版本操作環境介紹。

　　本書除了針對 Matlab 基本指令加以說明外，這些內容分別安排在第二章到第八章及所有附錄中，同時亦簡要的把 Matlab 指令摘要寫於本書第一章中，方便讀者快速複習 Matlab 之內容。其次針對分析程式設計之常用工具-線性代數、多項式處理及曲線近似、符號數學、資料分析、微分積分的數值解、線性規劃與非線性規劃計算、GUI 程式設計、控制系統程式設計、Simulink 之介紹與應用及演算法實現之實務程式設計功能加以說明，以方便讀者瞭解 Matlab 程式設計實務及進行一些高階分析程式設計之基礎。因此，本書之設計可當作一學期的程式設計課程或控制系統實習之使用。筆者們相信只要讀者熟讀本書的內容及練習本書中的大量電資領域的例子，可以很方便的把 Matlab 應用至工程系統與控制系統之程式開發與計算。最後筆者們分別要感謝家人之協助與支持，本書始能如期完成。然由於 Matlab 這套軟體功能甚大，筆者們才疏學淺，如有疵誤之處，尚祈諸先進不吝指正。

鄭錦聰

於國立虎尾科技大學

編輯部序

　　「系統編輯」是我們的編輯方針，我們所提供給您的，絕不只是一本書，而是關於這門學問的所有知識，它們由淺入深，循序漸進。

　　本書除了針對 Matlab 基本指令加以說明外，同時亦把 Matlab 指令摘要列出，以方便讀者快速複習 Matlab 的內容，並以大量例子來說明 Matlab 程式設計觀念。本書對於分析程式設計常用工具-線性代數、多項式處理及曲線近似、符號數學、微分積分的數值解、線性規劃與非線性規劃計算、GUI 程式設計、控制系統程式設計、Simulink 之介紹與應用及演算法實現實務程式設計功能加以說明，使讀者建立對於 Matlab 程式設計實務及進行一些高階分析程式設計基礎。相信只要熟讀本書的內容及練習本書中的大量電資領域的例子，即可把 Matlab 應用至工程系統與控制系統之程式開發與計算。本書適合大學、科大資工、電子、電機系「MATLAB 程式設計」、「MATLAB 程式應用」及「數值分析」課程，以及從事相關技術的人員參考。

　　同時，為了使您能有系統且循序漸進研習相關方面的叢書，我們以流程圖方式，列出各有關圖書的閱讀順序，以減少您研習此門學問的摸索時間，並能對這門學問有完整的知識。若您在這方面有任何問題，歡迎來函連繫，我們將竭誠為您服務。

相關叢書介紹

書號：06303
書名：微積分
編著：楊壬孝.蔡天鉞.張毓麟
　　　李善文.蔡　杰.蕭育玲

書號：05596
書名：微積分
編著：黃學亮

書號：05870
書名：MATLAB 程式設計－基礎篇
　　　(附範例、程式光碟)
編著：葉倍宏

書號：18019
書名：MATLAB 程式設計與應用
編譯：沈志忠

書號：03238
書名：控制系統設計與模擬－使用
　　　MATLAB/SIMULINK
　　　(附範例光碟)
編著：李宜達

書號：06472
書名：MATLAB 程式設計入門
　　　(附範例光碟)
編著：余建政.林水春

書號：06442
書名：深度學習－從入門到實戰
　　　(使用 MATLAB)
　　　(附範例光碟)
編著：郭至恩

流程圖

書號：06303
書名：微積分
編譯：楊壬孝.蔡天鉞.張毓麟
　　　李善文.蔡　杰.蕭育玲

書號：06358
書名：微積分
編著：王心德.李正雄.張高華

書號：06237
書名：工程數學
編著：姚賀騰

書號：05870
書名：MATLAB 程式設計－
　　　基礎篇
　　　(附範例、程式光碟)
編著：葉倍宏

書號：05919057
書名：MATLAB 程式設計實
　　　務(第六版)
　　　(附範例光碟)
編著：鄭錦聰

書號：06472
書名：MATLAB 程式設計
　　　入門(附範例光碟)
編著：余建政.林水春

書號：06442
書名：深度學習－
　　　從入門到實戰(使用
　　　MATLAB)(附範例
　　　光碟)
編著：郭至恩

書號：03238
書名：控制系統設計與模
　　　擬－使用 MATLAB
　　　/SIMULINK
　　　(附範例光碟)
編著：李宜達

書號：18019
書名：MATLAB 程式設計
　　　與應用
編譯：沈志忠

目　錄

第五章　函數指令的介紹

第六章　流程控制指令

第七章　一般程式和函數的介紹

CONTENTS

第十六章 線性規劃與非線性規劃計算

第十七章 演算法實現使用 Matlab

附錄 A 除錯器之使用方式

附錄 B 基本繪圖資料

附錄 C 文字檔輸入輸出之操作的說明

附錄 D 過去 Matlab 版本操作環境介紹

《 第十五～十七章及附錄 A~附錄 D 皆放於附書光碟中 》

CONTENTS

第一章

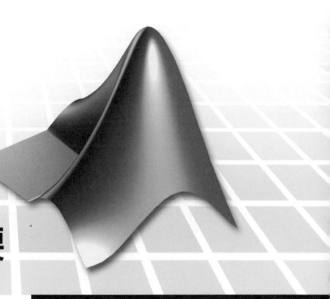

基本 **Matlab** 摘要

 簡　介

　　Matlab 對電機、電子、控制、通信及資訊人員而言,是一個非常方便而且實用的軟體,由於其涵蓋面甚廣,而且採用直譯執行指令的方式,所以使用起來特別的方便順手,若要寫程式亦很方便,只要用程式編輯器把這些直譯指令匯整成.M 檔即可。此外,由於 Matlab 之原始碼的開放性與函數設計之簡捷性,因此也很適合由使用者自行發展新函數加入這套軟體之中,使得您的 Matlab 之功能更為強大。另外有關圖形介面的處理亦是很方便的,只要您把資料載入系統中,即可進行圖形顯示,所以說 Matlab 亦可當作簡單的圖形顯示軟體使用,同時也很方便進行視窗程式介面的設計,快速改善人機操作介面。另外 Matlab 尚擁有不少的工具盒與工具夾,同時提供許多特殊運算給不同領域之使用,只要讀者屬於該領域者,自然就會使用該工具盒所提供的方便功能。一般而言 Matlab 的各版本之基本指令的變化不算太大,但是指令則越來越多,然而指令的方便度也隨著程式設計之提昇而大大的提高,因此若要把 Matlab 表達的很完整就顯得比以前複雜許多,然而在使用上及應用上 Matlab 就顯得越來越方便,計算能力也變得越來越強,甚至連 C 程式設計、C++程式設計、Java 程式設計及 Perl 程式設計的一些語法及結構亦被引入 Matlab 中,使得早期只是針對控制領域中的矩陣計算軟體功能變得非常適合一般性的程式開發與應用,只要是工程人員,此軟體皆可適當的提供些許多計算功能的幫助。

※ Matlab 的發展歷史

時　間	版　本
1985	Matlab 1.0
1986	Matlab 2.0(含 Control Toolbox)
1988	Matlab 3.0
1993	Matlab 4.0(Simulink 1.0)
1994	Matlab 4.1(Simulink 2.0)
1997	Matlab 5.0(Simulink 3.0)
1998	Matlab 5.1
2000	Matlab 6.0(Simulink 4.0)
2002	Matlab 6.5(Simulink 5.0)
2004	Matlab 7.0(Simulink 6.0)
2005	Matlab 7.1(Simulink 6.3)
2006	Matlab 7.2(Simulink 6.4)
2007	Matlab 7.4(Simulink 7.0)
2008	Matlab 7.6(Simulink 7.1)
2009	Matlab 7.8(Simulink 7.3)
2010	Matlab 7.10(Simulink 7.5)
2011	Matlab 7.12(Simulink 7.7)

自 2012 年以後 Matlab 每年出二版，分別在 3-4 月出 a 版，8-9 月出 b 版，並冠上年代。另自 2012 b 版以後操作介面亦改成頁次標籤如圖 1-1 及圖 1-2。

圖 1.1　2012 b 版之頁次標籤

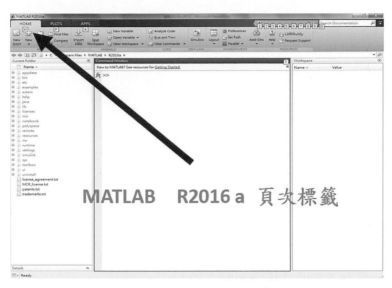

圖 1.2　2016 a 版之頁次標籤

　　目前 Matlab 亦引入物件導向程式設計方法，它使您能夠以程式方式定義物件的資料結構，這些物件資料結構將變數(屬性)與對變數及資料進行操作的函數(方法)結合在一起。在 Matlab 中，使用者可以用物件導向的關念創建對現實世界中的設備和系統的行為(屬性與方法)進行建模。然後，可以用這些物件去模擬和分析複雜系統的應用程式的構建。

※　Matlab 的組成關係

　　　　Matlab 除了系統本身外，尚有二個很重要的組成元素，一個是 Simulink，另一個是 Statefolw，同時亦包含有許多工具盒支援 Matlab 亦即 Toolbox。另外在 Simulink 下亦有許多工具盒的支援稱為 Simulink Blocksets。基本上 Matlab 功能會很強的原因是，系統本身提供許多強而方便的函數副程式，因此使用者在使用上就顯得格外輕鬆，另外一個讓 Matlab 更強的原因是，此軟體擁有非常多的工具盒和 Simulink Blocksets，使得 Matlab 在使用上更方便且有很強與廣泛的應用。

※　Matlab 的特性

Matlab 的主要特性有：

一、數值計算的功能：

矩陣的運算、分析。

線性代數的運算和求解。

微分方程式的求解及積分的運算。

稀疏矩陣的運算。

特殊函數的處理。

快速傅利葉轉換。

信號處理矩陣的運算。

資料的分析及統計的計算。

數值分析中的計算方法。

二、繪圖功能：

二維圖形的繪製。

三維圖形的繪製。

三維圖形的處理(含陰影、亮度)。

簡單的聲音和動畫處理。

影像處理。

三、程式語言功能：

流程控制指令(for，while，if，switch，try)。

除錯器的提供。

語言產生器。

字串的處理。

二進制資料的輸出入。

更接近 C 語法的程式設計。

可和許多程式語言相結合如 C、C++、Java、Excel、VB、Python 等。

四、繪圖界面(GUI)設計的功能：

下拉式功能表的設計。

各種按鈕的設計。

滑鼠的處理。

以程式設計之方式開發視窗界面以符合人機介面的環境。

以 builder 之方式開發視窗界面(guide)。

五、強大的工具盒：包括

控制系統(control system)。

模型預測控制。

強健控制(robust control)。

Model Predictive Control。

Model-Base Calibration。

儀表控制。

機器人系統。

財務金融(financial)。

財務金融(financial)。

經濟學。

貿易(trading)。

影像處理(image processing)。

影像擷取。

最佳化(optimization)。

Global 最佳化。

曲線近似。

電腦視覺。

信號處理。

數位信號處理。

Phased Array System。

符號運算(symbolic math)。

偏微分方程(patial differential equation)。

Wavelet。

HDL Coder。

統計與機器學習。

類神經網路(neural network)。

模糊邏輯(fuzzy logic)。

平行計算。

系統辨識(system identification)。

通信系統。

LTE。

RF。

Filter。

生物資訊。

模擬生物學。

資料擷取。

資料庫。

Datafeed。

WLAN 系統。

Aerospace。

天線(antenna)。

Audio System。

Mapping。

Fixed-Point Design。

車載網路等工具盒。

六、Matlab 擴展功能(Matlab extensions)：包括

Matlab Compiler。

Matlab Compiler SDK。

Matlab Coder。

Matlab Distributed Computing Server。

Matlab Report Generator。

七、Simulink 的支援包括

Simulink 的擴展：

Simulink 加速器。

Simulink Report Generator。

Real-Time Workshop。

Simulink Test。

Simulink Design Optimization。

Simulink 工具夾：

數位信號處理。

控制系統的設計。

Fixed-point。

電力系統。

通信系統。

狀態流程圖。

PLC 程式產生器

工具盒內較常用功能以 Simulink 元件呈現等工具夾。

八、目前 Matlab 可整合 Statistics and Machine Learning Toolbox、Optimization Toolbox、
Global Optimization Toolbox、 Deep Learning Toolbox、Text Analytics Toolbox、
Reinforcement Learning Toolbox、Image Processing Toolbox 及 Computer Vision
Toolbox 去設計人工智慧模型與人工智慧驅動的系統等人工智慧技術的開發。

※　基本概念和操作

命令或重呼先前之指令

↑　　　：此按鍵可呼叫以前之指令，往前找。

↓　　　：此按鍵可呼叫以前之指令，往後找。

%　　　：註解符號。

※　基本指令摘要

輸入一個簡單的矩陣之二種不同的方法：

```
A=[1 1 1 ; 2 2 2 ; 3 3 3]
A=[1 1 1
   2 2 2
   3 3 3]
```

在 Matlab 程式中，如何輸入變數和定義輸出顯示的格式，這些命令分別是 input, fprintf, menu 和 format。首先介紹 input 指令，使用格式如下：

a=input('要顯示的文字')

b=input('要顯示的文字' , 's')

menu('表單選項 1' , '表單選項 2' , …)

另外有關輸出格式的命令是 format 這個指令，其使用格式如下：

format short　　：用有效數字 5 位的方式來表示。

format short e　：用有效數字 5 位的浮點表示方式。

format long　　：用有效數字 15 位的方式來表示。

format long e　：用有效數字 15 位的浮點表示方式。

format hex　　：十六進制的表示方式。

另外有關輸出資料的命令

disp('所要顯示的字串')

fprintf

※　矩陣元素內容也可以用方程式表示

```
H=[-1.3  sqrt(3)  (1+2+3)*4/5]
```

※　運算符號

/　　：右除。

\　　：左除。

^　　：指數。

※ 複數元素及矩陣的表示

```
Z=3+4*i
Z=3+4*j
A=[1 2 ; 3 4] + i*[5 6 ; 7 8]
A=[1+5*i  2+6*i; 3+7*i  4+8*i]
```

複數矩陣運算例子

```
>> a=[1+i    i              :輸入一複數矩陣 a。
    0    1+5*i]
a =
   1.0000 + 1.0000i     0 + 1.0000i
        0          1.0000 + 5.0000i
>> b=[2*i   3*i           :輸入一複數矩陣 b。
    4    2+3*i]
b =
        0 + 2.0000i       0 + 3.0000i
   4.0000            2.0000 + 3.0000i
>> a*b                    :複數矩陣 a, b 相乘。
ans =
  -2.0000 + 6.0000i  -6.0000 + 5.0000i
   4.0000 +20.0000i -13.0000 +13.0000i
>> a
a =
   1.0000 + 1.0000i     0 + 1.0000i
        0          1.0000 + 5.0000i
>> det(a)                :複數矩陣 a 之行列式值。
ans =
  -4.0000 + 6.0000i
>> inv(a)                :複數矩陣 a 之反矩陣運算。
ans =
   0.5000 - 0.5000i  -0.1154 + 0.0769i
        0             0.0385 - 0.1923i
>> a*inv(a)
ans =
   1.0000                 0
1.0000 + 0.0000i
>> a=magic(3)             :3×3 魔術矩陣之產生。
```

```
a =
     8     1     6
     3     5     7
     4     9     2
>> b=[1  2  3]'              :向量轉置。
b =
     1
     2
     3
>> linsolve(a,b)            :更快速解線性方程組。
ans =
    0.0500
    0.3000
0.0500
```

※　離開系統和儲存工作空間

quit 或 exit

save　　　　　　　：會產生 mat 檔。

load　　　　　　　：載入資料至 Matlab。

save temp x　　　：會產生 temp.mat 存 x 變數的內容。

【註】　　在 Matlab 中並不須要做任何宣告變數的型態或其大小之動作。亦即當 Matlab 遇到新的變數名稱時，它會自動安排適當的記憶體位置，這和 C 語言不同，這類設計可讓 Matlab 寫起程式來很方便。

※　矩陣運算

B=A'　　　：轉置。

X'*Y　　　：轉置後相乘。

X=A\B　　：A*X=B。

X=B/A　　：X*A=B。

A^P　　　：矩數的指數次方。

※　矩陣函數

expm　　　：矩陣的指數次方。

logm　　　：矩陣的對數運算。

sqrtm　　　：矩陣的平方根。

poly　　　：特性多項式。

det   ：行列式值。

trace ：對角線和。

其他矩陣運算指令與矩陣函數指令，參本章常見 Matlab 指令索引，再配合 help 去查閱。

※ 基本邏輯運算符號

==   ：邏輯的等號。

~=   ：邏輯的不等號。

&   ：邏輯的 and。

| ：邏輯的 or。

~   ：邏輯的 not。

xor ：邏輯的 xor。

※ 基本邏輯運算指令

all   ：所有元素均為一是真。

any ：只要有元素為一即為真。

exist ：檢查變數檔案是否存在。

find ：顯示非零元素的索引。

finite ：元素有限即為是真。

isempty ：只要空矩陣即為是真。

isinf ：只要元素為無限大即為真。

isnan ：只要元素為非數值即為真。

其他邏輯運算指令，參本章常見 Matlab 指令索引，再配合 help 去查閱。

※ 元素的數學函數

abs, angle, sqrt, real, imag, conj, round, sign, floor, ceil, sign, rem, exp, log, log10, acos, acosh, asin asinh atan atan2 atanh, cos, cosh, fix, sin, sinh, tan, tanh, sec, csc, cot …

※ 特殊數學函數

bessel ：Bessel 函數。

beta ：Bata 函數。

betaln ：Bata 函數的對數。

ellipj ：Jacobi elliptic 函數。

gamma ：Gamma 函數。

gammainc ：不完全 Gamma 函數。

gammaln ：Gamma 函數的對數。

其他數學函數指令，參本章常見 Matlab 指令索引，再配合 help 去查閱。

※　一般向量

X=1:5

Y=0:Pi/4:Pi

Z=6:-1:1

※　子元素的指定及運算

A(3,3) = A(1,3) + B(3,1)

B(1:5, 3)

C(:, 3)

※　特殊矩陣

company, diag, hankel, …

※　公用矩陣

zeros, ones, rand, rands, eye, linspace, logspace, meshgrid, …

※　矩陣的管理

rot90, fliplr, diag, tril, triu, …

※　矩陣函數

[L U]=lu(a)　　：矩陣分解，定義 A=L*U。

[Q R]=qr(a)　　：正交因式化，定義 a=Q*R。

[U S V]=svd(a)：奇值分解，定義 a=U*S*V'。

[X D]=eig(a)　：特徵值和特徵向量。

cond　　　　　：矩陣條件數。

rank　　　　　：矩陣秩。

其他矩陣指令，參本章常見 Matlab 指令索引，再配合 help 去查閱。

※　多項式指令

poly, roots, polyval, conv, polyfit

其他矩陣指令，參本章常見 Matlab 指令索引，再配合 help 去查閱。

※　數值分析函數

quad, quadl, fminbnd, fminsearch, fsolve, fzero, ode23, ode45, ode113, ode15s, ode23s。

※ 流程控制指令

有關 for，while，和 if 的基本格式

```
for 變數名稱 = 區間 1 : 間隔 : 區間 2
   指令 1
   …
   指令 n
end
```

其中 n 是指在這個迴圈內共要處理 n 個指令。

有關 while 指令的定義：

```
while (關係式)
   指令 1
   …
   指令 n
end
```

if 指令的定義，大致上可以分成三大類：

```
(1) if   (關係式)
      指令 1
        …
      指令 n
   end
```

```
(2) if   (關係式)
      指令 1
       …
      指令 n
   else
      指令 1
      …
      指令 n
      end
```

```
(3) if   (關係式 1)
      指令 1
      …
      指令 n
   elseif(關係式 2)
      指令 1
      …
      指令 n
      else
      指令 1
      …
      指令 n
      end
```

switch 指令的基本格式

有關 switch 的格式如下：

```
   switch 變數或字串變數
      case 數字 1 或字串 1
          指令 n
      case 數字 2 或字串 2
          指令 n
      case 數字 n 或字串 n
          指令 n
      otherwise
          指令 n
   end
```

break 指令

本指令主要是用來中斷 for，while 迴圈。

※　繪圖

在 Matlab 中有許多方便的繪圖指令，只要使用者熟悉這些繪圖指令，並且善加運用，就可以繪出許多方便的圖形，如立**體圖、平面圖、階梯圖、條狀圖、對數圖、圓形圖、多邊型圖等圖形，相信只要讀者仔細的把這些指令格式及定義熟讀清楚**、再配合筆者所提供的例子說明來加以應用，對圖形的繪製就可隨心所欲地達成需要的功能。

plot 　　　：線性刻度圖。

loglog   ：全對數刻度圖。

semilogx ：半對數。

semilogy ：對數。

polar   ：polar 圖。

mesh   ：立體圖。

contour   ：面圖。

bar   ：條形圖。

stairs   ：階梯圖。

繪圖命令：

title, xlabel, ylable, zlabel, text, gtext, grid, axis, hold, subplot

其他繪圖函數指令，參本章常見 Matlab 指令索引，再配合 help 去查閱。

※ 一般檔案格式

以下二個例子，分別是一個為一般程式(有時稱為巨集程式)，另一個為副程式或者函數副程式的例子。

```
%...
    .
  .
  .
```

以下是一個**一般程式**的例子：

```
%
%  generator 3*3*3 matrix
%
clear
n=3;
for i=l:n
   for j=l:n
     for k=l:n
        a(i,j,k)=i+j+k;
     end
   end
end
disp(' display a martix')
a
```

從上例中，整個程式中沒有出現 **"function"** 這個字元，所以上列程式稱爲一般程式 (或巨集程式)，若當你所完成的程式很有用時，即可考慮把它轉成副程式以供他人使用，這也就是 Matlab 的工具盒會越做越多的道理。

※　函數檔案

```
function y=name(x)
        .
        .
        .
```

　　以下是一個函數副程式的寫法，重點在第一列的寫法有所不同而已，其餘則如同一般程式的寫法。

```
function [tout,yout,o3,o4,o5,o6]=ode23(odefile,tspan,y0,options,varargin)
% ODE23 Solve non-stiff differential equations, low order method.
% [X,Y] = ODE23('F',TSPAN,Y0) with TSPAN = [TO TFINAL] integrates the
% Mark W. Reichelt and Lawrence F. Shampine, 6-14-94
% Copywight (c) 1984-96 by The MathWorks, Inc.

  true = logical(1);
```

　　有關上程式 1 到之 5 位置的說明：

1.　function 是宣告爲函數副程式必需要用到的字，不能少。

2.　做完這個函數副程式 ode23 後，所要傳回的參數。

3.　函數副程式的名稱。(通常存成和程式名稱一樣，亦即這個程式是被存成 ode23.m)。

4.　函數副程式 ode23 中所要傳入的參數。

5.　help 指令看到之內容。

　　這五大部份是完成一個函數副程式所必備的要項。讀者若要寫個函數副程式時，只要依據上列程式，並且把編號 1 到 5 的內容做適當的修改即可完成適當的函數副程式，另外在 1，2 間要用空白隔開。

【註 1-1】Matlab 7.0 後可以在函數中放入另外一個函數。

【註 1-2】寫程式時儘量以向量的方式書寫，可加快執行速度，筆者以下例來說明：

```
%
% Time compare
%
```

```
clear
tic
for i=1:5000
    a(i)=sin(25*i);                 :以迴圈的方式寫。
end
tdata1=toc;
fprintf('Time 1 is : ')
num2str(tdata1)
fprintf('\n\n')
tic
aa=1:5000;
aaa=sin(25.*aa);                    :以向量的方式寫。
tdata2=toc;
fprintf('Time 2 is : ')
format long
num2str(tdata2)
format short
fprintf('\n\n')
```

執行結果

```
>> timetest
Time 1 is :
ans =
0.44
Time 2 is :
ans =
0.06
```

從上述結果明顯看出以向量的方式寫執行速度較快。

【註 1-3】不要以 Matalb 函數名稱為變數名稱。

```
>> cos=1:10
cos =
    1    2    3    4    5    6    7    8    9   10
>> 3*cos
ans =
    3    6    9   12   15   18   21   24   27   30
>> cos(2)
```

```
ans =
    2
>> cos(30)      :若想使用三角函數時會出現錯誤，僅能以變數看待。
???  Index exceeds matrix dimensions.
```

1.2 Matlab 基本使用操作

針對 Matlab 2022b 版，如何開啟 Matlab、Simulink 和 Stateflow 這三部份的簡單說明如後，詳細之操作與設定請參第二章與第十五章。首先您必須確定是您的電腦是否符合要執行 Matlab 系統的最低配備，若都沒問題就請依下列步驟執行 Matlab 2022b 版。

Matlab 部份：(用指令式寫程式)

步驟一：

安裝 Matlab 2022b 版後，可直接點選桌面的 MATLAB 2022b (如圖 1.3 所示)啟動進入 Matlab 主系統視窗。

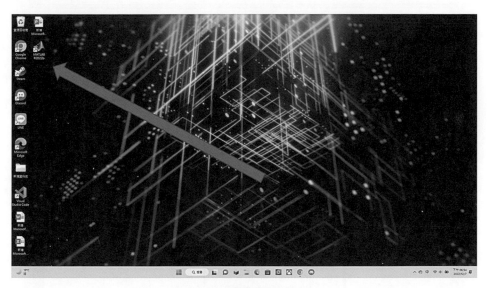

圖 1.3

步驟二：

檢查要執行的程式之路徑是否存在於 Matlab 指定的路徑中，可點選 Matlab HOME 頁次標籤下 ENVIRONMENT 功能區塊的 Set Path 可得(如圖 1.4 所示)；若沒有存在於 Matlab 指定的路徑中，則點選 Add Folder 或 Add with Subfolder(如圖 1.5 所示)將工具盒所在的正確路徑輸入進去，然後點選 OK(如圖 1.6 所示)，之後在 File 選擇 Save Path 將剛才所設定的路徑儲存起來(如圖 1.7 所示)，然後關閉此視窗即可。此例是把書附的程式加入 Matlab 的路徑，來方便執行課本的程式，路徑的名稱可以自行設定。

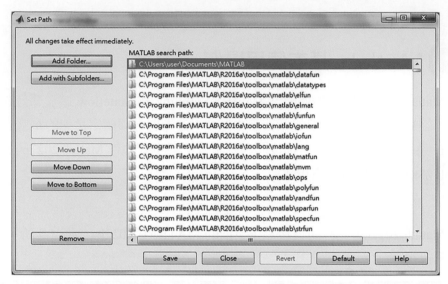

圖 1.4

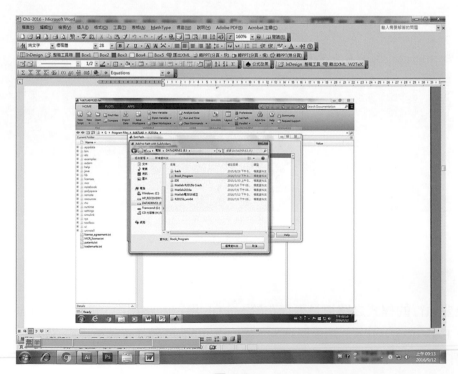

圖 1.5

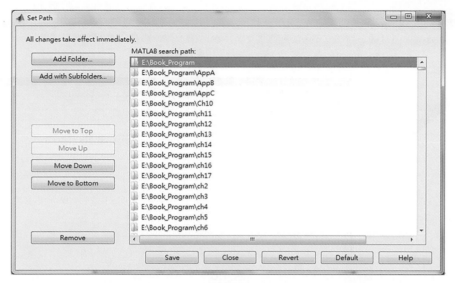

圖 1.6

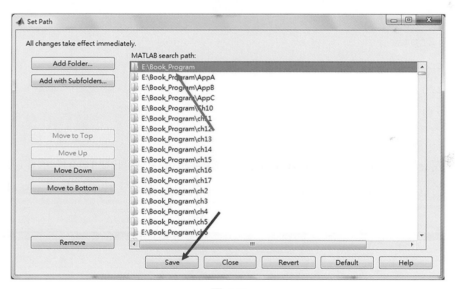

圖 1.7

步驟三：

　　路徑設妥後，可以在 Matlab 主系統視窗裡(如圖 1.8 所示)，在 HOME 頁次標籤開啓
New Script 即可開始進行程式設計。

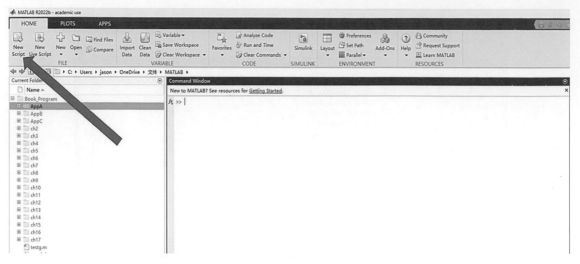

圖 1.8

　　填寫入以下內容：

```
clear
t=0:0.01:2*pi;
plot(t, cos(6.*t))
xlabel('t')
ylabel('y')
grid
```

　　Save 成 testg.m(如圖 1.9 所示)有關由頁次標籤執行程式(如圖 1-10 所示)以及由命令列視窗執行程式(如圖 1.11 所示)。圖 1.11 是在主系統視窗裡輸入檔名，按 Enter 即可執行此程式。

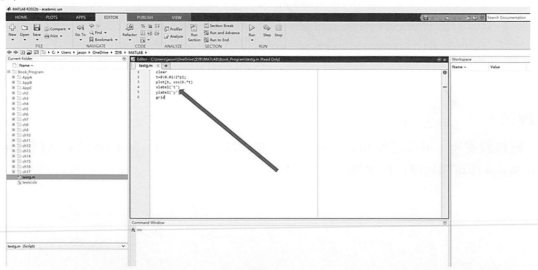

圖 1.9

MATLAB 程式設計實務

第 1 章　基本 Matlab 摘要

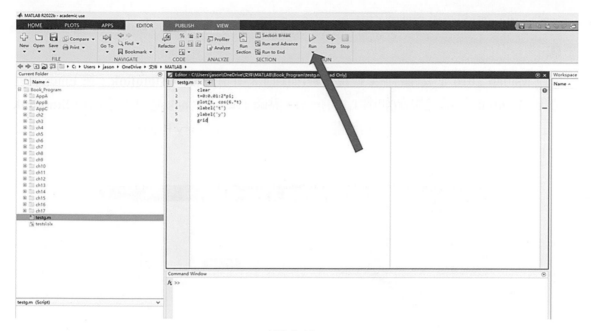

圖 1.10

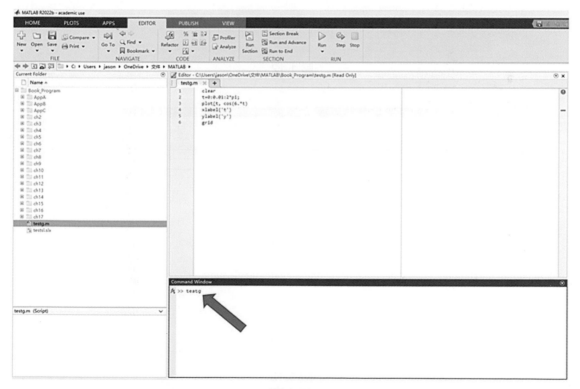

圖 1.11

1-21

Simulink 部份：(用方塊圖寫程式)

步驟一：

在 Matlab 2016 a 版裡的主系統視窗裡(如圖 1.8 所示)，輸入 **simulink**，按 Enter 後就會出現 **Simulink** 的系統視窗(如圖 1.12 所示)，點圖 1.12 之 Blank Model 會出現 **Simulink** 的程式編輯視窗如圖 1.13 所示，再點圖 1.13 箭頭所指之 Library Browser 後出現圖 1.14 之元件 library 共分為十七大類。

圖 1.12

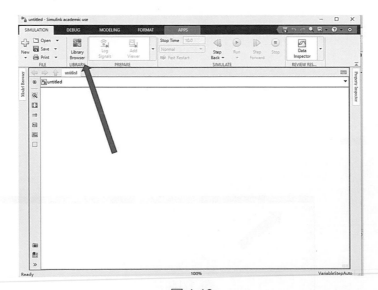

圖 1.13

圖 1.14

另外 Simulink 尚提供工具夾區，如圖 1.14 方塊標示區之內容。

步驟二：

在 Simulink 共有二十一大類基本元件，依照使用者所需，選擇所要的大類別上，點兩下，即可進入 Source 類別裡的元件(如圖 1.15 所示)，之後選擇使用者需要的元件，在元件上用滑鼠拉曳到 **Simulink** 的編輯視窗裡即可(如圖 1.16 所示)。此圖共拉二個元件 Random Number 元件在 Source 類別，Scope 元件在 Sink 類別。

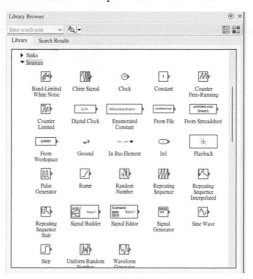

圖 1.15

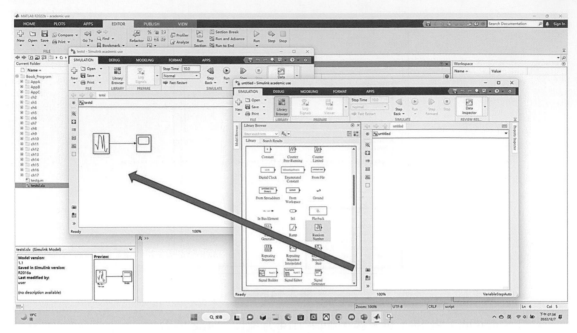

圖 1.16

步驟三：

　　將所需測試研究的設計，用元件架構起來，接下來就需要做佈線的動作，在元件上會看到輸入以及輸入的符號，在符號上按滑鼠左鍵一直拉曳到所需要銜接的地方即可完成佈線(如圖 1.17 所示)。

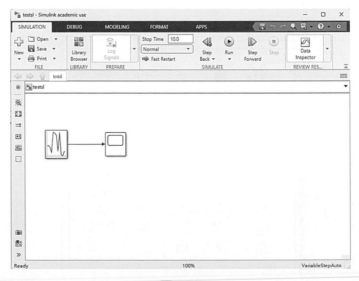

圖 1.17

步驟四：

　　一切佈線完畢後，並對每個元件進行參數設定，完成後即可進入模擬測試階段，並把 Scope 元件用滑鼠右鍵快點二下打開示波器的顯示視窗。執行模擬測試的方式，是在 Simulink 編輯視窗裡的功能表上，會看到一個向右的實心三角形符號(如圖 1.18a 所示)，點一下，即可執行出所得到的結果(如圖 1.18b 所示)。

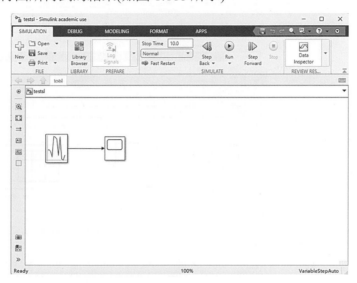

圖 1-18a

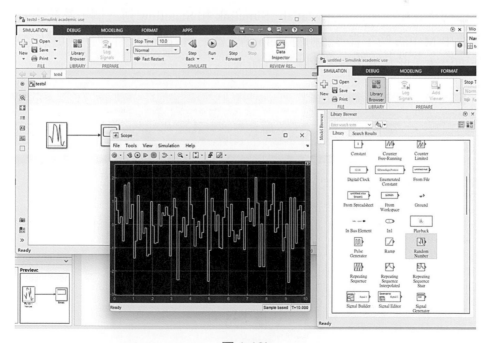

圖 1-18b

Stateflow 部份：(用狀態圖寫程式)

在 Matlab 2016 a 版裡的主系統視窗下的命令視窗裡(如圖 1.8 所示)，輸入 stateflow，按 Enter 後就會出現 stateflow 的系統視窗(如圖 1.19 所示)。

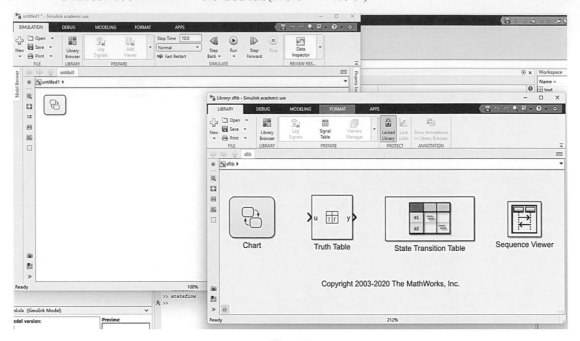

圖 1.19

至此已初步介紹完如何開啟 Matlab、Simulink 和 Stateflow 這三個子系統的簡單操作。

另在使用 Matlab 時，宜善加利用 Help 瀏覽器。利用線上文件幫助您更清楚知道一些指令的詳細用法，此其進入方式如圖 1.20 所示：

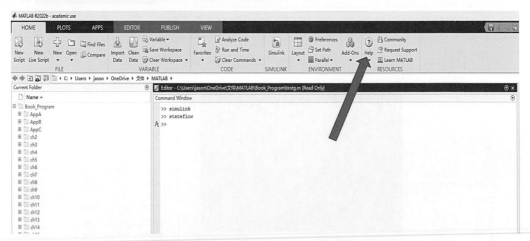

圖 1.20

有關 Help 瀏覽器之內容，如圖 1.21 所示：在圖 1.21 中可找到許多指令的使用資訊，讀者可善加利用此一功能。

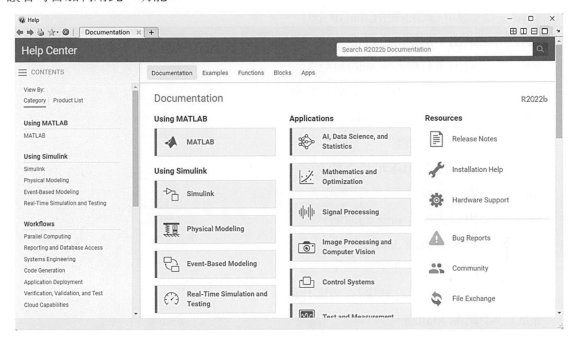

圖 1.21

1.3　常見 Matlab 指令索引

※　一般目的命令

demo　　：執行示範程式。

help　　：線上查詢指令命令。

info　　：顯示 Matlab 的一些資訊。

lookfor：利用關鍵字找尋相關指令。

path　　：顯示 Matlab 的路徑。

type　　：顯示 Matlab 檔案的內容。

version：查看 Matlab 版本。

flops　　：浮點數的計算。

what　　：顯示 Matlab 在某一目錄下的.m.mat.mex 檔。

which　　：顯示某一檔案的路徑。

clear　　：清除所有一般變數。

disp　　：顯示一字串。

length　：求出一個向量的長度。

load　　：載入程式的命令(.mat) 。

save　　：儲存程式的命令(.mat or .txt) 。

size　　：求出一個矩陣的維度。

who　　：列出所有變數名稱的命令。

whos　　：詳細列出所有變數名稱的命令。

cd　　　：改變目前的工作目錄。

delete　：刪去一個檔案。

diary　　：儲存在 Matlab 環境下的文字。

dir　　　：顯示目錄。

unix　　：用以去執行 unix 的命令。

!　　　　：用以去執行 dos 的命令。

format　：設定輸出格式。

saveas　：把 Matlab 的結果圖存成圖片檔。

quit　　：離開 Matlab。

exit　　：離開 Matlab。

※ 運算字元和特殊字元

\+　　　：加。

－　　　：減。

*　　　：乘。

/　　　：右除。

\　　　：左除。

^　　　：次方。

.*　　　：向量乘。

./　　　：向量右除。

.^　　　：向量次方。

:　　　：間格或所有元素。

...　　　：連接符號。

,　　　：逗點。

;　　　：停止顯示符號。

%　　　：註解符號。

==　　　：邏輯的等號。

~=　　　：邏輯的不等號。

&　　　　：邏輯的 and。

|　　　　：邏輯的 or。

~　　　　：邏輯的 not。

xor　　　：邏輯的 xor。

all　　　：所有元素均為一是真。

any　　　：只要有元素為一即為真。

exist　　：檢查變數檔案是否存在。

find　　　：顯示非零元素的索引。

finite　　：元素有限即為是真。

isempty　：只要空矩陣即為是真。

isieee　　：只要元素是 IEEE 浮點數即為是真。

isinf　　：只要元素為無限大即為真。

isnan　　：只要元素為非數值即為真。

issparse　：只要矩陣為稀疏矩陣即為真。

isstr　　：只要元素為字串即為真。

global　　：宣告為 global 變數。

※　流程控制指令

break　　　：中斷迴圈。

continuous：略過繼續。

else

elseif

end　　　　：流程控制指令結束點。

for　　　　：for 迴圈。

if　　　　：條件判斷。

while　　　：while 迴圈。

switch　　：case 條件判斷。

try，catch：錯誤處理。

input　　　：由螢幕輸入資料。

keyboard　：中斷程式執行(等到輸入 return 後繼續)。

menu　　　：功能表式輸入。

disp　　　：一般字串輸出。

fprintf　　：格式化輸出顯示。

error　　　：錯誤訊息顯示。

warning ：警告訊息顯示。

pause ：暫停指令。

※ 矩陣和矩陣管理

eye ：產生單位矩陣。

linspace ：線性刻度向量。

logspace ：對數刻度向量。

meshgrid ：網狀切割輸入變數指令。

ones ：產生元素均為一的矩陣。

rand ：亂數產生器。

randn ：亂數產生器。

zeros ：產生元素均為零的矩陣。

computer ：顯示電腦版本。

eps ：代表浮點數符號。

i,j ：代表複數符號。

inf ：代表無限大符號。

NaN ：代表非數值符號。

nargin ：代表輸入變數個數的符號。

narout ：代表輸出變數個數的符號。

pi ：代表 3.14159。

realmax ：代表最大實數。

realmin ：代表最小實數。

clock ：時鐘。

cputime ：計算 CPU 使用時間。

data ：顯示日期。

etime ：計算使用時間。

tic, toc ：計算使用時間。

diag ：取矩陣對角線部份的資料。

fliplr ：矩陣左右互相交換。

flipud ：矩陣上下互相交換。

rot90 ：旋轉矩陣 90 度。

tril ：取矩陣下三角部份的資料。

triu ：取矩陣上三角部份的資料。

※ 特殊矩陣的產生

compan ：產生 companion 矩陣。

hadamard ：產生 Hadamard 矩陣。

hankel 　：產生 Hankel 矩陣。

hilb 　：產生 Hilb 矩陣。

invhilb 　：產生反 Hilb 矩陣。

magic 　：產生 Magic 矩陣。

pascal 　：產生 Pascal 矩陣。

rosser 　：傳統對稱矩陣特徵值測試問題。

toeplitz 　：產生 Toeplitz 矩陣。

vander 　：產生 Vandemermonde 矩陣。

wilkinson 　：產生 Wilkinson's eigenvalue test 矩陣

※　數學函數

abs 　：絕對值函數。

acos 　：反餘弦函數以徑度輸入。

acosh 　：反雙曲線餘弦函數。

angle 　：相角。

asinh 　：反正弦函數。

asinh 　：反雙曲線正弦函數。

atan 　：反正切函數以徑度輸入。

atan2 　：四象限反正切函數以徑度輸入。

atanh 　：反雙曲線正切函數。

conj 　：共軛。

cos 　：餘弦函數以徑度輸入。

cosd 　：餘弦函數以角度輸入。

cosh 　：雙曲線餘弦函數。

ceil 　：取大於輸入之最小整數。

exp 　：指數。

fix 　：去尾數。

floor 　：取不大於輸入之最大整數。

imag 　：取虛部。

log 　：對數。

log10 　：對數(以十為基底)。

real 　：取實部。

rem，mod 　：取餘數。

round 　：四捨五入。

sign 　：只取符號。

sin 　：正弦函數以徑度輸入。

sind 　：正弦函數以角度輸入。

sinh	：雙曲線正弦函數。
sec	：正割函數以徑度輸入。
secd	：正割函數以角度輸入。
csc	：餘割函數以徑度輸入。
cscd	：餘割函數以角度輸入。
cot	：餘切函數以徑度輸入。
cotd	：餘切函數以角度輸入。
sqrt	：取平方根值。
tan	：正切函數以徑度輸入。
tand	：正切函數以角度輸入。
tanh	：雙曲線正切函數。

※ 特殊數學函數

bessel	：Bessel 函數。
besselh	：Hankel 函數。
beta	：Beta 函數。
betainc	：不完全 Beta 函數。
betaln	：Beta 函數的對數。
ellipj	：Jacobi elliptic 函數。
ellipke	：完全 elliptic。
erf	：error 函數。
erfc	：互補 error 函數。
erfcx	：Scaled 互補 error 函數。
erfinv	：反 error 函數。
gamma	：Gamma 函數。
gammainc	：不完全 Gamma 函數。
gammaln	：Gamma 函數的對數。
log2	：取對數(以二為基底)。
pow2	：取冪級數(以二為基底)。
rat	：有理數近似。
rats	：有理數輸出。

※ 線性代數運算

cond	：Condition number。
det	：行列數值。

norm	：norm 值。	
null	：Null space。	
orth	：正交化。	
rank	：秩。	
trace	：矩陣對角線和。	
chol	：Cholesky 分解。	
inv	：反矩陣。	
lu	：lu 分解。	
pinv	：pseduo-反矩陣。	
qr	：QR 分解。	
balance	：改善矩陣的條件數。	
cdf2rdf	：轉換複數對角化到實數對角化。	
eig	：特徵值。	
poly	：產生特徵值多項式。	
qz	：QZ 分解。	
rsf2csf	：轉換實數 scher 到複數 scher。	
schur	：Schur 分解。	
svd	：SVD 分解。	
jordan	：Jordan Form 轉換。	
expm	：指數矩陣函數。	
expm1	：指數矩陣函數。	
expm2	：指數矩陣函數。	
expm3	：指數矩陣函數。	
logm	：對數矩陣函數。	
funm	：自定矩陣函數。	
sqrtm	：開根號矩陣函數。	
luinc	：不完整 LU 分解。	
cholinc	：不完整 cholsky 分解。	

※　資料分析的基本運算

cumprod	：累加內積。
cumsum	：累加求和。
max	：找最大值。
mean	：求平均值。
median	：求中數。

min　　　　：找最小值。

prod　　　　：內積。

sort　　　　：排序。

std　　　　：求變異數。

sum　　　　：求和。

sortrows　　：排序，但依第一行的元素大小。

corrcoef　　：相關係數的計算。

cov　　　　：Covariance 矩陣。

conv　　　　：迴旋和多項式相除。

conv2　　　：二維迴旋。

deconv　　　：反迴旋和多項式相除。

filter　　　：一維數位濾波器。

filter2　　　：二維數位濾波器。

abs　　　　：計算大小。

angle　　　：相角。

cplxpair　　：共軛複數的排序。

fft　　　　：離散富立葉轉換。

fft2　　　　：二維離散富立葉轉換。

fftshift　　：fft 的 shift。

ifft　　　　：反離散富立葉轉換。

ifft2　　　：二維反離散富立葉轉換。

poly　　　　：利用根建立多項式。

polyder　　：多項式的微分。

polyfit　　：多項式的逼近。

polyval　　：計算多項式的數值。

polyvalm　　：計算多項式矩陣的數值。

residue　　：部份分數。

roots　　　：找多項式的根。

griddate　　：分割資料。

interp1　　：一維 interpolation。

interp2　　：二維 interpolation。

interpft　　：一維 interpolation 使用 FFT 方法。

fminbnd　　：單變數最小值。

fminsearch　：多變數最小值。

fzero　　　：找單變數函數爲零變數。

ode23　　　：解微分方程。

ode45　　　：解微分方程。

quad　　　：數值積分。

quadl　　　：數值積分。

trapz　　　：梯形積分。

del2　　　：偏微分。

diff　　　：差分。

gradient　：梯度。

dde23　　　：延遲微分方程式解。

ddeset　　：dde 設定。

ddeget　　：取得 dde 的參數。

lsqnonneg：非負 lsq。

※　稀疏矩陣命令

spconvert　：稀疏矩陣讀檔轉換指令。

spdiags　　：取稀疏矩陣對角線部份的資料。

speye　　　：產生單位稀疏矩陣。

sprandn　　：產生隨機稀疏矩陣。

sprandsym：產生對稱隨機稀疏矩陣。

full　　　：把稀疏矩陣轉成一般矩陣。

sprase　　：把一般矩陣轉成稀疏矩陣。

sprank　　：計算稀疏矩陣的秩。

issparse　：只要矩陣爲稀疏矩陣即爲眞。

spones　　：把稀疏矩陣中爲零的元素轉成爲一的元素。

nnz　　　：顯示稀疏矩陣元素中不爲零的個數。

nonzeros　：顯示稀疏矩陣不爲零的元素。

spy　　　：視覺化稀疏結構。

gplot　　：利用圖論的方式把稀疏矩陣表現出來。

※　繪圖指令

fill　　　：2-D 多邊圖。

loglog　　：x-y 軸半對數圖。

plot　　　：2-D 圖。

semilogx　：x 軸半對數圖。

semilogy ：y 軸半對數圖。

pie ：二維圓形圖。

pie3 ：二維圓形圖。

peaks ：內建函數測試圖。

plotyy ：雙 y 軸刻度圖。

bar ：bar 圖。

compass ：Compass 圖。

hist ：Histogram 圖。

polar ：極座標圖。

stairs ：階梯圖。

bar3 ：二維 bar 圖。

grid ：加上格線。

gtext ：利用滑鼠在圖上填上文字。

legend ：把註解標示在圖形上。

text ：在圖上利用特定座標填上文字。

title ：設定標題文字。

xlabel ：設定 x 軸文字。

ylabel ：設定 y 軸文字。

zlabel ：設定 z 軸文字。

hold ：維持圖形。

subplot ：設定顯示格式。

fill3 ：3-D 多邊形圖。

plot3 ：3-D 線圖。

contour ：等高線圖。

contour3 ：3-D 等高線圖。

quiver ：梯度圖。

mesh ：3-D 網狀圖。

ribbon ：二維圖但有深度設定。

stem ：維離散資料圖。

meshc ：3D 網狀圖(含等高線圖) 。

meshz ：3D 網狀圖(更立體表現) 。

slice ：切面圖。

surf ：三維表面圖。

surfc ：三維表面圖(含等高線圖) 。

surfl ：三維表面圖(含有打光效果) 。

waterfall ：水流形圖。

cylinder　：柱形圖。

sphere　　：球形圖。

axis　　　：設定座標範圍。

hidden　　：隱藏隱藏線。

view　　　：設定觀看點的位置。

quiver3　　：三維梯度圖。

stem3　　：三維離散資料圖。

feather　　：向量圖。

comet　　：二維慧星圖。

comet3　　：三維慧星圖。

dateaxis　：資料軸日期格式設定指令。

highlow　：股票高-低-收盤價圖。

bolling　　：Bollinger band 圖。

candle　　：股票高-低-收盤-開盤價圖。

pointfig　：股價漲跌天數圖。

movavg　：移動平均線圖。

※　聲音和數值轉換

saxis　　：音量刻度。

sound　　：聲音撥放。

int2str　：整數轉成字串。

num2str　：浮點數轉成字串。

str2num　：字串轉成浮點數。

dec2hex　：十進制轉成十六進制。

hex2dec　：十六進制轉成十進制。

hex2num　：十六進制轉成浮點數。

lower　　：轉成小寫字母。

upper　　：轉成大寫字母。

cart2pol　：直角轉極座標。

cart2sph　：直角轉球座標。

pol2cart　：極座標轉直角。

sph2cart　：球座標轉直角。

dec2base　：10 進制轉成其他基底。

base2dec ：其他基底轉 10 進制。

today ：以數字代表今天日期。

now ：以數字代表今天日期及時間。

date ：以字串代表今天日期。

datedisp ：可轉換數字日期型矩陣成字串日期型矩陣。

datenum ：轉換字串日期成數字日期。

datestr ：轉換數字日期成字串日期。

m2xdate ：轉換 Matlab 數字日期成 Execl 數字日期。

x2mdate ：轉換 Execl 數字日期成 Matlab 數字日期。

習 題

1. 簡述 Matlab 之發展史？

2. 請說明 Matlab 之特性？

3. 請說明 Matlab 之組成內容？

4. 如何輸入一個 4*4 之 Matlab 複數矩陣？

5. 比較 disp 和 fprintf 指令之差異？

6. 在 Matlab 中常見之迴圈控制指令有那些？請比較之？

7. 請比較在 Matlab 中一般檔案和函數檔案之差異？

8. 請利用 help 指令查閱指令 sound, num2str, upper 的使用方式？

9. 請利用 help 指令查閱指令 mesh, surf, sphere 的使用方式？

10. 請利用 help 指令查閱指令 bar, plot, plot3 的使用方式？

11. 請利用 help 指令查閱指令 axis, subplot, legend 的使用方式？

12. 請利用 help 指令查閱指令 det, inv, lu, qr, svd 的使用方式？

13. 請利用 help 指令查閱指令 round, mod, floor 的使用方式？

第二章

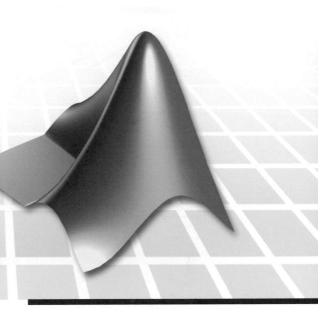

Matlab 環境介紹

 基本環境操作

當讀者安裝完 Matlab 2022b 版之後，可從"桌面"直接啓動 Matlab 2022b 如圖 2.1 進入 Matlab。

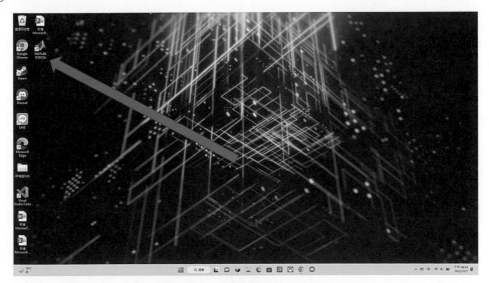

圖 2.1

由圖 2.1 執行完 Matlab 2022b 後會進入 Matlab 主畫面如圖 2.2 所示。

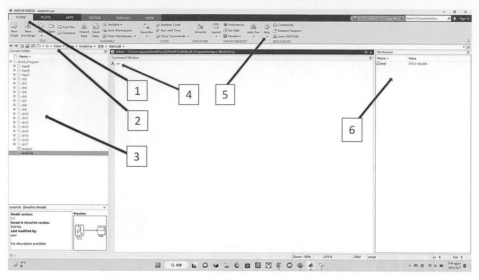

圖 2.2

在圖 2.2 中的

1. 表示為新版的 Matlab 的**頁次標籤**取代 Matlab 2012 a 之前的功能表與工具列。

2. 表示為 Matlab 目前執行的檔案路徑位置。

3. 表示為 Matlab "Current Folder"。**Current Folder** 會顯示出目前路徑下之檔案名稱。

4. 表示為 Matlab 命令區。亦即在此區可以鍵入任何 Matlab 的指令，且同時會被執行，因此 Matlab 為一種直譯式程式語言。此為 Matlab 命令視窗，只要有繪圖的命令出現如下：

t=0:0.01:2*pi;

plot(t, sin(6.*t))

則尚有一個圖形視窗會出現，如圖 2.3。

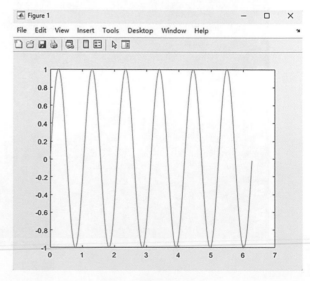

圖 2.3

5. 表示為 Help 及文件內容如圖 2.4 圓圈之內容。

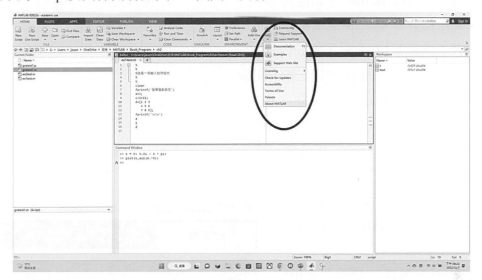

圖 2.4

從圖 2.4 可知 Help 提供有 Documentation (文件說明)、Examples (Demo 例子)、Support Web Site 及 MATLAB Academy 之選定。

6. 表示為 Matlab "Workspace"。基本上 **Workspace** 會顯示出目前在 Matlab 2022b 中有用到的變數及其所佔記憶體的大小。基本上此視窗所顯示之內容就是 whos 指令所看到之內容，一般而言使用者可在 Matlab 命令區下，直接鍵入 whos 或是到此視窗來詳看變數的特性。

Matlab 自 2012 b 版以後，操作介面把傳統功能表與工具列格式如圖 2.5 的 1o 及 2o 的內容，改成頁次標籤如圖 2.2。

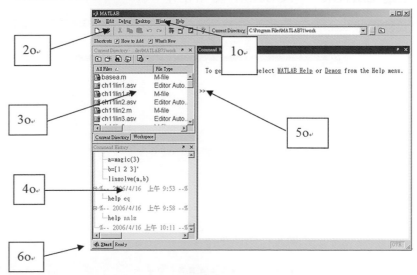

圖 2.5

1o、表示為舊版 Matlab 之功能表。

2o、表示為舊版 Matlab 之工具列。

3o、表示為舊版 Matlab 之"Workspace" and "Current Directory"。

4o、表示為舊版 Matlab 用過之指令記錄。

5o、表示為舊版 Matlab 命令區。

6o、表示為舊版 MatlabStart 鈕輔助說明區。

以上是針對新舊版 Matlab 環境做一簡單比較。接下來針對新版 Matlab 環境圖 2.2 做仔細說明如下：

有關圖 2.2 的 1 之頁次標籤分成三大部份，分別是"HOME"、"PLOTS"及"APPS"。

"HOME" 的頁次標籤又分成六大項功能區塊，分別是 FILE、VARIABLE、CODE、SIMULINK、ENVIROMENT 及 RESOURCES。首先筆者先介紹 FILE 這個功能區塊，其內容如圖 2.6 所示：

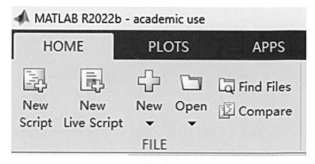

圖 2.6

FILE 功能區塊的幾種設定說明如下：

New Script：在圖 2.6 的 New Script，用滑鼠點一下即可開啟新檔，此新檔為一般的 M-File 檔，滑鼠點完後可產生如圖 2.7。在圖 2.7 中會多產生三個新的頁次標籤，分別是"EDITOR"、"PUBLISH"及"WIEW"。

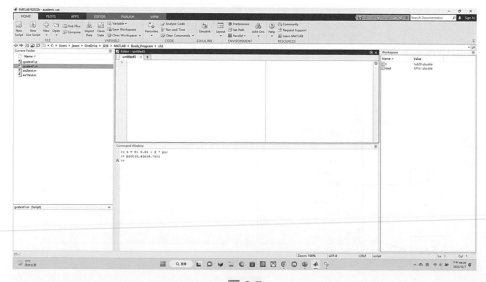

圖 2.7

圖 2.7 中的 Editor (為 Matlab 提供的文書編輯器)，讀者可在此編寫程式(詳細說明請參 2.2 節)。

New Live Script：開啟新的 Live Script 檔(可邊寫程式就看執行結果的功能)，在圖 2.6 的　　　New Live Script，用滑鼠點一下即可開啟一個 Live Script 新檔。

New：開啟新檔如圖 2.8 所示，其內容有三大類，首先是一般的 Matlab 檔稱為 M-File，用 Script。Matlab 函數檔，用 Function 亦是 M-File。Matlab 類別函數檔，用 Class 亦是 M-File。其次用 Figure 為開啟圖形視窗檔，一般較少用；點 APP 下的 GUIDE 是產生 GUI 檔，可使用在圖形介面檔之設計;點 APP 下的 App Designer 去進行應用程式之設計。第三個為 Simulink 的檔，可使用 Simulink Model 產生，其附檔名是.slx。最後一種 Stateflow 的檔使用 Stateflow Chart 產生。另在圖 2.8 點 APP 下的 GUIDE，Guide 的視窗程式設計畫面

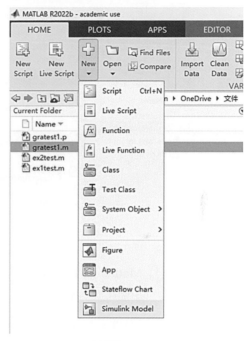

圖 2.8

如圖 2.9 所示。Guide 是針對視窗程式設計的一個很方便之工具，有關 Guide 之使用請參考第十四章的介紹。

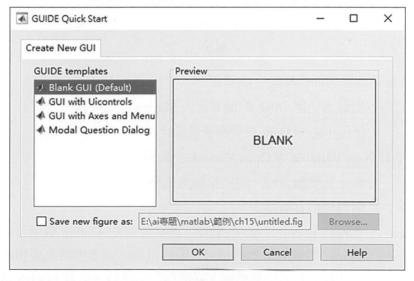

圖 2.9

Open：開啓舊檔如圖 2.10 所示，可用 OPEN 透過檔案管理去開啓舊檔。可用 RECENT
　　　 FILES 去選最近開啓過的舊檔。

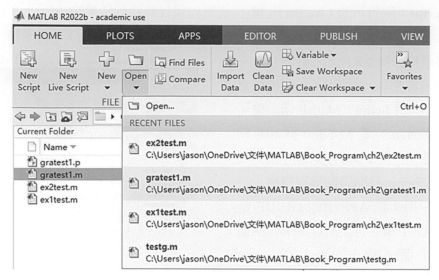

圖 2.10

Find Files：可進行 Matlab 檔案找尋。

Compare：比較二個檔案之差異。

　　　VARIABLE 這個功能區塊，其內容如圖 2.11 所示：

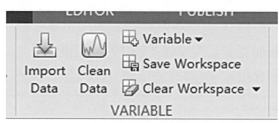

圖 2.11

　　　VARIABLE 功能區塊的幾種設定說明如下：

Import Data：　　指載入一個 .mat 的檔案進入 Matlab 之環境內。

Clean Data：　　搭配 Import Data 做資料清洗動作。

　　　Variable 下有 New Variable 與 Open Variable，說明如下：

New Variable：　　設定新變數資料，可用矩陣方式輸入。

Open Variable：　　開啓變數資料設定。

Save Workspace：相較於 Import Data 的動作，此功能是把 Matlab 環境下的結果存成一
　　　　　　　　　個.mat 的檔案，以供移到其他台電腦，或者供將來要用時的再載入。
　　　　　　　　　亦即你若有事情要離開，且電腦得關掉時，但是 Matlab 這個環境下的

資料又很重要(或者是花許多時間執行完才獲得的)，如果就此關掉，那下次要在完成此環境時，不就得又花上許多的時間來做這些事，因此可考慮用 save workspace 做儲存，等下次要用時再載入此檔。

Clear Workspace：清除工作空間的 Variable(清除變數資料)，All Variable(清除所有變數資料)，Functions(清除函數資料)，Breakpoints(清除程式除錯的斷點資料)。

CODE 與 SIMULINK 這二個功能區塊，其內容如圖 2.12 所示：

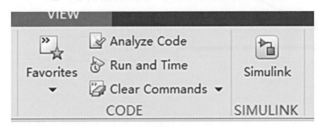

圖 2.12

CODE 功能區塊可進行 Analyze Code, Run and Time 及 Clear Commands。其中 Clear Commands 下的 Command Window 可設定清除命令視窗下的所有資料(非清除變數資料)及 Clear Commands 下的 Command History 可設定清除歷史命令視窗記錄區下的所有資料。Clear Commands 是把命令視窗及歷史命令視窗整理的乾淨些，但沒有做清除變數的動作，若要清除現存的變數得用"Clear Workspace"或 clear 這個指令。

SIMULINK 功能區塊，可用滑鼠點一下 Simulink 即可開啟 Simulink 程式設計模式。

Simulink 之啟動方式分別如圖 2.13 所示，其中圖 2.13 為 Simulink 之啟動如箭頭所示，

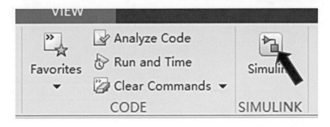

圖 2.13

相關基本操作請參第一章的 Simulink 部份：(用方塊圖寫程式) 及詳細說明參第十五章 Simulink 之介紹與應用。

另外讀者若想進入 **Simulink** 時，除了從"HOME" 的頁次標籤進入 Simulink，亦可利用在命令區直接輸入 Simulink 後 Enter，當進入 Simulink 後，可得圖 2.14。圖 2.14 是 Simulink 程式設計的頁面。圖 2.15 是 Simulink 現有例子的頁面。

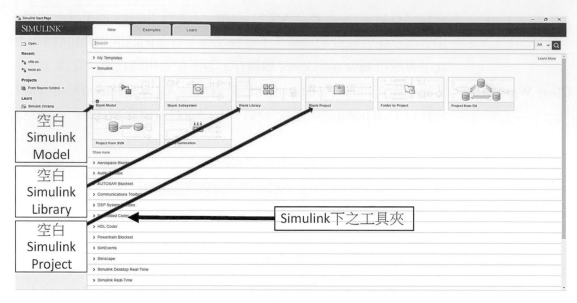

圖 2.14

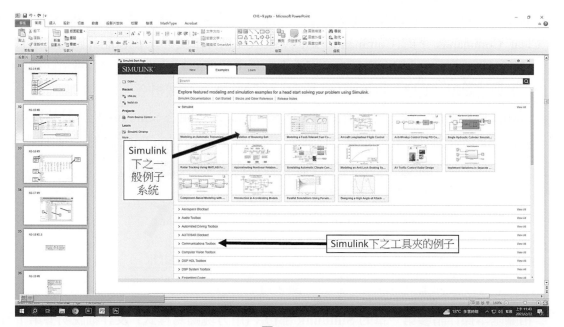

圖 2.15

圖 2.16 即是 Simulink 的環境，相關說明分別標示在圖上。

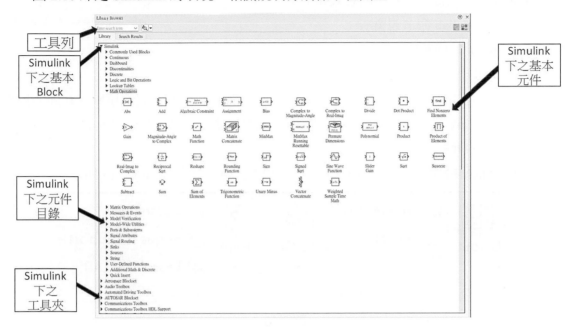

圖 2.16

另外整個 Matlab 和 Simulink 之環境如圖 2.17 所示：

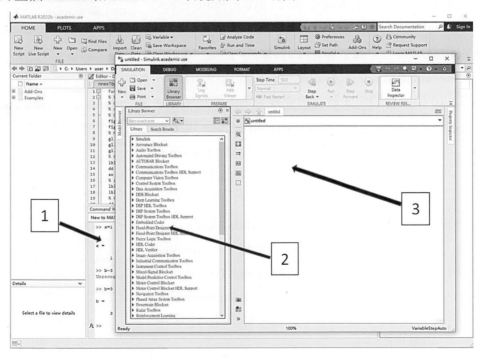

圖 2.17

有關圖 2.17 上標示之數字的意義如下：

1. 是原來的 Matlab 命令視窗。

2. 是 Simulink 的函數庫。

3. Simulink 的程式書寫區。

新版的 Simulink 已把 Simulink 的函數庫與 Simulink 的程式書寫區整合在同一視窗內，同時 Simulink 是針對方塊圖程式設計的一個很方便之工具，有關 Simulink 之使用請參考第十四章的介紹。

ENVIRONMENT 與 RESOURCES 這二個功能區塊，其內容如圖 2.18 所示：

圖 2.18

ENVIRONMENT 功能區塊可進行 Layout, Preferences, Set Path 及 Parallel(平行計算環境設定)之設定。

Layout： 用滑鼠點一下圖 2.18 的 Layout 即可開啟 Matlab 環境視窗格式的佈局設定模式如圖 2.19 所示：

在圖 2.19 中這些設定，讀者只要練習一下即可明瞭。

Preference：一般的設定，此命令是指利用 Matlab 視窗去進行一些簡單的設定如命令視窗的 Format，亦即可設定輸出文字的格式，命令區文字的大小、字型的設定，顏色的設定、Editor/Debugger 視窗設定、Help 視窗設定、Web 視窗設定、Guide 視窗設定、Simulink 視窗設定以及有關在 Figure Copt Template 下之 copy 圖形的一些設定。有關 Preference 之內容如圖 2.20 所示，讀者只要練習一下即可明瞭其用法。

圖 2.19

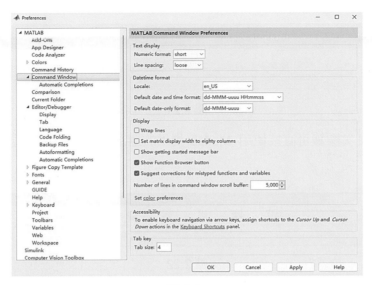

圖 2.20

Set Path：這個命令對 Matlab 而言是非常重要的，亦就是設定 Matlab 的執行路徑，以前的版本得藉助 matlabrc 來設定，到了 Matlab 5.2 後，直接把此功能移到 File 這個功能表下來設定，因此在設定時較方便，同時亦省去改 matlabrc 的麻煩。此外 Mtlab 7.1 Set Path 下之檔案夾**名稱可以是中文名稱**。如果要加入一個路徑，則點上"Add Folder"或"Add with Subfolder"後，即出現一個可指定路徑的視窗，依序把它指定好了之後，按下 OK 即完成加入一個新路徑的動作。另外亦可利用"Remove"刪掉一個已存在的路徑，亦可利用"Defaults"重恢復回原來預設的路徑。最後當設定完成後，按下"Save"後在按"Close"即完成所要的設定。

Add-Ons：Add-Ons 可為使用者的任務查詢附加組件，無論您在做什麼功能或運算，Add-Ons 擴展了 Matlab 的功能。這是 Matlab 一個很方便的介面，使用者可無需離開 Matlab 即可獲取附加模組與組件。也就是說使用者可無需離開 Matlab 環境即可進行下載、安裝和使用元件及模組的增加。無論使用者需要額外的工具箱、應用程序、硬體支持包還是社群提交，使用者都可以輕鬆瀏覽並找到所需的內容。

所以說，在 ENVIRONMENT 功能區塊下的設定，主要是以**"Set Path"**、**"Preference"** 和 **"Add-Ons"** 這三個為主，讀者宜熟練這三個設定。

RESOURCES 功能區塊可進行操作指令及使用手冊查詢；"PLOTS" 的頁次標籤可直接繪製變數資料，可繪製的圖如圖 2.21 所示，讀者只要練習一下即可明瞭。

圖 2.21

　　"APPS" 的頁次標籤可直接使用 Matlab 提供的應用程式，可用的應用程式如圖 2.22 所示，

圖 2.22

　　詳細 Matlab 所提供的應用程式如圖 2.23 及圖 2.24 所示，共七十多個應用程式。

圖 2.23

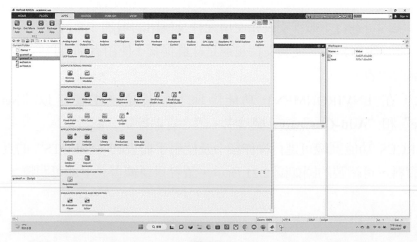

圖 2.24

讀者可視需要去進行練習。

另再介紹幾個和 Edit 功能有關的工具列如圖 2.25 所示，此功能位在圖 2.21 的右上方。

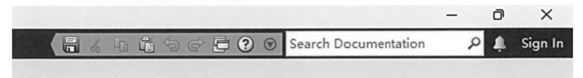

圖 2.25

在圖 2.25 依序為 Create new command shortcut, Save to file (存檔), Cut selection (剪下), Copy selection to clipboard (複製至剪貼簿), Paste clipboard content (貼上), Undo, Restore last undo, Select from list of open windows, View product documentation, Search Documentation。

最後筆者再介紹一個要有做繪圖時才能看到的繪圖命令視窗，繪圖指令之 Matlab 指令如圖 2.26 所示。

圖 2.26

在圖 2.26 之繪圖命令如下：

```
>>[x y z]=peaks;        :peaks 為 Matlab 內建之函數。
>>surf(x,y,z)           :surf 為繪製 Matlab 3D 表面圖函數。
>>shading interp
```

執行後之結果繪出現繪圖命令視窗環境如圖 2.27 所示：

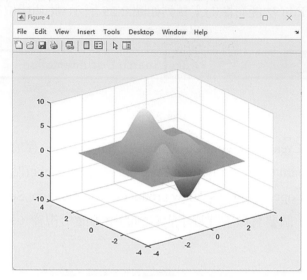

圖 2.27

　　新版的工具列有些會被隱藏起來，當用滑鼠在圖上移動時會出現隱藏的工具列如儲存圖、Copy 圖、Brush 資料、Data Tips、Pan、放大、縮小等功能請讀者自行實際操作之。另在圖 2.27 中，筆者要再特別解釋的是"Edit 下之三個 Properties"、"Insert"及"工具列"這三個功能表下命令的用法，其餘請讀者自行實際操作。

　　第一個是 Edit 下之三個 Properties 分別是 Figure Properties、Axis Properties 及 Current Object Properties，內有許多方便之設定，Figure Properties 及 Current Object Properties 的設定如圖 2.28 所示，Axis Properties 的設定如圖 2.29 所示。

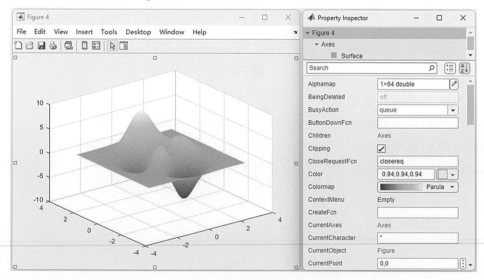

圖 2.28

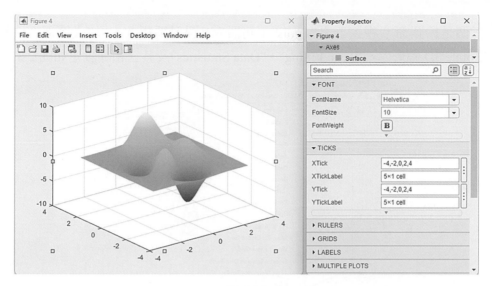

圖 2.29

餘讀者可自行測試其變化。

　　第二個是繪圖命令視窗下之"Insert"可設定"顯示圖形抬頭文字"、"水平軸文字輸出"、"垂 直 軸 文 字 輸 出"、"Z 軸 文 字 輸 出"、"活 動 指 定 說 明 文 字 位 置 輸 出"、"註解"、"colorbar"、"light"、"軸範圍"、"加文字"、"加箭頭"及"畫直線"。如圖 2.30 所示：

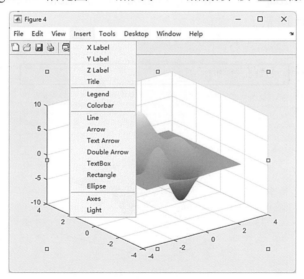

圖 2.30

上述之設定，讀者可自行測試之。

第三個是繪圖命令視窗下之"Tools"下可設定"圖形編輯"、"放大圖形"、"縮小圖形"、"Rotate 3D 圖形"、"Basic Fitting"、"Data Statistics"及其它相關設定如圖 2.31 所示：

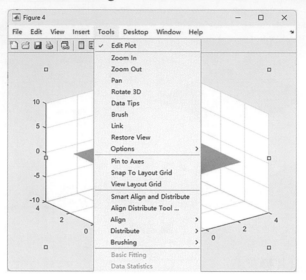

圖 2.31

　　在繪圖視窗的工具列下可設定"開新圖"、"開舊圖"、"儲存圖"、"印圖"、"Link/Unlink Plot"、"Insert Colorbar"、"Insert Legend"、"Edit Plot"及"Open Property Inspector"。如圖 2.32 所示：

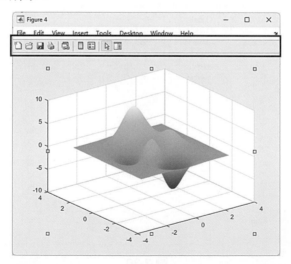

圖 2.32

另外工具列上最後一個是"Open Property Inspector"點上這個方塊之後，會出現一些圖形修編之工具如圖 2.33 所示，此及顯現 Edit 下之三個 Properties 的小視窗。

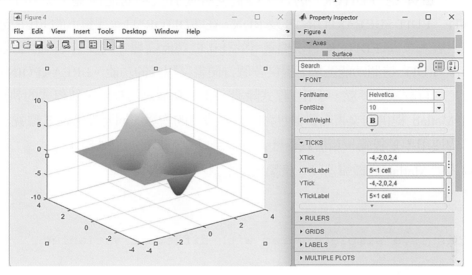

圖 2.33

　　至於上述之其它設定，留待讀者可自行測試之。

【註】Matlab 裝在不同的作業系統環境下之畫面色調會有些不一樣。

2.2 Matlab 程式的編寫及執行

　　接下來筆者將介紹如何寫一個 Matlab 程式和執行，首先在進入 Matlab 之後，在 Matlab 主系統視窗裡(如圖 1.8 所示)，在 HOME 頁次標籤開啓 New Script 即可開始進行程式設計，Matlab 文書編輯器畫面如圖 2.34 所示：

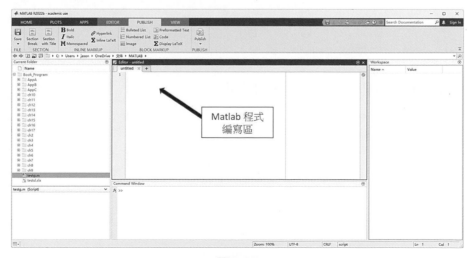

圖 2.34

新版 Matlab 把這個編輯器崁入整個環境中，編輯器的相關設定移至 EDITOR 頁次標籤。有關圖 2.34 之"EDITOR" 的頁次標籤又分成五大項功能區塊，分別是 FILE、NAVIGATE、EDIT、BREAKPOINTS 及 RUN。在"EDITOR"頁次標籤下的 FILE 這個功能區塊，其內容大多同 EDITOR 頁次標籤下的 FILE 功能區塊，只多了 Save(程式儲存)及 Print(列印)。EDIT 這個功能區塊，提供多個方便書寫程式的功能。BREAKPOINTS 功能區塊是設定執行程式之斷點，可用在程式除錯。RUN 功能區塊提供多種程式的執行方式。

　　目前 Matlab 提供的文書編輯器包含除錯器設定的環境，同時提供程式編號。有關這個編輯器的使用不是很難，相信只要讀者稍微練習一下即可明瞭其操作方式。

　　當進入到 Matlab 的編輯器後，請輸入以下這一段小程式

```
%
%
% This is a simple program with different variables
%
%
clear
fprintf('different variables setting')
a=1;
c=1+2i;
d=[1 2 3
   4 5 6
   7 8 9];
fprintf('\n\n')
a
c
d
```

當輸入這個程式後即可得到圖 2.35 的結果

圖 2.35

　　此外在 Matlab 中的文書編輯器，仍保有之前版的特色，那就是在程式中會出現不同顏色之指令來區分它，如此可使寫程式者看的更清楚，有關其顏色的設定如下：

　　程式中的註解用"綠色"字。

　　一般指令用"黑色"字。

　　字串的部份用"紫色"字。

　　函數，迴圈指令及 if 指令用"藍色"字。

　　有關上列顏色，只要讀者真正寫程式，即可發現這些現象。

　　另外，Matlab 編輯器亦提供目前變數數值的顯示，亦即若是在命令區已執行過的程式，或存在某些變數，讀者可利用 who 即可看到這些變數。通常這些變數皆有其數值，所以在 Matlab 程式編輯器內若有再用到相同名字的變數，只要滑鼠有移到該變數附近，就會出現該變數在命令區的數值，其值和目前的設定是不相同的，所以說讀者若在程式編輯內編輯程式時，移動滑鼠時，在變數附近會出現一些數值，代表這個變數已用過了，此時讀者宜小心。這是 Matlab 在提醒使用者的暗示。此現象通常可利用在寫程式初一開始加上一個 clear 的指令，以後若有遇到這種現象就可不管它，因加上 clear 的程式在執行時，會先清除已存的變數，然後再開始執行，所以後面重複使用的變數就無所謂了。因先前的變數已被 clear 清除掉了。

至此算是完成一個 Matlab 程式的書寫，但在此時這個程式的名稱尚未定義。接下來筆者再來說明一下如何來儲存先前所輸入的這個程式，一般而言在 Matlab 中所開啓的檔案均會給一個叫做 Untitle 的檔名如圖 2.35 所示，因此要用以下的步驟去轉存成一個讀者想要的檔名。使用編輯器 File 功能區塊下 SAVE 下之"Save as"下去設定所要的檔名爲 ex1test，如圖 2.36 所示：

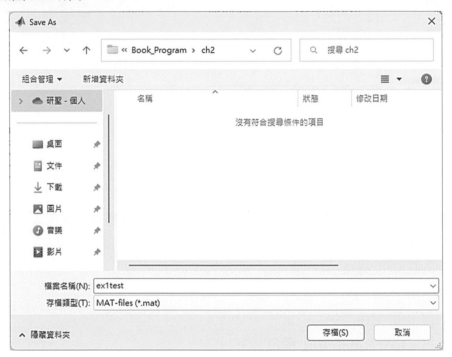

圖 2.36

　　另外對要儲存的路徑亦要適當的設好，才能放置到適宜的地方，不設定時直接存至 R2016a 下。當完成另存新檔後，已經存在一個 ex1test 的檔案，如果下次要使用此檔案時，可利用 File 功能區塊下 OPEN，並依此檔案的路徑設好後，按確定即完成開啓舊檔的動作，如圖 2.37 所示。此時的檔案名稱就不再是 Untitle，而是 ex1test.m。另圖 2.37 中會出現 Matlab 編輯器區及 Matlab 命令輸入區，方便使用者進行修編及執行測試。

圖 2.37

　　若程式有問題，讀者即可到 Matlab 編輯器區進行這個檔案的修改，當修改完畢後，記得一定要做文字儲存檔案的動作，才有更新檔案的內容。在這裡筆者要特別說明的是，修改程式和執行該程式，此二功能可交互切換，亦即修改完程式後，記得要做儲存檔案的動作，當作完儲存程式後即可切換到 Matlab 命令區去執行此程式，看看結果是否正確，若不對可直接回 Matlab 編輯器，再去做修改、儲存，再直接回命令區進行執行測試。可不用把編輯器完全關掉，再去做執行的動作。

【註】Matlab 檔名不支援英文及數字以外之符號，且檔名以英文字母優先。

　　至此筆者已介紹完基本修編一個程式的功能，接下來筆者要介紹如何去執行一個 Matlab 程式，一般而言，執行 Matlab 程式是在命令區直接下達執行的命令，也就是採用直譯的方式執行，有關在命令區執行的方式如圖 2.38 所示。

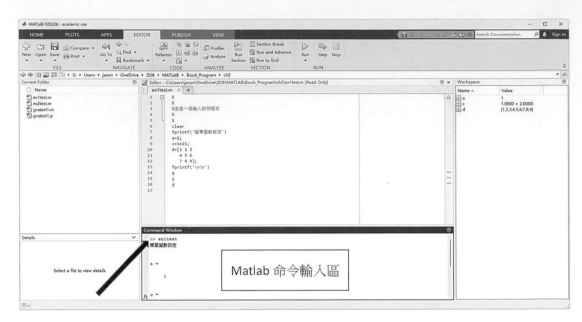

圖 2.38

亦可由 EDITOR 頁次標籤下的 RUN 功能區塊下的 Run 用滑鼠點一下及可執行此程式
如圖 2.39 所示。

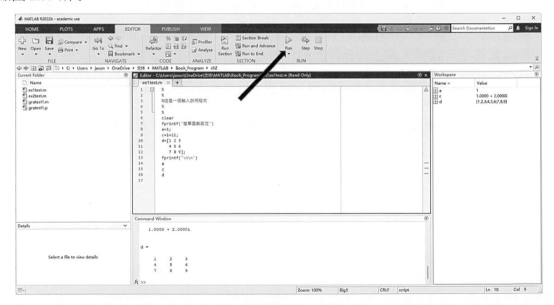

圖 2.39

前述這些步驟是有關如何編寫、儲存及執行一個 Matlab 程式，一般而言使用 Matlab
來做分析時，均是寫程式來完成為主，然而有時候只是做一些簡單的測試時，可以不用那
麼麻煩的去書寫一個程式。因為 Matlab 本身是一種直譯式語言，亦即在命令區下任何指
令後，按下 Enter 即可執行該命令。

接下來筆者簡單的介紹如何直接在 Matlab 命令區內去畫出一個二維圖形。基本上所要畫的圖形是 cos(6t)，其中 t 是從 0 到 6.28，間隔 0.01。讀者可以在命令區內，分別輸入下面的程式段

```
t = 0: 0.01 : 2 * pi;
plot(t, cos(6.*t))
xlabel('t')
ylabel('y')
grid
```

當執行完上列 5 個命令後，可得到下列結果：

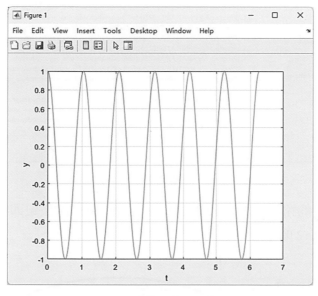

圖 2.40

　　因 Matlab 是採用直譯的方式去執行程式，所以全部的 Matlab 指令均可以在命令區內直接執行，但這樣執行對一些簡單的測試命令可以，若程式比較大一點時，筆者還是建議讀者使用編寫一個.M 的檔後，再去進行執行及修改會比較方便一點。

2.3 設定路徑

在 Matlab 環境中，如何加入一個新的路徑呢？可從 HOME 頁次標籤下 ENVIRONMENT 功能區塊的 Set Path 進入。進入 Matlab Path 的畫面如圖 2.41 所示：

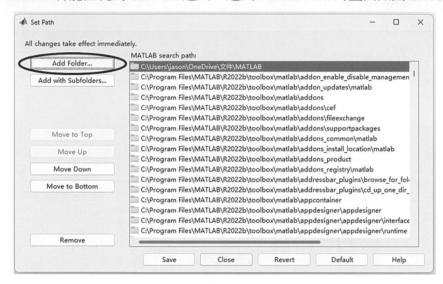

圖 2.41

若要加入一個新的路徑，則使用圖 2.41 之"Add Folder"的按鈕即可，當用滑鼠點上此功能後，可得到圖 2.42 的畫面：

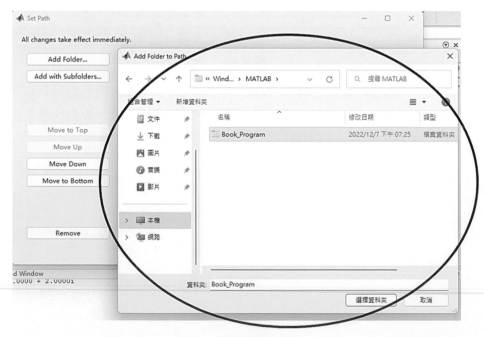

圖 2.42

利用滑鼠在瀏覽資料夾的視窗下，去設定我們所要加入之路徑，當按下"確定"即完成加入一個新的路徑，有關這個新的路徑在"Path"視窗內即可看到。同樣的方式，若要刪去一個路徑，可利用"Remove"去移除一個路徑。Add with Subfolder(可參圖 1.5 所示)將所要加的工具盒(或自行設計的多檔案夾程式加入)所在的正確路徑輸入進去，然後點選 OK 即完成。當要結束路徑的增減時，可利用"close"來結束。有關這個結束的動作必須要選擇"是"的按鈕，才會真正把資料路徑儲存起來，完成所要路徑的增減動作。

　　另外設定路徑的目的，主要是在下任何函數或檔案命令時，Matlab 系統可以根據已設定的路徑去找到所要執行的函數或檔案名稱，基本上若一個正常且存在的函數或檔案在執行時出現以下之文字

```
??? Undefined function or variable 'examlm'.
```

如圖 2.43 所示：

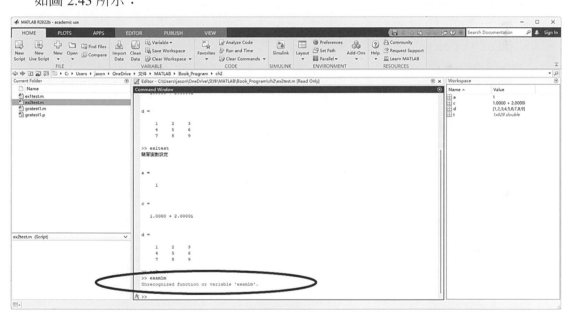

圖 2.43

　　出現這些字通常代表放置這個檔案或函數的地方未設定好路徑，所以不能執行，因此每個檔案或函數要正常執行，放置地方路徑要設好。就上例而言即說明 examlm 這個函數或程式沒有設定好路徑。此外檔名或函數的名稱若打錯，亦會有此現象。**新版 Matlab 會自動更正打錯字的命令如下：**

```
>> feqplotex1          :打錯字的命令，系統正確之命令是 freqplotex1。
Undefined function or variable 'feqplotex1'.

Did you mean:          :自動更正打錯字的命令。
>> freqplotex1         :直接按下 Entry 即可執行。
```

最後，當未設定路徑時，一個較簡單的方式亦能去執行程式，可用"Current Directory"設定到其位置，即可直接在命令視窗下執行程式。

2.4 繪圖視窗下之常用工具

有關繪圖視窗下有三個蠻方便的功能分別是 Edit Plot、Basis Fitting 及 Data Statics，其中 Edit Plot 是進行繪圖視窗下線條修編，Basis Fitting 是進行繪圖視窗下做曲線近似分析，Data Statics 是進行繪圖視窗下分析 x 軸和 y 軸之資料的統計特性，以下分別介紹其操作方式：

Edit Plot 功能使用：若想在繪圖時直接在繪圖視窗下更改線條之格式可用以下之操作，可先繪出一張圖如下：

```
>> t=1:0.1:10;
>> plot(t,exp(-0.3*t).*sin(t))
```

結果圖如圖 2.44 所示：

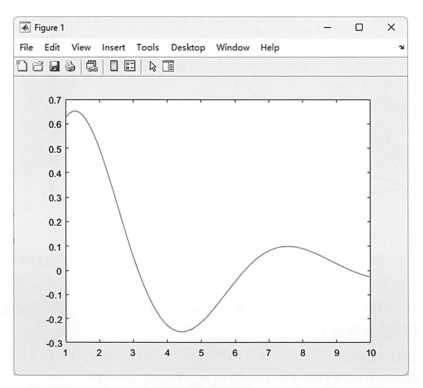

圖 2.44

選擇繪圖視窗上的 Tools 下 EditPlot，如圖 2.45 所示：

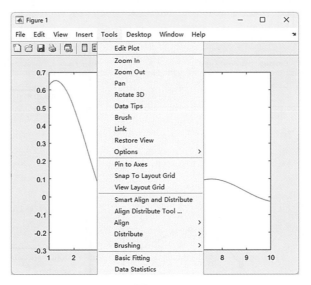

圖 2.45

選擇完 EditPlot 後可用滑鼠快點曲線二下得圖 2.46

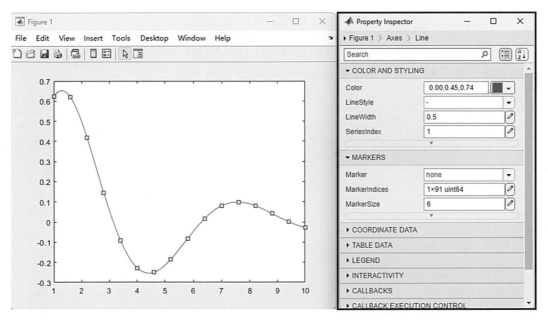

圖 2.46

使用者可在圖 2.32 上的 Property Editor-Line 進行線條之修編，以 Marker 為例做一個簡單設定如圖 2.47 所示：

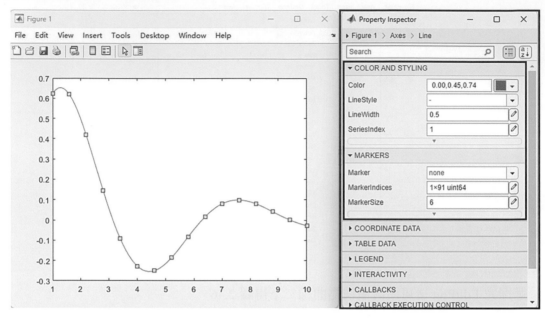

圖 2.47

　　其結果是完成一個虛線且用星型的曲線圖，其它相關修改功能，讀者可自行測試之。若要在加修改軸之設定，可用滑鼠點軸一下可得圖 2.48 所示：

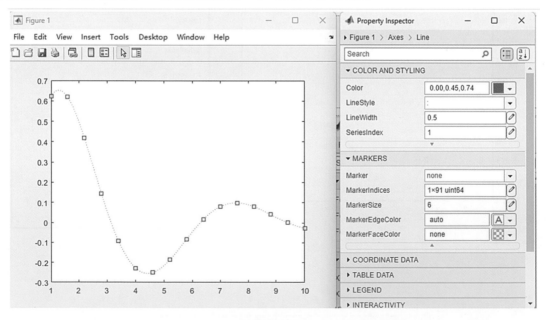

圖 2.48

圖 2.49 加設定 title 文字、xlable 文字及 box 取消。

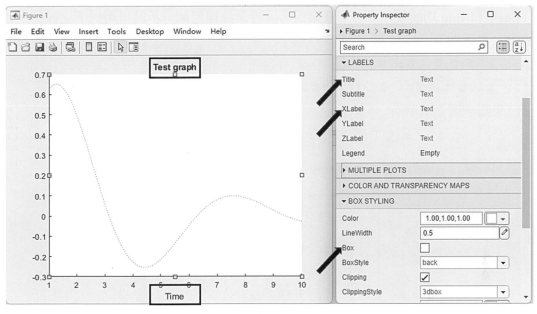

圖 2.49

　　點下圖 2.49 之圖形視窗之工具列的"Hide Plot Tools"可得圖 2.50 最後結果圖，分別完成曲線用虛線且星型的圖及設定 title 文字、xlable 文字及 box 取消。

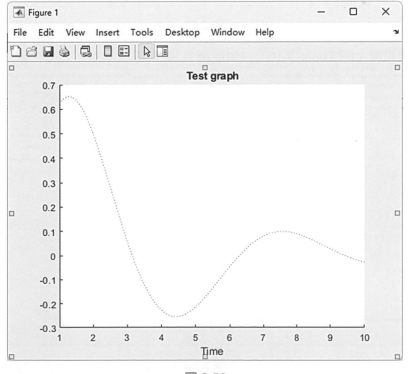

圖 2.50

其它相關修改功能,讀者可自行測試之。

Basic Fitting 功能使用:若想在繪圖時同時做曲線近似分析時可用以下之操作,首先先繪出一張圖如下:

```
>> t=1:0.1:10;
>> plot(t,exp(-0.3*t).*sin(3*t))
```

結果圖如圖 2.51 所示:

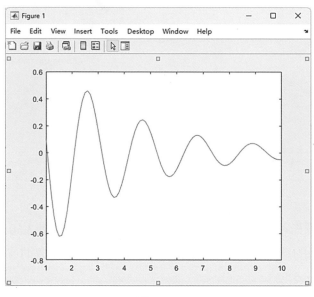

圖 2.51

選擇繪圖視窗上的 Tools 下 Basic Fitting,如圖 2.52 所示:

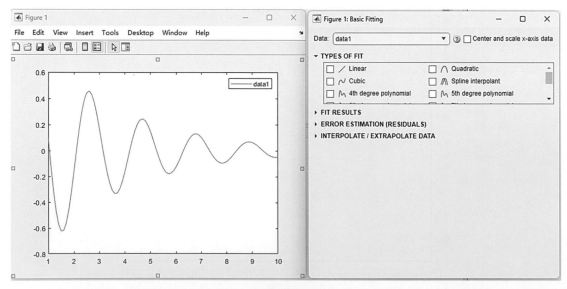

圖 2.52

　　從圖 2.52 上可看出多出一個 Basic Fitting-1 的視窗，此即是進行曲線近似分析的視窗。若以滑鼠點上圖 2.52 之箭頭所示可得圖 2.53。

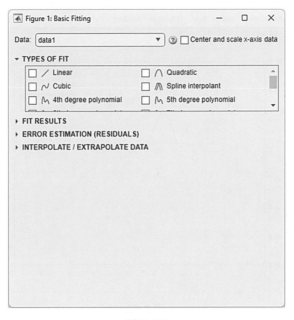

圖 2.53

　　圖 2.53 主要有二個功能，分別是 Plot fits 及 Numerical results。其中 Plot fits 可選一些常用之曲線近似方法，若選擇四種不同的曲線近似方法分別是 spline interpolant, shape-preserving interpolant, linear, cubic，如圖 2.54 所示：

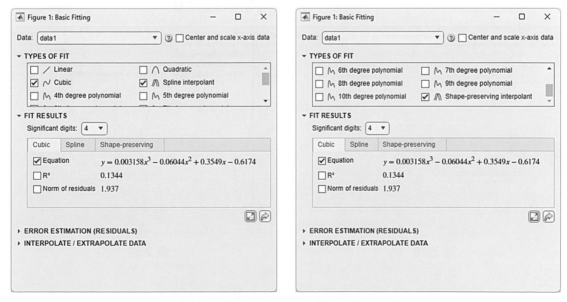

圖 2.54 (TYPES OF FIT 的選項之全部內容)

同時在繪圖視窗可得圖 2.55 之結果。

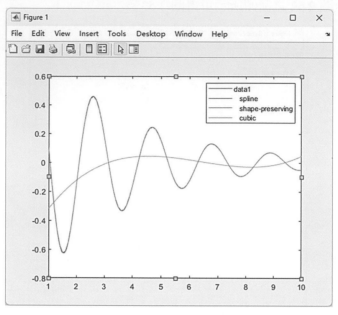

圖 2.55

另外，若要做數值分析可選 Numerical results，同時做圖 2.56 箭頭之設定可得圖 2.57 之結果。

圖 2.56

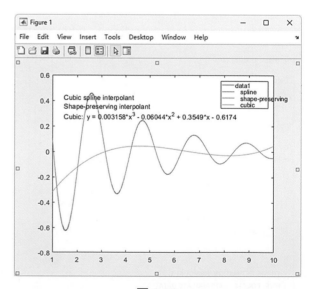

圖 2.57

輸出至命令示視窗可點選圖 2.58 之 Save to workspace ...

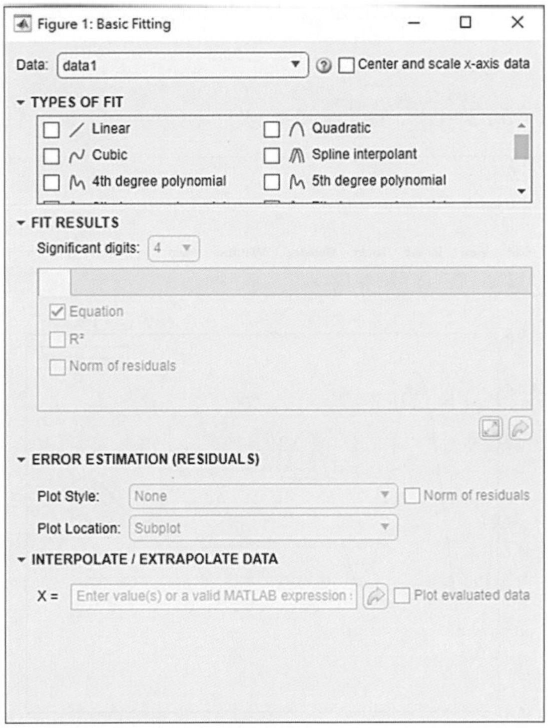

圖 2.58

回命令視窗查看本次操做之變數內容如下：

```
>> who

Your variables are:
fit        normresid  resids     t
```

另外再查看 fit 變數內容如下：

```
>> fit

fit =
    type: 'polynomial degree 6'
    coeff: [1.4456e-04 -0.0048 0.0603 -0.3616 1.0147 -1.0409
    -0.0225]
```

其中 fit 是物件變數以 cell 變數方式呈現。其它相關修改，讀者可自行測試之。

Data Statics 功能使用：若想在繪圖時同時分析 x 軸和 y 軸之資料的統計特性時可用以下
之操作，首先先繪出一張圖如下：

```
>> t=1:0.1:10;
>> plot(t,exp(-0.3*t).*sin(2*t))
```

結果圖如圖 2.59 所示：

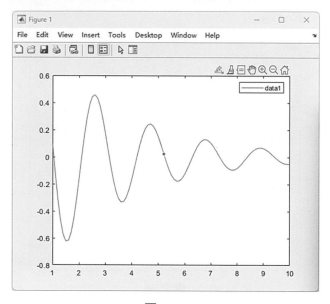

圖 2.59

　　x 軸和 y 軸之資料的統計特性之選項在繪圖視窗下的 Tools 功能表下的 Data Statics, 如
圖 2.60 所示：

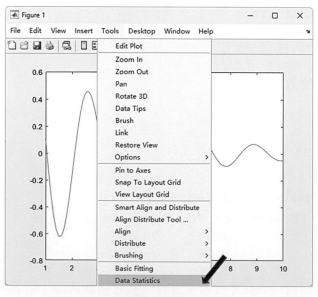

圖 2.60

選項選定後可得圖 2.61 之統計特性分析視窗。

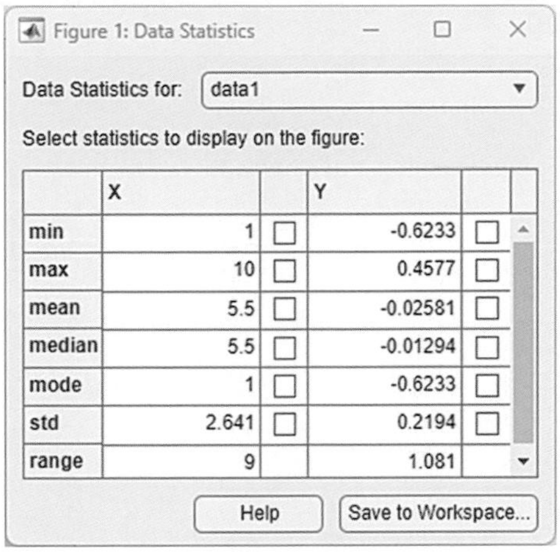

圖 2.61

圖 2.61 的選項選 Save to workspace 後可得圖 2.62。

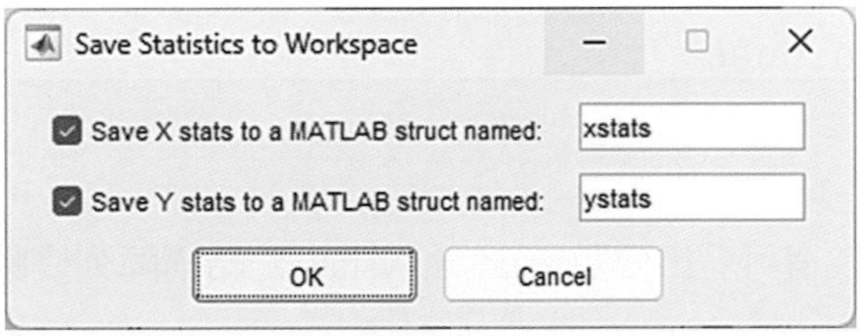

圖 2.62

在圖 2.62 上選擇 OK 後，在命令視窗下會出現以下文字：

`Variables have been created in the base workspace.`

同時查看本次操做之變數內容，以 who 指令查閱變數會出現 xstats1 和 ystats1 之統計資料

```
>> who

Your variables are:
t      xstats  ystats
```

xstats 之統計資料如下

```
>> xstats

xstats =
      min: 1
      max: 10
```

```
        mean: 5.5000
      median: 5.5000
         std: 2.6413
       range: 9
```

ystats 之統計資料如下

```
>> ystats1

>> ystats

ystats =
         min: -0.4984
         max: 0.6736
        mean: -0.0086
      median: -0.0086
         std: 0.2196
       range: 1.1720
```

若從 WorkSpace 視窗可看出變數 xstats 和 ystats 是**結構陣列變數**如圖 2.63 所示：

圖 2.63

若要取出結構陣列變數 ystats 的 max 值，可用以下指令

```
>> ystats.max
ans =
0.  6736
```

此外若在圖 2.64 的 x 資料選定 std 如箭頭處，其結果會標示以 x 軸資料之變異數範圍，其結果圖如圖 2.64 所示：(二箭頭之範圍)

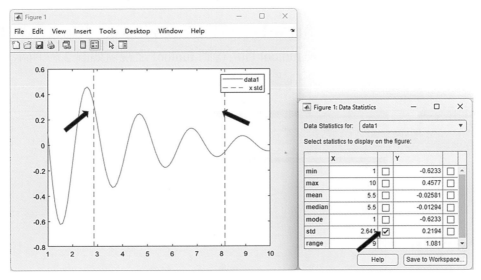

圖 2.64

　　同理若在圖 2.65 的 y 資料選定 mean，其結果會標示以 y 軸資料之平均數範圍，其結果圖如圖 2.65 所示：(二箭頭之範圍)

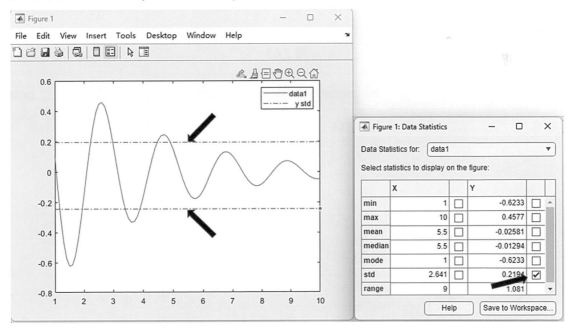

圖 2.65

2.5　funtool 之使用

在 Matlab 中有提供一個簡單函數繪製之工具，稱之為 funtool。起動之方式如圖 2.66 所示，直接在 Matlab 命令視窗輸入 funtool 即可得到 funtool 之視窗如圖 2.67 所示，圖 2.67 會出現三個新視窗分別是 f 圖視窗、g 圖視窗及 funtool 視窗。

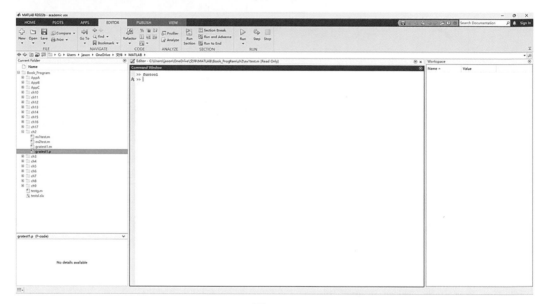

圖 2.66

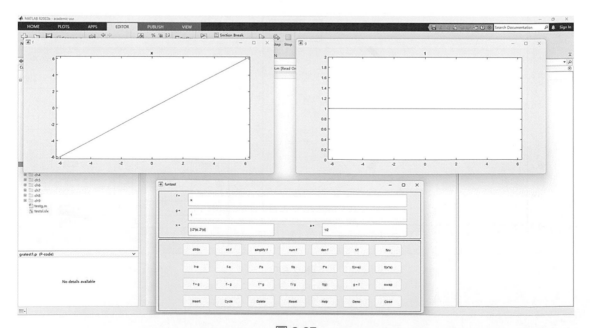

圖 2.67

在圖 2.68 中 funtool 視窗中 x 是輸入範圍，f、g 及 a 是令一個可設定之函數，其中 f、g 可分別輸入以 x 為輸入之不同函數並顯示出來，另外透過 funtool 視窗按鍵可產生由簡單到複雜之函數。例如在 f 輸入 x^2 後按下 Enter 即可得圖 2.68 中的 f 圖視窗之新圖。

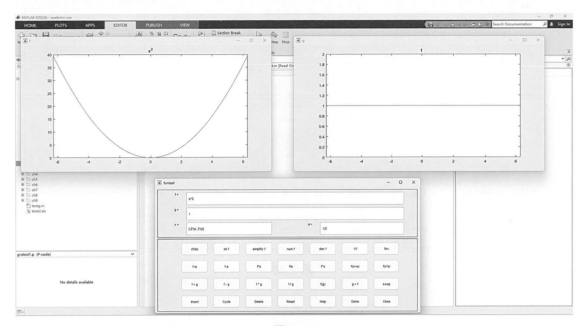

圖 2.68

例如又在 g 輸入 cos(3.*x)後按下 Enter 即可得圖 2.69 中的 g 圖視窗之新圖。

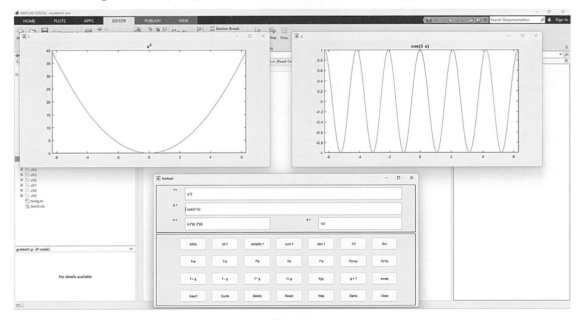

圖 2.69

若再按下圖 2.70 的 reset 可得原來進入 funtool 的圖，其結果如圖 2.71 所示：

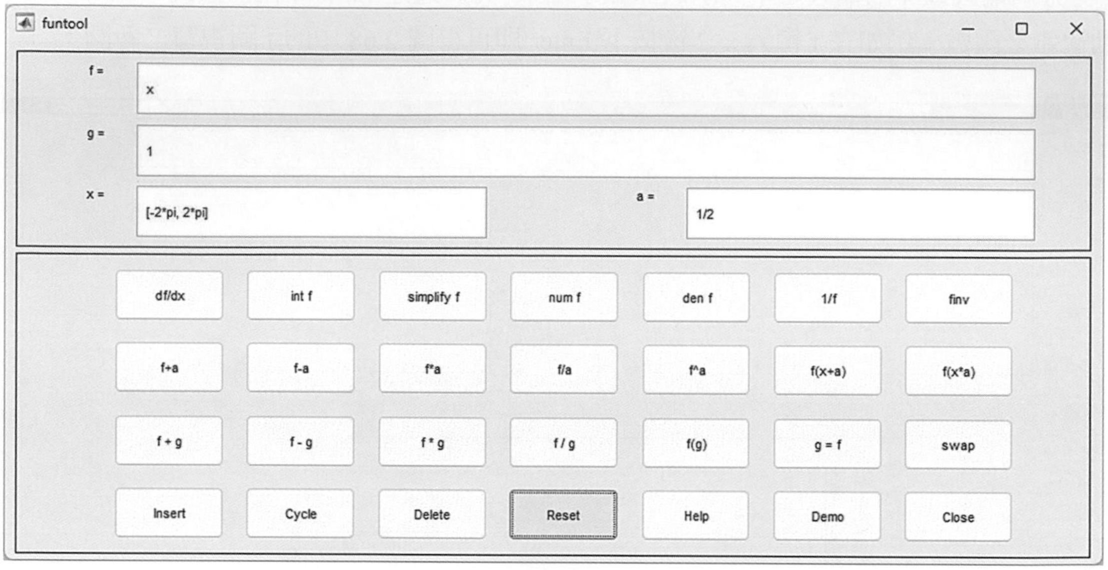

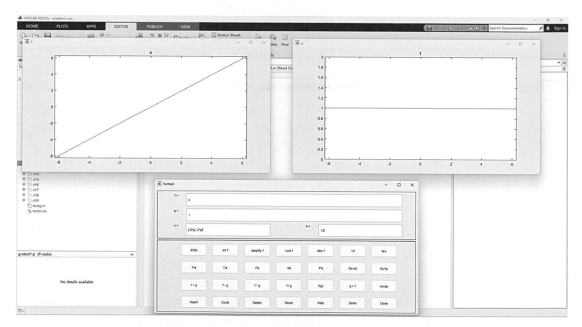

圖 2.70

圖 2.71

　　重新在 f 輸入 x^2 後按下 Enter 及在 g 輸入 cos(3.*x)後按下 Enter，結果如圖 2.69，並在圖 2.70 下按 df/dx 鍵會出現 f 變成 2*x，f 圖視窗的 f 函數因做了微分的運算結果如圖 2.72 所示：

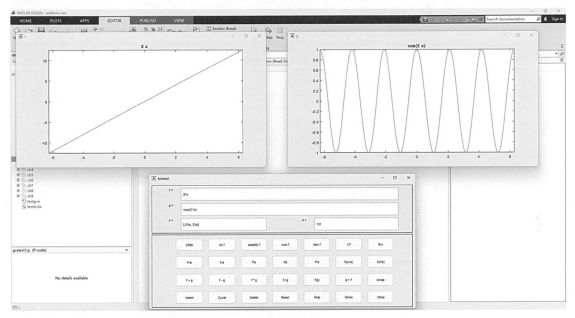

圖 2.72

　　若在 funtool 視窗下按 f*g 鍵會出現 f 變成 2*x*cos(3.*x)，f 圖視窗改變了如圖 2.73 中的 f 圖所示：

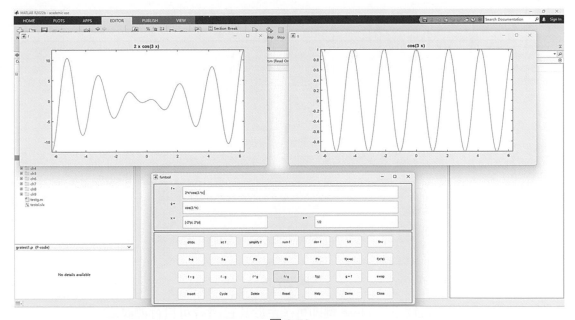

圖 2.73

若在 funtool 視窗下按 swap 鍵會出現 f、g 內容互換了如圖 2.74 所示：

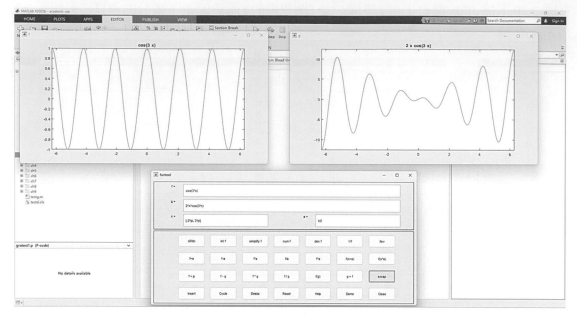

圖 2.74

若在 funtool 視窗下的 a 輸入 sin(5*x)後，並在 funtool 視窗下按 f*a 鍵會出現 f 變成 cos(3.*x)*sin(5*x)，f 圖視窗改變了如圖 2.75 中的 f 圖所示：

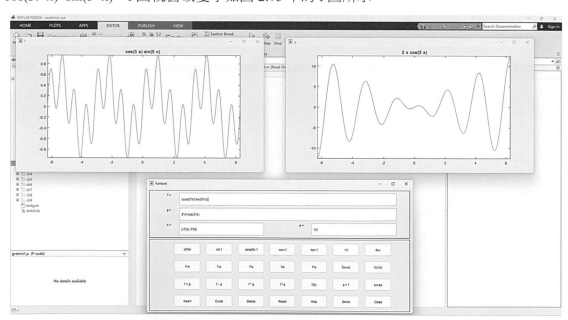

圖 2.75

結束時在 funtool 視窗下按 close 鍵即可，至於其它讀者可自行測試之。

2.6 Matlab 的變數、函數及檔案之執行順序

假設目前要執行之變數、函數及檔案是 gratest，在 Matlab 中的執行順序如下：

1. 檢查 gratest 是否為變數，當 gratest 不是變數時，系統會往下步驟尋找。

2. 檢查 gratest 是否為內建函數，當 gratest 不是內建函數時，系統會往下步驟尋找。

3. 檢查 gratest 是否為函數之子函數，當 gratest 不是函數之子函數時，系統會往下步驟尋找。

4. 檢查 gratest 是否為一般檔案、函數之私有函數，當 gratest 不是一般檔案、函數之私有函數時，系統會不是時往下尋找。

5. 檢查目前路徑下 gratest 是否為一般檔案、函數(先找 gratest.p，然後再找 gratest.m)，當 gratest 不是目前路徑下的一般檔案、函數(先找 gratest.p，然後再找 gratest.m)時，系統會往下步驟尋找。

6. 依照 SetPath 下之路徑檢查 gratest 是否為一般檔案、函數(先找 gratest.p，然後再找 gratest.m)，不是時往下步驟尋找。

7. 如果都找不到，Matlab 會出現錯誤訊息。

   ??? Undefined function or variable 'gratest'.

   在上述之執行順序說明中有幾個名詞筆者在做些解釋說明如下：

內建函數：　　　　　　指 Matlab 系統建立之基本函數。

函數之子函數：　　　　在 Matlab 之函數下可再寫一些函數，稱之為函數之子函數。(相關用法請參第七章之說明)

檔案、函數之私有函數：位於 private 目錄下之函數稱為私有函數，這些函數在使用時會受到限制，只能被其上一層之父目錄的檔案及函數呼叫，此外私有函數無法利用 help 及 lookfor 指令找到，因此這些是有別於一般函數。

.p 之檔案及函數：　　　這類的檔案及函數是二進制檔，其執行速度較一般.m 檔快且有保密性，其缺點是不易進行閱讀。

有關 pcode 指令的用法可用 help 指令查閱之：

```
>> help pcode
    pcode   Create content-obscured, executable files (pcoded
files).
    pcode F1 F2... makes content-obscured versions of F1, F2...
```

The arguments F1, F2... must describe MATLAB functions or files containing MATLAB code.

If the flag -INPLACE is used, the result is placed in the same directory in which the corresponding file was found. Otherwise, the result is placed in the current directory. Any existing results will be overwritten. Needed private and class directories will be created in the current directory if they do not already exist.

Once created, a pcoded file takes precedence over the corresponding .m file for execution, even if the .m file is subsequently changed. Each created pcoded file has the suffix .p.

An argument that has no file extension and is not a directory must be a function found on the MATLAB path or in the current directory. The found file is used for input.

If ISDIR(F) is true for an argument F and neither '..' nor '*' appears in F, pcoded files are created for all MATLAB code files in F (but not in its subdirectories).

The file part F of an argument of the form DIR/F (where DIR/ might be absent) can contain wildcards '*'. The wildcards are expanded. Files with extensions other than '.m', '.M' or '.p' are ignored. The '.p' extension is a special case, indicating either '.m' or '.M'.

Reference page for pcode

首先，先建立一個 gratest1.m 檔，其內容如下：

```
%
% graph test
%
clear
tc=clock;                    :建立開始時間。
t=0:0.1:20;
```

```
plot(t,sin(2*t))
xlabel('x')
ylabel('y')
title('sin')
%gtext('sin')
grid
tidata=clock-tc                    :依據開始時間計算所花費之時間。
```

　　檢查目前路徑下之檔案內容如圖 2.76 所示：

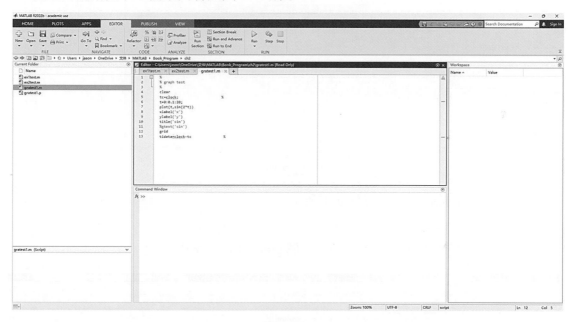

圖 2.76

　　接下來執行 gratest1.m 程式，並記錄其執行時間如下：

```
>> gratest1
tidata =
        0        0        0        0        0     0.6560
```

其結果如圖 2.77 所示：

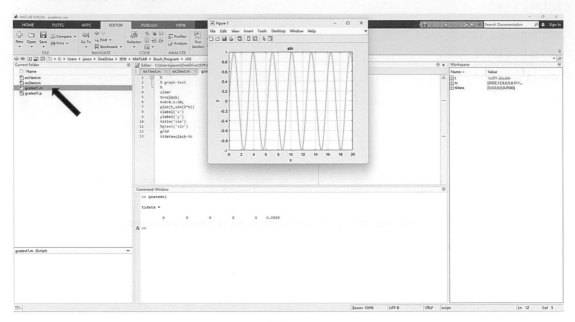

圖 2.77

接下來進行.p 檔轉換，其操作如下所示：

```
>> pcode gratest1
```

其轉換結果如圖 2.78 所示，又多了一個 gratest1.p 的程式。

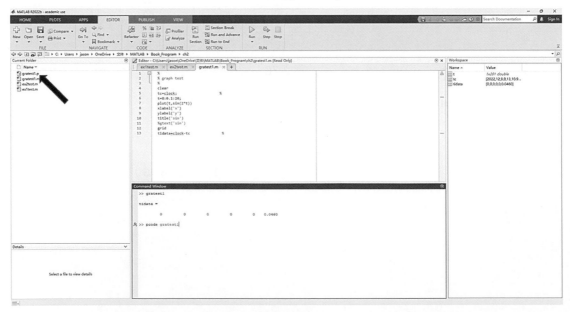

圖 2.78

接下來執行 gratest1 程式，根據變數、函數及檔案之執行順序可知，本動作是執行 gratest1.p，並記錄其執行時間如下：

```
>> gratest1

   tidata =
        0        0        0        0        0     0.1250
```

　　從上結果可知 gratest1.p 之執行速度比 gratest1.m 快。另外有關 gratest1.p 及 gratest1.m 之內容之操作如下：

```
>> type gratest1.p
空白無內容
>> type gratest1.m

%
% graph test
%
clear
tc=clock;
t=0:0.1:20;
plot(t,sin(2*t))
xlabel('x')
ylabel('y')
title('sin')
%gtext('sin')
grid
tidata=clock-tc
```

從上結果可之 gratest1.p 具有保密性但看不到內容。

2.7 MATLAB Live Editor

　　Matlab 自 R2016a 版本之後提供全新功能的即時編輯器(Live Editor)，可提供使用者邊寫程式亦可邊執行 Matlab 程式碼，並在程式碼的頁面以右邊或下方的方式內嵌執行的結果，文件內的文字可依需求進行格式調整，還可以加入說明註、解超連結、圖片及公式等功能。所寫的檔案可存成以 mlx 為副檔名的 MATLAB Live Script 檔案。

　　MATLAB Live Editor 可建立一個可執行的 Notebook 環境程式，可使用 live scripts 或 live function 來講述故事。亦可在寫 Live 程式時結合方程式、圖形和超連結去增強程式碼和輸出的聯結。另可使用交互式編輯器置入方程式或使用 LaTeX 創建方程式。MATLAB Live Editor 建立的 Notebook 環境程式方便使用者可以直接與您的同事共享您的實用腳本程式，方便他們可以重現或進一步的擴展您的工作。此外 MATLAB Live Editor 亦可將您的工作腳本程式成果發佈為 PDF、HTML 或 LaTeX 文檔。有關 MATLAB Live Editor 啟動可由圖 2.79 的 New Live Script 去啟動如下：

圖 2.79　MATLAB Live Editor 的啟動

　　由 New Live Script 去啟動 MATLAB Live Editor 的結果如圖 2.80 所示：

圖 2.80　MATLAB Live Editor

可在 MATLAB Live Editor 輸入以下程式：

```
x=5;
b=6
c=[3  4  5
   2  5  5]
t=1:30
plot(t)
```

並執行輸入的程式，其結果如圖 2.81 所示：

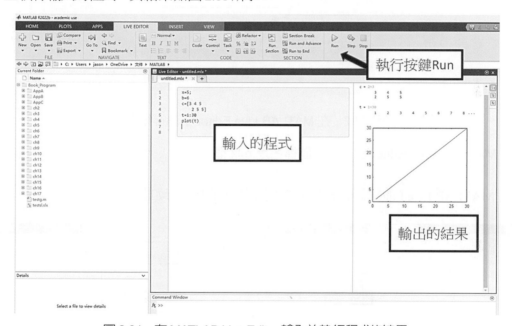

圖 2.81　在 MATLAB Live Editor 輸入並執行程式的結果

　　從圖 2.81 中可看出左邊是您輸入的測試程式，右邊是測試程式的輸出結果。二者同時存在在一個畫面，所以稱 Live 的概念。另若要存 MATLAB Live Editor 的檔案同一般存檔方式用 Save 下的 Save As 後輸入檔名 test_live1 如圖 2.82 所示：

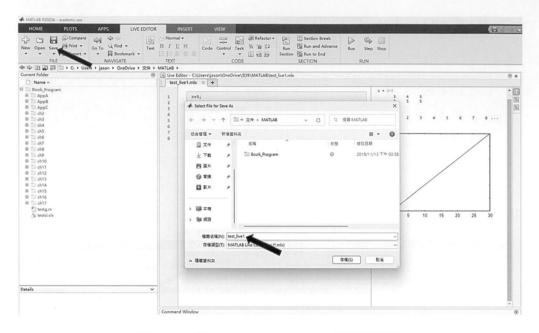

圖 2.82　在 MATLAB Live Editor 下儲存檔案

【註】MATLAB Live Editor 的檔案之副檔名是.mlx 檔。

另 MATLAB Live Editor 的檔案亦可在命令視窗下直接執行如圖 2.83 所示：

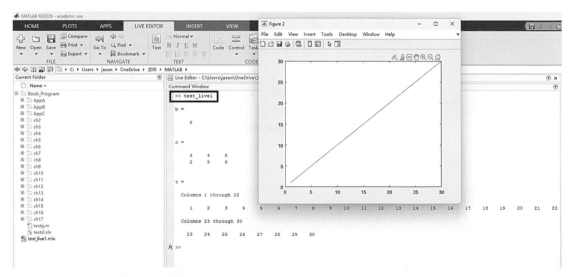

圖 2.83　在命令視窗下直接執行 MATLAB Live Editor 的檔案

【註】其結果同一般.m 的程式。

若要開啓 MATLAB Live Editor 的檔案同一般開啓檔案方式用 Open 去找到您要的檔名點開即可如圖 2.84 所示：

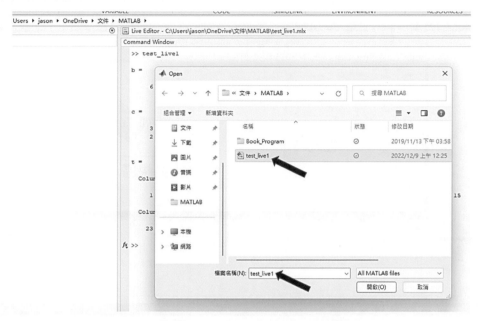

圖 2.84　開啓 MATLAB Live Editor 的檔案方式

有關在寫 Live 程式時若要結合方程式、圖形和超連結去增強程式碼和輸出的聯結，可使用 MATLAB Live Editor 的 INSERT 去完成如圖 2.85 所示：

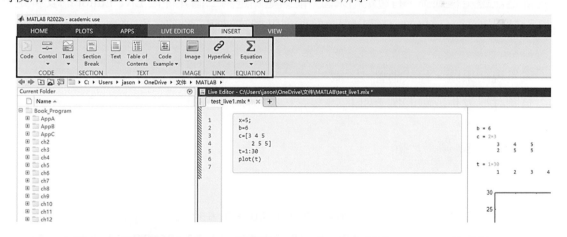

圖 2.85　可做圖形(Image)、超連結(Hyperlink)和方程式(Equation)的連結

在圖 2.85 可做圖形(Image)、超連結(Hyperlink)和方程式(Equation)的連結，若要設定方程式可使用交互式編輯器插入方程式或使用 LaTeX 創建方程式，讀者可自行實際操作即可。整體而言，MATLAB Live Editor 可提供一邊寫程式，又可馬上進行程式測試的功能，此功能對使用者非常方便進行程式開發。

以下再用一個計算分析成績的例子來說明，建立時可在 HOME 頁籤上點選 New 下的實心三角形，然後點選 Live Script，如圖 2.79 就可以進行程式的撰寫如圖 2.86 所示：

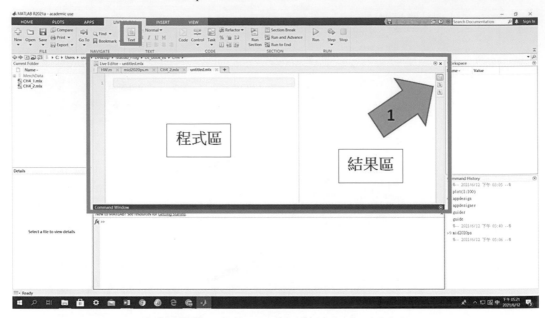

圖 2.86

　　箭頭處點選 Live Editor 的程式區與結果區之排列方式，點第一個元件後 Live Editor 的安排是左邊是程式區，右邊是結果區。箭頭處點選第二個元件後 Live Editor 的安排是程式區與結果區同一 column 交替出現。箭頭處點選第三個元件後 Live Editor 的安排是

只呈現結果區，程式碼會被隱藏。

有關計算分析成績的例子如下：

```
%
% 考 試 成 績 分 析
%
clear
a1=[65 60 65 24 31 53 64 57 58 20 60 65 52 69 66 91 85 64 87];
a2=[23 100 33 40 58 47 48 38 38 52 22 51 86 12 44 83 47 100];
a3=[30 62 47 58 48 12 43 100 41 28 48 68 75 53 17 94];
a=[a1 a2 a3];
fprintf("本次考試的人數：%d 人\n",length(a));
fprintf("平均：%f\n", mean(a));
fprintf("中數：%f\n", median(a));
fprintf("最高分：%d\n", max(a));
```

```
fprintf("最低分: %d\n", min(a));

figure(1)
[counts,centers] =hist(a,10);
hist(a,10)
axis([10 100 0 12])

figure(2)
bar(centers,counts)
axis([10 100 0 12])

figure(3)
boxplot(a)

Y25 = quantile(a,0.25);
Y50 = quantile(a,0.50);   %中數
Y75 = quantile(a,0.75);
fprintf("本次考試 75%% 的分數: %f\n", Y75);
fprintf("本次考試 25%% 的分數: %f\n", Y25);
qr=iqr(a); %四分全距
qr2=Y75-Y25;
% fprintf("四分全距: %f\n", qr2);
maxv=Y75+1.5*qr;
minv=Y25-1.5*qr;
if ( (max(a) < maxv) & (min(a) > minv))
    fprintf("本次考試 No Outliers\n");
else
    fprintf("本次考試 Have Outliers\n");
end
```

　　先把上程式碼貼到編輯器上，在每一個 block 的最後，可用滑鼠點 LIVE EDITOR 頁
籤下 "Text" 然後在點圖 2.86 小方框的 Text 隔開後可加入說明註、解超連結、圖片及公
式等功能。

執行結果如下圖 2.87 所示：

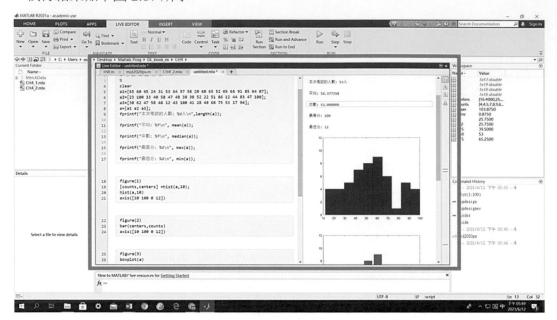

圖 2.87

有關時編輯器(Live Editor)的其它功能讀者可自行練習一下即可了解。

(2.8) Add-Ons Explorer

Add-Ons Explorer：Add-Ons 可為使用者的任務查詢附加組件，無論您在做什麼功能或運算，Add-Ons 擴展了 Matlab 的功能。這是 Matlab 一個很方便的介面，使用者可無需離開 Matlab 即可獲取附加模組與組件。也就是說使用者可無需離開 MATLAB 環境即可進行下載、安裝和使用元件及模組的增加。無論使用者需要額外的工具箱、應用程序、硬體支持包還是社群提交，使用者都可以輕鬆瀏覽並找到所需的內容。

要打開 Add-Ons，啟動 Matlab 後再工具列頁籤上的環境下即可看到 Add-Ons 單擊 Add-Ons 圖標即可啟動。啟動 Add-Ons 後結果如圖 2.88 所示。

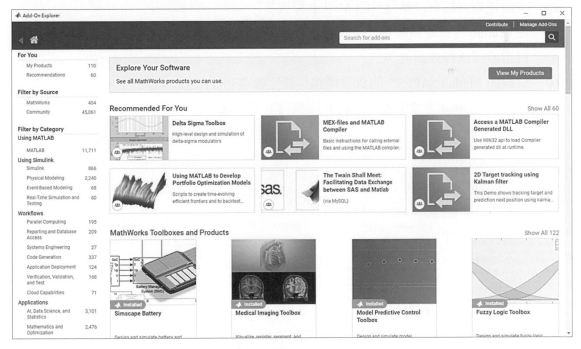

圖 2.88

透過瀏覽 Add-Ons 資源管理器窗口左側的可用類別或使用搜索欄來查找附加組件。從瀏覽 Add-Ons 頁面，使用者可以查看有關 Add-Ons 的相關資訊如文件和可用的文檔與安裝模組與組件。安裝好後，Matlab 會自動管理 Matlab 新增模組與組件的路徑，因此使用者無需調整桌面環境即可開始使用新增模組與組件。

習 題

1. 請說明 Matlab "HOME" 的頁次標籤可設定哪些功能？

2. 請說明 "HOME" 頁次標籤的 FILE 功能區塊下的 "save workspace As" 的用意？

3. 請說明 VARIABLE 功能區塊下的 "Import Data" 可設定哪些功能？

4. 請說明 ENVIROMENT 功能區塊下的 "Preference" 可設定哪些功能？

5. 請說明 Matlab 和 Simulink 之差別？

6. 請說明 Matlab 設定路徑的方法？

7. 請簡述如何編寫及執行一個 Matlab 程式？

8. 在 Matlab 程式區編輯程式時，會出現不同顏色的字，它們各代表那些意義?

9. 何謂直譯式程式語言？

10. 請說明 Matlab "APPS" 的頁次標籤可設定哪些功能？

11. 當進入 Matlab 主畫面後，如何直接執行下列程式？

    x=0:0.1:5

    y=exp(-0.1.*x)

    plot(x,y)

12. 當進入 Matlab 主畫面後，如何直接執行下列程式？

    for i=1:10

     t=10*i+i.^2

    end

13. 請比較.M 和.mdl 檔的差別？

14. 請說明在 Matlab 中的二種執行程式的方法？

15. 請說明繪圖命令視窗下之"Tools"可設定哪些功能？

16. 請說明繪圖命令視窗下之"Insert"可設定哪些功能？

17. 如果一個 Matlab 程式，其放置的位置未設入 Matlab 的路徑中，當在執行時會出現什麼問題？

18. 簡述如何刪去一個 Matlab 路徑？

19. 簡述 funtool 之功能？

20. 簡述 Matlab 的變數、函數及檔案之執行順序？

21. 請說明 pcode 指令的用法？

第三章

基本指令及符號介紹

 **3.1** 基本指令

以下筆者介紹幾個一般性指令，有關這些指令的使用目的，主要是為了幫助讀者進行關鍵字指令找尋、了解 Matlab 及工具盒的版本，以及路徑的設定等。有關這些一般性指令如下：

　　lookfor　：輸入一個關鍵字來找出其相關指令。

　　ver　　　：顯示 Matlab 和工具盒的版本。

　　what　　：確認在一個目錄下的.M 檔、.MEX 檔、.MAT 檔有那些。

　　which　　：找出其檔案所在的路徑。

　　path　　：顯示出 Matlab 目前的所有路徑。

　　help　　：查看 Matlab 函數之使用方式之指令。

基本上 lookfor 可用來找尋一些可以應用的指令，當使用者僅約略知道其功能時，但不知道有那些指令可用時，即可利用 lookfor 先確認是否有相關指令可用。ver 是用於顯示目前 Matlab 和利用工具盒直接安裝的軟體的版本，注意若用使用者自行 copy 而設路徑者，無法檢測出來。what 是用以了解某個目錄下有什麼.M 檔、.MEX 檔、.MAT 檔的顯示指令。which 是用以了解某個指令的目前位置，以方便讓使用者進行修改某些現有的程式。path 會顯示出 matlabrc 中，matlabpath 的所有路徑。

以下用一個測試例子來說明上述這些指令的用法。

>> lookfor nonlinear　　　　　　　　　　:找尋和 nonlinear 有關的指令

>> lookfor nonlinear

FMINBND Scalar bounded nonlinear function minimization.

FMINSEARCH Multidimensional unconstrained nonlinear minimization (Nelder-Mead).

FZERO Scalar nonlinear zero finding.

sldemo_tc_script.m: %% Approximating Nonlinear Relationships: Type S Thermocouple

drydemo.m: %% Nonlinear system identification

GAPLOTMAXCONSTR Plots the maximum nonlinear constraint violation by GA.

PSPLOTMAXCONSTR **PlotFcn** to plot maximum nonlinear constraint violation.

simple_constraint.m: % Nonlinear inequality constraints:

mpcnonlinear.m: %% MPC control of a Multi-Input Multi-Output nonlinear system

mpcoffsets.m: %% MPC for a Nonlinear Plant Under Nonzero Nominal Conditions

demobp1.m: %% Nonlinear Regression

demolin4.m: %% Linear Fit of Nonlinear Problem

APPCS1 Nonlinear system identification.

BROWNFG Nonlinear minimization test problem

BROWNFGH Nonlinear minimization test problem

BROWNVV Nonlinear minimization with dense structured Hessian

confun.m: % Nonlinear inequality constraints:

confuneq.m: % Nonlinear inequality constraints:

confungrad.m: % Nonlinear inequality constraints:

datdemo.m: %% Medium-scale nonlinear data fitting.

FSOLVE solves systems of nonlinear equations of several variables.

molecule.m: %% Large-scale Unconstrained Nonlinear Minimization

NLSF1 Nonlinear vector-valued function and Jacobian

NLSF1A Nonlinear vector function

SFMINBX Nonlinear minimization with box constraints.

SFMINLE Nonlinear minimization with linear equalities.

PDENONLIN Solve nonlinear PDE problem.

PDERESID Residual for nonlinear solver

CFIRPM Complex and nonlinear phase equiripple FIR filter design.

CREMEZ Complex and nonlinear phase equiripple FIR filter design.

difeqdem.m: %% Example: Solving a Nonlinear ODE with a Boundary Layer

NLINFIT Nonlinear least-squares regression.

NLINTOOL Interactive graphical tool for nonlinear fitting and prediction.

NLPARCI Confidence intervals for parameters in nonlinear regression.

NLPREDCI Confidence intervals for predictions in nonlinear regression.

wnlsdemo.m: %% Weighted Nonlinear Regression

xform2lineardemo.m: %% Pitfalls in Fitting Nonlinear Models by Transforming to Linearity

ISLINEAR Returns 1 for linear models and 0 for nonlinear.

NONLINEARCOEFFS array of indices of nonlinear coefficients.

simReconstruct.m: % LOCALBSPLINE/SIMRECONSTRUCT - nonlinear reconstruct block.

findnl.m: % LOCALMOD/FINDLN - this returns the index to the nonlinear parameter

simReconstruct.m: % LOCALMOD/SIMRECONSTRUCT - nonlinear reconstruct block.

findnl.m:% localpspline/FINDLN-this returns the index to the nonlinear parameter

findnl.m: % LOGISTIC/FINDLN - this returns the index to the nonlinear parameter

findnl.m: % mmf/FINDLN - this returns the index to the nonlinear parameter

simReconstruct.m: % LOCALBSPLINE/SIMRECONSTRUCT - nonlinear reconstruct block.

findnl.m: % LOCALUSERMOD/FINDNL - this returns the index to the nonlinear parameters for SIMULINK reconstruction

wcostnl.m: % COVMODEL/WCOSTNL nonlinear constraints for correlation models

nlupdate.m: % xreglinear/NLUPDATE update of nonlinear parameters

numNLParams.m: % xreglinear/numNLParams number of nonlinear parameters

fbnleval.m: % MODEL/FBNLEVAL evaluate function with parameters nonlinear b and inputs x

nlupdate.m: % MODEL/NLUPDATE update of nonlinear parameters

nonlin_sse.m: % MODEL/NONLIN_SSE nonlinear sum of squares error

numNLParams.m: % MODEL/numNLParams number of nonlinear parameters

nlupdate.m: % xreglinear/NLUPDATE update of nonlinear parameters

numNLParams.m: % xreglinear/numNLParams number of nonlinear parameters

MLE_NONLIN Nested nonlinear mle estimator

nonlin_sse.m: % TWOSTAGE/NONLIN_SSE nonlinear sum of squares error

nlupdate.m: % xregUniSpline/NLUPDATE update of nonlinear parameters

numNLParams.m: % xregUniSpline/numNLParams number of nonlinear parameters

nlconstraints.m: %XREGUSERMOD/NLCONSRAINTS nonlinear constraints evaluation for fmincon

CFROBNLINFIT Do robust nonlinear fitting for curve fitting toolbox.
SNLS Sparse nonlinear least squares solver.
SNLS Sparse nonlinear least squares solver.
TRUSTNLEQN Trust-region dogleg nonlinear systems of equation solver.
LCLFMINBND Scalar bounded nonlinear function minimization.
statsfminbx.m: %SFMINBX Nonlinear minimization with box constraints.

在 Matlab 命令視窗內，會出現和 nonlinear 有關的指令名稱和.m 的 Matlab 程式名稱，從上列結果可知道大寫字是和 nonlinear 有關的指令，讀者若想了解，則自行再利用 help 去進行了解即可，以下筆者將介紹 ver 的使用。

```
>>ver                          :顯示 Matlab 系統和工具盒的版本
MATLAB Version: 9.13.0.2049777 (R2022b)
MATLAB License Number: 1083151
Operating System: Microsoft Windows 10 專業版 Version 10.0 (Build
19045)
Java Version: Java 1.8.0_202-b08 with Oracle Corporation Java
HotSpot(TM) 64-Bit Server VM mixed mode
```

MATLAB	Version 9.13 (R2022b)
Simulink	Version 10.6 (R2022b)
5G Toolbox	Version 2.5 (R2022b)
AUTOSAR Blockset	Version 3.0 (R2022b)
Aerospace Blockset	Version 5.3 (R2022b)
Aerospace Toolbox	Version 4.3 (R2022b)
Antenna Toolbox	Version 5.3 (R2022b)
Audio Toolbox	Version 3.3 (R2022b)
Automated Driving Toolbox	Version 3.6 (R2022b)
Bioinformatics Toolbox	Version 4.16.1(R2022b)
Bluetooth Toolbox	Version 1.1 (R2022b)
Communications Toolbox	Version 7.8 (R2022b)
Computer Vision Toolbox	Version 10.3 (R2022b)
Control System Toolbox	Version 10.12 (R2022b)
Curve Fitting Toolbox	Version 3.8 (R2022b)
DDS Blockset	Version 1.3 (R2022b)
DSP HDL Toolbox	Version 1.1 (R2022b)

```
DSP System Toolbox                        Version 9.15 (R2022b)
Data Acquisition Toolbox                  Version 4.6  (R2022b)
Database Toolbox                          Version 10.4 (R2022b)
Datafeed Toolbox                          Version 6.3  (R2022b)
Deep Learning HDL Toolbox                 Version 1.4  (R2022b)
Deep Learning Toolbox                     Version 14.5 (R2022b)
Econometrics Toolbox                      Version 6.1  (R2022b)
Embedded Coder                            Version 7.9  (R2022b)
Filter Design HDL Coder                   Version 3.1.12(R2022b)
Financial Instruments Toolbox             Version 3.5  (R2022b)
Financial Toolbox                         Version 6.4  (R2022b)
Fixed-Point Designer                      Version 7.5  (R2022b)
Fuzzy Logic Toolbox                       Version 3.0  (R2022b)
GPU Coder                                 Version 2.4  (R2022b)
Global Optimization Toolbox               Version 4.8  (R2022b)
HDL Coder                                 Version 4.0  (R2022b)
HDL Verifier                              Version 7.0  (R2022b)
Image Acquisition Toolbox                 Version 6.7  (R2022b)
Image Processing Toolbox                  Version 11.6 (R2022b)
Industrial Communication Toolbox          Version 6.1  (R2022b)
Instrument Control Toolbox                Version 4.7  (R2022b)
LTE Toolbox                               Version 3.8  (R2022b)
Lidar Toolbox                             Version 2.2  (R2022b)
MATLAB Coder                              Version 5.5  (R2022b)
MATLAB Compiler                           Version 8.5  (R2022b)
MATLAB Compiler SDK                       Version 7.1  (R2022b)
MATLAB Report Generator                   Version 5.13 (R2022b)
Mapping Toolbox                           Version 5.4  (R2022b)
Medical Imaging Toolbox                   Version 1.0  (R2022b)
Mixed-Signal Blockset                     Version 2.3  (R2022b)
Model Predictive Control Toolbox          Version 8.0  (R2022b)
Model-Based Calibration Toolbox           Version 5.13 (R2022b)
Motor Control Blockset                    Version 1.5  (R2022b)
Navigation Toolbox                        Version 2.3  (R2022b)
Optimization Toolbox                      Version 9.4  (R2022b)
Parallel Computing Toolbox                Version 7.7  (R2022b)
Partial Differential Equation Toolbox     Version 3.9  (R2022b)
Phased Array System Toolbox               Version 4.8  (R2022b)
```

```
Powertrain Blockset                    Version 1.12  (R2022b)
Predictive Maintenance Toolbox         Version 2.6   (R2022b)
RF Blockset                            Version 8.4   (R2022b)
RF PCB Toolbox                         Version 1.2   (R2022b)
RF Toolbox                             Version 4.4   (R2022b)
ROS Toolbox                            Version 1.6   (R2022b)
Radar Toolbox                          Version 1.3   (R2022b)
Reinforcement Learning Toolbox         Version 2.3   (R2022b)
Requirements Toolbox                   Version 2.1   (R2022b)
Risk Management Toolbox                Version 2.1   (R2022b)
Robotics System Toolbox                Version 4.1   (R2022b)
Robust Control Toolbox                 Version 6.11.2(R2022b)
Satellite Communications Toolbox       Version 1.3   (R2022b)
Sensor Fusion and Tracking Toolbox     Version 2.4   (R2022b)
SerDes Toolbox                         Version 2.4   (R2022b)
Signal Integrity Toolbox               Version 1.2   (R2022b)
Signal Processing Toolbox              Version 9.1   (R2022b)
SimBiology                             Version 6.4   (R2022b)
SimEvents                              Version 5.13  (R2022b)
Simscape                               Version 5.4   (R2022b)
Simscape Battery                       Version 1.0   (R2022b)
Simscape Driveline                     Version 3.6   (R2022b)
Simscape Electrical                    Version 7.8   (R2022b)
Simscape Fluids                        Version 3.5   (R2022b)
Simscape Multibody                     Version 7.6   (R2022b)
Simulink 3D Animation                  Version 9.5   (R2022b)
Simulink Check                         Version 6.1   (R2022b)
Simulink Code Inspector                Version 4.2   (R2022b)
Simulink Coder                         Version 9.8   (R2022b)
Simulink Compiler                      Version 1.5   (R2022b)
Simulink Control Design                Version 6.2   (R2022b)
Simulink Coverage                      Version 5.5   (R2022b)
Simulink Design Optimization           Version 3.12  (R2022b)
Simulink Design Verifier               Version 4.8   (R2022b)
Simulink Desktop Real-Time             Version 5.15  (R2022b)
Simulink PLC Coder                     Version 3.7   (R2022b)
Simulink Real-Time                     Version 8.1   (R2022b)
Simulink Report Generator              Version 5.13  (R2022b)
```

```
Simulink Test                                    Version 3.7   (R2022b)
SoC Blockset                                     Version 1.7   (R2022b)
Spreadsheet Link                                 Version 3.4.8 (R2022b)
Stateflow                                        Version 10.7  (R2022b)
Statistics and Machine Learning Toolbox Version 12.4  (R2022b)
Symbolic Math Toolbox                            Version 9.2   (R2022b)
System Composer                                  Version 2.3   (R2022b)
System Identification Toolbox                    Version 10.0  (R2022b)
Text Analytics Toolbox                           Version 1.9   (R2022b)
UAV Toolbox                                       Version 1.4   (R2022b)
Vehicle Dynamics Blockset                        Version 1.9   (R2022b)
Vehicle Network Toolbox                          Version 5.3   (R2022b)
Vision HDL Toolbox                               Version 2.6   (R2022b)
WLAN Toolbox                                     Version 3.5   (R2022b)
Wavelet Toolbox                                  Version 6.2   (R2022b)
Wireless HDL Toolbox                             Version 2.5   (R2022b)
Wireless Testbench                               Version 1.1   (R2022b)
```

　　從上列結果可看出本書內容所用之 Matlab 系統及工具盒內的每一個 tool 的版本，就
Control System Toolbox 的版本是 10.12 版。另和電資分析應用有關之工具盒，筆者特別
以粗體加底線標出，讀者有興趣可自行測試之。

```
what inv            : inv 是指令，所以不能用在找目錄下的檔案之指令下。
inv not found.

>> what control     : control 下所有的檔案。
M-files             in             directory         C:\Program
Files\MATLAB\R2022b\toolbox\control\control
   Contents    ctrlpref    lyap
   aboutcst    dlyap       tocctrlgeneral
```

以下幾個 what 指令讀者可自行測試之。

what fuzzy	：顯示 fuzzy 下的.M 檔.MEX 檔。
what stats	：顯示 stats 目錄下的檔案。
what optim	：顯示 optim 目錄下的檔案。
what comm	：顯示通信工具盒目錄下的檔案。
what signal	：顯示信號工具盒目錄下的檔案。
which d2c	：找上控制工具盒所提供之 d2c 指令原始檔案的位置。

```
>> which d2c
C:\Program Files\MATLAB\R2022b\toolbox\control\ctrlobsolete\d2c.m
```

which spline　　　　　：找指令 spline 指令的原始檔案之位置。

```
>>which spline
C:\Program Files\MATLAB\R2022b\toolbox\matlab\polyfun\spline.m
```

path　　　　　　　　　：顯示目前已設的 Matlab 所有路徑。

其結果如圖 3.1 所示：

圖 3.1

由於 Matlab 的指令實在是太多，要完全了解對筆者而言，似乎仍有些困難，因此筆者在此只儘量對指令做一解說，有些比較不熟悉者，筆者僅寫出其指令名稱，讀者可嘗試用 help 去了解一下。

以下是幾個例子的說明：例如讀者你知道在財經工具盒中的 beytbill 這個指令很好用，但詳細的設定方式讀者你不甚清楚，因此在不查閱使用手冊的原則下，想用此一指令時，其唯一的明瞭方式就是利用以下之操作：

```
help d2c                    :看 d2b 函數。
```

\>> help d2c

D2C Conversion of discrete LTI models to continuous time.
SYSC = D2C(SYSD,METHOD) produces a continuous-time model SYSC
that is equivalent to the discrete-time LTI model SYSD. The string
METHOD selects the conversion method among the following:
'zoh'   Assumes zero-order hold on the inputs.
'tustin'   Bilinear (Tustin) approximation.
'prewarp'   Tustin approximation with frequency prewarping.
The critical frequency Wc is specified last as in
D2C(SysD,'prewarp',Wc)
'matched' Matched pole-zero method (for SISO systems only).
The default is 'zoh' when METHOD is omitted.
See also c2d, d2d, ltimodels.

通常第一行是該指令之功能說明，**SYSC = D2C(SYSD,METHOD)**是 d2c 指令使用格式，另外 See also 是和 d2c 指令相關之指令。因此只要讀者詳讀上列資料，即可明瞭該 d2c 如何使用。同理若想知道在信號工具盒中之 **sinc**，可以使用 help 查閱 **sinc**。

```
help sinc                   :看 sinc 函數。
```

\>> help sinc
SINC Sin(pi*x)/(pi*x) function.
SINC(X) returns a matrix whose elements are the sinc of the
elements of X, i.e.
    y = sin(pi*x)/(pi*x)   if x ~= 0
    = 1   if x == 0
where x is an element of the input matrix and y is the resultant
output element.
    % **Example** of a sinc function for a linearly spaced vector:
    t = linspace(-5,5);
    y = sinc(t);
    plot(t,y);
    xlabel('Time   (sec)');ylabel('Amplitude');   title('Sinc
Function')
    See also square, sin, cos, chirp, diric, gauspuls, pulstran,
rectpuls, and tripuls.

可直接把上說明檔之 Example 之內容剪貼複製至命令視窗執行之，其結果如圖 3.2 所示。

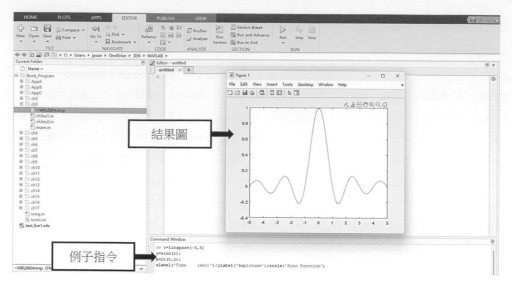

圖 3.2

同理，若想知道統計工具盒中之 kmeans，只要使用 help kmeans 即可得。這是一個分群的重要指令。

help kmeans　　　　：看 kmeans 函數。

KMEANS K-means clustering.

IDX = KMEANS(X, K) partitions the points in the N-by-P data matrix X into K clusters. This partition minimizes the sum, over all clusters, of the within-cluster sums of point-to-cluster-centroid distances. Rows of X correspond to points, columns correspond to variables. KMEANS returns an N-by-1 vector IDX containing the cluster indices of each point. By default, KMEANS uses squared Euclidean distances.

KMEANS treats NaNs as missing data, and removes any rows of X that contain NaNs.

[IDX, C] = KMEANS(X, K) returns the K cluster centroid locations in the K-by-P matrix C.

[IDX, C, SUMD] = KMEANS(X, K) returns the within-cluster sums of point-to-centroid distances in the 1-by-K vector sumD.

[IDX, C, SUMD, D] = KMEANS(X, K) returns distances from each point to every centroid in the N-by-K matrix D.

[...]=KMEANS(...,'PARAM1',val1, 'PARAM2',val2,...)allows you to specify optional parameter name/value pairs to control the iterative algorithm used by KMEANS. Parameters are:

'Distance'-Distance measure, in P-dimensional space, that KMEANS
should minimize with respect to. Choices are:

    {'sqEuclidean'}   -Squared Euclidean distance

    'cityblock'   -Sum of absolute differences, a.k.a. L1

    'cosine'   -One minus the cosine of the included angle
                    between points (treated as vectors)

    'correlation'   -One minus the sample correlation between
                    points (treated as sequences of values)

    'Hamming'   -Percentage of bits that differ (only
                    suitable for binary data)

'Start'-Method used to choose initial cluster centroid positions,
sometimes known as "seeds". Choices are:

    {'sample'}   -Select K observations from X at random

          'uniform'-Select K points uniformly at random from
                the range of X. Not valid for Hamming distance.

          'cluster'-Perform preliminary clustering phase on
                random 10% subsample of X. This preliminary
                phase is itself initialized using 'sample'.

    matrix   -A K-by-P matrix of starting locations. In
                this case, you can pass in [] for K, and
                KMEANS infers K from the first dimension of
                the matrix. You can also supply a 3D array,
                implying a value for 'Replicates'
                from the array's third dimension.

'Replicates'-Number of times to repeat the clustering, each with a
new set of initial centroids [positive integer | {1}]

'Maxiter'-The maximum number of iterations [positive
integer|{100}]

'EmptyAction' - Action to take if a cluster loses all of its member
observations. Choices are:

    {'error'}   -Treat an empty cluster as an error

    'drop'   -Remove any clusters that become empty, and
                set corresponding values in C and D to NaN.

    'singleton'   -Create a new cluster consisting of the one
                observation furthest from its centroid.

'Display' - Display level ['off' | {'notify'} | 'final' | 'iter']

Example:說明用法之例子如下：

```
X=[randn(20,2)+ones(20,2);randn(20,2)-ones(20,2)];
[cidx, ctrs] = kmeans(X, 2, 'dist','city', 'rep',5,
'disp','final');
plot(X(cidx==1,1),X(cidx==1,2),'r.', ...
  X(cidx==2,1),X(cidx==2,2),'b.', ctrs(:,1),ctrs(:,2),'kx');
```

See also linkage, clusterdata, silhouette.

因此，從上面這些例子可知 help 這個指令有多方便，讀者宜詳加利用，會獲得許多好處的，然而要配合 help 的使用，讀者需要了解各個工具盒和指令的名稱的內容，讀者若想更進一步的了解指令的使用方式，那就請讀者利用 help 查看之。此外在每個說明完後之最後一行均有 See also 的說明，此即列出相關指令有那些，供讀者做更進階之使用。(此指令查閱的資料，是用英文表現，順便練習看原文手冊的功力)。

另外筆者再說明一個應用 which 找到要修改指令的位置的方法。

1.　首先由 lookfor 去找到一個所需要的指令。

2.　再利用 help 把這個指令的說明檔仔細看一下能不能用，或是得修改，假設得稍微修改一下。

3.　再利用 which 去找出此檔案的路徑，如此才能找到該檔案的原始程式。

4.　最後再利用編輯器去進行修改。

經過上述四大步驟，可以很方便的找到並且加以修改一個已存在的檔案。當這些動作完成後，即可產生一個新的或是找到一個想要的檔案，來進行所要的應用(切記新修改的程式內容，在儲存時可改用另一個名字，以免破壞原來的呼叫及設定方式)。

接下來筆者將再介紹一些 Matlab 的基本操作命令如下：

```
who
size
length
clear
computer
quit, exit
```

Who: 這個命令用來顯示目前有幾個變數存在你的 Matlab 系統下，其使用方法是直接下 who 即可，例子如下：

```
    >>b=43                      : 輸入 b 的值。(輸入一個變數的方法)
b =
    43
    >>a=[1 2 3]                 : 輸入 a 向量的資料。(輸入向量的方法)
a =
    1  2  3
 >>c=[1 2 3                     : 輸入 c 矩陣的資料。(輸入矩陣的方法)
    4 5 6
    7 4 7];
>>who                          : 查看系統有幾個變數。
Your variables are:            : Matlab 回答目前有 a,b,c 三個變數。
a        b        c
```

至於 whos 這個指令的功能，只是顯示的資料內容比較完整而已；如圖 3.3 所示。

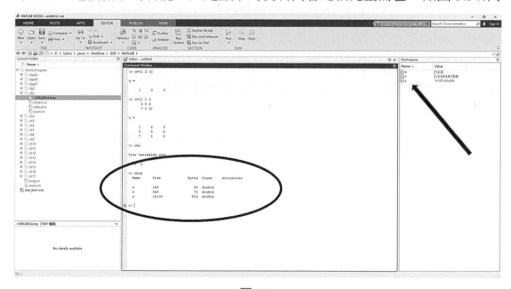

圖 3.3

另在 Workspace 下也可看到這些資訊。

size: 用來顯示矩陣的維度，命令格式是 size(變數)，範例如下：

```
>> c                          : 顯示 c 矩陣的內容。
c =
    1  2  3
    5  6  7
```

```
     7   4   7
  >>size (c)              :查看 c 矩陣的維度，對 c 而言是一個 3*3 的矩陣。
ans =
     3   3
```

length: 用來顯示向量的長度，命令格式為 length(變數名稱)，範例如下：

```
>>a                      :顯示 a 向量的內容。
a =
     1   2   3
>>length(a)              :查看 a 向量的長度為 3。
ans =
     3
```

clear: 清除所有的變數或是部份變數的命令，使用方法為

```
clear
```

在 Matlab 的系統中，或程式中 clear 這個指令是非常方便且很重要的指令。Matlab 可以執行直接命令，許多變數只要輸入之後，會常駐在 Matlab 系統中，如果不清除掉的話，可能在使用一段時間之後，會出現記憶體不夠的問題。因此，適時使用 clear 或 clear 變數這二個命令是非常重要的。對於某些使用過後就不會再使用的變數，要養成隨時清除的習慣，免得記憶的空間不夠。另在程式之開頭亦習慣加上 clear 指令，以避免之前的變數殘留問題。

Computer 顯示你使用的電腦型式。用法只要鍵入 computer 即可：

此例是在 windows 的作業系統上。

```
>> computer
ans =
    PCWIN
```

在本節主要是介紹 Matlab 系統下的一些符號及特殊值的表示方式，以便讀者去熟悉程式內符號的意義：

=　　：等號

(　　：算術運算的左括號。

)　　：算術運算的右括號。

[　　：矩陣或向量的左括號。

]　　：矩陣或向量的右括號。

; 　：是否要列印的符號，加在命令的尾部，有加表示不列印，未加時則會列印出來。
　　 (同時亦有代表 Enter 的功能)

· 　：小數點符號。

% 　：註解說明的符號。

! 　：執行外部命令的符號(特別是 DOS 作業系統的指令)。

, 　：分離函數參數的符號。若是單引號時則代表字串的符號。

: 　：子資料的取出符號。

… 　：程式內連接的符號(亦即一個命令用多行來寫時的連接符號)。

' 　：矩陣轉置的符號。

上列這些符號的使用可在底下的程式看出來，讀者可檢閱一下下列這個程式。

```
% test program
clear
Iqs=0;    :Iqs 變數設為零。
Ids=0;
Iqr=0;
Idr=0;
a=[Iqs Ids Iqr Idr];    :本行結果不列印在螢幕上。
aa=[1 2 3 4];
b=a+aa                   :做向量相加，本行結果要列印在螢幕上。
c=b'                     :做 b 向量之轉置，本行結果要列印在螢幕上。
t=1:10;                  :設 t 向量為 1 到 10。
s=[1 2 3 4 …            :用二行指令設 s 向量為 1 到 8。
5 6 7 8];
x=randn(10,10)           :本行結果要列印在螢幕上。
% draw figure
plot(t,x(1,:));          :簡單繪圖。
```

直譯測試例子：

```
>> clear
>> a=5
a =
    5
>> b=7;
>> c=[1 2 3 4 5]
```

```
c =
     1     2     3     4     5
>> d=c'
d =
     1
     2
     3
     4
     5
>> d(1:3)
ans =
     1
     2
     3
>> c(2:3)
ans =
     2     3
```

另外有關常見的 Matlab 的常數及變數的表示如下：

ans　　　　：代表答案的意思。(在每個結果之前的顯示符號)

eps　　　　：浮點數。(表示用,但表輸入為浮點型資料)

pi　　　　　：等於 3.14159。

realmax　　：代表最大實數。

realmin　　：代表最小實數。

NaN　　　　：代表非數字符號。

inf　　　　：代表無限大。

nargin　　：代表函數輸入之參數的個數。

nargout　　：代表函數輸出之參數的個數。

i,j　　　　：代表複數符號。

直譯測試例子：

```
>> clear
>> inf
ans =
   Inf
```

```
>> pi
ans =
    3.1416
>> realmax
ans =
  1.7977e+308
>> d=2+3i
d =
  2.0000 + 3.0000i
>> f=3+5j
f =
  3.0000 + 5.0000i
>> g=d+f
g =
  5.0000 + 8.0000i
>> 5*5+4/3+2     ：Matlab 可直接計算數學式。
ans =
    28.3333
```

基本按鍵如下：

←	：純粹向左移動。
CTRL - ←	：按 CTRL 之後同時再按 ←，功能是一次向左倒退一個英文字。
→	：純粹向右移動。
CTRL - →	：按 CTRL 之後同時再按 →，功能是一次向右移動一個英文字。
↑	：重新取出目前之前用過的命令。
↓	：重新取出目前之後用過的命令。

　　幾個特殊鍵的說明：

INS	：加入資料的按鍵。
DEL	：刪除該位置的資料。
HOME	：移到該輸入開始的位置。

3.2 輸入輸出指令介紹

在 Matlab 程式中，如何輸入變數和定義輸出顯示的格式，這二個命令分別是 input、format 和 fprintf。首先介紹 input 指令，使用格式如下：

a=input('要顯示的文字')

b=input('要顯示的文字','s')

前者輸入變數的數值，而後者則是輸入字串，二者的值分別指定給 a，b 二個變數，使用範例如下：

```
>>a=input('please input data: ')          :輸入一個變數 a。
please input data: 123                     :顯示 please input data:。
a =
    123                                    :輸入 123 給變數 a。
>>b=input('please input a string: ','s')   :輸入一個字串 b。
 please input a string: yes                :顯示 please input a string:
b =
yes                                        :輸入 yes 給變數 b。
```

輸入一個矩陣時，若配合迴路控制指令的組合，即可完成矩陣的動態輸入。另外，有關字串輸入的應用可以做為 Yes-No 的回答方式，以便決定是否要往下執行。

接下來是有關幾個常用的輸入指令在 Matlab 中的使用方法：

```
>>a=input('輸入一個變數: ')
輸入一個變數: 3                            :輸入資料變數 3。
a =
    3
>>a=input('輸入一個變數: ')
輸入一個變數: 4                            :輸入資料變數 4。
a =
    4
>>b=input('輸入一個複數: ')
輸入一個複數: 2+3i                         :輸入複數資料。
b =
   2.0000+3.0000i
>> c=input('輸入一個矩陣: ')               :輸入一個矩陣變數:[4 5 6;7 8 9;5 6 7]。
輸入一個矩陣: [1 2 3; 4 5 6; 7 8 9]
```

```
C =
     1     2     3
     4     5     6
     7     8     9
```
>>d=input('輸入一個矩陣變數：')　：另一種輸入矩陣資料。
輸入一個矩陣變數：[1 2 3
6 7 8
1 2 3]
```
d =
     1   2   3
     6   7   8
     1   2   3
```

另外有關螢幕格式的命令是 format 這個指令，其使用格式如下：

format short 　　　：用有效數字 5 位的方式來表示。

format short e 　　：用有效數字 5 位的浮點表示方式。

format long 　　　：用有效數字 15 位的方式來表示。

format long e 　　：用有效數字 15 位的浮點表示方式。

format hex 　　　：十六進制的表示方式。

以下是上述這些命令的實例說明：

>>c=[1.34 1.43 1]' 　　　　　：輸入 c 向量，並且以行方式顯示。
```
C =
    1.3400
    1.4300
    1.0000
```
>>format short 　　　　　：定義輸出為 5 位數的有效數字的情形。
```
  >>C
C =
    1.3400
    1.4300
    1.0000
```
>>format short e 　　　　：定義輸出為 5 位有效數字的浮點表示式。
```
  >>C
C =
    1.3400e+00
    1.4300e+00
    1.0000e+00
```

```
>>format long            :有效數字 15 位的顯示設定。
>>C
C =
    1.34000000000000
    1.43000000000000
    1.00000000000000
>>format long e          :有效數字 15 位的浮點顯示設定。
>>C
C =
    1.34000000000000e+000
    1.43000000000000e+000
    1.00000000000000e+000
>>format hex             :十六進制的使用設定。
>>C
C =
    3ff570a3d70a3d71
    3ff6e147ae147ae1
    3ff0000000000000
>>format short           :再度恢復有效數字為 5 位的表示方式的設定。
>>C
C =
    1.3400
    1.4300
    1.0000
```

　　由前述這些操作可知，只要任何一個 format 命令執行之後，其指定的輸出格式就一直有效，直到再接受另一個要求改變輸出格式的指令為止。基本上有關 format 這些指令亦可由 Matlab 功能表直接去進行設定，其位置在 "File" 下 "Preference" 下。但若要把這些指令應用在程式中，就得使用前述的方法引入程式中，因為在視窗下設定後就一直維持該設定，直到重新再設定時才會改變，如圖 3.4 所示。

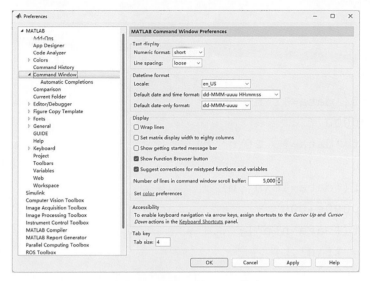

圖 3.4　Preference 之內容

另外有關輸出格式的命令是 fprintf 這個指令，有關 fprintf 之使用格式如下：

fprintf(字串 1, ..., 字串 n)　　　　　：一般字串列印在螢幕。

fprintf(字串, 變數 1, ..., 變數 n)　　　：特殊資料格式化列印在螢幕。

有關特殊資料格式化列印在螢幕之用法，**字串**中符號%之個數若有 n 個則**字串**後必須接 n 個變數；另符號%後之數字及字母(這些字母有 d, i, o, u, x, X, f, e, E, g, G, c, and s)有特殊意義。

直譯測試例子：

```
>> fprintf('Data'); ...
fprintf('Test')
DataTest
>> fprintf('Data\n'); ...
fprintf('Test')
Data
Test
>> a=10
a =
    10
>> fprintf('data= %5d',a)
data=    10
>> fprintf('data=%d',a)
data=10
```

```
>> b=4.6

b =

    4.6000

>> fprintf('data=%f\n',b)
data=4.600000
>> fprintf('data=%5.2f\n',b)
data= 4.60
>> fprintf('data=%e\n',b)
data=4.600000e+000
>> fprintf('Data\n\n'); ...
fprintf('= %f\n',b)
Data

= 4.600000
```

接下來請讀者測試一下這個例子，雖然簡單，但在剛學 Matlab 的角度而言，練習一下由編寫到執行完的過程亦是必需的。

```
exam.m
clear
a=[1 3 5 6]
b=input('data 1 is : ')
c=input('data 2 is : ')
b
c
ff=b+c
gg=b*c;
s=int2str(ff);          :把整數 ff 變成字串存到 s。
fprintf(s,'\n')
fprintf(' data %f is : %e\n\n\n',1,b)
fprintf('pi= %f \n',pi)
```

>>exam   :執行此程式。

其結果如下：

```
a =

    1   3   5   6
data 1 is : 34
b =

    34
data 2 is :689
```

```
C =
   689
b =
    34
c =
   689
ff =
   723
723
data 1.0000 is : 3.400000e+01
pi= 3.1416
```

以上所示是這個程式的執行結果，由於這些指令在這些操作之前均有提到過，所以程式的內容則不再重新敘述一次，讀者可以試著讀看看，順便測試自己對先前內容的了解程度。

接下來筆者再介紹幾個有關輸出入、暫停及註解的指令：

```
disp('所要顯示的字串')
%
pause
menu('表單選項 1','表單選項 2',…)
```

前三個指令比較簡單，其用法如下：

有關 disp 的用法　disp('test data')

下二個指令帶有百分比，則表示百分比後的文字是註解。

```
% jgkdi
% this is a remark
```

以下是一個暫停的指令，非常好用，讀者宜善加利用。pause 一般均放置在程式中，只要想暫停的地方放置一個 pause 指令即可。

另一個輸入有選擇的指令是 menu，首先是利用 help 查閱一下 menu 的用法

```
>>help menu
MENU   Generate a menu of choices for user input.
    CHOICE = MENU(HEADER, ITEM1, ITEM2, ... ) displays the HEADER
    string followed in sequence by the menu-item strings:ITEM1, ITEM2,
    ... ITEMn. Returns the number of the selected menu-item as CHOICE,
    a scalar value. There is no limit to the number of menu items.

    CHOICE = MENU(HEADER, ITEMLIST) where ITEMLIST is a string cell
    array is also a valid syntax.
```

On most graphics terminals MENU will display the menu-items as push buttons in a figure window, otherwise they will be given as a numbered list in the command window (see example, below).

Command window example:

```
>> K = MENU('Choose a color','Red','Blue','Green')
```

displays on the screen:

```
----- Choose a color -----

    1) Red

    2) Blue

    3) Green

Select a menu number:
```

The number entered by the user in response to the prompt is returned as K (i.e. K = 2 implies that the user selected Blue).

【See also】UICONTROL, UIMENU, GUIDE.

其使用方法如上列，下面直接用一行指令直接說明，當輸入格式如下時

```
k=menu('choose a color','red','blue','green')
```

執行結果可得下列圖 3.5，當用滑鼠點一下 red 時，此時 k=1 如下

```
k =

    1
```

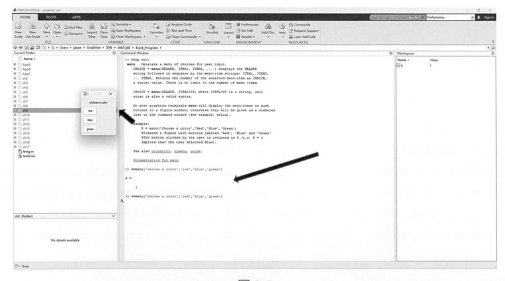

圖 3.5

【例 3.1】　請寫一個 Matlab 程式計算華氏溫度轉成攝氏溫度？

本例會用到之公式　$C = \dfrac{5}{9}(F - 32)$

本例是一個基本運算之應用，有關本例之 Matlab 程式如下：

程式：(ch3ex1.m)

```
%
% 華氏溫度轉成攝氏溫度
%
clear
F=input('華氏溫度: ');
C=5/9*(F-32);
fprintf('攝氏溫度是 %f\n',C);
```

檔名存成 ch3ex1.m，並進行執行如下：

```
>> ch3ex1
華氏溫度: 98
攝氏溫度是 36.666667
```

【例 3.2】　請寫一個 Matlab 程式計算已知Π網路求 T 網路？

圖 3.6 (a)是 T 網路、3.6(b) 是Π網路

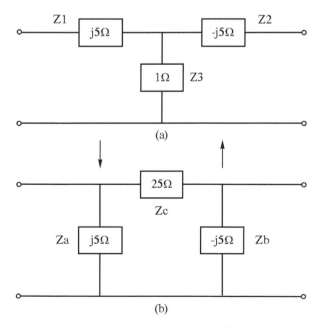

圖 3.6　(a)T 網路，(b)Π網路

相關計算公式如下：

已知Π網路求 T 網路之公式如下：

$$Z1 = \frac{ZaZc}{Za + Zb + Zc} \tag{1}$$

$$Z2 = \frac{ZbZc}{Za + Zb + Zc} \tag{2}$$

$$Z3 = \frac{ZaZb}{Za + Zb + Zc} \tag{3}$$

已知 T 網路求Π網路之公式如下：

$$Za = \frac{Z1Z2 + Z2Z3 + Z3Z1}{Z2} \tag{4}$$

$$Zb = \frac{Z1Z2 + Z2Z3 + Z3Z1}{Z1} \tag{5}$$

$$Zc = \frac{Z1Z2 + Z2Z3 + Z3Z1}{Z3} \tag{6}$$

已知Π網路求 T 網路，所以本例用到之公式是(1)到(3)，有關本例之 Matlab 程式如下：

程式(ch3ex2.m)：

```
%
% T <---> pi
%
clear
Za=input('Za: ');
Zb=input('Zb: ');
Zc=input('Zc: ');

Z1=(Za*Zc)/(Za+Zb+Zc);
Z2=(Zb*Zc)/(Za+Zb+Zc);
Z3=(Za*Zb)/(Za+Zb+Zc);

fprintf('The results for T network\n')
Z1
Z2
Z3
```

檔名存成 ch3ex2.m，並進行執行如下：

```
>> ch3ex2
Za: 5j
Zb: -5j
Zc: 25
The results for T network
Z1 =
      0 + 5.0000i
Z2 =
      0 - 5.0000i
Z3 =
    1
```

3.3　基本的轉換指令

本節先介紹二個指令，用來把數字轉成字串的形式。在某些情況的一些顯示下，希望做到動態參數變化的情形時，就可能會使用到這二個指令，以下是其使用的格式：

```
s=num2str(a)          :浮點數轉成字串。
ss=int2str(b)         :整數轉成字串。
>> a=1.2345           :輸入變數 a。
a =
    1.2345
>> s=num2str(a)       :把 a 變數內容轉成字串。
s =
1.2345
>> a=1.2              :再度輸入另一個 a 變數。
a =
    1.2000
>> s=num2str(a)       :把 a 轉成字串。（因 1.2000 是因 format 設定的問題，
                       所以在轉換時會忽略。）
s =
1.2
>> b=12345            :輸入整數資料 b。
b =
    12345
>> t=int2str(b)       :把 b 數字變數轉成字串，並指定給 t。
```

```
t =
    12345
```

接下來筆者再介紹幾個座標轉換的指令，及求最大公因數及最小公倍數，其相關指令如下示：

[thei mag]=cart2pol(x,y)	：直角座標轉成極座標。
[thei mag z]=cart2pol(x,y,z)	：直角座標轉成柱座標。
[az el 半徑]=cart2sph(x,y,z)	：直角座標轉成球座標。
G=gcd(A,B)	：求最大公因數。
[G C D]=gcd(A,B)	：其中 G=A*C+B*D。
lcm(A,B)	：求最小公倍數。
[x,y]=pol2cart(thei,mag)	：極座標轉成直角座標。
[x,y,z]=pol2cart(thei,mag,z)	：柱座標轉成直角座標。
[x,y,z]=sph2cart(az,el,半徑)	：球座標轉成直角座標。
cast	：轉換變數至不同資料型態。

以上之指令不難，讀者可自行測試之。

另在 Matlab 中，對數字的轉換尚有提供許多指令，較基本的有二個那就是：

dec2base(十進制數字，要轉的基底)：把 10 進制轉成所要基底的數字。

base2dec('原基底的數字'，原基底)　：把其他基底的數字轉成 10 進制。

基本上，上二指令在基底上有限制，只能做到以 2 為基底到以 36 為基底上。另外 base2dec 中原基底的數字要用字串，亦即得得加單引號。

接下來是有關上二指令的說明：

【例 3.3】：
```
    >> dec2base(33,2);    :把 33 轉成 2 進制。
ans =
100001
    >> dec2base(33,16);   :把 33 轉成 16 進制。
ans =
21
    >> dec2base(233,16);  :把 233 轉成 16 進制。
ans =
E9
    >> dec2base(233,8);   :把 233 轉成 8 進制。
```

```
ans =
351
```

【例 3.4】：

```
>> base2dec('110011',2);  ：把二進制 110011 轉成 10 進制。
ans =
    51
>> base2dec('ff',16);      ：把 16 進制 FF 轉成 10 進制。
ans =
  255
>> base2dec('176',10);     ：把 10 進制 176 轉成 10 進制；(亦即不用轉，結果相同)
ans =
  176
```

cast　：轉換變數至不同資料型態。

```
>> a = int8([-3 3]);       %設定 a 是 int8 向量
>> b = cast(a,"uint8");    %轉換向量變數 a 至 uint8 向量
  b =
      1×2 uint8 row vector
      0  3
```

財經日期的處理與轉換指令中取得目前時間與日期之指令有

today：以數字代表今天日期。

now　：以數字代表今天日期及時間。

date　：以字串代表今天日期。

```
>> today
ans =
      732533
>> now
ans =
  7.3253e+005

>> format long
>> today
ans =
      732533
>> now
ans =
   7.32533942342997e+005
>> date
```

```
ans =
29-Jan-2023
```

財經日期的處理與轉換指令有

datedisp   :可轉換數字日期型矩陣成字串日期型矩陣。

datenum   :轉換字串日期成數字日期。

datestr   :轉換數字日期成字串日期。

m2xdate   :轉換 Matlab 數字日期成 Execl 數字日期。

x2mdate   :轉換 Execl 數字日期成 Matlab 數字日期。

在 excel 中，數字格式是從 1990/1/1 為 1 的計算基礎；Matlab 是以西元 0 年 1/1 視為 1。以下有關日期的操作，結果是依當下操作的結果日期。

```
>> a=today
a =
     732533

>> datedisp(a)
09-Aug-2005

>> c=datedisp(a)
c =
29-Jan-2023

>> datenum(c)
ans =
     732533

>> datestr(today)
ans =
29-Jan-2023
```

datenum 之格式： 'dd-mmm-yyyy', 'mm/dd/yyyy' or 'dd-mmm-yyyy, hh:mm:ss.ss'

格　式	說　明
01-Mar-2000, 15:45:17	day-month-year hour:minute:second
01-Mar-2000	day-month-year
03/01/00	month/day/year
Mar	month, three letters
M	month, single letter
3	month

格　式	說　明
03/01	month/day
1	day of month
Wed	day of week, three letters
W	day of week, single letter
2000	year, four numbers
99	year, two numbers
Mar01	month year
15:45:17	hour:minute:second
03:45:17 PM	hour:minute:second AM or PM
15:45	hour:minute
03:45 PM	hour:minute AM or PM
Q1-99	calendar quarter-year
Q1	calendar quarter

3.4　load、save 和 diary 指令的介紹

　　有關 load 和 save 這二個指令對 Matlab 的使用者而言，應該是非常重要的。以下筆者則介紹一些較常用的方法。首先筆者介紹 save 的一個實用方法，那就是整個環境的儲存，一般而言，此法可利用在當一個執行結果要很久才會出來，當好不容易完成了，但因為要關掉電腦，導致下次若要用到這些結果時，得再花費一段長時間來重新執行的困擾，讀者可利用以下指令完成這個環境的儲存：

　　save　儲存路徑＼檔名

　　當上列指令執行過後，讀者可放心關機，下次若臨時要用時，可以在 Matlab 的環境中，重新執行以下指令：

　　load　儲存路徑＼檔名

　　當完成上 load 時，以前的那些變數資料又存在了，所以讀者即可繼續使用之。此外上述指令所存成的檔案之副檔名是.mat 讀者可利用此檔，copy 到另一部電腦上，再利用 load 載入 Matlab 中，即完成把一個環境移到另一台電腦上，同時可繼續使用這些資料。

　　另外 save 亦可做把變數存成一般 ASCII 的文字檔，其指令如下：

　　save　路徑＼檔名　變數名稱　/ascii

　　注意檔名變數名稱和 /ascii 之間要有一個空白，當利用上指令完成的文字檔，即可被一般的編輯器所編輯。

直譯測試例子：

```
>> clear
>> who
>> a=123
a =
   123
>> save aaa
>> clear
>> who
>> load aaa
>> who
Your variables are:
a
>> a
a =
   123
```

另外筆者再介紹一個方法使用去蒐集 Matlab 執行結果的資料之方法，那就是 **diary** 這個指令的使用。基本上這個指令如何應用來蒐集執行結果呢？讀者可利用以下幾個步驟去完成。

第一步：使用 diary 路徑名稱\檔名(類似啟動資料蒐集)。

第二步：正常執行程式，讓結果的文字一一顯示出來，直到不想再蒐集結果資料為止。

第三步： diary off(結束資料蒐集)。

就上列三個步驟是完成資料蒐集的動作，並且被存在步驟一所設的檔名內。基本上步驟一是下開始蒐集資料的命令，第三步是結束資料蒐集的命令，而第二步的所有動作及結果均會被蒐集起來，但是不包括圖形在內，因這個指令只是蒐集文字資料。另外此檔案是一般的 ASCII 格式檔，所以可使用常見的文書編輯器來加以處理。

習 題

1. 如何使用 lookfor 去進行搜尋？

2. 如何去找到一個不知道路徑的指令？

3. 試說明 ver 這個指令的功能？

4. 試比較說明 what 和 which 這二個指令有什麼差別？

5. 試說明 path 指令的使用方式？及其使用目的？

6. 試說明 pi，inf 和 NaN 的意義？

7. 請說明 help 這個指令的重要性？

8. 請比較 length 和 size 二指令的差別？

9. 請說明符號 "…" 的意義？

10. 請說明符號 "；" 的意義？

11. 請說明 num2str 和 int2str 指令的意義？

12. 在 Matlab 中常見的座標轉換指令有那些？

13. 請說明 menu 指令的用法？

14. 請說明 clear 這個指令的重要性？

15. 請寫一個 Matlab 程式計算攝氏溫度轉成華氏溫度？

16. 根據圖 3.6(b)，已知 T 網路求 Π 網路，請寫一個 Matlab 程式計算 Π 網路之參數數？

17. 請說明 dec2base 和 base2dec 這二個指令的用法？

18. 如何把 Matlab 變數的資料轉成一般文字檔？

19. 如何把一般文字檔載入 Matlab 環境內？

20. 說明指令 who 和 whos 的功能？

21. 請說明 datedisp 指令的用法？

22. 請說明 m2xdate 指令的用法？

23. 請說明 diary 指令的用法？

第四章

矩陣和陣列(向量)之介紹

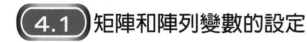

4.1 矩陣和陣列變數的設定

矩陣的設定

```
a=[ 1 2 3
    4 5 6                           :第一種矩陣設定的方法。
    7 8 9]

a=[5 6 7; 8 9 0; 1 2 3]            :第二種矩陣的設定方法。

a=
    5 6 7
    8 9 0
    1 2 3
```

　　第二種矩陣的設定方法好處在可一行輸入完畢。另外，矩陣元素的取出之方法如下說明，且有時會用到符號"："並配合些參數的使用，去取出矩陣的行或列元素。

　　取出第一個 row 第三個 column 交集的所有資料，其指令如下：

```
a(1,3)
ans =
    7
```

取出 a 矩陣第二個 column 的所有資料，其指令如下：

```
a(:,2)
ans =
    6
    9
    2
```

如何設定一個向量(陣列)

```
b=1:10  :固定增加 1 的設法。
c=1:0.1:3  :固定增加 0.1 的設法。
q=[1 6 8 2 3]  :一般 row 向量的輸入方式。
t=[2   :一般 column 向量的輸入方式(輸入每個數字後均按下 return)。
6
7
8]
c=1:0.1:3;  :設定一個 row 向量，但不顯示出來。
```

如何設定一個複數變數

```
d=1+2j
e=1+2i
```

Matlab 程式中在矩陣變數中可能混合複數和函數如下：

```
a=[ 1  2
 2+3i  sqrt(25)]
```

其中 2+3i 為複數，sqrt(25)為開根號 25。

以下是一些矩陣和陣列直譯測試例子：

```
>> clear
>> a=1:5
a =
    1    2    3    4    5
>> b=1:0.2:3
b =
```

```
    1.0000    1.2000    1.4000    1.6000    1.8000    2.0000
    2.2000    2.4000    2.6000    2.8000    3.0000
>> c=3:-0.4:1
c =
    3.0000    2.6000    2.2000    1.8000    1.4000    1.0000
>> a=[1 2 3
    4 5 6
    7 8 9]
a =
    1    2    3
    4    5    6
    7    8    9
>> a(3,3)
ans =
    9
>> a(2,3)
ans =
    6
>> a(:,1)
ans =
    1
    4
    7
>> a(2,:)
ans =
    4    5    6
>> a(1:2,2:3)
ans =
    2    3
    5    6
>> f=2+3i
f =
  2.0000 + 3.0000i
>> ca=[1  f  4.5
    2+5i  4  5
    f  f  5.33]
```

```
ca =
  1.0000              2.0000 + 3.0000i  4.5000
  2.0000 + 5.0000i    4.0000              5.0000
  2.0000 + 3.0000i    2.0000 + 3.0000i  5.3300
```

小矩陣組合成大矩陣之原則在所合成大矩陣之維度要合理，以下是一些例子說明：

```
>> a=[1 2 3]
a =
    1    2    3
>> b=[4 5 6]
b =
    4    5    6
>> c=[a b]
c =
    1    2    3    4    5    6
>> c=[a; b]
c =
    1    2    3
    4    5    6
>> d=[c; b; a]
d =
    1    2    3
    4    5    6
    4    5    6
    1    2    3
```

4.2 矩陣運算和陣列運算

矩陣和陣列運算字元：

+	加
−	減
*	乘
/	右除
\	左除
^	次方
.*	向量乘

./　　　　　　　向量右除

.^　　　　　　　向量次方

接下來筆者再用些例子來說明矩陣和陣列在 Matlab 中的差別,以下幾個例子中可表現出矩陣和陣列(向量)運算的不同點,切記陣列的運算是針對每一個元素而言,且其運算符號之前必須有 "." 的符號。另外當二個陣列運算,其長度得相同。但純量和矩陣或陣列和純量的運算有無加 "." 均無所謂。但筆者建議只要是陣列運算最好加 "." 比較好。至於矩陣對矩陣的運算要注意維度是否合理,才不會出現計算錯誤的問題(此要求對 Matlab 的矩陣和陣列運算非常重要)。

```
>>a^2              :計算 a 矩陣平方的結果(即 a*a)。
ans =
    30  36  42
    66  81  96
    102 126 150
>>a.^2             :計算 a 矩陣中的元素,每一個均取其平方(說明 ^ 與 .^ 的差異)。
ans =
    1  4  9
    16 25 36
    49 64 81
>>a*a              :同 a^2。
ans =
    30  36  42
    66  81  96
    102  126  150
>>a                         :顯示 a 矩陣
a =
  1 2 3
  4 5 6
  7 8 9
>>3.*a             :把 a 矩陣中的每一個元素均乘以 3。
ans =
    3  6  9
   12 15 18
   21 24 27
>>3*a              :另一種把 a 矩陣中的每一個元素均乘以 3 的做法。
```

```
ans =
    3   6   9
   12  15  18
   21  24  27
```

二個陣列運算時，其長度得相同才能做運算：

```
>> q=1:5
q =
    1   2   3   4   5
>> t=5:9
t =
    5   6   7   8   9
>> q+t                    :二個陣列做加運算。
ans =
    6   8   10   12   14
>> q*t                    :錯誤的二個陣列做乘運算。
??? Error using ==> mtimes
Inner matrix dimensions must agree.
>> q.*t                   :正確的二個陣列做乘運算。
ans =
    5   12   21   32   45
```

【例 4.1】　假設某產品單位價格為 x 與需求量 y 之關係為

$$y = 75 - 0.23x$$

若產品的價格為 35 到 75 元，則需求量 y 之變化如何?

本例是一個向量運算(線性函數)之基本應用，有關本例之 Matlab 程式如下：

```
%
% 產品價格與需求量之關係
%
clear
x1=35:75;
x2=35:5:75;
y1=75-0.23.*x1;
y2=75-0.23.*x2;
```

```
fprintf('35 to 75 step 1 results are \n')
y1
fprintf('\n')
fprintf('35 to 75 step 5 results are \n')
y2
fprintf('\n')
```

檔名存成 ch4ex1.m，並進行執行如下：

```
>> ch4ex1
35 to 75 step 1 results are
y1 =
  Columns 1 through 9
  66.9500 66.7200 66.4900 66.2600 66.0300 65.8000 65.5700 65.3400
65.1100

  Columns 10 through 18
  64.8800 64.6500 64.4200 64.1900 63.9600 63.7300 63.5000 63.2700
63.0400

  Columns 19 through 27
  62.8100 62.5800 62.3500 62.1200 61.8900 61.6600 61.4300 61.2000
60.9700

  Columns 28 through 36
  60.7400 60.5100 60.2800 60.0500 59.8200 59.5900 59.3600 59.1300
58.9000

  Columns 37 through 41
  58.6700 58.4400 58.2100 57.9800 57.7500
35 to 75 step 5 results are
y2 =
  66.9500 65.8000 64.6500 63.5000 62.3500 61.2000 60.0500 58.9000
57.7500
```

【例 4.2】　假設生產 x 個玩具之成本關係為

$$C(x) = 0.1x^2 + 5x + 210$$

若玩具量為 1 到 10 個，則生產成本 C 之變化如何?

本例是一個向量運算(非線性函數)之基本應用，有關本例之 Matlab 程式如下：

```
%
% 生產成本與生產量之關係
%
clear
x1=1:10;
x2=10:-2:1;
y1=0.1.*x1.^2+5.*x1+210;
y2=0.1.*x2.^2+5.*x2+210;
fprintf('1 to 10 step 1 results are \n')
y1
fprintf('\n')
fprintf('10 to 2 step -2 results are \n')
y2
fprintf('\n')
```

檔名存成 ch4ex2.m，並進行執行如下：

```
>> ch4ex2
1 to 10 step 1 results are

y1 =
215.1000    220.4000    225.9000    231.6000    237.5000    243.6000
249.9000  256.4000  263.1000  270.0000

10 to 2 step -2 results are

y2 =
  270.0000  256.4000  243.6000  231.6000  220.4000
```

(4.3) 矩陣基本運算

"'"　　　　：矩陣的轉置。

a'　　　　：計算矩陣 a 的轉置。

det(a)　　：計算矩陣 a 的行列式值。

rank(a)　　：計算矩陣 a 的秩。

inv(a)　　：計算矩陣 a 的反矩陣運算。

trace(a)　：計算矩陣 a 的對角線和。

直譯測試例子：

```
>> clear
>> a=[1   2   3   4          :輸入一個 4×4 的矩陣 a。
      5   6   7   8
      9  10  11  12
     13  14  15  16]
a =
    1     2     3     4
    5     6     7     8
    9    10    11    12
   13    14    15    16
>> det(a)                    :計算矩陣 a 的行列式值。

ans =
    0
```

行列式值為零在數學上代表此矩陣或經高斯運算後有行或列出現相同之情形，因此不宜做反矩陣。

```
>> b=[1 4 7                  :輸入一個 3×3 的矩陣 b。
      3 8 7
      7 5 3]
b =
    1     4     7
    3     8     7
    7     5     3
```

```
>> det(b)               :計算矩陣 b 的行列式值。
ans =
  -138
```

【例 4.3】　假設亞洲四小龍失業率之比較關係如下表

	中華民國	香　港	新加坡	南韓
1996 年	2.6	2.8	2.0	2.0
1997 年	2.7	2.4	1.8	2.6
1998 年	2.7	4.7	3.2	6.8
1999 年	2.9	6.1	3.5	6.3
2000 年	3.0	4.9	3.1	4.1
2001 年	4.6	5.1	3.3	3.7
2002 年	5.2	7.3	4.4	3.1
2003 年	5.1	8.3	4.5	3.5

如何用矩陣表示及做運算?

本例是一個矩陣之基本應用，有關本例之 Matlab 程式如下：

```
%
% 失業率之矩陣應用
%
clear
a=[2.6 2.8 2.0 2.0
2.7 2.4 1.8 2.6
2.7 4.7 3.2 6.8
2.9 6.1 3.5 6.3
3.0 4.9 3.1 4.1
4.6 5.1 3.3 3.7
5.2 7.3 4.4 3.1
5.1 8.3 4.5 3.5];
fprintf('Column 是國家 and row 是年\n')
a
fprintf('\n')
fprintf('取出新加坡之所有失業率是\n')
a(:,3)
fprintf('\n')
fprintf('取出 2000 年之所有失業率是\n')
a(5,:)
```

```
fprintf('\n')
fprintf('取出 2002 年南韓之所有失業率是\n')
a(7,4)
fprintf('\n')
```

檔名存成 ch4ex3.m，並進行執行如下：

```
>> ch4ex3
Column 是國家 and row 是年

a =
    2.6000    2.8000    2.0000    2.0000
    2.7000    2.4000    1.8000    2.6000
    2.7000    4.7000    3.2000    6.8000
    2.9000    6.1000    3.5000    6.3000
    3.0000    4.9000    3.1000    4.1000
    4.6000    5.1000    3.3000    3.7000
    5.2000    7.3000    4.4000    3.1000
    5.1000    8.3000    4.5000    3.5000
```

取出新加坡之所有失業率是

```
ans =
    2.0000
    1.8000
    3.2000
    3.5000
    3.1000
    3.3000
    4.4000
    4.5000
```

取出 2000 年之所有失業率是

```
ans =
    3.0000    4.9000    3.1000    4.1000
```

取出 2002 年南韓之所有失業率是

```
ans =
    3.1000
```

以下是矩陣基本運算的直譯測試例子：

```
>>e=[1 5 3;8 2 0;5 10 17]    ：輸入一個 3×3 矩陣。
e=
    1   5   3
    8   2   0
    5  10  17
>>rank(e)
ans =                        ：求 e 矩陣的秩數。
    3
```

一般而言，Rank 值的運算可用以確認反矩陣是否可成立。

反矩陣的運算

```
>> clear
>> e=[1 3 4
      3 5 1
      7 3 1]
e =
    1    3    4
    3    5    1
    7    3    1
>> inv(e)                    ：求 e 矩陣的反矩陣。
ans =
  -0.0222   -0.1000    0.1889
  -0.0444    0.3000   -0.1222
   0.2889   -0.2000    0.0444
>> rank(e)
ans =
    3
>>e*inv(e)                   ：矩陣乘以自己的反矩陣，最後為單位矩陣。
ans =
    1.0000  0.0000       0
    0       1.0000       0
    0       0       1.0000
```

直譯測試例子：

```
>> clear
>> f=[1   5   9
      3   6   5
      2   4   6]

f =
    1    5    9
    3    6    5
    2    4    6
>> trace(f)      :計算 f 矩陣對角元素的和(1+6+6=13)。

ans =
    13
>> clear
>> a=[1 2 3 4
      5 6 7 8
      9 10 11 12
     13 14 15 16]

a =
    1     2     3     4
    5     6     7     8
    9    10    11    12
   13    14    15    16
>> det(a)

ans =
    0
>> rank(a)

ans =
    2
```

因 a 矩陣的秩為 2 不是 4，因此使用 inv 指令會出現以下警語

```
Warning: Matrix is close to singular or badly scaled.
```

```
>> inv(a)
Warning: Matrix is close to singular or badly scaled.
       Results may be inaccurate. RCOND = 1.387779e-018.
ans =
  1.0e+015 *                              :每個元素皆乘以1×10^15。

   3.9406   -4.5036   -2.8147    3.3777
  -4.1283    4.5036    3.3777   -3.7530
  -3.5653    4.5036    1.6888   -2.6271
   3.7530   -4.5036   -2.2518    3.0024
```

上結果因 a 矩陣不宜做反矩陣，所以會出現矩陣之元素值很大之結果。

```
>> clear
>> aa=[3  5  7  8
      11 13 14 15
      33 55 23 12
      56 34 55 11]
aa =
    3     5     7     8
   11    13    14    15
   33    55    23    12
   56    34    55    11
>>b=aa(:)'                   :把 a 矩陣轉成一個向量(很方便的一個技巧)。
b =
  Columns 1 through 12
   3    11    33    56     5    13    55    34     7    14    23    55
  Columns 13 through 16
   8    15    12    11
```

【例 4.4】　競賽之期望值為 $E = aMb$，其中列向量 a 表示玩家 A 的策略，行向量 b 表示玩家 B 的策略，而 M 表示報酬矩陣。若報酬矩陣

$$M = \begin{bmatrix} 1 & -3 & -2 & 0 \\ -2 & 1 & 1 & -2 \\ -3 & 0 & -1 & 3 \end{bmatrix}$$

玩家 A 的策略為均等的分配選擇，所以

$$u - \begin{bmatrix} \dfrac{1}{3} & \dfrac{1}{3} & \dfrac{1}{3} \end{bmatrix}$$

玩家 B 的策略亦為均等的分配選擇，所以

$$b = \begin{bmatrix} \dfrac{1}{4} \\ \dfrac{1}{4} \\ \dfrac{1}{4} \\ \dfrac{1}{4} \end{bmatrix}$$

計算長久來看，A 平均每一次之輸贏情況？

本例子可直譯測試如下：

```
>> clear
>> a=[1/3 1/3 1/3]
a =
    0.3333    0.3333    0.3333
>> b=[1/4 1/4 1/4 1/4]'
b =
    0.2500
    0.2500
    0.2500
    0.2500
>> M=[1 -3 -2 0
    -2 1 1 -2
    -3 0 -1 3]
M =
    1    -3    -2    0
    -2    1    1    -2
    -3    0    -1    3
>> E=a*M*b
E =
  -0.5833
```

從上計算可看出，長久來看，A 平均每一次輸 0.5833。

【例 4.5】 民生飼料廠生產狗食包出售，狗食為由三種食料 A、B、C 混合而成。其要求為含 24.5%蛋白質和 10.8%的脂肪。如下列資料：

食料	蛋白質	脂肪
A	26%	12%
B	22%	8%
C	20%	9%

試問三種食料各取多少以便混合成 30 公斤狗食？

解： 設 $x=A$ 類食料重量

$y=B$ 類食料重量

$z=C$ 類食料重量

則 $x+y+z=30$　　　　　　　　　　　　　　　　　　　　　　(1)

狗食中蛋白質 $= 0.26x + 0.22y + 0.20z$

狗食中的脂肪 $= 0.12x + 0.08y + 0.09z$

由於 30 公斤狗食中的蛋白質重量為(30)(0.245)=7.35 和脂肪重量為(30)(0.108)= 3.24 因此可得以下兩式

$0.26x + 0.22y + 0.20z = 7.35$　　　　　　　　　　　　　(2)

$0.12x + 0.08y + 0.09z = 3.24$　　　　　　　　　　　　　(3)

要求三種食料各取多少以便混合成 30 公斤狗食且滿足上要求必須解方程式(1)、(2) 和(3)，本例可直接使用 inv 指令

```
>>a=[1  1  1
    0.26 0.22 0.2
    0.12 0.08 0.09];
>>b=[30
    7.35
    3.24];
>>S=inv(a)*b
S =

    20.2500
     6.7500
     3.0000
```

所以 A 類食料重量為 20.25 公斤，B 類食料重量為 6.75 公斤，C 類食料重量為 3 公斤。

【例 4.6】　解出以下電路之電流 i_1、i_2 及 i_3

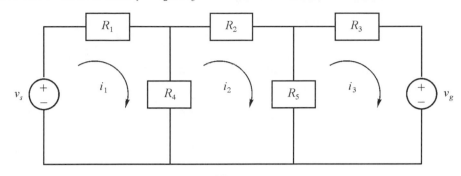

圖 4.1

其中

$R_1 = 1\text{k}\Omega,\ R_2 = 2\text{k}\Omega,\ R_3 = 1\text{k}\Omega,\ R_4 = 4\text{k}\Omega,\ R_5 = 3\text{k}\Omega,\ v_s = 10\text{V},\ v_g = 5\text{V}$

根據 KVL 可寫出以下三個方程式

網目一：$-v_s + R_1 i_1 + R_4(i_1 - i_2) = 0$

網目二：$R_4(i_2 - i_1) + R_2 i_2 + R_5(i_2 - i_3) = 0$

網目三：$R_5(i_3 - i_2) + R_3 i_3 + v_g = 0$

重新整理後可得

網目一：$(R_1 + R_4)i_1 - R_4 i_2 = v_s$

網目二：$(-R_4)i_1 + (R_2 + R_4 + R_5)i_2 - R_5 i_3 = 0$

網目三：$-R_5 i_2 + (R_3 + R_5)i_3 = -v_g$

最後上式可寫成矩陣型式 $RI = V$

$$\begin{bmatrix} (R_1 + R_4) & -R_4 & 0 \\ -R_4 & (R_2 + R_4 + R_5) & -R_5 \\ 0 & -R_5 & (R_3 + R_5) \end{bmatrix} \begin{bmatrix} i_1 \\ i_2 \\ i_3 \end{bmatrix} = \begin{bmatrix} v_s \\ 0 \\ v_g \end{bmatrix}$$

將 $R_1 = 1\text{k}\Omega,\ R_2 = 2\text{k}\Omega,\ R_3 = 1\text{k}\Omega,\ R_4 = 4\text{k}\Omega,\ R_5 = 3\text{k}\Omega,\ v_s = 10\text{V},\ v_g = 5\text{V}$

代入上式可得

$$\begin{bmatrix} 5000 & -4000 & 0 \\ -4000 & 9000 & -3000 \\ 0 & -3000 & 4000 \end{bmatrix} \begin{bmatrix} i_1 \\ i_2 \\ i_3 \end{bmatrix} = \begin{bmatrix} 10 \\ 0 \\ 5 \end{bmatrix}$$

有關這個例子的直譯執行過程如下：

```
>> R=[5000  -4000   0    :輸入R矩陣。
     -4000   9000  -3000
         0  -3000  4000]

R =

     5000       -4000          0
    -4000        9000      -3000
        0       -3000       4000

>> V=[10 0 5]'         :輸入V陣列。

V =

    10
     0
     5

>> I=inv(R)*V          :計算電流I矩陣列。

I =

    0.0046
    0.0033
    0.0037

>> format long         :把顯示位數由小數點以下四位變成小數點以下十四位。
>> I

I =

    0.004647887323944
    0.003309859154930
    0.003732394366197

>> format              :恢復顯示位數小數點以下四位。
```

因此電流 i_1 =0.004647887323944、 i_2 = 0.00330985915493 及 i_3 = 0.003732394366197。

【例 4.7】 請合併下列公式的四個矩陣成一個 f 矩陣

$$f = \begin{bmatrix} a & 5b \\ 3c & 7d \end{bmatrix}$$

其中 a、b、c、d 為四個子矩陣,分別如直譯輸入矩陣?

解: 有關這個例子的直譯執行過程如下:

```
>>clear
>>a=[1 2 3            :輸入 a 矩陣。
```

```
      4  5  6
      7  8  9]
a =
      1   2   3
      4   5   6
      7   8   9
>>b=[ -1 -2 -3            :輸入 b 矩陣。
      -4 -5 -6
      -7 -8 -9]
b =
     -1  -2  -3
     -4  -5  -6
     -7  -8  -9
>>c=[7 7 7                :輸入 c 矩陣。
      2 2 2]
c =
      7   7   7
      2   2   2
>>d=[-1 -1 -1             :輸入 d 矩陣。
     -6 -6 -6]
d =
     -1  -1  -1
     -6  -6  -6
>>f=[a 5*b; 3*c 7*d]  :合併 a，b，c，d 成 f 矩陣。
f =
```

1	2	3	-5	-10	-15
4	5	6	-20	-25	-30
7	8	9	-35	-40	-45
21	21	21	-7	-7	-7
6	6	6	-42	-42	-42

【註】：在合併時要注意維度的問題，另外"；"有如 Enter 的動作。

另外幾個常用矩陣指令 eye，zeros，ones，magic，rand，randn 的介紹

直譯測試例子：

```
>> clear
>> eye(4,4)：產生一個 4×4 的單位矩陣。

ans =
    1    0    0    0
    0    1    0    0
    0    0    1    0
    0    0    0    1
>> zeros(3,3)：產生一個 3×3 皆為零的矩陣。

ans =
    0    0    0
    0    0    0
    0    0    0
>> ones(5,5)：產生一個 5×5 皆為壹的矩陣。

ans =
    1    1    1    1    1
    1    1    1    1    1
    1    1    1    1    1
    1    1    1    1    1
    1    1    1    1    1
```

>> magic(3)：產生一個 3×3 的魔術矩陣(亦即魔術矩陣的行或列或對角的元素和均相等)。

```
ans =
    8    1    6
    3    5    7
    4    9    2
>> rand(4)：產生一個 4×4 的亂數矩陣(範圍 0 到 1)。

ans =
    0.9501    0.8913    0.8214    0.9218
    0.2311    0.7621    0.4447    0.7382
    0.6068    0.4565    0.6154    0.1763
    0.4860    0.0185    0.7919    0.4057
```

>>randn(4)：產生一個 4×4 的的高斯亂數矩陣(元素可大於 1 以高斯分怖方式產生，有別於 rand)。

```
ans =
  -0.4326   -1.1465    0.3273   -0.5883
  -1.6656    1.1909    0.1746    2.1832
   0.1253    1.1892   -0.1867   -0.1364
   0.2877   -0.0376    0.7258    0.1139
```
>> randn(2,4) ：產生一個 2×4 的的高斯亂數矩陣。

```
ans =
   1.0668   -0.0956    0.2944    0.7143
   0.0593   -0.8323   -1.3362    1.6236
```
>> rand(3,5)　：產生一個 3×5 的亂數矩陣 (範圍 0 到 1)。

```
ans =
   0.9355    0.8936    0.8132    0.2028    0.2722
   0.9169    0.0579    0.0099    0.1987    0.1988
   0.4103    0.3529    0.1389    0.6038    0.0153
```
>>help logspace   ：查看 logspace 的使用方式。

```
LOGSPACE Logarithmically spaced vector.
    LOGSPACE(d1, d2) generates a row vector of 50 logarithmically
qually spaced points between decades 10^d1 and 10^d2.  If d2 is pi,
hen the points are between 10^d1 and pi.
    LOGSPACE(d1, d2, N) generates N points.
    【See also】 LINSPACE
```
>>h=logspace(0.01,1,20)　：在 $10^{0.01}$ 到 10^1 之間以對數刻度，取出 20 點給 h。
　　　　　　　　　　　　　　(此 20 點的決定仍由 Matlab 所決定)

```
h =
  Columns 1 through 7
    1.0233   1.1537   1.3008   1.4666   1.6536   1.8643   2.1020
  Columns 8 through 14
    2.3699   2.6720   3.0126   3.3967   3.8296   4.3178   4.8682
  Columns 15 through 20
    5.4888   6.1884   6.9772   7.8666   8.8694   10.0000
```
>> linspace(10,100,20)　：在 10 到 100 之間以線性刻度，取出 20 點。

```
ans =
  Columns 1 through 7
  10.0000  14.7368  19.4737  24.2105  28.9474  33.6842  38.4211
  Columns 8 through 14
```

```
     43.1579  47.8947  52.6316  57.3684  62.1053  66.8421  71.5789
     Columns 15 through 20

     76.3158  81.0526  85.7895  90.5263  95.2632  100.0000
```

>>pause(4)   ：另一種 pause，可給定暫停時間。

一些有用之矩陣性質：

1. 定義一個矩陣 $A = [a_{ij}] = \begin{bmatrix} a_{11} & a_{12} & \cdots & a_{1n} \\ a_{21} & a_{22} & \cdots & a_{2n} \\ \vdots & \vdots & \ddots & \vdots \\ a_{m1} & a_{m2} & \cdots & a_{mn} \end{bmatrix}$，因此 A 矩陣是一個 $m \times n$ 的矩陣。

2. 假設 m=n 時稱 A 為方陣。

3. A^T 是 A 矩陣的轉置，若 $A = [a_{ij}]$，則 $A^T = [a_{ji}]$。

4. 一個方陣稱為對稱意即滿足 $A = A^T$。

5. 若滿足 $A = -A^T$ 則稱為反對稱矩陣。

6. 矩陣 $A = [a_{ij}]$ 稱為單位矩陣，只有在 i 等於 j 時為 1，其餘為 0。

7. 矩陣的 trace 定義成 $trA = \sum_i a_{ii}$。

8. $\left(A^T\right)^T = A$。

9. $\left(A + B\right)^T = A^T + B^T$。

10. $\left(AB\right)^T = B^T A^T$。

11. $\left(A^{-1}\right)^{-1} = A$。

12. $\left(A^T\right)^{-1} = \left(A^{-1}\right)^T$。

13. $\left(AB\right)^{-1} = B^{-1} A^{-1}$。

14. det(AB)＝det(A)det(B)。

15. det(A^{-1})＝1/det(A)。

16. det($P^{-1}AP$)＝det(A)。

17. tr(A^T)＝tr(A)。

18. tr(A＋B)＝tr(A)＋tr(B)。

19. tr(AB)＝tr(BA)，但 tr(AB)≠tr(A)tr(B)。

20. tr($P^{-1}AP$)＝tr(A)。

上列這 20 個性質均是矩陣的一些基本性質,至於較複雜的矩陣微分和積分的性質,在此不去討論它,讀者若有興趣可以參閱一些矩陣代數的書,對這些內容會有很詳細的解說,等到深入了解這些運算後,其中有不少計算過程可以用 Matlab 的運算功能去輔助這些複雜的矩陣運算,相信藉由 Matlab 的運算功能去輔助這些複雜的矩陣運算,可以節省讀者不少的計算量,並且很合適做為核對答案的工具。

【例 4.8】 三、四章整合測試例子

1. `clear` :清除所有變數的指令,如此用法,比較不會有殘留資料下來,造成不必要的錯誤。

2. `a=1` :設定 1 給 a 變數。
   `pause` :暫停一下,直到 enter 輸入才往下執行。

3. `b=-7` :輸入-7 給變數 b。
   `pause`

4. `c=14.23` :輸入一個實變數給 c。
   `pause`

5. `d=2.3e17` :輸入一個浮點數給 d(e17 代表 10^{17})。
   `pause`

6. `e=5+3i` :輸入一個複數給 e。
   `pause`

7. `f=3.2-7.3j` :另一種輸入複數的方式(一般而言,在 Matlab 中 i,j 均可做為複數符號)。
   `pause`

8. `g=1e-2+2e3i` :浮點數的複數。
   `pause`

9. `h=[1 2 3 4 6 4]` :陣列輸入(row 陣列)。
   `pause`

10. `k=[2.3` :另一個陣列輸入(column 陣列)。
    `4.6`
    `6.7`
    `1e3`
    `-4.7]`
    `pause`

```
11. l=[1 2 3;4 5 6;7 8 9]        :矩陣輸入。
    pause

12. m=[1 2 3                     :另一種輸入矩陣的方式。
       4 5 6
       7 8 9]

13. n=[ 1 2 3                    :比較不規則輸入矩陣的方法。
       4  5  6
       7  8  9]

14. n(1,3)                       :取出 n 矩陣(1,3)的元素。
    pause

15. n(1,:)                       :取出 n 矩陣第一列的所有元素。
    pause

16. n(:,1)                       :取出 n 矩陣第一行的所有元素。
    pause

17. o='string text'             :設定一個字串給變數 o。
    pause

18. o(3)                         :取出字串 o 中的第三個字。
    pause

19. p(1,1,1)=1;                  :一個 2×2×2 的三維矩陣的設法。
    p(1,1,2)=2;
    p(1,2,1)=3;
    p(1,2,2)=4;
    p(2,1,1)=5;
    p(2,1,2)=6;
    p(2,2,1)=7;
    p(2,2,2)=8;
    p
    pause

20. q=[0 0 0 0 0 0              :一個 6×6 的矩陣的設法。
       0 0 0 0 0 0
       0 0 0 0 0 0
       1 0 0 0 1 0
       0 0 0 0 0 0
```

```
-2 0 0 2.4 0 0]
pause
```

21. ```
    r.name='Jin-Tson Jeng'
    r.number=7333141
    r.year=33
    pause
    ```
    ：結構變數的設定(注意結合"."的用法，詳參 4.6 節)。

22. ```
    s(1,1)={q}
    s(1,2)={r}
    s(2,1)={4.5}
    s(2,2)={'text'}
    pause
    ```
    ：複雜矩陣的設定(cell 的觀念，詳參 4.9 節)。

23. ```
    who
    pause
    ```
    ：查閱有多少變數存在。

24. ```
    pi
    pause
    ```
    ：代表 3.14159。

25. ```
    realmax
    pause
    ```
    ：顯示最大實數。

26. ```
    realmin
    pause
    ```
    ：顯示最小實數。

27. ```
    NaN
    pause
    ```
    ：顯示非數值。

28. ```
    inf
    pause
    ```
    ：代表無限大。

29. `pause(4)`　：另一種 pause，可給定暫停時間(此指令有別於 pause，設定的方式比較有彈性，讀者可多測試一下，即可方便利用之)。

```
>> example
```

2. 的結果，設定 1 給 a 變數。
   ```
   a =
        1
   ```

3. 的結果，輸入-7 給變數 b。
   ```
   b =
       -7
   ```

4．的結果，輸入一個實變數給 c。

```
c =
    14.2300
```

5．的結果，輸入一個浮點數給 d(e17 代表 10^{17})。

```
d =
    2.3000e+017
```

6．的結果，輸入一個複數給 e。

```
e =
    5.0000 + 3.0000i
```

7．的結果，另一種輸入複數的方式(一般而言，在 Matlab 中 i，j 均可做爲複數符號)。

```
f =
    3.2000 - 7.3000i
```

8．的結果，浮點數的複數。

```
g =
    1.0000e-002 +2.0000e+003i
```

9．的結果，陣列輸入(row 陣列)。

```
h =
     1    2    3    4    6    4
```

10.的結果，另一個陣列輸入(column 陣列)。

```
k =
    1.0e+003  *
      0.0023
      0.0046
      0.0067
      1.0000
     -0.0047
```

11.的結果，矩陣輸入。

```
l =
     1    2    3
     4    5    6
     7    8    9
```

12. 的結果，另一種輸入矩陣的方式。

```
m =
    1    2    3
    4    5    6
    7    8    9
```

13. 的結果，比較不規則輸入矩陣的方法。

```
n =
    1    2    3
    4    5    6
    7    8    9
```

14. 的結果，取出 n 矩陣(1,3)的元素。

```
ans =
    3
```

15. 的結果，取出 n 矩陣第一列的所有元素。

```
ans =
    1    2    3
```

16. 的結果，取出 n 矩陣第一行的所有元素。

```
ans =
    1
    4
    7
```

17. 的結果，設定一個字串給變數 o。

```
o =
string text
```

18. 的結果，取出字串 o 中的第三個字。

```
ans =
r
```

19. 的結果，一個 2×2×2 的三維矩陣的設法。

```
p(:,:,1) =
    1    3
    5    7
p(:,:,2) =
    2    4
    6    8
```

20. 的結果，一個 6×6 的矩陣的設法。

```
q =

         0          0     0          0          0     0
         0          0     0          0          0     0
         0          0     0          0          0     0
    1.0000          0     0          0     1.0000     0
         0          0     0          0          0     0
   -2.0000          0     0     2.4000          0     0
```

21. 的結果，結構變數的設定。

```
r =

    name: 'Jin-Tson Jeng'
r =

     name: 'Jin-Tson Jeng'
   number: 7333141
r =

     name: 'Jin-Tson Jeng'
   number: 7333141
     year: 39
```

22. 的結果，複雜矩陣 cell 的設定。

```
s =

    [6x6 double]
s =

    [6x6 double]    [1x1 struct]
s =

    [6x6 double]    [1x1 struct]
    [    4.5000]    []
s =

    [6x6 double]    [1x1 struct]
    [    4.5000]    'text'
```

23. 的結果，查閱有多少變數存在。

```
Your variables are:

a    b    d    f    h    l    n    p    r
ans  c    e    g    k    m    o    q    s
```

24. 的結果，代表 3.14159。

```
ans =

      3.1416
```

25. 的結果，顯示最大實數。

```
ans =

    1.7977e+308
```

26. 的結果，顯示最小實數。

```
ans =

    2.2251e-308
```

27. 的結果，顯示非數值。

```
ans =

      NaN
```

28. 的結果，代表無限大。

```
ans =

      Inf
```

29. 的結果，暫停 4 秒後直接結束程式，亦即出現>>。

```
>>
```

4.4　一般矩陣管理的方法

　　本節主要是討論如何把矩陣內的一些元素取出來做處理，或是取一個小範圍的內容出來。另外就是幾個矩陣管理函數的說明：

rot90　：每次做矩陣旋轉 90 度。

fliplr　：矩陣左右行互相交換。

flipud　：矩陣上下列互相交換。

diag　　：取矩陣的對角線元素資料。

tril　　：取矩陣下三角部份的資料。

triu　　：取矩陣的上三角部份的資料。

```
>> a=[2   4   6   8   10   12        :輸入 a 矩陣。
      1   3   5   7   9   11
      22  23  24  25  26  27
```

```
     33   34   35   36   37   38
     55   56   57   58   59   60
     71   72   73   74   75   76]

a =

     2    4    6    8   10   12
     1    3    5    7    9   11
    22   23   24   25   26   27
    33   34   35   36   37   38
    55   56   57   58   59   60
    71   72   73   74   75   76
```

>> a(:,3)   ：取出 a 矩陣的第三個 column。

```
ans =

    6
    5
   24
   35
   57
   73
```

>> a(2,:)   ：取出 a 矩陣的第二個 row。

```
ans =

    1    3    5    7    9   11
```

>> a(1:3,2:4) ：取出 a 矩陣的一到三的 row 和二到四的 column 交集的元素。

```
ans =

    4    6    8
    3    5    7
   23   24   25
```

>>a(20)   ：取出 a 矩陣的第 20 個元素來，先算直行後再右移。

```
ans =

    7
```

>>rot90(a)   ：a 矩陣旋轉 90 度(逆時針)。

```
ans =

   12 |  11   27   38   60   76
   10 |   9   26   37   59   75
    8 |   7   25   36   58   74
    6 |   5   24   35   57   73
    4 |   3   23   34   56   72
    2 |   1   22   33   55   71
```

```
>> a                        :顯示 a 矩陣。

a =

    2 |   4    6    8   10 | 12
    1 |   3    5    7    9 | 11
   22 |  23   24   25   26 | 27
   33 |  34   35   36   37 | 38
   55 |  56   57   58   59 | 60
   71 |  72   73   74   75 | 76
```

```
>>fliplr(a)                 :計算 a 矩陣的左右互換運算。

ans =

   12 |  10    8    6    4 |  2
   11 |   9    7    5    3 |  1
   27 |  26   25   24   23 | 22
   38 |  37   36   35   34 | 33
   60 |  59   58   57   56 | 55
   76 |  75   74   73   72 | 71
```

```
>> a                        :顯示 a 矩陣。

a =

    2    4    6    8   10   12
    1    3    5    7    9   11
   22   23   24   25   26   27
   33   34   35   36   37   38
   55   56   57   58   59   60
   71   72   73   74   75   76
```

```
>>flipud(a)                 :計算 a 矩陣的上下互換運算。
```

```
ans =

    71    72    73    74    75    76
    55    56    57    58    59    60
    33    34    35    36    37    38
    22    23    24    25    26    27
     1     3     5     7     9    11
     2     4     6     8    10    12

>> clear
>> f=[1  5  9
     3  6  5
     2  4  6]

f =

    1    5    9
    3    6    5
    2    4    6

>> diag(f)                 ：取矩陣 f 的對角線元素資料。

ans =

    1
    6
    6

>> clear
>> b=[1    2    3    4    5
      6    7    8    9   10
     11   12   13   14   15
     16   17   18   19   20
     21   22   23   24   25]

b =

     1     2     3     4     5
     6     7     8     9    10
    11    12    13    14    15
    16    17    18    19    20
    21    22    23    24    25

>>triu(b)                  ：取出 b 矩陣的上三角形(包含對角線元素)。
```

```
ans =

    1     2     3     4     5
    0     7     8     9    10
    0     0    13    14    15
    0     0     0    19    20
    0     0     0     0    25
```

>> b   ：顯示 a 矩陣。

```
b =

     1     2     3     4     5
     6     7     8     9    10
    11    12    13    14    15
    16    17    18    19    20
    21    22    23    24    25
```

>>tril(b)   ：取出 b 矩陣的下三角形(包含對角線元素)。

```
ans =

     1     0     0     0     0
     6     7     0     0     0
    11    12    13     0     0
    16    17    18    19     0
    21    22    23    24    25
```

4.5 矩陣運算函數

本節所討論的這些函數，在線性代數中使用得非常廣泛，另外在矩陣分解中亦使用得很多，這些運算對於矩陣的處理非常方便，以下是這些指令的說明：

eig(a)　　　　：求特性根。

[V D]=eig(a)　：求特性根及特徵向量，其中 V 代表特徵向量，D 中對角化元素代表特徵值。

eig(a2,b)　　 ：求一般化的特徵值。

[V D]=eig(a,b)：求一般化的特徵值及特徵向量，其中 V 代表特徵向量，D 中對角化元素代表特徵值。

kron(a,b)　　 ：以 a 為架構，每個元素用 b 矩陣取代，並放大該元素的倍率。

expm(a)　　　 ：取 a 矩陣的指數次方。

logm(a)　　　：取 a 矩陣的對數。

sqrtm(a)　　　：取 a 矩陣的平方根。

```
>> clear
>> a=[1 2 3 4
      3 7 1 9
      4 3 7 2
      8 3 9 7]
a =

   1    2    3    4
   3    7    1    9
   4    3    7    2
   8    3    9    7
```

```
>> eig(a)          :求 a 矩陣的特徵值。
```

```
ans =

  18.4850
  -1.9603
   2.7376 + 2.8746i
   2.7376 - 2.8746i
```

```
[V D]=eig(a)        :求 a 矩陣的特徵值和特徵向量。
V =                 :特徵向量。
  0.2802   0.7952      -0.0232 + 0.0921i-0.0232 - 0.0921i
  0.6095   0.2277       0.8131           0.8131
  0.3688  -0.3296      -0.1650 - 0.3219i-0.1650 + 0.3219i
  0.6434  -0.4551      -0.3590 + 0.2648i-0.3590 - 0.2648i

D =                 :特徵值。

  18.4850         0          0                  0
       0    -1.9603          0                  0
       0          0    2.7376 + 2.8746i         0
       0          0          0        2.7376 - 2.8746i
```

```
>> clear
>> a=[1 3         :輸入一個 a 矩陣。
      2 5]
```

```
a =
    1    3
    2    5
>> b=[2 2 2 2          :輸入一個 b 矩陣。
      3 3 3 3]
b =
    2    2    2    2
    3    3    3    3
>>kron(a,b)            :以 a 為架構，每個元素用 b 矩陣取代，並放大該元素的倍率。
ans =
    2    2    2    2 |  6    6    6    6
    3    3    3    3 |  9    9    9    9
    4    4    4    4 | 10   10   10   10
    6    6    6    6 | 15   15   15   15
```

　　計算矩陣的指數次方、矩陣的對數和矩陣的平方根這些函數，在線性代數中經常會遇到，若是以人工計算，就顯得非常的麻煩，而且沒有效率，因此在 Matlab 中提供 expm、logm 及 sqrtm 進行矩陣函數計算，此外在控制系統中也經常會遇到這一類的問題，例如在求狀態空間的解時就常常會使用到 e^A，其中 A 是一個矩陣。

範例：

```
>>a=[3 7 -1
     1 9 5
     6 6 8]             :輸入一個 3×3 的矩陣 a。
a =
    3    7   -1
    1    9    5
    6    6    8
>>expm(a)               :計算 a 矩陣的指數運算。
ans =
  1.0e+006*
    0.4594  1.2033  0.7498
    0.9812  2.5698  1.6013
    1.1662  3.0546  1.9034
```

```
>>logm(a)              :計算 a 矩陣的對數運算。
ans =
   1.5059   1.2915   -0.6023
  -0.1824   2.1237    0.5862
   1.0458   0.1898    2.1634
>>sqrtm(a)             :計算 a 矩陣的平方根運算。
ans =
   1.9122   1.5267   -0.4912
  -0.0217   2.9010    0.8707
   1.2686   0.7090    2.8295
```

　　另外有關矩陣的分解在一些聯立方程式的求解上，亦常會使用到這些功能，因此在本節之中主要介紹一些矩陣的分解，例如 LU 分解，QR 分解等等，此外也介紹一些因式分解的功能，例如轉成正交化的因式分解等。其中，不少功能在一般數值分析的課程中亦常被討論，所以在此不做重述，讀者若有需要不妨參閱有關數值分析的書，其中有更清楚的推導過程，在此只著重這些功能的使用方法，以下是這些指令的說明：

[L,U]=lu(a)   ：a 矩陣的 L，U 矩陣的分解。

[L,U,P]=lu(a)   ：a 矩陣的 L，U，P 矩陣的分解。

[Q,R]=qr(a)   ：a 矩陣的 Q，R 矩陣的分解。

[U,S,V]=svd(a)   ：a 矩陣的 svd 矩陣分解。

null(a)   ：找矩陣 a 的 null space。

orth(a)   ：把 a 矩陣轉成正交矩陣。

pinv(a)   ：計算 a 矩陣的虛擬反矩陣，專門處理非 n×n 的矩陣的反矩陣。

rank(a)   ：計算 a 矩陣的秩。

toeplitz(1:n)   ：產生一個 n×n 的 Toeplitz 矩陣，常用在信號處理的內容中。

toeplitz(1:n,1:m) ：產生一個 n×m 的 Toeplitz 矩陣。

vander(1:n)   ：產生一個 Vandermonde 矩陣的內容其維度是 n×n。

hankel(1:n)   ：產生一個 n×n 的 Hankel 矩陣。

hankel(1:n,1:m)   ：產生一個 n×m 的 Hankel 矩陣。

【例 4.9】　以直譯的方式輸入一個 4×4 的矩陣 $a = \begin{bmatrix} 1 & 2 & 3 & 4 \\ 3 & 5 & 7 & 9 \\ 7 & 1 & 3 & 8 \\ 2 & 9 & -3 & 1 \end{bmatrix}$ ，求 a 矩陣的 lu、qr

及 svd 分解與找矩陣 a 的 null space？

```
>>clear
>>a=[1 2   3   4      :輸入一個 4×4 的矩陣 a。
     3 5   7   9
     7 1   3   8
     2 9  -3   1]

a =

   1     2     3     4
   3     5     7     9
   7     1     3     8
   2     9    -3     1
>> [l u]=lu(a)        :計算 a 矩陣的 lu 分解。
l =                   :此矩陣必需要進行 raw 對調才能成為下三角形，修正
                       指令 [l u p]=lu(a)。

   0.1429    0.2131    0.4386    1.0000
   0.4286    0.5246    1.0000         0
   1.0000         0         0         0
   0.2857    1.0000         0         0

u =
   7.0000    1.0000    3.0000    8.0000
        0    8.7143   -3.8571   -1.2857
        0         0    7.7377    6.2459
        0         0         0    0.3919

>>[l u p]=lu(a)       :計算 a 矩陣的 lu 分解及 p 之顯示。
l =
   1.0000         0         0         0
   0.2857    1.0000         0         0
   0.4286    0.5246    1.0000         0
   0.1429    0.2131    0.4386    1.0000
```

```
u =
    7.0000    1.0000    3.0000    8.0000
         0    8.7143   -3.8571   -1.2857
         0         0    7.7377    6.2459
         0         0         0    0.3919

p =
    0    0    1    0
    0    0    0    1
    0    1    0    0
    1    0    0    0
```

```
>> [Q,R]=qr(a)          :計算 a 矩陣的 qr 分解。
```

```
Q =
   -0.1260   -0.1464    0.3541    0.9151
   -0.3780   -0.3293    0.7666   -0.4013
   -0.8819    0.4025   -0.2427    0.0368
   -0.2520   -0.8415   -0.4776    0.0155
```

```
R =
   -7.9373   -5.2915   -4.9135   -11.2129
         0   -9.1104    0.9879    -1.1708
         0         0    7.1331     5.8966
         0         0         0     0.3587
```

```
>>[u s v]=svd(a)          :計算 a 矩陣的 svd 計算。
```

```
U =
    0.3039   -0.0525   -0.2730    0.9112
    0.7180   -0.0842   -0.5556   -0.4107
    0.5867   -0.2308    0.7759    0.0235
    0.2189    0.9679    0.1218    0.0193
```

```
S =
   17.3996         0         0         0
         0    9.2491         0         0
         0         0    4.8634         0
         0         0         0    0.2364
```

```
V =
    0.4025    0.0016    0.7680   -0.4982
```

```
      0.3882      0.8600     -0.2984     -0.1436
      0.4047     -0.4696     -0.5646     -0.5449
      0.7236     -0.1997      0.0487      0.6589
>> null(a)
```
：求 null space（因 a 矩陣是全秩，所以 null　space 為 0）。

```
   ans =
     Empty matrix: 4-by-0
>> b=[1  3  5
      2  7  9
      3  9  15]
   b =
      1     3     5
      2     7     9
      3     9    15
>> null(b)
```
：求 null space（因 b 矩陣的秩是 2，所以 null space 為 1）。

```
   ans =
     -0.9847
      0.1231
      0.1231
>> rank(b)
```
：求 b 矩陣的秩（因 b 矩陣的 null　space 為 1，所以其秩是 3－1＝2）。

```
   ans =
      2
>>clear
>>a=[1  2  3  4
     5  6  7  8
     1  3  5  7]
```
：輸入一個 3×4 之 a 矩陣的設定。

```
   a =
      1   2   3   4
      5   6   7   8
      1   3   5   7
>>pinv(a)
```
：求 a 矩陣的虛擬反矩陣（因 a 矩陣不是方陣，所以做反矩陣時只能用 pinv）。

```
ans =
   -0.0724    0.1969   -0.2122
   -0.0276    0.1031   -0.0878
    0.0173    0.0092    0.0367
    0.0622   -0.0847    0.1612
```
>> toeplitz(1:5)   :產生 5×5 的 Toeplitz 矩陣。

```
ans =
    1    2    3    4    5
    2    1    2    3    4
    3    2    1    2    3
    4    3    2    1    2
    5    4    3    2    1
```
>> toeplitz(1:5,1:3) :產生 5×3 的 Toeplitz 矩陣。

```
ans =
    1    2    3
    2    1    2
    3    2    1
    4    3    2
    5    4    3
```
>> hankel(1:5)   :產生 5×5 的 Hankel 矩陣。

```
ans =
    1    2    3    4    5
    2    3    4    5    0
    3    4    5    0    0
    4    5    0    0    0
    5    0    0    0    0
```
>> vander(1:5)   :產生 5×5 的 Vandermonde 矩陣。

```
ans =
      1     1     1     1     1
     16     8     4     2     1
     81    27     9     3     1
    256    64    16     4     1
    625   125    25     5     1
```

【例 4.10】 已知 AX=B 求解 X＝？

基本上求解 X 時可用的公式是 X=A\B，另外 X= A⁻¹B 亦可求出其解。

本例的程式是利用矩陣左除的符號 "\" 來解 X。其程式如下：

```
%
%  solve equation
%
clear
a1=[1 2 -1
   1 1 1
   2 -2 1];
b1=[5
   1
   4];
c1=a1\b1;
fprintf('c1 solution is : \n');
c1
pause
clear
a2=[3 2 3 -1
   1 1 1 0
   1 2 1 -1];
b2=[1
   3
   2];
c2=a2\b2;
fprintf('c2 solution is : \n');
c2
pause
a3=[2 3 1 4 -9
   1 1 1 1 -3
   1 1 1 2 -5
   2 2 2 3 -8];
b3=[17
   6
   8
```

```
     14];
c3=a3\b3;
fprintf('c3 solution is : \n');
c3
pause
```

```
>> axb      :執行此例
c1 solution is :

c1 =

    3
    0
   -2

c2 solution is :

c2 =

  -0.5000
   3.5000
        0
   4.5000

Warning: Rank deficient, rank = 3,  tol =  1.4854e-014.
> In axb at 34
c3 solution is :

c3 =

        0
   2.5000
   0.5000
        0
  -1.0000
```

　　從上例中，使用 "\" 的運算若要有唯一解時，必須要 A 矩陣是全秩的情形。如果不是就會出現 c3 的情形。另外在 Matlab 中亦有個符號是對應於左除，那就是右除 "/"，其做法相似，其能解的形式是 XA＝B，所以 X＝B/A。

【例 4.11】 考慮有 4 個矩陣

$$a = \begin{bmatrix} 0 & 1 & 0 & 0 & 0 & 0 \\ 0 & 0 & 0 & 2 & 0 & 0 \\ 0 & 0 & 0 & 0 & 0 & 1 \\ 0 & 0 & 0 & 0 & 0 & 0 \\ 0 & 0 & 0 & 0 & 0 & 0 \\ 0 & 0 & 0 & 0 & 0 & 0 \end{bmatrix}, \quad b = \begin{bmatrix} 0 & -3 & 1 & -2 \\ -2 & 1 & -1 & 2 \\ -2 & 1 & -1 & 2 \\ -2 & -3 & 1 & 2 \end{bmatrix},$$

$$c = \begin{bmatrix} 3 & 1 & -2 \\ -1 & 0 & 5 \\ -1 & -1 & 4 \end{bmatrix}, \quad d = \begin{bmatrix} 0.4 & 0.2 & 0.2 \\ 0.1 & 0.7 & 0.2 \\ 0.5 & 0.1 & 0.6 \end{bmatrix},$$

請利用 jordan 指令，分別把這四個矩陣轉換成喬頓標準式的矩陣？

```
%
% Jordan Canonical Form
%
clear
d=[0.4 0.2 0.2
   0.1 0.7 0.2
   0.5 0.1 0.6];
[vdd diad]=eig(d);
[vd jordd]=jordan(d);
diad
jordd
pause
c=[3 1 -2
  -1 0 5
  -1 -1 4];
[vc diac]=eig(c);
[vcc jordc]=jordan(c);
diac
jordc
pause
b=[0 -3 1 -2
  -2 1 -1 2
  -2 1 -1 2
```

```
     -2 -3 1 2];
[vc diab]=eig(b);
[vcc jordb]=jordan(b);
diab
jordb
pause
a=[0 1 0 0 0 0
    0 0 0 2 0 0
    0 0 0 0 0 1
    0 0 0 0 0 0
    0 0 0 0 0 0
    0 0 0 0 0 0];
[vc diaa]=eig(a);
[vcc jorda]=jordan(a);
diaa
jord
pause
```

存成 jortest.m，其執行結果如下：

```
>>jortest
diad =                    :d 矩陣的特徵值為 1，0.2，0.5。
   1.0000        0         0
        0   0.2000         0
        0        0    0.5000

jordd =                   :d 的喬頓標準式。
```

1.0000	0	0
0	0.5000	0
0	0	0.2000

```
diac =                    :c 矩陣的特徵值為 3，2，2。

   3.0000              0                    0
        0    2.0000 + 0.0000i                0
        0              0       2.0000 - 0.0000i
```

jordc =　　　　　　　　　　　:c 的喬頓標準式。

3	0	0
0	2	1
0	0	2

diab =　　　　　　　　　　　:b 矩陣的特徵值為-2,2,2,0。

-2.0000	0	0	0
0	2.0000 + 0.0000i	0	0
0	0	2.0000 - 0.0000i	0
0	0	0	0.0000

jordb =　　　　　　　　　　　:轉成喬頓標準式的結果。

jordb =

0	0	0	0
0	-2	0	0
0	0	2	1
0	0	0	2

diaa =　　　　　　　　　　　:a 矩陣,其特徵值均為零。

0	0	0	0	0	0
0	0	0	0	0	0
0	0	0	0	0	0
0	0	0	0	0	0
0	0	0	0	0	0
0	0	0	0	0	0

jorda =　　　　　　　　　　　:轉成喬頓標準式的結果。

0	1	0	0	0	0
0	0	1	0	0	0
0	0	0	0	0	0
0	0	0	0	1	0
0	0	0	0	0	0
0	0	0	0	0	0

(4.6) 高維矩陣與結構

在矩陣運算中，我們經常要處理大量性質相同的資料，如果逐一處理在程式的編寫與維護都很麻煩。因此利用陣列變數處理這些資料，將會方便許多。一般使用矩陣的時機：

1. 程式中有大量性質相同的資料，若逐一處理十分不便。

2. 這些資料值在程式中被使用不止一次

3. 經常需要使用多個這些資料

在 Matlab 中三維陣列，一般可用以下符號表示：

$$A_{mnp}$$

其中 A 代表矩陣，mnp 代表維度，又其中 m 代表列位置，n 代表行位置，p 代表頁位置，可用以下例子來說明：

```
>> A=randn(3,3,3)                    ：產生一個 3×3×3 之亂數矩陣 A。

A(:,:,1) =
  -1.5937   -0.3999    0.7119
  -1.4410    0.6900    1.2902        ：亂數矩陣 A 之第一頁。
   0.5711    0.8156    0.6686

A(:,:,2) =
   1.1908   -0.1567   -1.0565
  -1.2025   -1.6041    1.4151        ：亂數矩陣 A 之第二頁。
  -0.0198    0.2573   -0.8051

A(:,:,3) =
   0.5287   -2.1707    0.6145
   0.2193   -0.0592    0.5077        ：亂數矩陣 A 之第三頁。
  -0.9219   -1.0106    1.6924

>> A(1,3,2)             ：取第二頁之第一列第三行之元素值。

ans =
  -1.0565

>> A(3,3,:)            ：取全部頁之第三列第三行之元素值(驗證參上矩陣)。

ans(:,:,1) =
   0.6686
ans(:,:,2) =
  -0.8051
```

```
ans(:,:,3) =
    1.6924
>> A(1,:,2)                 ：取第二頁之第一列之全部元素值(驗證參上矩陣)。
ans =
    1.1908  -0.1567  -1.0565
>> randn(2,2,2,2,2)         ：產生一個 2×2×2×2×2 維之亂數矩陣 A。
ans(:,:,1,1,1) =
    0.0112    0.8057
   -0.6451    0.2316
ans(:,:,2,1,1) =
   -0.9898    0.2895
    1.3396    1.4789
ans(:,:,1,2,1) =
    1.1380  -1.2919
   -0.6841  -0.0729
ans(:,:,2,2,1) =
   -0.3306    0.4978
   -0.8436    1.4885
ans(:,:,1,1,2) =
   -0.5465  -0.2463
   -0.8468    0.6630
ans(:,:,2,1,2) =
   -0.8542  -0.1199
   -1.2013  -0.0653
ans(:,:,1,2,2) =
    0.4853  -0.1497
   -0.5955  -0.4348
ans(:,:,2,2,2) =
   -0.0793  -0.6065
    1.5352  -1.3474
```

　　randn 指令可擴展到 randn(a,b,c,...)，亦即亂數矩陣很方便擴展到更高維之矩陣。相同之方式的指令尚有 ones，zeros。至於更高維之矩陣可用 cat 指令去建構，有關 cat 指令之用法如下：

```
>> help cat
    CAT Concatenate arrays. (矩陣串接)
    CAT(DIM,A,B) concatenates the arrays A and B along
    the dimension DIM.
    CAT(2,A,B) is the same as [A,B].
    CAT(1,A,B) is the same as [A;B].

    B=CAT(DIM,A1,A2,A3,A4,...) concatenates the input arrays A1, A2,
etc.
        along the dimension DIM.

    When used with comma separated list syntax, CAT(DIM,C{:}) or
CAT(DIM,C.FIELD) is a convenient way to concatenate a cell or
structure array containing numeric matrices into a single matrix.

    Examples  ( c 是一個三維矩陣 )

     a = magic(3); b = pascal(3);
     c = cat(4,a,b)
    % produces a  3-by-3-by-1-by-2  result and
     s = {a b};   (一維細胞矩陣之串接)
     for i=1:length(s),
       siz{i} = size(s{i});
     end
     sizes = cat(1,siz{:})
    % produces a 2-by-2 array of size vectors.

    See also  NUM2CELL.

 Overloaded methods
    help inline/cat.m
    help lti/cat.m
    help fittype/cat.m
```

cat 指令主要是把相同大小之資料，依指定之維度方向串接成高維矩陣，若僅是一維細胞矩陣之串接，用{}處理比較方便。

```
>> A=cat(3,randn(2,2),randn(2,2))：建構一個 3 維矩陣，因串接之矩陣是
                                    2*2，再加上串接兩個 2*2 所以新的
                                    矩陣是 2*2*2。
```

```
A(:,:,1) =
    0.5913    0.3803
  -0.6436   -1.0091
A(:,:,2) =
  -0.0195    0.0000
  -0.0482   -0.3179
>> size(A)                :查閱矩陣之維度。
ans =
    2    2    2
>> B=cat(3,randn(2,2),randn(2,2))
B(:,:,1) =
    1.0950    0.4282
  -1.8740    0.8956
B(:,:,2) =
    0.7310    0.0403
    0.5779    0.6771
```

　　結構變數是 Matlab 中，另一種將不同變數型態組合在一起的資料型態，藉由一系列不同的欄位(field)組成，每個欄位可以是不同變數型態。在 Matlab 中有二種方式可設定結構變數，一種是直接設定，另一種是以 struct 指令來定義：

直接設定結構變數方式

```
>> data.name='jeng';
>> data.address='Huwei';
>> data.number='12345';
>> data
data =
    name: 'jeng'
  address: 'Huwei'
  number: '12345'
>> fieldnames(data)         :列出結構變數的欄位名稱。
ans =
  'name'
  'address'
```

```
    'number'
>> data.address              :列出結構變數 data 的 address 欄位之內容。

ans =
Huwei
```

以 struct 指令來定義結構變數：

```
>> b=struct('name','chuang','address','taipei','number',56789)
b =
    name: 'chuang'
    address: 'taipei'
    number: 56789

>> b.name                    :列出結構變數 b 的 name 欄位之內容。

ans =
chuang
```

把結構變數 data 和結構變數 b 合併成一個結構變數矩陣。

```
>> data                      :顯示結構變數 data。
data =
    name: 'jeng'
    address: 'Huwei'
    number: '12345'

>> b                         :顯示結構變數 b。

b =
    name: 'chuang'
    address: 'taipei'
    number: 56789

>> ndata(1)=data;
>> ndata(2)=b;
>> ndata                     :顯示結構變數矩陣 ndata。

ndata =
1x2 struct array with fields:
    name
    address
    number

>> ndata(2).number    :列出結構變數矩陣 ndata(2) 的 number 欄位之內容。

ans =
    56789
```

【例 4.12】　以結構變數處理班級成績

資料如下：

	Computer	English	Chinese	Math	Program
1	93	89	90	82	88
2	90	95	88	87	85
3	78	84	81	82	80
4	89	89	85	86	89
5	93	92	90	88	93

Matlab 程式如下：

```
%
% structure
%
clear
classA(1).number=1;
classA(1).computer=93;
classA(1).english=89;
classA(1).chinese=90;
classA(1).math=82;
classA(1).program=88;

classA(2).number=2;
classA(2).computer=90;
classA(2).english=95;
classA(2).chinese=88;
classA(2).math=87;
classA(2).program=85;

classA(3).number=3;
classA(3).computer=78;
classA(3).english=84;
classA(3).chinese=81;
classA(3).math=82;
classA(3).program=80;

classA(4).number=4;
classA(4).computer=89;
classA(4).english=89;
```

```
classA(4).chinese=85;
classA(4).math=86;
classA(4).program=89;

classA(5).number=5;
classA(5).computer=93;
classA(5).english=92;
classA(5).chinese=90;
classA(5).math=88;
classA(5).program=93;

for i=1:5
data(i).sums=classA(i).computer+classA(i).english+classA(i).ch
inese+classA(i).math+classA(i).program;
end

for i=1:5
  data(i).avg=data(i).sums/5;
end

fprintf('\n\n');

disp('          總分 與 平均')

fprintf('\n\n');

for i=1:5
fprintf('%5d%5d%5d%5d%5d%5d%5d%6.2f',classA(i).number,classA(i
).computer,classA(i).english,classA(i).chinese,classA(i).math,
classA(i).program,data(i).sums,data(i).avg);
fprintf('\n');
end
```

檔名存成 struex1.m，並進行執行如下：

```
>> struex1
                        總分 與 平均

   1   93   89   90   82   88   442   88.40
   2   90   95   88   87   85   445   89.00
   3   78   84   81   82   80   405   81.00
   4   89   89   85   86   89   438   87.60
   5   93   92   90   88   93   456   91.20
```

table: 表格矩陣可存儲面列格式或表格的資料，表格矩陣將每個列的資料存儲當作一個變數。只要所有變數具有相同的行數，表格矩陣變數就可以具有不同的資料類型和相等的資料個數。

常用三種設定指令如下：

```
T = table(變數 1, ..., 變數 N)              %第一種設定方式。
T = table(___,'VariableNames',varNames)     %第二種設定方式。
T = table(___,'RowNames',rowNames)          %第三種設定方式。
```

第一種設定方式的例子如下：

```
>> clear
>> number = {'A1';'A2';'A3';'A4';'A5'};     %字串格式設定
>> Computer = [93;90;78;89;93];             %數值格式設定
>> English = [89;95;84;89;92];
>> Chinese = [90;88;81;85;90];
>> Math = [82;87;82;86;88];
>> Program = [88; 85; 80; 89; 93];
>> Tb = table(number,Computer,English,Chinese,Math,Program)
Tb =
  5×6 table
```

number	Computer	English	Chinese	Math	Program
'A1'	93	89	90	82	88
'A2'	90	95	88	87	85
'A3'	78	84	81	82	80
'A4'	89	89	85	86	89
'A5'	93	92	90	88	93

使用方式如下：

```
>> Tb.Total =
Tb.Computer+Tb.English+Tb.Chinese+Tb.Math+Tb.Program
Tb =

  5×7 table
```

number	Computer	English	Chinese	Math	Program	Total
'A1'	93	89	90	82	88	442
'A2'	90	95	88	87	85	445
'A3'	78	84	81	82	80	405
'A4'	89	89	85	86	89	438
'A5'	93	92	90	88	93	456

```
>> Tb.Aveage =
(Tb.Computer+Tb.English+Tb.Chinese+Tb.Math+Tb.Program)/5
Tb =

  5×8 table
```

number	Computer	English	Chinese	Math	Program	Total	Aveage
'A1'	93	89	90	82	88	442	88.4
'A2'	90	95	88	87	85	445	89
'A3'	78	84	81	82	80	405	81
'A4'	89	89	85	86	89	438	87.6
'A5'	93	92	90	88	93	456	91.2

第二種設定方式的例子如下：

```
>> Tb = table(number,Computer,English,...
        Chinese,Math,Program,...
        'VariableNames',{'number','Computer','English', ...
'Chinese','Math','Program'})
```

Tb =

5×6 table

number	Computer	English	Chinese	Math	Program
'A1'	93	89	90	82	88
'A2'	90	95	88	87	85
'A3'	78	84	81	82	80
'A4'	89	89	85	86	89
'A5'	93	92	90	88	93

第三種設定方式的例子如下：

```
>> Tb = table(Computer,English,...
        Chinese,Math,Program,...
'RowNames', {'A1';'A2';'A3';'A4';'A5'})
```

Tb =

5×5 table

	Computer	English	Chinese	Math	Program
A1	93	89	90	82	88
A2	90	95	88	87	85
A3	78	84	81	82	80
A4	89	89	85	86	89
A5	93	92	90	88	93

4.7 稀疏矩陣

在 Matlab 中有關稀疏矩陣的計算，主要是針對矩陣和向量中有較多元素是零的情況，由於每個元素若是皆表現出來時，則比較浪費記憶體，因此需要稀疏矩陣的運算，另外在 Matlab 中對多維系統的稀疏矩陣，截至目前為止尚未提供，亦即多維矩陣在 Matlab 中，僅提供在一般矩陣上而已。以下是一些常見的稀疏矩陣指令：

sparse	：建立一個稀疏矩陣或把一般矩陣轉成稀疏矩陣。
speye(a,b)	：產生一個 a×b 的單位稀疏矩陣。
speye(a)	：產生一個 a×a 的單位稀疏矩陣。
sprandn(a,b,c)	：隨機產生一個 a×b 的稀疏矩陣，其中 c 介於 0 和 1 之間。
sprandsym(a,c)	：隨機產生一個 a×a 的對稱稀疏矩陣，其中 c 介於 0 和 1 之間。
spdiags	：從對角線之方式產生稀疏矩陣。
sprank	：計算稀疏矩陣的秩。
full(b)	：把稀疏矩陣 b 轉成一般矩陣。
find(b)	：把稀疏矩陣 b 中，有關元素不是零的位置。
nnz(b)	：把稀疏矩陣 b 中非零的元素，總個數顯現出來。
nonzeros(b)	：顯示稀疏矩陣 b 非零的元素顯示出來。
issparse(c)	：測試 c 矩陣是否為稀疏矩陣，若是則顯示 1，否則為零。
spy	：視覺化稀疏矩陣。
gplot	：利用圖論的方式把稀疏矩陣繪圖出來。

有關稀疏矩陣的設定如下

```
>> A=sparse([2 3 1],[2 1 3],[6 2 3],3,3)

A =
  (3,1)      2
  (2,2)      6
  (1,3)      3
```

其中

[2 3 1]是代表 RAW 的位置。

[2 1 3]是代表 COLUMN 的位置。

[6 2 3]是代表上二者對應的值。

最後二個 3 是代表 3×3 的稀疏矩陣。

```
>> h=eye(5,6)
h =
   1   0   0   0   0   0
   0   1   0   0   0   0
   0   0   1   0   0   0
   0   0   0   1   0   0
   0   0   0   0   1   0
```

```
>> h1=sparse(h)              :把一般矩陣轉 h 成稀疏矩陣 h1
h1 =
   (1,1)        1
   (2,2)        1
   (3,3)        1
   (4,4)        1
   (5,5)        1
```

從對角線之方式產生稀疏矩陣之指令 spdiags，先用 help 指令查閱之

```
>> help spdiags
 SPDIAGS Sparse matrix formed from diagonals.
```

SPDIAGS, which generalizes the function "diag", deals with three matrices, in various combinations, as both input and output.

[B,d] = SPDIAGS(A) extracts all nonzero diagonals from the m-by-n matrix A. B is a min(m,n)-by-p matrix whose columns are the p nonzero diagonals of A. d is a vector of length p whose integer components specify the diagonals in A.

B = SPDIAGS(A,d) extracts the diagonals specified by d.
A = SPDIAGS(B,d,A) replaces the diagonals of A specified by d with the columns of B. The output is sparse.
A = SPDIAGS(B,d,m,n) creates an m-by-n sparse matrix from the columns of B and places them along the diagonals specified by d.

Roughly, A, B and d are related by
```
    for k = 1:p
        B(:,k) = diag(A,d(k))
    end
```

Example: These commands generate a sparse tridiagonal representation of the classic second difference operator on n points.

```
e = ones(n,1);
A = spdiags([e -2*e e], -1:1, n, n)
```

Some elements of B, corresponding to positions "outside" of A, are not actually used. They are not referenced when B is an input and are set to zero when B is an output. If a column of B is longer than the diagonal it's representing, elements of super-diagonals of A correspond to the lower part of the column of B, while elements of sub-diagonals of A correspond to the upper part of the column of B.

Example: This uses the top of the first column of B for the second sub-diagonal and the bottom of the third column of B for the first super-diagonal.

```
B = repmat((1:n)',1,3);
S = spdiags(B,[-2 0 1],n,n);
```

See also diag.

```
>> n=5                  :先設 n=5
n =
    5
```

產生一個 5×5 對角線稀疏矩陣。

```
>> e = ones(n,1);
   A = spdiags([e -2*e e], -1:1, n, n)
A =
   (1,1)      -2
   (2,1)       1
   (1,2)       1
   (2,2)      -2
   (3,2)       1
   (2,3)       1
   (3,3)      -2
   (4,3)       1
   (3,4)       1
   (4,4)      -2
   (5,4)       1
   (4,5)       1
   (5,5)      -2
```

```
>> full(A)
ans =
   -2    1    0    0    0
    1   -2    1    0    0
    0    1   -2    1    0
    0    0    1   -2    1
    0    0    0    1   -2
```

e = ones(n,1)產生一個 5×1 之向量，對角線之內容是[e -2*e e]，-1:1 代表對角線有三行，spdiags([e -2*e e], -1:1, n, n)的 n，n 表示是 $n \times n$ 對角線稀疏矩陣。

```
>> spy(A)          :視覺化稀疏矩陣。
```

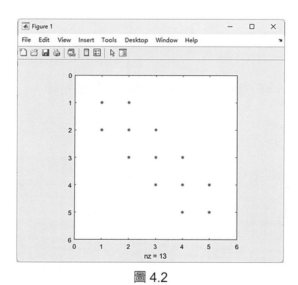

圖 4.2

計算稀疏矩陣 A 的秩。

```
>> rank(A)              :錯誤用法。
??? Error using ==> svd
Use svds for sparse singular values and vectors.

Error in ==> rank at 15
s = svd(A);
>> sprank(A)            :正確用法。
ans =
    5
```

另外有關稀疏矩陣的運算，加、減、乘、右除、左除同一般矩陣的計算方式，至於有關特徵值 eig，qr 分解，LU 分解等一些計算，其計算方式可直接使用該指令，不必再把稀疏矩陣轉成一般矩陣，然後再做運算，如此改善，顯得比較方便，和用一般矩陣較一致化，但唯一未完成的是多維稀疏矩陣。以下用一些例子說明之：

```
>> a=sparse([1 3 2],[1 3 2],[3 6 4],3,3)  ：輸入一個稀疏矩陣。
a =
  (1,1)        3
  (2,2)        4
  (3,3)        6
>>full(a)   ：把稀疏矩陣 a 轉成一般矩陣。
ans =
   3  0  0
   0  4  0
   0  0  6
```

做稀疏矩陣的 LU 分解，回傳之 L，U 矩陣亦是稀疏矩陣。

```
>> [l u]=lu(a)
l =
  (1,1)        1
  (2,2)        1
  (3,3)        1

u =
  (1,1)        3
  (2,2)        4
  (3,3)        6
```

做稀疏矩陣的 LU 分解加上 full 指令，回傳之 L，U 矩陣是一般矩陣。

```
>> [l u]=lu(full(a))
l =
   1   0   0
   0   1   0
   0   0   1
```

```
u =
    3    0    0
    0    4    0
    0    0    6
```

由上例可知對稀疏矩陣分解可得稀疏矩陣或是一般矩陣，相同的理念可應用至做 eig，qr，svd，chol 這些矩陣的分解的指令應用去解稀疏矩陣。

取元素之用法如下：

```
>>a=sparse([1 2 3],[1,2,3],[3 4 6],3,3)    ：輸入一個 3×3 的稀疏矩陣 a。
a =
   (1,1)       3
   (2,2)       4
   (3,3)       6
```

取 a 稀疏矩陣的第一個 column 的元素來。

```
>> a(1,:)

ans =
   (1,1)          3
```
同一般矩陣的用法。

```
>> speye(5)          ：產生一個 5×5 的單位稀疏矩陣。
ans =
   (1,1)       1
   (2,2)       1
   (3,3)       1
   (4,4)       1
   (5,5)       1
```

```
>>[q r]=qr(a)        ：對 a 稀疏矩陣做 qr 分解。
q =
   (1,1)       1
   (2,2)       1
   (3,3)       1

r =
   (1,1)       3
   (2,2)       4
   (3,3)       6
```

至於其它基本測試，筆者便不再多寫，讀者有興趣可自行利用 help 了解，再進行測試。另外若稀疏矩陣比較大時，若用一般矩陣的輸入或者 sparse，均是非常麻煩，因此筆者在此介紹一個比較快的輸入方法，那就是利用文字檔輸入，其步驟如下：

1.　建立一個文字檔 sptest.txt。

2.　利用 load 載入 sptest.txt。

3.　利用 spconvert 做轉換。

　　在上步驟中，前二個 column 代表 i，j 的索引，第三個 column 是代表值，亦即第一 raw，第三 column，值為 6 之表示如下：

```
(1,3)=6
```

以下用一個例子說明：

首先建立一個文字檔如下：

sptest.txt，其內容是

```
1   3   6
2   4   3
4   1   6
3   3   1
5   2   7
1   5   9
4   5   3
7   6
```

先假設 sptest.dat 這個文字檔已經建好了，利用 load 指令載入

```
>>load sptest.dat            :載入 sptest.dat(路徑要設好)。
>> who   :查看變數。
Your variables are:
A    F    ans    q    sptest
C    a    l    r    u
```

確實多了 sptest，但此變數為一個 8×3 的矩陣，如下所示：

```
>> sptest
sptest =

    1    3    6
    2    4    3
    4    1    6
```

```
    3    3    1
    5    2    7
    1    5    9
    4    5    3
    3    7    6
```

>>d=spconvert(sptest)　：把 8×3 的矩陣，透過 spconvert 轉成稀疏矩陣
　　　　　　　　　　　　　　如左下所示。

```
d =
   (4,1)      6
   (5,2)      7
   (1,3)      6
   (3,3)      1
   (2,4)      3
   (1,5)      9
   (4,5)      3
   (3,7)      6
```

　　從上例可看出此法可大量輸入一個大的稀疏矩陣，用時讀者可自行定義變數即可其它還有一些稀疏矩陣，筆者只列出其指令，讀者有需自行測試，不明瞭則利用 help 即可。

```
Spfun
colmmd
symmmd
symrcm
colperm
condest
spalloc
nzmax
nonzeros
dmperm
```

4.8 矩陣的 Norm 和條件數

本節介紹幾個探討一個矩陣性質的指令，約略先判斷一下這個矩陣的性質，以確定再處理下去合不合宜，包括計算矩陣的條件數和矩陣的秩，以及幾種不同的 norm 求法。以下是這些指令的表示方式及功能說明：

norm(a)	：求出 a 矩陣的 2-norm 計算。
norm(a,n)	：在一般數學的定義中，常見的 norm 有二種，第一種是 1-norm，第二種是 2-norm 同 norm(a)。
norm(a,inf)	：infinity norm 的計算。其計算方式是把所有的相同列的資料加在一起，取出一個最大值。
norm(a,'fro')	：F-norm 的計算，其計算方式是對角線的數值，取其平方的和再計算其平方根值。
cond(a)	：計算 a 矩陣中的條件數，一般而言，矩陣的條件數越小則代表這個矩陣條件佳。
rcond(a)	：同 cond，只是判別結果較簡單，1 表示好的矩陣，0 表示這個矩陣較不好。

```
>> help norm
 NORM  Matrix or vector norm.
    For matrices...
      NORM(X) is the largest singular value of X, max(svd(X)).
      NORM(X,2) is the same as NORM(X).
      NORM(X,1) is the 1-norm of X, the largest column sum,
                = max(sum(abs(X))).
      NORM(X,inf) is the infinity norm of X, the largest row sum,
                = max(sum(abs(X'))).
      NORM(X,'fro') is the Frobenius norm, sqrt(sum(diag(X'*X))).
      NORM(X,P) is available for matrix X only if P is 1, 2, inf or 'fro'.
    For vectors...
      NORM(V,P) = sum(abs(V).^P)^(1/P).
      NORM(V) = norm(V,2).
      NORM(V,inf) = max(abs(V)).
      NORM(V,-inf) = min(abs(V)).

    See also cond, rcond, condest, normest, hypot.
```

範例：

```
>> a=[1    2    3    4
       3    5    7    9
       7    1    3    8
       2    9   -3    1]

a =
     1     2     3     4
     3     5     7     9
     7     1     3     8
     2     9    -3     1
```

`>>norm(a)` ：計算 a 矩陣的 2-norm 值。

```
ans =
   17.3996
```

`>>norm(a,1)` ：1 norm 的計算值。a 中共有 4 行，其每行和分別是 13，17，10，22。所以取最大，可得 22。

```
ans =
    22
```

`>>norm(a,inf)` ：infinity norm 的計算。a 中共有 4 列，其每列和分別是 10，24，19，9。所以取最大，可得 24。

```
ans =
    24
```

`>>cond(a)` ：計算 a 的條件數。

```
ans =
   73.6122
```

`>> norm(a)*norm(inv(a))`

```
ans =
   73.6122
```

定義：(向量 norm 的定義)

p-norm 的計算公式

$$\|x\|_p = \left(\sum_i x_i^p \right)^{\frac{1}{p}}$$

其中是 x 一個向量，x_i 是向量 x 中的第 i 個元素。

定義：(矩陣 norm 的定義)

　　矩陣 p-norm 的定義是，每一行的計算是根據向量 p-norm 的定義，因此若有 5 行，則分別計算出這五行的向量範數，然後再取其最大值即是。另外在矩陣中計算其 infinite-norm 是計算出每列的元素加在一起，然後再從這些例子取出最大值為矩陣的 infinite norm。

定義：(條件數)

$$\text{cond(A)} = \|A\|\|A^{-1}\|$$

　　一般而言，矩陣的條件數越小則代表這個矩陣條件佳。一般而言 cond(A)，是以 2-norm 為主。其它 norm 可用 cond(A,1)此意 1-norm 的條件數。其餘可類推。

　　一個著名條件不佳的矩陣是希伯特矩陣

$$H_n = \begin{bmatrix} 1 & \dfrac{1}{2} & \dfrac{1}{3} & \cdots & \dfrac{1}{n} \\ \dfrac{1}{2} & \dfrac{1}{3} & \dfrac{1}{4} & \cdots & \dfrac{1}{n+1} \\ \vdots & \vdots & \vdots & \ddots & \vdots \\ \dfrac{1}{n} & \dfrac{1}{n+1} & \dfrac{1}{n+2} & \cdots & \dfrac{1}{2n-1} \end{bmatrix}$$

範例：

```
>> b=hilb(3)

b =

    1.0000    0.5000    0.3333
    0.5000    0.3333    0.2500
    0.3333    0.2500    0.2000

>> cond(b)

ans =

  524.0568

>> norm(b)*norm(inv(b))

ans =

  524.0568
```

從這個執行結果 hilb(3)的條件數很大，因此 hilb(3)是個條件不佳的矩陣。

4.9 細胞矩陣

細胞矩陣可以存放任何型態的資料在一個矩陣中，如同一般矩陣的特性，此外細胞矩陣亦可方便的擴展到高維之細胞矩陣。因此細胞矩陣可以是一維、二維或是更高維，但以一維之細胞矩陣使用情形最多。

有關建立二維細胞矩陣的方式可使用以下之方法：

```
>> a{1,1}=[1 1; 2 2];      :建立一個二維細胞矩陣。
>> a{1,2}=8;
>> a{2,1}=3;
>> a{2,2}='Jeng';
>> b{1,1}=81+2i;           :建立另一個二維細胞矩陣。
>> b{1,2}=[3 3; 4 4];
>> b{2,1}='jin';
>> b{2,2}=2;
>> a                        :顯示 a 細胞矩陣（此法僅能看到外觀）。

a =

    [2x2 double]    [  8]
    [        3]    'Jeng'

>> b                        :顯示 b 細胞矩陣。

b =

    [81.0000+ 2.0000i]    [2x2 double]
    'jin'                 [        2]
```

若要建立三維細胞矩陣的方式，cat 指令是個很方便之方法，可使用以下方式建立三維細胞矩陣：

```
>> cat(3,a,b)              :串接成一個三維細胞矩陣。

ans(:,:,1) =

    [2x2 double]    [  8]
    [        3]    'Jeng'

ans(:,:,2) =

    [81.0000+ 2.0000i]    [2x2 double]
    'jin'                 [        2]
```

在 Matlab 中細胞矩陣是使用 { } 去設定元素，如 A{2,2}是取第二列第二行之細胞矩陣元素；有別於矩陣之使用 ( ) 去設定元素，如 A(2,2)是取第二列第二行之矩陣元素。

建立一個二維細胞矩陣 a。

```
>> a{1,1}=[1 1; 2 2];
>> a{1,2}=8;
>> a{2,1}=3;
>> a{2,2}='Jeng';
>> celldisp(a)     :顯示細胞矩陣之指令，有別於直接輸入變數名稱。

a{1,1} =
   1   1
   2   2
a{2,1} =
   3
a{1,2} =
   8
a{2,2} =
Jeng
```

以下指令是取細胞矩陣第一列第一行之元素中的矩陣之第二列第二行之矩陣元素。

```
>> a{1,1}(2,2)
ans =
   2

>> celldisp(a)               :顯示細胞矩陣 a 之指令。

a{1,1} =
    1    1
    2    2

a{2,1} =
    3

a{1,2} =
    8

a{2,2} =
Jeng

 >> size(a)                  :查閱細胞矩陣之大小。
```

```
ans =
    2    2
>> aa=reshape(a,1,4)        :重整細胞矩陣 aa 之指令，由 2×2 轉成 1×4。
aa =
  Columns 1 through 3
    [2x2 double]    [3]     [8]
    'Jeng'
>> celldisp(aa)            :顯示細胞矩陣 aa 之指令。

aa{1} =
    1    1
    2    2

 aa{2} =
    3

aa{3} =
    8

aa{4} =
Jeng
>> a{1,1}
ans =
    1    1
    2    2
```

以下指令是顯示細胞矩陣 a 之第一列第一行之細胞矩陣元素中的矩陣之行的和。

```
>> sum(a{1,1})

ans =
    3
```

細胞矩陣擴充及繪製指令介紹

```
>> a{1,1}=[1 1; 2 2];       :建立一個二維細胞矩陣 a。
>> a{1,2}=8;
>> a{2,1}=3;
>> a{2,2}='Jeng';
>> a
```

```
a =
    [2x2 double]    [  8]
    [        3]    'Jeng'
>> b{1,1}=rand(4,4);      :建立另一個二維細胞矩陣 b。
>> b{1,2}='This is a string';
>> b{2,1}=[2 3 4 5 6];
>> b{2,2}=[2 3 4
       4 5 6
       6 3 7];
>> b
b =
    [4x4 double]
    [1x5 double]

    'This is a string'
    [3x3 double]
>> c=[a b]                :合併 a 細胞矩陣和 b 細胞矩陣。
c =
  Columns 1 through 2
    [2x2 double]    [  8]
    [        3]    'Jeng'

    [4x4 double]
    [1x5 double]

    'This is a string'
    [3x3 double]
>> celldisp(c)           :顯示合併後之細胞矩陣。
c{1,1} =
    1    1
    2    2

c{2,1} =
    3

c{1,2} =
    8

c{2,2} =
Jeng
```

```
c{1,3} =
  Columns 1 through 3
    0.9501    0.8913    0.8214
    0.2311    0.7621    0.4447
    0.6068    0.4565    0.6154
    0.4860    0.0185    0.7919

  Column 4
    0.9218
    0.7382
    0.1763
    0.4057

c{2,3} =
    2    3    4    5    6
c{1,4} =
This is a string
c{2,4} =
    2    3    4
    4    5    6
    6    3    7
```

```
>> d=[a; b]                    :另一種合併 a 細胞矩陣和 b 細胞矩陣。

d =
    [2x2 double]
    [          3]
    [4x4 double]
    [1x5 double]
    [          8]
    'Jeng'
    'This is a string'
        [3x3 double]
>> celldisp(d)                 :顯示合併後之細胞矩陣。

d{1,1} =
    1    1
    2    2
```

```
d{2,1} =
    3

 d{3,1} =
   Columns 1 through 3

      0.9501    0.8913    0.8214
      0.2311    0.7621    0.4447
      0.6068    0.4565    0.6154
      0.4860    0.0185    0.7919

   Column 4

      0.9218
      0.7382
      0.1763
      0.4057
d{4,1} =
    2    3    4    5    6
d{1,2} =
    8

d{2,2} =
Jeng

d{3,2} =
This is a string

d{4,2} =
    2    3    4
    4    5    6
    6    3    7
>> size(c)                    :計算 c 細胞矩陣之大小。

ans =
    2    4
>> size(d)                    :計算 d 細胞矩陣之大小。

ans =
    2
>> cellplot(d,'legend')     :繪製 d 細胞矩陣。
```

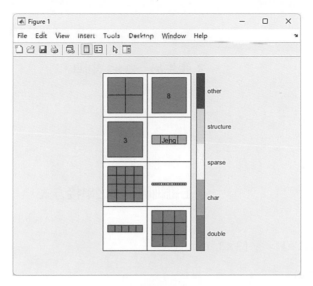

圖 4.3

```
>> cellplot(c,'legend')
```
　　　　　:繪製 c 細胞矩陣。

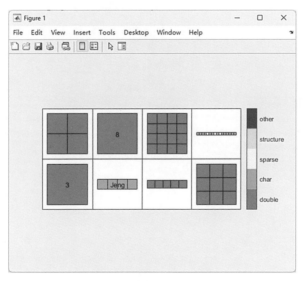

圖 4.4

```
>> iscell(d)
```
　　　　　:判斷是否為細胞矩陣，1 為真 0 為假。

```
ans =
    1
```

```
>> a=magic(3)
```
　　　　　:產生一 3×3 矩陣。

```
a =
    8    1    6
```

```
     3     5     7
     4     9     2
>> b=ones(3)                    :產生另一 3×3 矩陣。
b =
     1     1     1
     1     1     1
     1     1     1
>> w={a b}                      :1 維細胞矩陣之串接方式。
w =
    [3x3 double]    [3x3 double]
>> celldisp(w)
w{1} =
     8     1     6
     3     5     7
     4     9     2
w{2} =
     1     1     1
     1     1     1
     1     1     1
```

1. 矩陣和陣列的基本運算有些什麼差別？試分別就符號及計算的方式來探討？

2. 當 i 已做變數使用時，若您再宣告一個複數時，請問此時會有什麼錯誤？是否會出現語法錯誤？

3. 何謂矩陣的合併？試舉一例說明？

4. 對一個 8×8 的矩陣而言，試說明如何把矩陣中的列 3 到列 5 以及行 2 到行 6 的資料取出？

5. 試說明 " ： " 這個符號在矩陣管理中的功用？

6. 假設生產 x 個玩具之成本關係爲

$$C(x) = 0.1x^2 + 7x + 210$$

若玩具量爲 1 到 30 個間隔 2，則生產成本 C 之變化如何？

7. 試比較 pause 和 pause(n)這二個指令使用上的差別？

8. 試說明如何把一個 5×5 的矩陣取出上三角形部份，以及對角線的部份？

9. 試比較 fliplr 和 flipud 這二個指令使用上的差別？

10. 試說明 pinv 和 inv 這二個指令的差別？

11. 請寫一 Matlab 程式解出以下電路之電流 i_1 及 i_2？

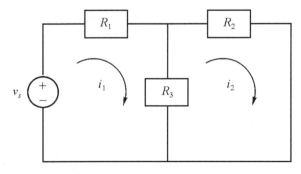

其中 $R_1 = 1\text{k}\Omega, R_2 = 2\text{k}\Omega, R_3 = 1\text{k}\Omega, v_s = 10\text{V}$。

12. 試說明 orth 和 null 這二個指令的差別？

13. 試說明 rand 和 randn 這二個指令的功能？

14. 求矩陣 $A = \begin{bmatrix} 3 & 7 & 1 & 2 \\ 4 & 1 & 9 & 5 \\ 1 & 2 & 3 & 4 \\ 3 & 8 & 5 & 5 \end{bmatrix}$ 的特徵值及特徵向量？

15. 請說明 "\" 的功用？

16. 輸入 A 和 B 矩陣，以 Matlab 驗證 $(AB)^{-1} = B^{-1}A^{-1}$？

17. 請說明如何輸入一個 5×5 的複數矩陣？

18. 說明 diag 和 trace 此二指令的差別？

19. 求矩陣 $A = \begin{bmatrix} 3 & 7 & 1 & 2 \\ 4 & 1 & 9 & 5 \\ 1 & 2 & 3 & 4 \\ 3 & 8 & 5 & 5 \end{bmatrix}$ 的 LU 分解、QR 分解、SVD 分解？

20. 請說明 AB 不等於 BA 的理由？

21. 請說明如何使用 cat 指令建立一個三維細胞矩陣的方式？

22. 請說明如何完成設定結構變數方式？

23. 請說明如何完成一個結構變數矩陣？

24. 請舉二個例子說明結構變數之方便性？

25. 稀疏矩陣有何用途？並請說明 sparse 這個指令的功能？

26. 以結構變數處理班級成績

    資料如下：

1	Computer	English	Chinese	Math
1	93	89	90	82
2	90	95	88	87
3	78	84	81	82
4	89	89	85	86
5	93	92	90	88
6	89	90	88	78
7	85	87	83	83

27. 請說明 cond 這個指令的功能？

28. 請寫一 Matlab 程式比較 A 矩陣的三種 norm 之差異？

$$A = \begin{bmatrix} 3 & 7 & 1 & 2 \\ 4 & 1 & 9 & 5 \\ 1 & 2 & 3 & 4 \\ 3 & 8 & 5 & 5 \end{bmatrix}$$

29. 請比較 A{1,1} 和 A(1,1) 之差別？

30. 說明如何使用 cat 指令建立一個三維細胞矩陣的方式？

31. 請說明 celldisp 之用法？

32. 請說明如何合併細胞矩陣？

33. 請說明 cellplot 之用法？

第五章

函數指令的介紹

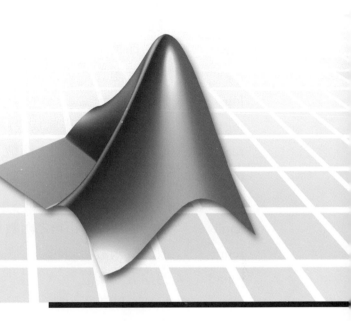

　　在本章中筆者將介紹一些函數指令的使用，有關這些相關指令筆者先簡述這些函數的基本定義，至於其詳細用法及範例將會在往後幾節分類來加以介紹。

數學函數

abs	：絕對值函數。
acos	：反餘弦函數。
acosh	：反雙曲線餘弦函數。
asin	：反正弦函數。
asinh	：反雙曲線正弦函數。
atan	：反正切函數。
atan2	：四象限反正切函數。
atanh	：反雙曲線正切函數。
cos	：餘弦函數。
cosh	：雙曲線餘弦函數。
sin	：正弦函數。
sinh	：雙曲線正弦函數。
sec	：正割函數。
csc	：餘割函數。

cot　　　：餘切函數。

tan　　　：正切函數。

tanh　　：雙曲線正切函數。

exp　　　：指數函數。

fix　　　：去尾數函數。

log　　　：對數函數。

log10　　：對數之函數(以十為基底)。

real　　　：取一個複數的實部之函數。

imag　　：取一個複數的虛部之函數。

conj　　：取共軛複數之函數。

angle　　：取一個複數的相角之函數以及直角座標對極座標轉換之相角函數。

rem　　　：取餘數函數。

round　　：四捨五入函數。

sign　　：只取符號正負函數。

sqrt　　：取平方根值之函數。

rat　　　：將實數化為多項分數展開型式之函數。

rats　　：將實數化為分數型式之函數。

特殊數學函數

bessel　　：Bessel 函數。

besselh　：Hankel 函數。

beta　　　：Bata 函數。

betainc　：不完全 Bata 函數。

betaln　　：Bata 函數的對數。

ellipj　　：Jacobi elliptic 函數。

ellipke　：完全 elliptic 函數。

erf　　　：error 函數。

erfc　　：互補 error 函數。

erfcx　　：Scaled 互補 error 函數。

erfinv　　：反 error 函數。

gamma　　：Gamma 函數。

gammainc：不完全 Gamma 函數。

gammaln：Gamma 函數的對數。

pow2 ：取冪級數函數。

log2 ：取對數函數(以二為基底)。

rat ：有理數近似函數。

rats ：有理數輸出函數。

exist ：存在與否測定函數。

global ：全區變數定義。

upper ：轉成大寫。

lower ：轉成小寫。

floor ：取比變數小之最大整數。

ceil ：取比變數大之最小整數。

離散資料分析

max ：求最大值。

min ：求最小值。

mean ：求平均值。

median ：求中數。

std ：求變異數。

sort ：排序。

sum ：求和。

cov ：計算 covariance 值。

corrcoef ：求相關係數。

接下來筆者會依據前述這些基本函數指令，並舉些例子來直接說明，但有些未說明者，讀者可利用 help 查閱其更詳細的用法，即可明瞭。另外這些函數的運算皆可以輸入陣列。

5.1 三角函數

在 Matlab 中提供的三角函數有下列幾種：

函數功能

sin(x) ：正弦函數。

sec(x) ：正割函數。

cos(x) ：反餘弦函數。

csc(x) ：餘割函數。

tan(x)　　　　：正切函數。

cot(x)　　　　：餘切函數。

sinh(x)　　　：雙曲線正弦函數。

cosh(x)　　　：雙曲線餘弦函數。

tanh(x)　　　：雙曲線正切函數。

asin(x)　　　：反正弦函數。

acos(x)　　　：反餘弦函數。

atan(x)　　　：反正切函數。

atan2(x,y)　　：反正切函數(四個象限)。

asinh(x)　　　：反雙曲線正弦函數。

acosh(x)　　　：反雙曲線餘弦函數。

atanh(x)　　　：反雙曲線正切函數。

　　上列的三角函數，一般可再分成二類：第一類是三角函數，其基本運算的特點是採用徑度的輸入資料，而非角度資料；另一類是反三角函數，如後面七個指令，在這幾個函數之中，大多數均有上下限，因此在使用上要特別的注意，不要超過其輸入範圍，如 asin(2)就是錯誤的表示式，因反正弦函數的輸入值只有在正負 1 之間才有意義。

　　另外一點要特別提醒讀者的是上述這些三角函數的計算是**採用陣列的方式**，亦即元素對元素的計算方式，有別於矩陣的運算，以下則針對這些函數加以說明：

　　有關三角函數的一些性質的公式如下：

1.　和角公式：

$$\sin(a+b) = \sin(a)\cos(b) + \cos(a)\sin(b)$$

$$\sin(a-b) = \sin(a)\cos(b) - \cos(a)\sin(b)$$

$$\cos(a+b) = \cos(a)\cos(b) - \sin(a)\sin(b)$$

$$\cos(a-b) = \cos(a)\cos(b) + \sin(a)\sin(b)$$

2.　倍角公式：

$$\sin(2a) = 2\sin(a)\cos(a)$$

$$\cos(2a) = \cos^2(a) - \sin^2(a) = 2\cos^2(a) - 1$$

$$\sin(3a) = 3\sin(a) - 4\sin^3(a)$$

3.　和差化積：

$$\sin(a) + \sin(b) = 2\sin\left(\frac{a+b}{2}\right)\cos\left(\frac{a-b}{2}\right)$$

$$\cos(a) + \cos(b) = 2\cos\left(\frac{a+b}{2}\right)\cos\left(\frac{a-b}{2}\right)$$

4.　積化和差：

$$2\sin(a)\cos(b) = \sin(a+b) + \sin(a-b)$$

$$2\cos(a)\cos(b) = \cos(a+b) + \cos(a-b)$$

5.　複數運算：

$$\sin(a+bi) = \sin(a)\cosh(b) + i\cos(a)\sinh(b)$$

$$e^{ai} = \cos(a) + i\sin(a)$$

$$\sin^2(a+bi) + \cos^2(a+bi) = 1$$

$$\cosh(a+bi) = \cos(-b+ai)$$

$$\cosh(a+bi) = \frac{e^{(a+bi)} + e^{(-a-bi)}}{2}$$

$$\cos(a) = \frac{e^{ai} + e^{-ai}}{2}$$

以下是這些計算式的例子說明：

範例：

```
1. >>a=1                          ：是輸入變數 a。
   a =
        1

2. >>b=1                          ：是輸入變數 b。
   b =
        1

3. >>sin(a+b)                     ：計算 sin(a+b)的結果。
   ans =
        0.9093
```

4. `>>sin(a).*cos(b)+cos(a).*sin(b)` ：驗證和 3. 相同的等式之結果。

　　ans =

　　　　0.9093

5. `>>cos(2*a)` ：計算 cos(2a)。

　　ans =

　　　-0.4161

6. `>>cos(a).*cos(a)-sin(a).*sin(a)` ：驗證和 5. 相同的等式。

　　ans =

　　　-0.4161

7. `>>sin(3*a)` ：計算 sin(3a)。

　　ans =

　　　　0.1411

8. `>>3*sin(a)-4*sin(a).^3` ：驗證和 7. 相同的等式。

　　ans =

　　　　0.1411

9. `>>cos(a)+cos(b)` ：計算 cos(a)+cos(b)。

　　ans =

　　　　1.0806

10. `>>2*cos((a+b)/2)*cos((a-b)/2)` ：驗證和 9. 相同的等式。

　　ans =

　　　　1.0806

11. `>> t=1:5`

　　t =

　　　　1　　　2　　　3　　　4　　　5

12. `>> sin(t)` ：三角函數的變數可以是向量。

　　ans =

　　　　0.8415　　　0.9093　　　0.1411　　-0.7568　　-0.9589

13. `>> sin(pi/3)*5+cos(pi/3)/3` ：直接計算三角函數式子。

　　ans =

　　　　4.4968

　　Matlab 7.0 後三角函數和反三角函數可用**角度資料**，但指令不同分別是 sind(x)、secd(x)、cosd(x)、cscd(x)、tand(x)、cotd(x)、asind(x)、acosd(x)及 atand(x)。

```
>> sind(30)
ans =
0.5000
```

5.2 一般函數

在 Matlab 中尚有提供一些基本函數的功能，這些函數如下所示：

指令功能

abs(x)　　　：取其絕對值，在複數時即表示大小。

angle(x)　　：取其相角，對複數資料而言。

real(x)　　　：取複數資料 z 的實部。

imag(x)　　　：取複數資料 z 的虛部。

sqrt(x)　　　：取平方根值。

conj(x)　　　：取共軛複數值。

exp(x)　　　：取指數值。

log(x)　　　：取對數值。

log10(x)　　：取以 10 為基底的對數值。

round(x)　　：取 x 的四捨五入值。

sign(x)　　　：取 x 值的符號。

fix(x)　　　：去掉 x 的小數點後之數字。

ceil(x)　　　：取比 x 大之最小整數。

floor(x)　　：取比 x 小之最大整數。

rem　　　　：取餘數函數。

mod　　　　：取餘數函數。

ndims(a)　　：計算 a 之維度。

上列這 17 個函數，大體上而言尚清楚，因此以下直接以例子的執行來說明，等介紹完之後，再列舉幾個應用例子來做進一步的說明：

範例：

```
>>x=-3              :設定變數 x 為-3。
x =
    -3
>>abs(x)            :取 x 的絕對值。
ans =
    3
>>x1=4+3i          :設定複數變數 x1 為 4+3i。
x1 =
   4.0000+3.0000i
```

```
>>abs(x1)              :計算複數 x1 的大小。
ans =
     5
>>angle(x1)            :計算複數 x1 的相角。
ans =
    0.6435
>>real(x1)             :取出複數 x1 的實部。
ans =
     4
>>imag(x1)             :取出複數 x1 的虛部。
ans =
     3
>>x1                   :再次顯示複數 x1。
x1 =
   4.0000+3.0000i
>>conj(x1)             :取 x1 的共軛複數。
ans =
   4.0000-3.0000i
>>exp(2)               :計算 2 的指數。
ans =
   7.3891
>>log(exp(2))          :計算 2 的指數後再取對數。
ans =
     2
>>log10(100)           :計算以 10 為基底的對數。
ans =
     2
  x                    :再一次顯示變數 x 的數值。
x =
    -3
>>sign(x)              :取 x 的正負號,正為 1,負為-1。
ans =
    -1
  x                    :顯示變數 x。
x =
    -3
>>sqrt(abs(x))         :計算 x 的絕對值後的平方根。
ans =
    1.7321
>> r=1:5
```

```
r =
     1     2     3     4     5
>> sqrt(r)
ans =
   1.0000    1.4142    1.7321    2.0000    2.2361
>> fix(3.15)            :去掉小數點後之數字。
ans =
    3
>> mod(6,4)            :取 6 除以 4 之餘數函數。
ans =
    2
>> rem(6,4)            :另一個取 6 除以 4 之餘數函數。
ans =
    2
>> a=[1 2 3            :輸入 a 矩陣。
    4 5 6
    7 8 9]
a =
    1     2     3
    4     5     6
    7     8     9
>> n=ndims(a)          :計算 a 之維度。
n =
    2
```

【例 5.1】　計算 $\left\lfloor \dfrac{n-1}{m} \right\rfloor +1$ ，其中 n=13，m=10？

以直譯測試如下：

```
>> clear
>> n=13;
>> m=10;
>> floor((n-1)/m)+1
ans =
    2
```

【例 5.2】　計算 $\left\lceil \dfrac{n-1}{m} \right\rceil +1$ ，其中 n=13，m=10？

以直譯測試如下：

```
>> clear
>> n=13;
>> m=10;
>> ceil((n-1)/m)+1
ans =
     3
```

【例 5.3】　養殖池中的魚群數目由以下由以下函數所限定

$$y = \frac{1800}{1+48e^{-0.32t}}$$

其中 y 為 t 個月後的魚群數目。

請寫一程式計算　(a)10 個月後的魚群數目?

(b)10～50 個月每間隔 5 個月的魚群數目?

有關本例之 Matlab 程式如下：

```
%
% 魚群數目分析
%
clear
t1=10;
y1=1800./(1+48.*exp(-0.32.*t1));
fprintf('10 個月後的魚群數目 ')
y1
t2=10:5:50;
y2=1800./(1+48.*exp(-0.32.*t2));
fprintf('10~50 個月每間隔 5 個月的魚群數目')
y2
```

檔名存成 ch5ex1.m，並進行執行如下：

```
>> ch5ex1
10 個月後的魚群數目
y1 =
  608.8103
10~50 個月每間隔 5 個月的魚群數目
y2 =
  1.0e+003 *
  0.6088  1.2903  1.6670  1.7715  1.7942  1.7988  1.7998  1.8000  1.8000
```

【註】從上結果可看出本例子從第 35 個月後的魚群數目就增加不多。

函數之向量(陣列)運算說明：

```
>> clear
>> x=(0:0.1:1)      ：另一種向量輸入法。
x =
  Columns 1 through 7
    0    0.1000    0.2000    0.3000    0.4000    0.5000    0.6000
  Columns 8 through 11
    0.7000    0.8000    0.9000    1.0000
>> y=0:0.1:1        ：一般向量輸入法。
y =
  Columns 1 through 7
    0    0.1000    0.2000    0.3000    0.4000    0.5000    0.6000
  Columns 8 through 11
    0.7000    0.8000    0.9000    1.0000
>> x+y              ：一般向量加法。
ans =
  Columns 1 through 7
    0    0.2000    0.4000    0.6000    0.8000    1.0000    1.2000
  Columns 8 through 11
    1.4000    1.6000    1.8000    2.0000
>> x*y             ：錯誤向量乘法，少".."。
??? Error using ==> *
Inner matrix dimensions must agree.
>> x.*y             ：正確向量乘法。
ans =
  Columns 1 through 7
    0    0.0100    0.0400    0.0900    0.1600    0.2500    0.3600
  Columns 8 through 11
    0.4900    0.6400    0.8100    1.0000
>> r=1:10           ：一般向量輸入法。
r =
    1    2    3    4    5    6    7    8    9    10
>> sqrt(r)          ：開根號函數之向量算法。
ans =
  Columns 1 through 7
    1.0000  1.4142  1.7321  2.0000  2.2361  2.4495  2.6458
  Columns 8 through 10
    2.8284    3.0000    3.1623
```

```
>> sin(r)           ：sin 函數之向量算法。
ans =
  Columns 1 through 7
    0.8415  0.9093  0.1411  -0.7568  -0.9589  -0.2794  0.6570
  Columns 8 through 10
    0.9894    0.4121    -0.5440
>> log(r).*sin(r) ：sin 函數與 log 函數之向量乘法。
ans =
  Columns 1 through 7
    0  0.6303  0.1550  -1.0492  -1.5433  -0.5006    1.2784
  Columns 8 through 10
    2.0573    0.9055    -1.2527
```

【註】在 Matlab 中的函數皆可做向量運算。

```
>> help eval    ：查閱 eval 之用法。
EVAL Execute string with MATLAB expression.
    EVAL(s), where s is a string, causes MATLAB to execute the string
as an expression or statement.
    EVAL(s1,s2) provides the ability to catch errors. It executes
string s1 and returns if the operation was successful. If the
operation generates an error, string s2 is evaluated before
returning. Think of this as EVAL('try','catch').  The error string
produced by the failed 'try' can be obtained with LASTERR.
  [X,Y,Z,...] = EVAL(s) returns output arguments from the expression
in strings.
    The input strings to EVAL are often created by concatenating
substrings and variables inside square brackets. For example:
    Generate a sequence of matrices named M1 through M12:
        for n = 1:12
          eval(['M' num2str(n) ' = magic(n)'])
        end
    Run a selected M-file script. The strings making up the rows
of matrix D must all have the same length.
        D = ['odedemo '
          'quaddemo'
          'fitdemo '];
      n = input('Select a demo number: ');
      eval(D(n,:))
    See also FEVAL, EVALIN, ASSIGNIN, EVALC, LASTERR.
```

```
>> n=input('Choose a Cal.(1,2,3): ')
Choose a Cal.(1,2,3): 2
n =
     2
>> eval('sin(n)')
ans =
    0.9093
>> eval('n')
n =
     2
>> eval('testsin')
??? Undefined function or variable 'testsin'.
```

從上面例子可看出，eval 會自行評估字串內容是否為可執行之指令，若是則直接執行，若不是則出現錯誤。

```
>> M=([' sin(n)'                    :多字串內容是否為可執行之設定。
    '      n'
    'sqrt(n)'])
M =
sin(n)
     n
sqrt(n)
```

注意每個字串長度要相等，不足在字串前補空白，以滿足所有字串長度要相等之要求。否則會出現錯誤。

```
>> n=input('Choose a Cal.(1,2,3): ') :輸入一選項參數之數字。
Choose a Cal.(1,2,3): 3
n =
     3
>> eval(M(n,:))                       :因選項參數是 3，所以做 sqrt(3)。
ans =
    1.7321
>> n=input('Choose a Cal.(1,2,3): ')  :輸入一選項參數之數字。
Choose a Cal.(1,2,3): 2
n =
     2
>> eval(M(n,:))                       :因選項參數是 2，所以做 n。
n =
     2
```

以下指令比 eval 對函數傳參數之處理更一般化，可處理多輸入多輸出之函數。讀者只要依下列之 help 的例子測試即可明瞭：

>> help feval ：查閱 feval 之用法。

```
FEVAL Execute the specified function
    FEVAL(F,x1,...,xn) evaluates the function specified by a function
handle or function name, F, at the given arguments, x1,...,xn.

    For example, if F = @foo, FEVAL(F,9.64) is the same as foo(9.64).

    If a function handle is bound to more than one built-in or M-file,
(that is, it represents a set of overloaded functions), then the
data type of the arguments x1 through xn, determines which function
is executed.

    FEVAL is usually used inside functions which take function
handles or function strings as arguments.  Examples include FZERO
and EZPLOT.

    [y1,..,yn] = FEVAL(F,x1,...,xn) returns multiple output
arguments. Within methods that overload built-in functions, use
BUILTIN(F,...) to execute the original built-in function.  Note
that when using BUILTIN, F must be a function name and not a function
handle.
```

5.3 特殊函數

前節所介紹的是 Matlab 系統中的一般函數，本節則再針對幾個特殊函數的功能來加以說明，這些特殊函數的名稱及功能如下：

函數功能

besselj ：貝色第一類函數。

bessely ：貝色第二類函數。

besseli ：修正貝色第一類函數。

besselk ：修正貝色第二類函數。

gamma ：gamma 函數。

erf ：誤差函數。

erfinv ：反誤差函數。

ellipj ：甲可必 elliptic 函數。

直譯測試例子：

```
>> besselj(3,3)
ans =
    0.3091
>> besselk(3,3)
ans =
    0.1222
>> gamma(4)
ans =
    6
>> erf(4)
ans =
    1.0000
>> erf(10)-erf(1)
ans =
    0.1573
>> a=erf(0.3)
a =
    0.3286
>> erfinv(a)
ans =
    0.3000
>> ellipj(4,0.3)
ans =
    -0.5341
```

5.4 離散資料的分析

　　以下所要探討的是在一些資料中，如何來找出最大值、最小值、計算平均值及變異數、或是求和、計算元素的乘積等指令，以下是這些指令的格式：

指令功能

max(a)　　：a 若是矩陣則找出每個行向量中的最大元素，若是一個列或一個行時則分別找出其最大值。

min(a)　　：a 若是矩陣則找出每個行向量中的最小元素，若是一個列或行時則只分別找出其最小值來。

mean(a)　：a 若是矩陣則找出每個行向量中的平均值，若是一個列或一個行時則分別找出此一平均值。

median(a)　　：求中數，至於作法仍同前。

std(a)　　　：求變異數，至於作法仍同前。

sort(a)　　　：排序，至於 a 的性質同前。

sortrows(a)　：排序列，但只依據第一行的元素來決定其大小。

sum(a)　　　：計算總和，至於 a 的性質同前。

prod(a)　　　：a 若是矩陣時，則是計算相同的列和行做內積運算，若是向量時則自
己做內積。

cumsum(a)　：計算方式同 sum，和原來的矩陣相比較。只是一直累積下來，所以
維度沒有變化。

cumprod(a)　：同 prod 的運算，只是每次計算的結果均存在，且一直累加起來。

cov(a)　　　：計算 a 矩陣的 covariance 矩陣。

cov(x,y)　　：計算 x 向量和 y 向量的 covariance 值。

corrcoef(a)　：計算 a 矩陣的相關係數矩陣。

corrcoef(x,y)：計算 x 向量和 y 向量的相關係數值。

至此已把常見的一些處理離散資料指令介紹完畢。

```
>>a=[1 4 7 2 7 0 33]       :輸入一個陣列 a。
a =
    1  4  7  2  7  0  33
>>max(a)                    :找 a 陣列中的最大值。
ans =
   33
>>min(a)                    :找 a 陣列中的最小值。
ans =
    0
>>mean(a)                   :求 a 陣列中的平均值。
ans =
   7.7143
>>median(a)                 :求 a 陣列中的中數。
ans =
    4
>>std(a)                    :求 a 陣列的變異數。
ans =
  11.4850
>>sort(a)                   :排列 a 陣列。
ans =
    0  1  2  4  7  7  33
```

```
>>a
a =
   1  4  7  2  7  0  33
 >>sum(a)                     :求 a 陣列的和。
ans =
   54
 >>prod(a)                    :自己和自己從內積，所以為 0，1 表示垂直，0 表示平行。
ans =
   0
>> prod(1:10)                 :計算10!。
ans =
   3628800
```

當變數是矩陣時，有關前列的指令計算方式是以 column 的資料為單位，例如

```
>> x=[2 -1
      3 -4]
x =
   2   -1
   3   -4
>>max(x)
ans=
  [3  -1]
```

前一個是由 2，3 決定，後一個由-1，-4 決定。

【例 5.4】　假設 1999～2002 亞洲各國國民所得如下：

	1999	2000	2001	2002
台灣	13,046	13,976	12,619	12,601
日本	35,373	37,547	32,853	31,368
新加坡	20,911	22,766	20,790	20,980
香港	24,315	24,811	24,211	23,803
菲律賓	1,026	991	936	995
印尼	684	729	676	816
韓國	8,676	9,790	8,999	9,976
泰國	1,987	1,980	1,848	2,014
馬來西亞	3,485	3,837	3,664	3,870

　　請寫一程式計算各國國民所得四年的平均值、四年的最大值、四年的最小值與中數？

本例是一個簡單資料分析之基本應用，有關本例之 Matlab 程式如下：

```
%
% 國民所得分析
%
clear
a=[13046   13976   12619   12601
   35373   37547   32853   31368
   20911   22766   20790   20980
   24315   24811   24211   23803
    1026     991     936     995
     684     729     676     816
    8676    9790    8999    9976
    1987    1980    1848    2014
    3485    3837    3664    3870];
newa=a';
totavg=sum(newa)./4;
fprintf('average: ')
totavg
fprintf('average with another method: ')
mean(newa)
fprintf('maximal: ')
max(newa)
fprintf('minimal: ')
min(newa)
fprintf('中數: ')
median(newa)
```

檔名存成 ch5ex2.m，並進行執行如下：

```
>> ch5ex2
average:
totavg =
  1.0e+004 *
    1.3060 3.4285 2.1362 2.4285 0.0987 0.0726 0.9360 0.1957 0.3714
average with another method:
ans =
  1.0e+004 *
    1.3060 3.4285 2.1362 2.4285 0.0987 0.0726 0.9360 0.1957 0.3714
```

```
maximal:
ans =
    13976  37547  22766  24811  1026  816  9976  2014  3870
minimal:
ans =
    12601  31368  20790  23803  936  676  8676  1848  3485
```

中數:

```
ans =
  1.0e+004 *
    1.2833 3.4113 2.0945 2.4263 0.0993 0.0707 0.9395 0.1984 0.3750
>>  A = [-1 1 2 ; -2 3 1 ; 4 0 3]     :輸入 A 矩陣。

A =
    -1    1    2
    -2    3    1
     4    0    3
>> C=cov(A)                           :計算 A 矩陣的 covariance 矩陣。
C =
    10.3333   -4.1667    3.0000
   -q4.1667    2.3333   -1.5000
     3.0000   -1.5000    1.0000
```

對角化元素 C(i,i)表示為 variances for the columns of A。非對角化元素 C(i,j)表示為 covariances of columns i and j of A。

```
>> R=corrcoef(A)                      :計算 A 矩陣的相關係數矩陣。
R =
    1.0000   -0.8486    0.9333
   -0.8486    1.0000   -0.9820
    0.9333   -0.9820    1.0000
```

其中 R 和 C 的關係是 $R(i,j) = \dfrac{C(i,j)}{\sqrt{C(i,i)C(j,j)}}$，驗證 R 和 C 的關係如下：

```
>> R(1,2)
ans =
  -0.8486
>> C(1,2)/sqrt(C(1,1)*C(2,2))
ans =
  -0.8486
```

5.5 字串處理

```
>> textmat=65:70                :設定 ASCII。
textmat =
  65  66  67  68  69  70
>> char(textmat)                :轉成字串。
ans =
ABCDEF

>> strmat='This is a data'  :設定字串。
strmat =
This is a data

>> double(strmat)               :把字串轉成浮點數。
ans =
  Columns 1 through 13
   84  104  105  115  32  105  115  32  97  32  100  97  116
  Column 14
   97

>> double(strmat)-32
ans =
  Columns 1 through 13
   52  72  73  83  0  73  83  0  65  0  68  65  84
  Column 14
   65

>> whos
  Name         Size              Bytes  Class
  ans          1x14              112    double array
  strmat       1x14              28     char array
  textmat      1x6               48     double array
Grand total is 34 elements using 188 bytes

>> class(strmat)
ans =
char

>> class(textmat)
ans =
double
>> s1='12345'                :設定一個字串 s1。
```

```
s1 =
12345
>> s2='abcde'                ：設定一個字串 s2。

s2 =
abcde
>> s3=s1+s2                  ：字串連接方式，以 ASCII 碼相連接。

s3 =
   146   148   150   152   154
>> s4=[s1 s2]               ：字串連接方式，以文字相連接。

s4 =
12345abcde
>> s5=[s1 fliplr(s2)]       ：字串連接方式，s2 做對調。

s5 =
12345edcba
```

把整數及浮點數轉成字串之例子如下：

```
>> data1=2.54;
>> data2=12;
>> disp(['1 ft = ' int2str(data2) 'inches'])

1 ft = 12inches
>> disp(['1 ft = ' int2str(data2) ' inches'])
1 ft = 12 inches
>> disp(['1 inch = ' num2str(data1) ' cm'])
1 inch = 2.54 cm

>> help num2str              ：查閱 num2str 之用法。
```

NUM2STR Convert number to string.

   T = NUM2STR(X) converts the matrix X into a string representation T with about 4 digits and an exponent if required. This is useful for labeling plots with the TITLE, XLABEL, YLABEL, and TEXT commands.

   T = NUM2STR(X,N) converts the matrix X into a string representation with a maximum N digits of precision. The default number of digits is based on the magnitude of the elements of X.

   T = NUM2STR(X,FORMAT) uses the format string FORMAT (see SPRINTF for details).

   Example:
      num2str(randn(2,2),3) produces the string matrix

```
        '-0.433    0.125'
        ' -1.67    0.288'
```

See also INT2STR, SPRINTF, FPRINTF.

有關第二種用法之測試例子如下：

```
>> h=12345
h =
     12345
```

```
>> h1=num2str(h,1)        ：取一位數超過以四捨五入及次方為字串。
```

```
h1 =
1e+004
```

```
>> h2=num2str(h,3)        ：取三位數超過以四捨五入及次方為字串。
```

```
h2 =
1.23e+004
```

```
>> h3=num2str(h,5)
```

```
h3 =
12345
```

```
>> h4=num2str(h,7)        ：位數超過以原資料為字串。
```

```
h4 =
12345
```

```
>> h5=[h4 h3]
```

```
h5 =
1234512345
```

```
>> c='sin(pi/3)'          ：設定運算式字串。
```

```
c =
sin(pi/3)
```

```
>> eval(c)                ：把字串視為運算式計算。
```

```
ans =
   0.8660
```

※ 字串比對及取代

```
>> str1='this is a data'  ：設定 str1 字串。
```

```
str1 =
this is a data
```

```
>> str2='a'               ：設定 str2 字串。
```

```
str2 =
```

```
a
>> strmatch(str1,str2)      :字串比對，[]代表不同。
ans =
     []
>> c='this is a data'
c =
this is a data
>> strmatch(str1,c)         :字串比對，1代表相同。
ans =
     1
>> str1
str1 =
this is a data
>> str2
str2 =
a
>> str3='1'
str3 =
1
>> strrep(str1,str2,str3)
ans =
this is 1 d1t1

>> str1
str1 =
this is a data
>> data1=['this'
        'is'
        'a'
        'data']
??? Error using ==> vertcat
All rows in the bracketed expression must have the same
number of columns.

>> data1=['this'
        'is '
        'a  '
        'data']

data1 =
this
```

```
is
a
data
>> strvcat('this','is','a','data')
ans =
this
is
a
data

>> help strmatch
STRMATCH Find possible matches for string.
    I = STRMATCH(STR,STRS) looks through the rows of the character
    array or cell array of strings STRS to find strings that begin
    with string STR, returning the matching row indices. STRMATCH is
    fastest when STRS is a character array.

    I = STRMATCH(STR,STRS,'exact') returns only the indices of the
    strings in STRS matching STR exactly.

    Examples
      i = strmatch('max',strvcat('max','minimax','maximum'))
    returns i = [1; 3] since rows 1 and 3 begin with 'max', and
      i = strmatch('max',strvcat('max','minimax','maximum'),'exact')
    returns i = 1, since only row 1 matches 'max' exactly.

    See also FINDSTR, STRVCAT, STRCMP, STRNCMP.

 Overloaded methods
    help opaque/strmatch.m
    help cell/strmatch.m
>> i = strmatch('max',strvcat('max','minimax','maximum'))
i =
    1
    3
```

最後，在介紹幾個位元運算指令 bitand、bitcmp、bitor、bitmax、bitxor、bitset、bitget 及 bitshift，這些指令基本上可利用 help 指令查閱之即可瞭解，本節以 bitshift 為例：

```
>> help bitshift
 BITSHIFT Bit-wise shift.
    C = BITSHIFT(A,K) returns the value of A shifted by K bits. A
```

must be an unsigned integer or an array of unsigned integers. Shifting by K is the same as multiplication by 2^K. Negative values of K are allowed and this corresponds to shifting to the right, or dividing by 2^ABS(K)　and truncating to an integer. If the shift causes C to overflow the number of bits in the unsigned integer class of A, then the overflowing bits are dropped.

C = BITSHIFT(A,K,N) will cause bits overflowing N bits to be dropped. N must be less than or equal to the length in bits of the unsigned integer class of A, e.g., N<=32 for UINT32.

Instead of using BITSHIFT(A,K,8) or another power of 2 for N, consider using BITSHIFT(UINT8(A),K) or the appropriate unsigned integer class for A.

Example:

Repeatedly shift the bits of an unsigned 16 bit value to the left until all the nonzero bits overflow. Track the progress in binary.

```
    a = intmax('uint16');
    disp(sprintf('Initial uint16 value %5d is %16s in binary', ...
       a,dec2bin(a)))
    for i = 1:16
       a = bitshift(a,1);
       disp(sprintf('Shifted uint16 value %5d is %16s in binary',...
          a,dec2bin(a)))
    end
```

See also bitand, bitor, bitxor, bitcmp, bitset, bitget, bitmax, intmax.

```
>> bitshift(8,2)          ：將 8 的二進制左移二位，代表乘以 4。
ans =
    32
```

5.6 其他相關指令

exist　　　　：檔案或變數是否存在測試指令。

tic　　　　　：時間管理指令。

toc　　　　　：時間管理指令。

log2，pow2　：指數及對數運算，以 2 為基底。

clock　　　　：時間產生，其格式是[年　月　日　時　分　秒]

primes   : 質數計算。

isprime   : 可判定是否為質數。

factor   : 可把數字分解成質數乘積。

首先介紹 exist 這個指令,主要目的是使用去測試變數,檔案型式是否存在的指令。使用方式是

exist('名稱')

若是一般變數則會傳回 1。

若是一般.M 檔,不管名稱有無鍵入.M 的文字均會傳回 2。

若是 MEX 檔則會傳回 3。

若是 Simulink 檔則會傳回 4。

若是 Matlab 內建函數,則會傳回 5。

若是不存在的名稱,則會傳回 0。

範例:

```
 a=3              :設定 a 變數。
a =
    3
 b=[ 1 2          :設定 b 矩陣。
    3 4]

    1 2
    3 4
 exist('a')     :檢查 a 的性質,1 代表一般變數。
ans =
    1
 exist('cc')    :回傳值為 0,代表變數不存在。
ans =
    0
 exist('inv')   :回傳值為 5,代表 matlab 內建函數。
ans =
    5
```

tic,toc 指令

功能:
起動及中止計時器。
語法:
```
tic
   指令 1
```

指令 N

```
toc
```
說明：

　　tic 與 toc 常用來計算一區段指令執行時間，請參考範例。tic 與 toc 是成對出現。

【例 5.5】　比較兩種求反矩陣 A 乘以 B 之時間

測試程式如下(timetest.m)：

```
%
%比較兩種求反矩陣A之時間
%
A=[3 2 1;7 4 5;2 4 0];
B=[1 0 0;0 1 0;0 0 1];
tic
x=A\B
toc
tic
x=inv(A)*B
toc

>> timetest

x =
    1.0000   -0.2000   -0.3000
   -0.5000    0.1000    0.4000
   -1.0000    0.4000    0.1000

Elapsed time is 0.110000 seconds.

x =
    1.0000   -0.2000   -0.3000
   -0.5000    0.1000    0.4000
   -1.0000    0.4000    0.1000

Elapsed time is 0.032000 seconds.
```

upper (字串變數或字串)　　　：把字母轉成大寫。
lower (字串變數或字串)　　　：把字母轉成小寫。

```
>>clear                      ：清除所有變數。
>>a='test data'              ：設定 test data 字串給 a。
a =
test data
```

```
>>b=upper(a)                :把 a 變數中的資料之字母轉成大寫字母。
b =
TEST DATA
>>b=lower(a)                :把 a 變數中的資料之字母轉成小寫字母。
b =
test data
>> clock                    :產生目前時間。
ans =
  1.0e+003 *
    1.9990  0.0070  0.0260  0.0140  0.0500  0.0117
>>t1=clock                  :記錄變數 t1 出現的時間。
t1 =
  1.0e+003 *
    1.9990  0.0070  0.0260  0.0140  0.0510  0.0187
>>t2=clock-t1               :記錄從變數 t1 產生到 t2 產生的時間。
t2 =
        0       0       0       0       0  20.4800
```

重寫例 5.3 如下(timetestc.m)：

```
%
%比較兩種求反矩陣 A 之時間
%
clear
A=[3 2 1 1;7 4 5 6;2 4 0 6; 1 3 5 7];
B=[1 0 0 0;0 1 0 0;0 0 1 0; 0 0 0 1];
t1=clock
x=A\B
for i=1:1000
  x=A\B;
end
t2=clock-t1
pause
t3=clock
x=inv(A)*B
for i=1:1000
  x=inv(A)*B;
end
t4=clock-t3

>> timetestc
```

```
t1 =
  1.0e+003 *
    2.0050    0.0090    0.0070    0.0200    0.0140    0.0087
x =
   -0.2941    0.2941    0.0294   -0.2353
    1.1176   -0.5176   -0.0118    0.2941
    0.2941   -0.0941   -0.2294    0.2353
   -0.6471    0.2471    0.1647   -0.1176
t2 =
         0         0         0         0         0    0.0320
t3 =
  1.0e+003 *
    2.0050    0.0090    0.0070    0.0200    0.0140    0.0102
x =
   -0.2941    0.2941    0.0294   -0.2353
    1.1176   -0.5176   -0.0118    0.2941
    0.2941   -0.0941   -0.2294    0.2353
   -0.6471    0.2471    0.1647   -0.1176
t4 =
         0         0         0         0         0    0.0310
```

log2，pow2 指令

基本上這二個指令是做對應及指數的運算，同時以 2 為基底，其使用方法，如下的說明：

log2(變數或數字)

[f e]=log2(變數或數字)

其中 f 為 0 到 1 的數字，e 為次方。

pow2(變數或數字)

pow2(f,e)

```
>> pow2(3)

ans =
     8

 >> log2(8)
ans =
     3
```

質數計算：

```
>> help primes
 PRIMES Generate list of prime numbers.
    PRIMES(N) is a row vector of the prime numbers less than or equal
to N. A prime number is one that has no factors other than 1 and
itself.
    Class support for input N:
     float: double, single
    【See also】factor, isprime.
>> primes(20)
ans =
    2    3    5    7   11   13   17   19
```

isprime 指令可判定是否為質數

```
>> isprime(117)
ans =
    0
```

117 不是質數。

```
>> isprime(17)
ans =
    1
```

17 是質數。

factor 指令可把數字分解成質數乘積

```
>> factor(20)
ans =
    2    2    5
```

亦即 $20 = 2^2 \times 5$。

5.7 範例說明

【例 5.6】 試寫一個程式去完成計算 log7(a)的結果，其中 a 是由 6 到 10 間隔為 1。

有關本例之 Matlab 程式(ch5exam3.m)如下：

解：

```
%
%   log7(z)：文字說明功能而已。
%
a=6:10;                           :設定輸入資料，由 6 到 10 間隔為 1。
log7=log10(a)./log10(7);         :由數學轉換功能去計算 log7(a)的結果。
a                                 :是顯示 a 變數的內容。
log7                              :是顯示 log7 變數的內容。
```

其執行結果如下：

```
>>ch5exam3
a =
    6   7   8   9   10
log7 =
    0.9208  1.0000  1.0686  1.1292  1.1833
```

【例 5.7】　寫一個可計算下列運算的程式

$$Nd = \begin{bmatrix} \cos a & -\sin a & 0 \\ \sin a & \cos a & 0 \\ 0 & 0 & 1 \end{bmatrix} \begin{bmatrix} \cos b & 0 & \sin b \\ 0 & 1 & 0 \\ -\sin b & 0 & \cos b \end{bmatrix} \begin{bmatrix} 1 & 0 & 0 \\ 0 & \cos c & -\sin c \\ 0 & \sin c & \cos c \end{bmatrix} d$$

其中 a、b 及 c 為輸入的一個角度，d 是一個已知的座標，Nd 是指座標 d 轉換後的結果。

有關其程式如下：

```
%
% coordinates transformation
%
% keyin data                    :輸入角度資料。

a=input('input degree A: ')
b=input('input degree B: ')
c=input('input degree C: ')
d=input('input degree vector (a column vector) : ')

% degree to rad.               :把角度資料變成徑度資料。

A=a*pi/180;
B=b*pi/180;
C=c*pi/180;

% set transformated matrix     :設定上公式的三個轉換矩陣。
```

```
aaa=[cos(A)      -sin(A)       0
     sin(A)       cos(A)       0
      0            0           1];
bbb=[cos(B)       0          sin(B)
      0           1           0
    -sin(B)       0          cos(B)];
ccc=[1    0      0
     0  cos(C)  -sin(C)
     0  sin(C)   cos(C)];
nd=aaa*bbb*ccc*d;                    :計算 nd 值及輸出。
fprintf('output results\n\n')
nd
fprintf('\n')
```

執行結果：

```
>> algebr1
  input degree A: 27
a =
    27
input degree B: 5
b =
     5
input degree C: 50
c =
    50
input source vector (a column vector) : [2
3
4]
d =
     2
     3
     4
output results
nd =
    2.6690
    0.0852
    4.6764
```

注意 a、b、c 輸入是角度，但在 Matlab 中的三角函數運算是使用徑度，因此讀者
要小心使用，但到 Matlab 7.0 後三角函數和反三角函數可用角度資料，只是指令不同，
上例之修正版如下：

有關其程式如下：

```
%
% coordinates transformation
%
% keyin data                      :輸入角度資料。
a=input('input degree A: ')
b=input('input degree B: ')
c=input('input degree C: ')
d=input('input degree vector (a column vector) : ')
% set transformated matrix  :設定上公式的三個轉換矩陣。
aaa=[cosd(a)  -sind(a)   0
     sind(a)  cosd(a)    0
       0        0       1];
bbb=[cosd(b)   0   sind(b)
        0      1      0
     -sind(b)   0   cosd(b)];
ccc=[1    0        0
     0  cosd(c)  -sind(c)
     0  sind(c)   cosd(c)];
nd=aaa*bbb*ccc*d;              :計算 nd 值及輸出。
fprintf('output results\n\n')
nd
fprintf('\n')
```

執行結果：

```
>> algebr1n
 input degree A: 27

a =

   27
input degree B: 5

b =

    5
input degree C: 50

c =

   50
```

```
input degree vector (a column vector) : [2
3
4]
d =
     2
     3
     4
output results
nd =
    2.6690
    0.0852
    4.6764
```

【例 5.8】　判斷下列二個聯立方程式是否有解

$$3x - 3y + z = 2$$

(a)　$x - 3y + z = 5$

$$x + y - z = -5$$

(b)　$\begin{bmatrix} 2 & 1 & 3 \\ -1 & 0 & 2 \\ 6 & 2 & 2 \end{bmatrix} \begin{bmatrix} x \\ y \\ z \end{bmatrix} = \begin{bmatrix} 1 \\ 0 \\ 2 \end{bmatrix}$$

有關其程式(algebr2.m)如下：

```
%
% Find solution for a linear equation
%
clear
a = [3 -2 1
   1 -3 1
   1 1 -1];
b=[2 5 -5]';
if rank(a)==3
   fprintf('output results\n\n')
   nd=inv(a)*b
fprintf('\n')
else
   fprintf('no unique solution\n\n')
end
pause
%
```

```
% Example 2
a = [2 1 3
   -1 0 2
   6 2 2];
b=[1 0 2]';
if rank(a)==3
   fprintf('output results\n\n')
   nd=inv(a)*b
fprintf('\n')
else
   fprintf('no unique solution\n\n')
end
```

其執行結果如下：

```
>>algebr2
output results
nd =                        :a 的結果。
   -1.0000
   -1.0000
    3.0000
no unique solution          :b 的結果。
```

【例 5.9】　已知一虛指數信號 $s(t)=e^{iwt}$ 的信號波形，其中 $w=377$、t 從 0 到 1 間隔 0.1，求此信號的大小、相角、實部及虛部？

以直譯測試如下：

```
>> clear
>> w=377;                   :設定虛指數信號 s(t) = e^{iwt}
>> t=0:0.1:1;

>> st=exp(w*t*i)

st =
  Columns 1 through 5
  1.0000  1.0000+0.0009i  1.0000+0.0018i  1.0000+0.0027i  1.0000+0.0036i
  Columns 6 through 10
1.0000+0.0044i  1.0000 + 0.0053i  1.0000 + 0.0062i  1.0000 + 0.0071i  1.0000
+ 0.0080i

  Column 11

  1.0000 + 0.0089i
```

```
>> mag=abs(st)              :計算信號波形的大小。
mag =
  Columns 1 through 8
    1.0000  1.0000  1.0000  1.0000  1.0000  1.0000  1.0000  1.0000
  Columns 9 through 11
    1.0000    1.0000    1.0000
>> re=real(st)            :計算信號波形的實部。
re =
  Columns 1 through 8
    1.0000  1.0000  1.0000  1.0000  1.0000  1.0000  1.0000  1.0000

  Columns 9 through 11
    1.0000    1.0000    1.0000
>> im=imag(st)            :計算信號波形的虛部。
im =
  Columns 1 through 8
    0  0.0009  0.0018  0.0027  0.0036  0.0044  0.0053  0.0062

  Columns 9 through 11
    0.0071    0.0080    0.0089
>> ph=angle(st)            :計算信號波形的相角。
ph =
  Columns 1 through 8
    0  0.0009  0.0018  0.0027  0.0036  0.0044  0.0053  0.0062

  Columns 9 through 11
    0.0071    0.0080    0.0089
```

【例 5.10】 已知任何一個信號 x(n)可分解成 xe(n)偶分量和 xo(n)奇分量

x(n)=xe(n)+xo(n)

其中 xe(n)=0.5(x(n)+x(-n))，xo(n)=0.5(x(n)-x(-n))，另 x(n)=sin(n)，n = 0 到 1 間隔 0.1，求 xe(n)和 xo(n)？

以直譯測試如下：

```
>> clear
>> n=0:0.1:1;
>> x=sin(n)                :設定信號 x(n)。
```

```
x =
  Columns 1 through 8
    0  0.0998  0.1987  0.2955  0.3894  0.4794  0.5646  0.6442

  Columns 9 through 11
    0.7174    0.7833    0.8415
```

\>\> xe=0.5*(x+fliplr(x))　:計算 xe(n) 偶分量。

```
xe =
  Columns 1 through 8
    0.4207  0.4416  0.4580  0.4699  0.4770  0.4794  0.4770  0.4699

  Columns 9 through 11
    0.4580    0.4416    0.4207
```

\>\> xo=0.5*(x-fliplr(x))　　:計算 xo(n) 奇分量。

```
xo =
  Columns 1 through 8
  -0.4207  -0.3417  -0.2593  -0.1743  -0.0876  0  0.0876  0.1743

  Columns 9 through 11
    0.2593    0.3417    0.4207
```

\>\> xe+xo　　　　　　　:利用 xe(n) 偶分量和 xo(n) 奇分量合成 x(n)。

```
ans =
  Columns 1 through 8
    0  0.0998  0.1987  0.2955  0.3894  0.4794  0.5646  0.6442

  Columns 9 through 11
    0.7174    0.7833    0.8415
```

【註】本例以 fliplr 函數計算序列對調。

習 題

1. 試說明在使用 asin(x)時有什麼需要特別注意的地方？

2. 試比較 atan(x)和 atan2(x,y)這二個函數在使用上的差別？

3. 在計算三角函數時，使用 Matlab 要注意什麼？

4. 已知 f(t)=csc(t)+e^{-3t}，其中從 0.5 到 1.5 間隔 0.05。計算出 f(t)？

5. 函數 abs(x)當 x 是複數資料時，其意義為何？

6. 若一個數學函數名稱輸入錯誤時，當你進行執行的時候，會有什麼警告的說明？

7. 請比較 real 和 imag 指令的差別？

8. 養殖池中的魚群數目由以下由以下函數所限定

$$y = \frac{1200}{1 + 28e^{-0.2t}}$$

其中 y 為 t 個月後的魚群數目。

請寫一程式計算(a)10 個月後的魚群數目？

(b)10~50 個月每間隔 5 個月的魚群數目？

9. 試比較 ceil(x)和 floor(x)這二個函數在使用上的差別？

10. 請說明矩陣變數若用 max 指令時其運算情形如何？

11. 請說明 prod 指令的用法？

12. 在 Matlab 中有關時間管理的指令有那些？試舉三個指令？並說明之？

13. 請說明 eval 指令的用法？

14. 請說明字串或序列如何做對調？

15. 請說明 strvcat 指令的用法？

16. 試設計一個程式去完成 f(t)=log(t)+2t，其中 t 從 15 到 50 間隔 1？

17. 判斷下列聯立方程式是否有解？

$$3x - 3y + z = 2$$
$$x - y + z = 1$$
$$7x + 5y - z = -5$$

18. 已知一虛指數信號 $s(t) = e^{iwt}$ 的信號波形，其中 w=754、t 從 0 到 1 間隔 0.1，寫一 Matlab 程式求此信號的大小、相角、實部及虛部？

19. 請寫一 Matlab 程式計算一個信號 x(n) =cos(n)，n = 0 到 1 間隔 0.1，求 xe(n)偶分量和 xo(n)奇分量？

第六章

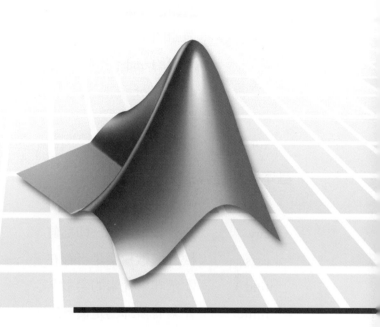

流程控制指令

　　本章將介紹有關流程控制用的 for、while 和 if 這些指令的用法，這些指令的基本操作格式如下：

```
for  i=1:100                    :for 的基本格式。
     所有要用到的指令
 end

while  (logic 指令)             :while 的基本格式。
     所有要用到的指令
   end

if  (logic 指令)                :if 的基本格式。
     所有要用到的指令
   end

if  (logic 指令)                :if 的另一種基本格式。
     真要用到的指令

   else
     假要用到的指令

   end
```

　　另外有關基本邏輯運算符號、基本邏輯運算指令與 switch 指令之簡要說明如下：

基本邏輯運算符號

==	：邏輯的等號。
~=	：邏輯的不等號。
&	：邏輯的 and。
|	：邏輯的 or。
~	：邏輯的 not。
xor	：邏輯的 xor。

基本邏輯運算指令

all	：所有元素均為一是真。
any	：只要有元素為一即為真。
exist	：檢查變數檔案是否存在。
find	：顯示非零元素的索引。
finite	：元素有限即為是真。
isempty	：只要空矩陣即為是真。
isieee	：只要元素是 IEEE 浮點數即為是真。
isinf	：只要元素為無限大即為真。
isnan	：只要元素為非數值即為真。
issparse	：只要矩陣為稀疏矩陣即為真。
isstr	：只要元素為字串即為真。

switch 指令的基本格式

switch 變數或字串變數

```
    case 1
    ...
    case 2
    ...
    .
    .
    .
    case n
    ...
    otherwise
    ...
end
```

6.1　for 迴路設計

這個指令是應用在一些具有重複且有規則變化的資料處理。其指令格式如下：

```
for 變數名稱 = 區間 1 : 間隔 : 區間 2
  指令 1
  …
  指令 n
end
```

其中 n 是指在這個迴圈內共要處理 n 個指令。至於一些細部的規則，在此直接使用例子來說明會比較清楚些，以下就是這些例子的陳述：

範例：

```
1.   clear
for i=1:10
     a=3;
     b=a*i;
  end
  b
```

結果如下：

```
b =
   30
```

```
2.
  for i=1:10
   a=3;
   b(i)=a*i;
  end
  b
```

結果如下：

```
b =
   3  6  9  12  15  18  21  24  27  30
```

這兩個例子均是應用在 i 的區隔為 1 的情形上，在 Matlab 中有關間隔的命令，若不指定時，則代表 1，從以上這兩個例子可以明顯的看出來。此外，這兩個例子最大的差別在於 b 的寫法，從結果上可以明顯的看出範例 1.的結果只有一個元素而已，而範例 2.的 b 是一個陣列的結果。從這兩個例子的比較中，主要是要讓讀者了解，若有矩陣或陣列資料要處理時運用迴路所須注意的情形。

當想利用的間隔不再是 1 的情形時，以下這些例子正足以說明其設計方法。

範例：

```
3. clear
   for i=0:0.1:1
     a=3;
     b(i)=3*a;
   end
```

結果如下：

```
Index into matrix is negative or zero.
```

範例 3.是個錯誤的形式，因 i 為實數，間隔在 0 和 1 之間，所以不適合再用來做為矩陣的索引，因做矩陣變數的索引必須是整數方才能正確。因此當你鍵入這個指令時會出現錯誤的情形，其正確的使用方法如下例說明。

範例：

```
4. clear
   s=1;
   for i=0:0.1:1
     a=3;
     b(s)=3*a;
     s=s+1;
   end
   b
```

結果如下：

```
b =
    9 9 9 9 9 9 9 9 9 9 9
```

範例 4.是個正確的例子，因 b(s)=3*a，所以 11 個結果均是 9，從上述結果可以明顯看出。此外，在這個例子中引出 s 這個指標 s 供陣列 b 使用，如此才能改善範例 3.所造成的困擾；再者，迴路變數亦可以用遞減的情形來設計，以下二個範例就是遞減的形式：

範例：

```
5.
   clear
s=1;
   for i=1:0.1:0
```

```
      a=3;
      b(s)=3*i;
      s=s+1;
   end
   b
```

結果如下：

```
??? Undefined function or variable 'b'.
```

```
6.clear
  s=1;
  for i=1:-0.1:0
    a=3;
    b(s)=3*i;
    s=s+1;
   end
   b
```

結果如下：

```
b =
  Columns 1 through 7
    3.0000  2.7000  2.4000  2.1000  1.8000  1.5000  1.2000
  Columns 8 through 11
    0.9000    0.6000    0.3000         0
```

　　從範例 5.的例子可以明顯看出是個錯誤的情形，雖然由區間 1 到區間 2 是遞減的，但間隔用正數是不可行的，因爲未執行迴圈內指令，所以會出現??? Undefined function or variable 'b'. 的錯誤。正確的寫法如範例 6.所示，其執行的結果是 3*i，其中 i 是從 1 降到 0，間隔 0.1。

　　以下這個例子承接前例，它的區間範圍變大、間隔變小。此外，在這個例子中要特別提起的是此例的用法在語法上沒有錯誤，但在語意上則有錯誤，從其執行的結果中，可以看出只有第一個資料和範例 6.不同而已，其餘均相同，這是因範例 7.在迴圈內少了 “s=s+1”，這個指令，所以疊代了 11 次，其結果均放在 b 陣列中的第一個元素內，因此只有第一個結果產生變化，請讀者在設計程式時，應特別注意。另外，由於 b 執行完，沒有做 clear 的動作，所以 b 的內容會繼續存在。

範例：

```
7.
  s=1;
  for i=3:0.01:5
```

```
    a=4;
    b(s)=i*a;
  end
  b
```

結果如下：

```
b =
  Columns 1 through 7
   20.0000   2.7000   2.4000   2.1000   1.8000   1.5000   1.2000
  Columns 8 through 11
    0.9000   0.6000   0.3000  -0.0000
```

　　範例 8.是 for 這個指令的另一種寫法－直接用一行寫完，其所使用的分隔符號是
"，"這個指令。這種寫法在 Matlab 中雖然可以接受，但筆者在此仍然建議讀者最好
不要使用，因它破壞了結構化的理念，而且若採用這種寫法，等日後再回來看這個程
式時，會是一項很累人的工作。以下兩個範例是這種形式的說明：其中範例 8.的結果
同範例 7.的情形，都是語法正確，但語意有些問題，較正確的寫法如範例 9.所示：

範例：

```
  8.
  s=1;
    for i=1:10,b(s)=3*i;end
    b
```

結果如下：

```
b =
  columns  1 through 7
   30.0000 2.7000 2.4000 2.1000 1.8000 1.5000 1.2000
  columns  8 through 11
   0.9000 0.6000 0.3000 -0.0000
```

```
  9.
  clear
  s=1;for i=1:10,b(s)=3*i;s=s+1;end
  b
```

結果如下：

```
b =
    3   6   9   12   15   18   21   24   27   30
```

至此已把幾個單迴路的例子說明完畢，以下再來討論雙迴路的情形，其中第一個例子是範例 10.，採用整數區間的情形。完成一個 10*8 的矩陣，其中元素值是該元素的行加上列的和之結果，如 a 中第 2 個 row 和第 5 個 column 相交的元素內容是 7。其寫法及執行結果如下所示：

範例：

```
10.
  for i=1:10
    for j=1:8
      a(i,j)=i+j;
    end
  end
  a

a =
    2    3    4    5    6    7    8    9
    3    4    5    6    7    8    9   10
    4    5    6    7    8    9   10   11
    5    6    7    8    9   10   11   12
    6    7    8    9   10   11   12   13
    7    8    9   10   11   12   13   14
    8    9   10   11   12   13   14   15
    9   10   11   12   13   14   15   16
   10   11   12   13   14   15   16   17
   11   12   13   14   15   16   17   18
11.
  r=1;
  s=1;
  for i=4:0.1:5
    for j=3:-0.1:2.2
      a(r,s)=i+j;
      s=s+1;
    end
    s=1;
    r=r+1;
  end
  a
```

結果如下：

```
a =
Columns 1 through 7
  7.0000  6.9000  6.8000  6.7000  6.6000  6.5000  6.4000
  7.1000  7.0000  6.9000  6.8000  6.7000  6.6000  6.5000
  7.2000  7.1000  7.0000  6.9000  6.8000  6.7000  6.6000
  7.3000  7.2000  7.1000  7.0000  6.9000  6.8000  6.7000
  7.4000  7.3000  7.2000  7.1000  7.0000  6.9000  6.8000
  7.5000  7.4000  7.3000  7.2000  7.1000  7.0000  6.9000
  7.6000  7.5000  7.4000  7.3000  7.2000  7.1000  7.0000
  7.7000  7.6000  7.5000  7.4000  7.3000  7.2000  7.1000
  7.8000  7.7000  7.6000  7.5000  7.4000  7.3000  7.2000
  7.9000  7.8000  7.7000  7.6000  7.5000  7.4000  7.3000
  8.0000  7.9000  7.8000  7.7000  7.6000  7.5000  7.4000

Columns 8 through 9
  6.3000  6.2000
  6.4000  6.3000
  6.5000  6.4000
  6.6000  6.5000
  6.7000  6.6000
  6.8000  6.7000
  6.9000  6.8000
  7.0000  6.9000
  7.1000  7.0000
  7.2000  7.1000
  7.3000  7.2000
```

範例 11.是一個 2 維矩陣的元素,從 i 的設定可知共有 11 個元素,從 j 的設定可知共有 9 個元素,因此 a 矩陣的維度是 11*9,其中 i 是採用遞增的結果,j 是採用遞減的結果;另外,由於 i,j 均採用實數,所以不合適做矩陣 a 的指標,因此在此特別定義出 r,s 這兩個變數作為 a 矩陣的指標。其執行結果如上所示。至於更多迴路的設計例子和以下這個例子相近,筆者以此例做為本節的結束。

```
%
%   test three layer for loop design
%
  for i=1:6
    for j=1:6
      for k=1:6
        a(k)=k;
      end
```

```
      for l=1:6
         b(l)=a(l)./3;
      end
      c(i,j)=a(i)+b(j);
   end
 end
 a        :查看 a
```

結果如下：

```
a =
   1    2    3    4   (5)   6
 b
b =        :查看 b
   0.3333  0.6667  1.0000  1.3333  1.6667  (2.0000)
 c         :查看 c

c =
   1.3333  1.6667  2.0000  2.3333  2.6667  3.0000
   2.3333  2.6667  3.0000  3.3333  3.6667  4.0000
   3.3333  3.6667  4.0000  4.3333  4.6667  5.0000
   4.3333  4.6667  5.0000  5.3333  5.6667  6.0000
   5.3333  5.6667  6.0000  6.3333  6.6667  (7.0000)
   6.3333  6.6667  7.0000  7.3333  7.6667  8.0000
```

　　這是個測試一個三層迴路的例子，使用四個 for 的指令，其最終的結果如 c 所示。c 的內容由 a，b 陣列所決定，其中 a 陣列設定為 1 到 6 的值，b 陣列是相對於 a 陣列之中每個元素除以 3 的內容，最後 c 的內容是把 a 陣列中的 b 元素視為 6 個 row，分別加上 b 陣列的相對元素到 c 的內容中，所以 c(5，6)即代表 a(5)加上 b(6)的內容。事實上使用這個例子的用意是在給讀者一個對多個 for 指令時的運用理念，只要讀者注意其結構，小心的使用，必然可以完成一個功能甚為強大的迴圈運算功能。在此再次強調儘量採用結構化的形式去設計，讀起來會更清楚些。

【例 6.1】　已知 $\sum_{i=1}^{n} i^2 = \dfrac{n(n+1)(2n+1)}{6}$ 請用 for 迴圈寫一 Matlab 程式計算 $n=15$ 的結果？並用公式驗證之？

完整例子之程式(ch6ex1.m)如下

```
%
% sum i^2
%
```

```
clear
n=input('item: ');
s=0;
for i=1:n
    s=s+i*i;
end
fprintf('Sum i^2 = %d\n',s)
% Using formula
sv=n*(n+1)*(2*n+1)/6;
fprintf('Using formula i^2 = %d\n',sv)
```

最後存成檔名是 ch6ex1.m，其執行結果如下：

```
>> ch6ex1
item: 15
Sum i^2 = 1240
Using formula i^2 = 1240
```

從上二結果可之是相同的，另外本例亦可用向量式來完成如下：

```
>> clear
>> i=1:15;
>> ii=i.*i;
>> sum(ii)

ans =
      1240
```

【例 6.2】　請用 for 迴圈寫一 Matlab 程式計算 $\prod_{i=1}^{100}(-1)^i$ 的結果？

其中 Π 代表連乘的運算。

完整例子之程式(ch6ex2.m)如下

```
%
% multiplier
%
clear
n=input('item: ');
s=1;
for i=1:n
    s=s*(-1)^i;
end
fprintf('multiplier = %d\n',s)
```

最後存成檔名是 ch6ex2.m，其執行結果如下：

```
>> ch6ex2
item: 100
multiplier = 1
>> ch6ex2
item: 99
multiplier = 1
```

【例 6.3】　已知 $a_0 = 2$, $a_1 = 5$ 和 $a_2 = 15$ 根據以下公式，求 a_{25}？

$$a_n = 6a_{n-1} - 11a_{n-2} + 6a_{n-3}$$

完整例子之程式(ch6ex3.m)如下

```
%
% multiplier
%
clear
a(1)=2;
a(2)=5;
a(3)=15;
n=input('order: ');
for i=1:n+1
    a(i+3)=6*a(i+2)-11*a(i+1)+6*a(i);
end
fprintf('a25 = %d\n',a(n+1))
```

最後存成檔名是 ch6ex3.m，其執行結果如下：

```
>> ch6ex3
order: 25
a25 = 1.694544e+012
```

【例 6.4】　寫一 Matlab 程式計算級數 n^4 的前 10 項數值？

完整例子之程式(ch6ex4.m)如下

```
%
% squence i^4
%
clear
n=input('item: ');
for i=1:n
    s(i)=i^4;
```

```
end
fprintf('Sequence i^4 = ')
s
```

最後存成檔名是 ch6ex4.m，其執行結果如下：

```
>> ch6ex4
item: 10
Sequence i^4 =
s =
  Columns 1 through 6
        1      16      81     256     625    1296

  Columns 7 through 10
     2401    4096    6561   10000
```

另外本例亦可用向量式來完成如下：

```
>> clear
>> i=1:10;
>> i.^4
ans =
  Columns 1 through 6
        1      16      81     256     625    1296

  Columns 7 through 10
     2401      4096    6561      10000
```

6.2 條件分歧指令

在介紹有關條件分歧指令之前，我想先介紹一下在 Matlab 中有那些邏輯運算和關係符號可以供讀者使用，一般常見的符號如下：

"<"	：小於的關係。
"<="	：小於等於的關係
">"	：大於的關係。
">="	：大於等於的關係
"=="	：等於的關係。
"~="	：不等於的關係。
"&"	：邏輯 and 的關係。
"|"	：邏輯 or 的關係。

"~"　　　　　：邏輯 not 的關係。

xor　　　　　：互斥或。

　　上述這些符號的用法和一般程式語言的用法相同，其不同處只在符號的表現方式不同而已，所以就不再特別地使用例子來說明，而直接使用在條件分歧指令之中，相信讀者在看了這些符號使用的例子之後，自然就能很清楚。以下則開始探討有關條件分歧指令的定義，大致上可以分成三大類：

```
if   (關係式)
  指令 1
   …
  指令 n
end
```

```
if   (關係式)
  指令 1
   …
  指令 n
else
  指令 1
  …
  指令 n
  end
```

```
if   (關係式 1)
  指令 1
  …
  指令 n
elseif(關係式 2)
  指令 1
  …
  指令 n
  else
  指令 1
  …
  指令 n
  end
```

　　上述這三類就是條件分歧指令常用的形式，其中 3 的情形仍然可以繼續使用巢串的理念再延續下去，以下是這些方式的使用例子。

範例：

```
1. clear
a=1;
  b=5;
  if (a==4)
    b=10;
  end
 b
```

結果如下：

```
b =
    5
```

範例 1.是 1 的測試例子，從上面程式可以看出不滿足所定的條件，所以結果 b 仍然是 5。

範例：

```
2. clear
 a=1;
 b=5;
 if ( a>5 )
   b=10;
 else
   b=7;
 end
 a
 b
```

結果如下：

```
a =
    1
b =
    7
```

範例 2.是 2 的測試例子，因 a 是小於 5 的數值，所以 b 的結果變成 7。範例 3 是一個採用複合的邏輯關係指令去測試 2.的情形，由於此時 a 等於 10，b 等於 3，所以在這個數值下，無法滿足此例的邏輯關係式，因此 b 會產生一個 3*3 的新矩陣。其設定及執行結果如下所示：

範例：

```
3.
 clear
 a=10;
  b=3;
  if( ( ( a<1 ) & ( a>=15 ) ) | ( b<=2 ) )
     b=rand(2);
  else
     b=rand(3);
  end
  b
```

結果如下：

```
b =
  0.8977  0.9047  0.3190
  0.9092  0.5045  0.9866
  0.0606  0.5163  0.4940
```

至此已把一些常見的邏輯分歧指令的用法介紹完畢。以下是二個 xor 的測試例子：

```
>> xor(1,1)
ans =
    0
>> xor(1,0)
ans =
    1
```

6.3 while 迴路指令

　　大致上來說這是個處理有關迴圈的指令，在有些場合可能會比 for 好用，因為 while 可以使用邏輯條件來結束這個迴路，如果不符合這個條件則會繼續執行下去。同理，有時亦會比 for 不方便，因此只要讀者了解問題的形式，適切的選擇 for 或是 while 即可。以下是有關 while 這個指令的定義：

```
while (關係式)
   指令 1
   …
   指令 n
end
```

以下就以一些例子來說明：

範例：

```
1. clear
s=1
  ran=0.8;
  while ( ran >0.7)
    s=s+1;
  end
```

範例 1.是一個無窮迴路，所以不是一個很好的迴圈，若要跳出來只要用 CTL-c 就可能達到。

範例：

```
2.clear
  s=1;
  ran=0.8;
  while( ran>0.7 )
   s=s+1;
   ran=rand(1);
  end
  s
```

結果如下：

```
s =
    2
```

範例 2.是一個計算 s 累加的數值，只有在 rand 所產生的數小於 0.7 時，即跳離迴圈。

＊以下是轉成任意基底在 10 以下之演算法的 Matlab 實現，此演算法之虛擬碼如下：

```
Algorithm 1 Constructing Base b Expansions
Procedure base b expansion (n: positive integer)
q := n
k := 0
while q ≠ 0
begin
    aₖ := q mod b
    q := ⌊q / b⌋
```

```
    k := k+1
end{the base b expansion of n is (a_{k-1}...a_1a_0)b}
```

其 Matlab 程式如下：

```
%
% Constructing Base b Expansions
%
clear
n=input('number:');
b=input('base:');
q=n;
c=0;
while (q~=0)                  % 計算需要做幾次
    q=fix(q/b);
    c=c+1;
end
q=n;
for i=c:-1:1                  % 基底轉換
    a(i)=mod(q,b);           % 從陣列最後一個開始儲存
    q=floor(q/b);
end
fprintf('the base %d expansion of %d is ',b,n);
for i=1:c
    fprintf('%d',a(i));
end
fprintf('\n');
```

最後存成檔名是 basea.m，其執行結果如下：

```
>> basea
number:15
base:10
the base 10 expansion of 15 is 15
>> basea
number:15
base:2
the base 2 expansion of 15 is 1111
>> basea
number:15
base:9
the base 9 expansion of 15 is 16
```

6.4 邏輯關係函數

all(a)　　　　：a 可以是矩陣、向量或單變數。取出部份或全部的資料去做處理，且要全部成立才傳回 1，否則為 0。

any(a)　　　　：同 all 中的 a，只是本指令只要一個元素成立即傳回 1，否則為 0。

find(a)　　　　：a 的特性同 all，找出特定數的指標所在的位置。

exist('資料')　：資料是變數則傳回 1，資料名稱是個不存在的變數則傳回 0，資料名稱若是檔名時則傳回 2(第五章已說明)。

isnan(a)　　　：a 的特性同前，找出非數值部份傳回 1，若是數值則傳回 0。

finite(a)　　　：a 的特性同前，者出有限資料的位置傳回 1，若是無限大或非數值的位置傳回 0。

isempty(a)　　：測試矩陣是否為空矩陣的功能。

strcmp(s1,s2)　：字串 s1 和 s2 的比較，相等時傳回 1，不相等時傳回 0。

　　至此已把幾個較特殊的關係及邏輯指令介紹完畢，這些指令的運用，可提高 Matlab 程式的效率，例如 strcmp 這個指令就可提供交談的功能，亦即決定是否要再做下去，借助字串的比較。exist 這個指令對於變數或檔案的偵測是非常有用的。另外對矩陣的偵測指令有 all、any、find，由於這些資訊的獲得，更方便讀者去做條件分歧的功能。另外，又如 find 這個指令，可以應用它去找出一個向量資料中某個數值索引的存在，且方便去做控制。以下則針對上述這些指令的功能，逐一做測試，測試如下所示：

```
a=[ 1 4 6
    3 6 2
    1 4 5];
b=10;
 if all(a<10)          :a 中的所有元素若全小於 10 則傳回真，亦即 b 設成 100。
    b=100
  end
```

結果如下：

```
b =
   100
```

　　以下測試例子是取出部份元素來判別是否均小於 5，從 a 矩陣中可看出行 1 的三個元素均小於 5，所以傳回真。

```
Clear
a=[ 1 4 6
```

```
    3 6 2
    1 4 5];
  b=10;
    if all(a(:,1)<5)
      b=1;
    end
    b
```

結果如下：

```
b =
    1
```

以下測試例子是測試 any 的功能，從 if 中可以看出矩陣 a(2：3,1)中，只要有一個條件成立即爲眞，所以 b 即變成 1000。

```
Clear
a=[ 1 4 6
    3 6 2
    1 4 5];
b=10;
if any(a(2:3,1)==3)
     b=1000;
  end
b
```

結果如下：

```
b =
    1000
```

另外尚有許多配合 Matlab 新結構而新增的邏輯關係函數

iscell　　　　　：判斷該變數是否爲 cell 變數。

isequal　　　　：判斷陣列是否相等。

isfinite　　　　：判斷變數是否有限。

islogical　　　：判斷是否爲邏輯陣列。

isnumberic　　：判斷輸入是否爲數值陣列。

isstruct　　　　：判斷是否是一個結構。

logical　　　　：轉換數值成邏輯值。

另外亦有幾個指令針對矩陣的判斷

isempty　　　　：判斷是否爲空矩陣。

isieee　　　　　：判斷變數是否用 IEEE 浮點數。

isinf　　　　　：判斷變數是否爲無限大。

isnan　　　　　：判斷變數是否爲非數值變數。

issparse　　　　：判斷是否爲稀疏矩陣。

isstr　　　　　：判斷變數是否爲字串。

　　上列這些指令若是即代表"真"，若是否則代表邏輯關係的"假"；真是用 1 代，假用 0 代。最後讀者若對這些邏輯運算關係有興趣的話，可執行

```
help &
```

此時由螢幕上可以看到很完整的解說，有關其內容筆者略之，有興趣的讀者自行查看。

　　有關 strcmp 這個指令之用法如下：

```
>> help strcmp
 STRCMP Compare strings.
    STRCMP(S1,S2) returns 1 if strings S1 and S2 are the same and
0 otherwise.

    STRCMP(S,T), when either S or T is a cell array of strings,
returns an array the same size as S and T containing 1 for those
elements of S and T that match, and 0 otherwise.  S and T must be
the same size (or one can be a scalar cell).  Either one can also
be a character array with the right number of rows.

    STRCMP supports international character sets.
```

【See also】strncmp, strcmpi, strfind, strmatch, deblank, regexp.

　　See also 中尚有許多字串處理指令，讀者可自行查閱練習之，以下以直譯方式測試 strcmp 指令：

```
>> s='ert'              ：s 字串設定。
s =
ert
>> t='rtt'              ：t 字串設定。
t =
rtt
>> strcmp(s,t)          ：字串比較。
ans =
     0
```

```
>> q='ert'              :q字串設定。
q =
ert
>> strcmp(s,q)          :字串比較。
ans =
    1
```

6.5 switch、break and try 指令的介紹

有關 switch 的格式如下：

switch　變數或字串變數

    case　數字 1 或字串 1

        指令 n

    case　數字 2 或字串 2

        指令 n

    case　數字 n 或字串 n

        指令 n

    otherwise

        指令 n

end

另外，此命令之流程圖如下：

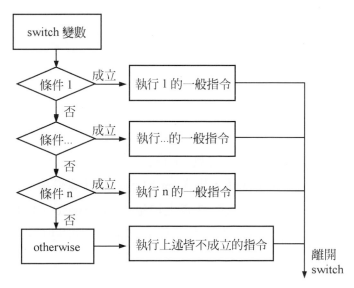

有關 switch 的基本用法如下：

```
a=input('\n    輸入代號:');
switch a
 case 1
   homedeg=input('\n 輸入家庭用電度數:');
   if homedeg<100
     fee=homedeg*dega;
   else
     if homedeg<=300
       fee=100*dega+(homedeg-100)*degb;
     else
       fee=100*dega+200*dega+(homedeg-300)*degc;
     end
   end
 case 2
   industydeg=input('\n 輸入工業用電度數:');

   totalhp=input('\n 輸入馬力數:');

   fee=totalhp*perhp+industydeg*degd;
 case 3
   busness=input('\n 輸入營業用電度數');
   if busness<300
     fee=busness*dege;
   else
     fee=busness*dege+(nusness-300)*degf;
   end
otherwise
   s='y';
end
```

基本上，在本例中，共有 3 個 case，當這三個 case 均不成立時，則執行 otherwise 下的指令。從上例可看出，首先輸入變數 a 的數值，當 a=1 時，則做 case1，亦即計算家庭用電費的費用，若 a 輸入是 3 時，則做 case3，亦即計算營業用電的費用，當輸入 a=4 時，因 case 只有到 3，所以 a 大於 3 以上均是做 otherwise 下的內容，亦即把 s 設成 "y"。相信讀者只要小心查閱一下上程式段的結構，即可明瞭 switch 的好用之處。

【例 6.5】

完整例子之程式(ch6ex5.m)如下：

```
%
% 電費的計算(可重複輸入)
%
clear
indd=1;
s='y';
dega=2.5;
degb=3.2;
degc=4.5;
degd=2;
perhp=140;
dege=6;
degf=7;
while s=='y'
 fprintf('\n  Please input mumber to select one operation\n')
 fprintf('\t1.家庭用電\n')
 fprintf('\t2.工業用電\n')
 fprintf('\t3.營業用電\n')
 fprintf('\t4.exit')
 a=input('\n    輸入代號:')
 switch a

  case 1
   homedeg=input('\n 輸入家庭用電度數:');
   if homedeg<100
      fee=homedeg*dega;
   else
     if homedeg<=300
        fee=100*dega+(homedeg-100)*degb;
     else
        fee=100*dega+200*degb+(homedeg-300)*degc;
     end
   end
 fprintf('\n\n')
 fprintf('總金額=%7.0f', fee)
 fprintf('\n')

  case 2
   industydeg=input('\n 輸入工業用電度數:');
   totalhp=input('\n 輸入馬力數:');
   fee=totalhp*perhp+industydeg*degd;
```

```
    fprintf('\n\n')
    fprintf('總金額=%7.0f', fee)
    fprintf('\n')
     case 3
      busness=input('\n 輸入營業用電度數:')
      if busness<300
         fee=busness*dege;
      else
         fee=300*dega+(busness-300)*degf;
      end
    fprintf('\n\n')
    fprintf('總金額:%7.0f',fee)
    fprintf('\n')
     otherwise
       s='y';
    end
    s=input('\n\n 重 複 輸 入 嗎 ?yes  please  keyin--y--otherwise
break:','s')
    end
```

上程式的變數說明：

s	：判斷是否重複輸入的變數。
dega	：家庭用電中，不超過 100 度情況下，每一度電的費用。
degb	：家庭用電中，介於 100 度到 200 度之間，每一度的費用。
degc	：家庭用電中，大於 300 度時，每一度的費用。
degd	：指工業用電中的每度數之費用。
perhp	：指工業用電中，每馬力數的基本費用。
dege	：營業用電低於 300 度的每度的費用。
degf	：營業用電大於 300 度時，每度電的費用。

亦即其費率如下之說明：

家庭用電	：100 度以下，每度 2.5 元。
	：100 度到 200 度範圍，超過 100 度的每度 3.2 元。
	：300 度以上者，超過的部份每度 4.5 元。
工業用電	：基本上每度為 2 元，但是要再加上總設備總馬力數的費用，其中每馬力是 140 元。

營業用電　　　:低於 300 度時，每度 6 元。

　　　　　　　:超過 300 度以上的部份，每度 7 元。

　　基本上，此程式設定一個 while 迴圈去做重複計算，另外亦提供所要做的運算之代碼，1 表示是家庭用電戶，2 表示工業用電戶，3 表示營業用電戶，4 表示不用做任何計算的動作，此功能是利用 switch 來完成。

　　有關其執行結果如下：

```
>> ch6ex5
  Please input mumber to select one operation
     1.家庭用電
     2.工業用電
     3.營業用電
     4.exit

     輸入代號:1

a =

     1

輸入家庭用電度數:50

總金額:     125

重複輸入嗎? yes please keyin --y-- otherwise break:y

s =
y

  Please input mumber to select one operation

     1.家庭用電
     2.工業用電
     3.營業用電
     4.exit

     輸入代號:2

a =

     2

輸入工業用電度數:200

輸入馬力數:35

總金額:     5300

重複輸入嗎? yes please keyin --y-- otherwise break:y
```

```
s =
y
   Please input mumber to select one operation
      1.家庭用電
      2.工業用電
      3.營業用電
      4.exit
      輸入代號:3
a =
    3
輸入營業用電度數:150
busness =
   150
總金額:   900
重複輸入嗎? yes please keyin --y-- otherwise break:y
s =
y
   Please input mumber to select one operation
      1.家庭用電
      2.工業用電
      3.營業用電
      4.exit
      輸入代號:4
a =
    4
總金額:   900
重複輸入嗎? yes please keyin --y-- otherwise break:n
s =
n
```

有關 break 指令主要是用來中斷 for，while 迴圈。其使用方法如下：

```
for i=1:100
    指令 1
    if(條件)
       break
```

```
      end
      指令 n
end
```

當在進行 for 迴圈時，如果 if 的條件成立的話，即中斷此迴圈的進行。

另一種中斷 while 迴圈的用法如下：

```
while(條件 1)
    指令 1
      …
    if(條件 2)
      break
    end
    指令 n
end
```

當條件 1 成立即執行 while 迴圈，直到條件 2 成立時，即中斷此 while 迴圈。另一個相對於 break 的指令是 continue，此指令可用於 for 迴圈和 while 迴圈中跳過某些執行指令。

※ try 和 catch 的使用可處理指令出錯時之應對方式，以下以一個計算 3×3×3 的矩陣之 eig 來說明其用法：

```
>> a=randn(3,3,3)        ：輸入一個 3×3×3 的亂數矩陣。

a(:,:,1) =
  -0.4326    0.2877    1.1892
  -1.6656   -1.1465   -0.0376
   0.1253    1.1909    0.3273

a(:,:,2) =
   0.1746   -0.5883    0.1139
  -0.1867    2.1832    1.0668
   0.7258   -0.1364    0.0593

a(:,:,3) =
  -0.0956   -1.3362   -0.6918
  -0.8323    0.7143    0.8580
   0.2944    1.6236    1.2540

>> eig(a)                ：對一個 3×3×3 的矩陣不能算 eig。
??? Error using ==> eig
Input arguments must be 2-D.

>> eig(a(:,:,1))         ：正確算一個 3×3×3 的矩陣的 eig。
```

```
ans =
  -1.6984
   0.2233 + 1.0309i
   0.2233 - 1.0309i
```

```
>> try                :try 指令測試例子，eig 指令有誤之情形。
    eig(a)
   catch
    disp('error calculation')
   end
```

```
error calculation
```

```
>> try                :try 指令測試例子，eig 指令正確之情形。
   eig(a(:,:,1))
   catch
 disp('error calculation')
   end
```

```
ans =
  -1.6984
   0.2233 + 1.0309i
   0.2233 - 1.0309i
```

6.6 範例說明

【例 6.6】　寫一 Matlab 程式用來做 1 到 10 的階乘? **(利用 for)**

程式(ch6ex6.m)如下：

```
%
% for application
%
clear
c=ones(1,10);
for i=1:10
  for j=1:i                                %計算階乘迴路。
  c(i)=c(i)*j;
  end
end
disp(' output results')
c                                          %顯示 c。
```

```
for i=1:10
   fprintf('%3.1f ! = %10.2f\n',i,c(i))     %印出所有階乘的結果
end
```

執行結果

```
>> ch6ex6
 output results

c =

  Columns 1 through 6

        1        2        6       24      120      720

  Columns 7 through 10

     5040      40320     362880     3628800

1.0  !   =        1.00
2.0  !   =        2.00
3.0  !   =        6.00
4.0  !   =       24.00
5.0  !   =      120.00
6.0  !   =      720.00
7.0  !   =     5040.00
8.0  !   =    40320.00
9.0  !   =   362880.00
10.0 ! = 3628800.00
```

【例 6.7】 while 和 if 應用測試大小，直到比 100 大才離開的 Matlab 程式？

程式(ch6ex7.m)如下：

```
%
% while and if
%
clear

n=100;
i=0;
while(i<n)
   i=input('input a number less 100 '); % 輸入數字
   c=I
  if (i<n)
   fprintf('less 100: %4.1f\n',c)
   disp('continuous input')
   fprintf('\n\n')
```

```
        end
    end
    fprintf('large 100: %4.1f\n',c)
    disp('end this program')
```

執行結果如下：

```
 >> ch6ex7
input a number less 100 56

c =

    56

less 100: 56.0
continuous input

input a number less 100 28

c =

    28

less 100: 28.0
continuous input

input a number less 100 101

c =

    101

large 100: 101.0
end this program
```

上程式只要 i 的輸入大於 100 while 迴圈才會結束，否則會一直執行 while 迴圈。本例多用一個 if(i<n)的判斷在 while 迴圈中，主要是爲了要避免在不成立時的那一次也會被印出的情形。

【例 6.8】　利用 if-then-else 的指令的程式，直到等於 100 才會離開的 Matlab 程式？
　　　　　(重點在善用 break 這個指令去跳出 while 這個無窮迴圈)

程式(ch6ex8.m)如下：

```
%
% if then else and break
%
clear
n=100;
while(n==100)
    i=input('input a number less 100 ');
```

```
  c=i
  if c==n
    break
  end
 if (i<n)
 fprintf('less 100: %4.1f\n',c)
 disp('continuous input')
 fprintf('\n\n')
 else
 fprintf('large and equal 100: %4.1f\n',c)
 disp('continuous input')
 fprintf('\n\n')
 end
end
disp('end this program')
```

執行結果：

```
 >> ch6ex8
input a number less 100 51

c =

    51

less 100: 51.0
continuous input

input a number less 100 168

c =

   168

large and equal 100: 168.0
continuous input

input a number less 100 100

c =

   100

end this program
```

【註】break 是跳出一層的迴圈的功能，在例 6.8 中當 c=100 時則 while 迴圈停止。

【例 6.9】　一樣完成階乘的例子，但是有關 for 的指令改使用遞減的方式完成？

程式(ch6ex9.m)如下：

```
%
% for application
%
clear
c=ones(1,10);
for i=10:-1:1
   for j=1:I
      c(i)=c(i)*j;
   end
end
disp(' output results')
c
for i=1:10
   fprintf('%3.1f ! = %10.2f\n',i,c(i))
end
fprintf('\n\n\n')
for i=2:-0.25:0
   fprintf('%5.5f\n',i)
end
```

執行結果：

```
>> ch6ex9
 output results

c =

  Columns 1 through 6

        1          2          6         24        120        720

  Columns 7 through 10

      5040      40320     362880    3628800

1.0 ! =       1.00
2.0 ! =       2.00
3.0 ! =       6.00
4.0 ! =      24.00
5.0 ! =     120.00
6.0 ! =     720.00
7.0 ! =    5040.00
8.0 ! =   40320.00
9.0 ! =  362880.00
10.0 ! = 3628800.00
```

```
2.00000
1.75000
1.50000
1.25000
1.00000
0.75000
0.50000
0.25000
0.00000
```

【例 6.10】　利用 for 指令產生一個 3*3*3 的矩陣？

程式(ch6ex10.m)如下：

```
%
% generator 3*3*3 matrix
%
clear
n=3;
for i=1:n
  for j=1:n
    for k=1:n
      a(i,j,k)=i+j+k;
    end
  end
end
disp(' display a matrix')
a
```

執行結果：

```
>>ch6ex10
 display a mztrix
a(:,:,1) =
    3   4   5
    4   5   6
    5   6   7
a(:,:,2) =
    4   5   6
    5   6   7
    6   7   8
```

：Note：以 z 為原則

```
a(:,:,3) =
    5   6   7
    6   7   8
    7   8   9
```

因矩陣是 3 維矩陣，所以其顯示方式是用 3 個 3*3 的二維矩陣來表示。(多維矩陣是 Matlab 5.0 版以後一個很重要的新增功能)

【例 6.11】 利用 if 的指令，請寫出一個程式可判斷一個輸入之數字的位數？

有關此程式(ch6ex11.m)如下：

```
%
% if -then-end
%
fprintf('\n')
a=input('Keyin a number between 0 to 9999 : ');

fprintf('\n\n')
if ( a < 10000 & a >= 0 )
  if ( a < 1000 )
    if ( a < 100 )
      if ( a < 10 )
         fprintf('one bit number\n\n')
      else
         fprintf('two bit number\n\n')
      end
    else
       fprintf('three bit number\n\n')
    end
  else
     fprintf('four bit number\n\n')
  end
else
  fprintf('out of 0~9999\n\n')
end
```

執行結果如下：

```
 >> ch6ex11
Keyin a number between 0 to 9999 : 345

three bit number
```

```
>> ch6ex11
Keyin a number between 0 to 9999 : 8
one bit number

>> ch6ex11
Keyin a number between 0 to 9999 : 23456
out of 0~9999
```

【例 6.12】　請寫一個程式，可以判斷統一發票得獎的結果。

有關其程式(ch6ex12.m)如下：

```
%
% 統一發票對獎程式
%
clear
%程式段 A：中獎號碼資料的建立
stringd1(1,:)='00844348';
stringd1(2,:)='00496594';
stringd1(3,:)='29881023';
stringd1(4,:)='32695327';
stringd1(5,:)='40853487';
stringd1(6,:)='67394280';
stringd1(7,:)='93399222';
sourceda=stringd1;
s='y';
congar=0;
already=0;
%程式段 B：是顯示中獎號碼
fprintf(' \n\t 八十六年統一發票中獎號碼單　\n')
fprintf(' \t 特獎\t\t %s\n', stringd1(1,:))
fprintf(' \t 頭獎\t\t %s\n', stringd1(2,:))
for i=3:7
    fprintf(' \t 頭獎\t\t %s\n', stringd1(i,:))
end
%程式段 C：是輸入您要對獎的號碼
while s=='y'
```

```
yournumber=input(' \n 輸入對獎號碼 : ','s');
fprintf(' \n 你的對獎號碼是 : %s\n\n',yournumber);
```
%程式段 D：是做中獎的比對
```
if yournumber==stringd1(1,:)
    fprintf('\n\t 恭喜你中特獎----你的對獎號碼是 : %s',yournumber)
    congar=100;
    already=7;
else
    checknu=yournumber;
     for i=2:7
       if sourceda(i,8)==checknu(8)
        if sourceda(i,7)==checknu(7)
         if sourceda(i,6)==checknu(6)
          if sourceda(i,5)==checknu(5)
           if sourceda(i,4)==checknu(4)
            if sourceda(i,3)==checknu(3)
             if sourceda(i,2)==checknu(2)
              if sourceda(i,1)==checknu(1)
                fprintf('\n\t 恭喜你中頭獎----你的對獎號碼是:%s',yournumber)
                congar=100;
                already=1;
              else
                fprintf('\n\t 恭喜你中二獎----你的對獎號碼是:%s',yournumber)
                congar=100;
                already=2;
              end
             else
                fprintf('\n\t 恭喜你中三獎----你的對獎號碼是:%s',yournumber)
                congar=100;
                already=3;
             end
            else
                fprintf('\n\t 恭喜你中四獎----你的對獎號碼是:%s',yournumber)
                congar=100;
                already=4;
            end
```

```
        else
                fprintf('\n\t 恭喜你中五獎----你的對獎號碼是:%s',yournumber)
            congar=100;
            already=5;
          end
        else
            fprintf('\n\t 恭喜你中六獎----你的對獎號碼是:%s',yournumber)
            congar=100;
            already=6;
          end
        else

            congar=0;
            end
          else

            congar=0;
            end

          else
            congar=0;
             end
                end
            if congar==0 & already==0
                fprintf('\n\t  再努力！')
            end
        end
    end
```

%程式段 E：是顯示中獎結果。

```
    if already ~= 0
        switch already
          case 1
                fprintf('\n\t 恭喜你中頭獎,獎金是二十萬元\n')
                already=0;

          case 2
                fprintf('\n\t 恭喜你中二獎,獎金是四萬元\n')
                already=0;

          case 3
                fprintf('\n\t 恭喜你中三獎,獎金是一萬元\n')
                already=0;
```

```
                    case 4
                        fprintf('\n\t 恭喜你中四獎,獎金是四千元\n')
                        already=0;

                    case 5
                        fprintf('\n\t 恭喜你中五獎,獎金是一千元\n')
                        already=0;

                    case 6
                        fprintf('\n\t 恭喜你中六獎,獎金是二百元\n')
                        already=0;

                    case 7
                        fprintf('\n\t 恭喜你中特獎,獎金是二百萬元\n')
                        already=0;

                    otherwise
                        already=0;
                end
            end
```

%程式段 F：判斷是否要再輸入另一張發票。

s=input('\n\n重複輸入嗎?yes please keyin --y-- otherwise break:','s');

end

fprintf('\n\n\t\t 結束統一發票對獎\n\n')

在目前由於統一發票的普遍使用，相信讀者在每隔二個月，都會有對統一發票的經驗，因此筆者就利用 Matlab 來寫一個對獎的程式。基本上這個例子是做一些字串的比較，並且加上一些判斷、迴圈、及 switch 即可完成。

程式段 A：是做中獎號碼資料的建立。

程式段 B：是顯示中獎號碼。

程式段 C：是輸入您要對獎的號碼。

程式段 D：是做中獎的比對，由於統一發票的中獎是看有多少位數號碼和公告號碼相同時則有多少獎金，因此本例是由最低獎金比對上去，當最低獎金沒對到，則表示此發票沒有中獎，若基本獎有對到，再逐步往上移。由於中獎號碼有 7 組，因此在比較時，得做迴圈。另外在判斷過程中 already 變數用以記憶該輸入發票在核對後是中幾獎，因此進行完本段程式後，用 switch 去判斷變數 already 即可決定獲得第幾獎，若already 和 congar 二變數均為零時，表示此發票沒有中獎。

程式段 E：是顯示中獎結果。

程式段 F：判斷是否要再輸入另一張發票。

其執行結果如下：

```
>> ch6ex12
```
八十六年統一發票中獎號碼單

特獎	00844348
頭獎	00496594
頭獎	29881023
頭獎	32695327
頭獎	40853487
頭獎	67394280
頭獎	93399222

輸入對獎號碼　:00234023

你的對獎號碼是　:00234023

　　恭喜你中六獎----你的對獎號碼是 : 00234023

　　恭喜你中六獎,獎金是二百元

重複輸入嗎? yes please keyin --y-- otherwise break : y

輸入對獎號碼 : 45653487

你的對獎號碼是 : 45653487

　　恭喜你中四獎----你的對獎號碼是 : 45653487

　　恭喜你中四獎,獎金是四千元

重複輸入嗎? yes please keyin --y-- otherwise break : n

　　　結束統一發票對獎。

習題

1. 常見的流程控制指令有那些？

2. 請比較 for 和 while 這二個指令的差別？

3. 試使用 input 和 for 這兩個指令寫一個可以輸入任意想要的二組矩陣資料的輸入？

4. 請比較邏輯運算符號 "&" 和 "|" 的差別？

5. 常見的條件分歧指令可分為那幾類？並說明其功能？

6. 在流程控制中，有關這幾個指令的寫法，是否方便寫成結構化的形式？若是，為何要如此來書寫呢？

7. 請說明 xor 指令的用法？

8. 請說明 strcmp 指令的用法？

9. 試利用 strcmp 這個指令去設計一個輸入 "Yes" 時繼續原來的動作，輸入 "No" 時則停止執行的式子？

10. 在 Matlab 系統之中，如何檢查一個檔案是否存在？

11. 寫一 Matlab 程式計算 $\displaystyle\prod_{i=1}^{1001}(-1)^{i}$ 的結果？

12. 請寫一 Matlab 程式計算級數 n^5 的前 10 項數值？

13. 請比較 all、any 這二個指令在使用上的差別，又他們有那些相同性質？

14. 請說明 isequal 指令的用法？

15. 請說明 exist 指令的用法？

16. 請簡述 switch 指令的用法？

17. 請簡述 try 和 catch 指令的用法？

18. 請比較 break 和 continue 這二個指令的功能？

19. 請寫一小段程式產生一個 5×5 的矩陣，其元素的數值是由迴圈配合 input 指令所設定？

20. 利用 if 的指令，請寫出一個程式可判斷一個輸入之數字的位數，最高可到六位數？

21. 根據以下程式請說明若方塊中之內容被省去，整個程式會如何？

```
clear

n=100;

while(n==100)

    i=input('input a number less 100 ');
    c=I
  if c==n
     break
  end

  if (i<n)
   fprintf('less 100: %4.1f\n',c)
   disp('continuous input')
   fprintf('\n\n')
  else
   fprintf('large and equal 100: %4.1f\n',c)
   disp('continuous input')
   fprintf('\n\n')
  end
end
disp('end this program')
```

第七章

一般程式和函數的介紹

以下先列出二個例子，分別是一個為**一般程式(有時稱為巨集程式)**，另一個為**函數或稱為副程式**的例子。

第一個是一個**一般程式**的例子：

```
%
%  generator 3*3*3 matrix
%
clear
n=3;
for i=l:n
   for j=l:n
     for k=l:n
        a(i,j,k)=i+j+k;
     end
   end
end
disp(' display a martix')
a
```

從上例中，整個程式中沒有出現“function”這個字元，所以上列程式稱為一般程式(或巨集**程式**)，亦即使用一般指令所構成之程式。若當你所完成的程式很有用時或是經常用到，即可考慮把它轉成函數以供他人或自己方便使用，這也就是爲何 Matlab 的工具盒會越做越多的道理，以下是一個函數(副程式)的寫法，重點在第一列的寫法有所不同而已。其餘則如同一般程式的寫法。

```
function [tout, yout, o3, o4, o5, o6] = ode23(odefile, tspan,y0,
options, varargin)
% ODE23   Solve non-stiff differential equations, low order method.
%   [X,Y] = ODE23('F',TSPAN,Y0) with TSPAN = [TO TFINAL] integrates the
%   Mark W. Reichelt and Lawrence F. Shampine, 6-14-94
%   Copywight (c) 1984-96 by The MathWorks, Inc.
%   $Revision: 5.43 $  $Date: 1996/11/10 17:46:29 $
true = logical(l);
    .
    .
    .
```

有關上程式 1 到 5 位置的說明：

1. function 是宣告爲函數(副程式)必需要用到的字，不能少。
2. 做完這個函數(副程式)ode23 後，所要傳回的參數。
3. 函數(副程式)的名稱。(通常存成和程式名稱一樣，亦即這個程式是被存成 ode23.m)。
4. 函數(副程式)ode23 中所要傳入的參數。
5. help 指令看到之內容。

　　這五大部分是完成一個函數(副程式)所必備的要項。讀者若要寫個函數(副程式)時，只要依據上列程式，並且把編號 1 到 5 的內容做適當的修改即可完成適當的副程式，另外在 1，2 間要用空白隔開。

7.1 一般程式的設計(巨集程式)

　　在本節所提供的資訊是如何來設計一個一般程式(巨集程式)的例子。其實一個較簡單的形式是把一些 Matlab 所提供的指令與函數組合在一起去完成一個特定的目的，此即是一個簡單的一般程式或巨集。這些例子在前面幾章曾例舉過。在此不再重新舉例。

另外一個一般程式的形式是同時去完成好幾個外建的命令組合在一起的功能。如例 7.1 所示。

【例 7.1】　試用一般程式的形式，把五筆外部資料，分別用 test1，test2，test3，test4，test5 的程式儲存起來，並寫一個一般程式的形式去處理這些資料，並繪製在同一個圖形上，並且在該圖上標出資料的種類？

解：在 Matlab 中一般程式的檔名可直接放在一般程式中視為一個巨集，以下是本例的程式設計(ch7ex.m)如下：

```
%
%   a test example in macro method
%
%   from test1 to test5 are data file
%
clear
test1
test2
test3
test4
test5
%
%  data tranform
%
a1=data';
a2=data1';
a3=data2';
a4=data3';
a5=data4';
%
%  plot data in a fig
%
plot(1:500,a1(1:500),1:500,a2(1:500),1:500,a3(1:500), ...
1:500,a4(1:500),1:500,a5(1:500))
%
%  point out data sign
%
gtext('data 1')
gtext('data 2')
gtext('data 3')
gtext('data 4')
```

```
gtext('data 5')
```

執行結果如圖 7.1 所示：

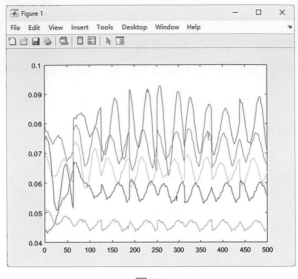

圖 7.1

7.2 函數的製作

對 Matlab 系統而言，要進行功能的擴充是非常方便的，因在 Matlab 系統中所有的功能均以函數的形式表現出來，所以讀者很容易自己去發展新的功能來加入系統與使用系統所提供之功能。筆者首先介紹在 Matlab 系統中內建的二個函數，最後再以一個自行設計的例子來說明此節的功能。

【例 7.2】

```
function y = tril(x,k)
%TRIL   Lower triangle.  TRIL(X) is the lower triangular part of
x.
%       TRIL(X,K) is  the elements on and below the  K-th  diagonal
%       of X .  K = 0  is the main diagonal,  K > 0  is  above  the
%       main diagonal and K < 0 is below the main diagonal.
if nargin == 1
.
.
.
```

此例是以 tril 這個函數為例子，這個函數是取矩陣的下三角形部份，在此舉這個例子的重點僅在第一行而已，其餘則不再說明，此即是一個宣告成函數的指令，回傳參數有一個 y，所以省去中括號，另輸入參數有二個分別是 x 和 k。另外一個較複雜的函數形式如例 7.3 所示：

【例 7.3】

```
function [tout, yout] = ode23(ODEfun,Tspan,Y0,Options)
%ODE23   Integrate a system of ordinary differential equations using
%        2nd and 3nd order Runge-Kutta formulas.  See also ODE45 and
%        ODEDEMO.M.
%        [T,Y] = ODE23('yprime', T0, Tfinal, Y0) integrates the
system
%        of ordinary differential equations described by the M-file
%        YPRIME.M over the interval T0 to Tf and using initial
%        conditions Y0.
%        [T, Y] = ODE23(F, T0, Tfinal, Y0, Tol, 1) uses tolerance TOL
%        and displays status while the integration proceeds.
% INPUT:
% F      -Dtring containing name of user-supplied problem description.
.
.
.
```

　　此例是以 ode23 這個函數為例子，這個函數是解微分方向程式的指令，在此例的重點僅在第一行而已，其餘則不再說明，本函數有，回傳參數 tout 和 yout 二個，另輸入參數有四個。

　　以下是一個自行設計的例子來說明函數的設計與主程式呼叫方式。

【例 7.4】　試設計一個主程式，去完成呼叫自己定義的函數，並且在主程式上同時完成一個簡單的選擇功能。

解：　　程式設計如下：

```
clear
home
fprintf('SELECT MOTOR FORM \n');
fprintf('----------------- \n');
fprintf(' (0) exit \n');
fprintf(' (1) hydro turbine generator reduced order \n');
```

```
fprintf(' (2) induction machine full order \n');
fprintf(' (3) induction machine reduced order \n');
fprintf(' (4) steam turbine generator reduced order \n');
qcase=input(' select : ')
if qcase==0
   return
elseif qcase==1
   clear
   magin=0.797;
   zeroin=[-18.8 -15.3 -1.49];
   polein=[-0.453 -22.9 -24.4 -1.33+8.68*i -1.33-8.68*i];
   loopshc(zeroin,polein,magin);

elseif qcase==2
   clear
   magin=5020;
   zeroin=[-329 -7.33+95.8*i -7.33-95.8*i];
      polein=[-16.8    -223-83.9*i   -223+83.9*i    -85.6+313*i
-85.6-313*i];
   loopshc(zeroin,polein,magin);
elseif qcase==3
   clear
   magin=4.48;
   zeroin=[-43.6+143*i -43.6-143*i];
   polein=[-16.7 -182+76*i -182-76*i ];
   loopshc(zeroin,polein,magin)
elseif qcase==4
   clear
   magin=0.572;
   zeroin=[-0.568 -48.7 -1.07+4.07*i -1.07-4.07*i];
      polein=[-11.1    -0.350    -32.2    -0.855    -1.7+10.5*i
-1.7-10.5*i];
   loopshc(zeroin,polein,magin);
end
```

功能選
擇輸入

主程度
呼叫函數

　　這個程式的指令均已介紹過了，所以在此就不再重覆說明，主要提醒讀者的
是劃線的部份，要去呼叫自己所定義的函數，即 loopshc 這個函數。

　　有關 loopshc 這個函數的形式如下所示：

```
% reduce induce motor by loopshaping with C

function [mag,tttt,w]=loopshc(zeroin,polein,magin)
```

```
% a=input('parameter : ');
% a=4.8;
% aa1=[-43.6+143*i -43.6-143*i];
  lll=length(polein)-length(zeroin);
  numb1=poly(zeroin);
  num=magin*numb1;
% bb1=[-16.7 -182+76*i -182-76*i];
  den=poly(polein);
  for s=1:length(polein)+1
  if s<=lll
    num1(s)=den(s);
  else
    num(s)=num(s-lll)+den(s);
  end

  end
  w=logspace(-1,5,200);
  [mag,phase]=bode(num,den,w);
  [mags1,phase]=bode(num1,den,w);
  [magt1,phase]=bode(num1,num,w);
  for s=1:200
  sss(s)=0.5*sqrt(mag(s)^2+1);
  ttt(s)=0.5*sqrt(1/(mag(s)*mag(s))+1);
  w1s(s)=sss(s)^2/mags1(s)^2;
  w2t(s)=ttt(s)^2/magt1(s)^2;
  tttt(s)=sqrt(wls(s)+w2t(s));
% ccc(s)=1/10^(log10(magw2(s))+log10(magw2(s)));
  end
%   [mag4,phase]=bode(numw2,denw2,w2);
%   [mag1,phase]=bode(numll,denll,w2);
  loglog(w,mag,w,sss,w,ttt);
  title('Bode plot ')
  xlabel('w')
  ylabel('magnitude')
  gtest('p')
  gtest('|w1|')
  gtest('|w2|');
  loglog(w,w1s,w,w2s,w,tttt);
  title('Bode plot ')
  xlabel('w')
```

```
        ylabel('magnitude')
        gtest('(|W1S|^2+|W2T|^2)^0.5');
        gtest('|W1S|^2');
        gtest('|W2S|^2');
```

至此已把這個例子的程式設計出來，重點不在程式內容，而是在劃線的部份，讀者宜仔細了解其關係即可。

【例 7.5】　以下是一個計算電晶體射極效率和傳導因數的例子

$$R = \frac{1}{1 + \dfrac{DE}{DP} \times \dfrac{NB}{NE} \times \dfrac{W}{LE}}$$

$$a = sec\,h\left(\frac{W}{LP}\right)$$

請寫一 Matlab 程式計算 R 和 a？

有關此程式(ch7ex5.m)如下：

```
%
% npn 電晶體的射極效率
%
clear
DE=1;
DP=10;
NB=1e17;
NE=1e19;
W=0.5e-6;
LE=1e-6;
LP=LE;
R=1/(1+DE/DP*NB/NE*W/LE);                    %矩陣方式
RA=1./(1+DE./DP.*NB./NE.*W./LE);             %陣列方式
ral=pnpee(DE,DP,NB,NE,W,LE);                 %函數呼叫的方式
fprintf('\n npn 電晶體的射極效率之結果\n')
fprintf('\n 射極效率矩陣算法:%f\n',R)
fprintf('\n 射極效率向量算法:%f\n',RA)
fprintf('\n 射極效率呼叫函數的算法:%f\n',ral)
%
% pnp 電晶體的傳導因數
```

```
%
fprintf('\n\n')
aaa=sech(W/LP);
AAA=sech(W./LP);
fprintf('\n pnp 電晶體的傳導因數之結果\n')
fprintf('\n 傳導因數-矩陣算法:%f\n',aaa)
fprintf('\n 傳導因數-向量算法:%f\n',AAA)
```

當採用函數方式呼叫的副程式如下：

```
%
%pnp 電晶體的射極效率函數
%
function ra=pnpee(DE,DP,NB,NE,W,LE)
   ra=1./(1+DE./DP.*NB./NE.*W./LE);
```

其中

ra 是傳回的參數，

pnpee 是副程式的名稱，

DE，DP，NB，NE，W，LE 是傳入副程式的參數。

執行結果如下：

```
 >> ch7ex5            :執行此程式。
```

pnp 電晶體的射極效率之結果

射極效率矩陣算法 　　:0.999500

射極效率向量算法 　　:0.999500

射極效率呼叫函數的算法:0.999500

pnp 電晶體的傳導因數之結果

傳導因數-矩陣算法　　:0.886819

傳導因數-向量算法　　:0.886819

上列的 R 是使用矩陣表示的結果，RA 是使用陣列表示的結果，ra1 是使用呼叫副程式的方式(在 Matlab 中，呼叫副程式，亦可以被視爲呼一個函數)。

【例 7.6】　請寫一 Matlab 程式計算 pn 接面之內建電壓及空乏層厚度的計算 $Vbi = kqt \times \log\left(\dfrac{NA \times Nd}{ni^2}\right)$，pn 空乏層的厚度 $aaa\sqrt{\dfrac{2 \times es \times Vbi}{q \times ND}}$ ？

有關此程式(ch7ex6.m)如下：

```
%
% pn 接面之內建電壓及空乏層厚度的計算
%
clear
ktq=0.0259;
NA=le18;
ND=le15;
ni=1.45e10;
q=1.6e-19;
es=8.85e-14;
Vbi=ktq*log(NA*ND/ni^2);                    %矩陣計算的方式
Vbia=ktq.*log(NA.*ND./ni.^2);               %陣列計算的方式
fprintf('\n pn 接面之內建電壓之結果\n')
fprintf('\n 內建電壓矩陣算法:%f\n',Vbi)
fprintf('\n 內建電壓向量算法:%f\n',Vbia)
%
%pn 空乏層的厚度
%
fprintf('\n\n')
aaa=sqrt(2*es*Vbi/q/ND);
AAA=sqrt(2.*es.*Vbi./q./ND);
fprintf('\n pn 接面空乏層厚度的計算之結果\n')
fprintf('\n 空乏層厚度的計算-矩陣算法:%f\n',aaa)
fprintf('\n 空乏層厚度的計算-向量算法:%f\n',AAA)
>> ch7ex6        :執行此程式。
```

pn 接面之內建電壓之結果
內建電壓矩陣算法：0.756033
內建電壓向量算法：0.756033

pn 接面空乏層厚度的計算之結果
空乏層厚度的計算-矩陣算法：0.000029
空乏層厚度的計算-向量算法：0.000029

【例 7.7】　請寫一 Matlab 程式完成 Poisson 分佈函數 $p(x,u)=\dfrac{e^{-u}u^{x}}{x!}$ 呼叫與計算？

有關此程式(ch7ex7.m)如下：

```
%
%階乘函數的設計 (純量和向量)
%
function sss=ranking(n)
sss=ones(size(n));
for j=1:length(n);
  for i=1:n(j)
    sss(j)=sss(j).*i;
  end
end
```

上程式中的 sss 是傳回的參數，ranking 是函數的名稱， n 是傳入的參數。

這裡筆者要特別說明的事，傳入 ranking 階乘函數的參數可以是一個純量，或是向量，這個程式均可計算出來，因筆者在計算時，有先判斷到底輸入的參數是純量，還是向量(陣列)。

```
>>ranking(5)
ans=
 120
>> ranking([3 5 7])
ans =
          6        120       5040
```

有關完整計算 Poisson 分佈函數的程式(ch7ex7.m)如下：(筆者仍然用了二種計算方式來完成上列動作)

```
%
% Poisson 分佈函數之計算
%
clear
x=6;
u=4;
pxu=exp(-1*u)*u^x/ranking(x);                %矩陣運算方式
pxuv=exp(-1*u).*u.^x./ranking(x);            %陣列運算方式
fprintf('\n Poisson 分佈函數之計算的結果\n')
fprintf('\n 矩陣算法:%f\n',pxu)
fprintf('\n 向量算法:%f\n',pxuv)
```

若此程式中，有關階乘的計算，筆者直接使用 ranking 這個由筆者設計的階乘函數來計算 Poisson 分佈函數中的階乘。

以下是其執行結果：

```
>>ch7ex7        :執行此程式。
Poisson 分佈函數之計算的結果
矩陣算法:0.104196
向量算法:0.104196
```

【例 7.8】 另外一個是筆者直接把計算 Poisson 分佈函數的公式，直接寫成一個函數 (副程式)直接供呼叫，

有關此程式(poisson.m)如下：

```
%
% poisson 分佈函數之計算_____寫成 function
%
function pxuv=poisson(x,u)
  pxuv=exp(-1.*u).*u.^x./ranking(x);
```

只要輸入 poisson(x,u)，其中 x, u 有設定數值，同時先前所寫的 ranking 函數亦要載入，即可計算出 Poisson 分佈函數的數值了。

執行結果的情形：

```
>>poisson(6,4)
ans=
  0.1042
```

【例 7.9】 寫一個程式，利用呼叫函數的方式計算出多項式分配函數的計算。

多項式分配的函數

$$f(n,x,p) = \binom{n}{x_1, x_2, \cdots, x_n} p_1^{x_1} p_2^{x_2} \cdots p_k^{x_k}$$

$$= \frac{n!}{x_1! x_2! \cdots x_k!} p_1^{x_1} p_2^{x_2} \cdots p_k^{x_k}$$

在此例子中，筆者共寫了二個程式，其計算多項式分配的函數(polydist.m)如下：

```
%
%   多項分配函數之計算
%
function res=polydist(x,p,n)
sss=1;
ppp=1;
```

```
for j=1:length(x)
    sss=sss*ranking(x(j));
    ppp=ppp*p(j).^(x(j));
end
res=ranking(n)/sss*ppp;
```

有關其主程式(ch7ex9.m)的內容如下：

```
%
%多項分配函數之計算
%
clear
x=[2 1 3];
p=[2/9 1/6 11/18];
n=6;
result=polydist(x,p,n);
fprintf('\n多項分配函數之計算的結果:%f',result)
fprintf('\n')
```

上列程式主要是給定即可，有關其執行結果如下：

```
 >> ch7ex8
多項分配函數之計算的結果:0.112703
```

在例 7.8 中，從 Matlab 5.0 之後，可以把多個函數寫在同一個檔名內，如下所示，其命名為 poissons.m，以主函數命名。

```
%
% more function in one function
%
function pxuv=poissons(x,u)
    pxuv=exp(-1 .* u) .* u .^x ./ ranking(x);
%
% N! function
%
function sss=ranking(n)
sss=ones(size(n));
for j=1:length(n)
    for i=1:n(j)
        sss(j)=sss(j).*i;
    end
end
```

其執行結果如下示：

```
 >> poissons(2,5)
ans =
    0.0842
>> poissons(6,17)
ans =
    0.0014
```

　　這裡筆者要再一次提醒讀者的是，多函數在同一個檔案下，這個檔案的命名是以最主要的函數等名稱，其它的函數寫在下面即可，例如 poissons 命名以 poissons 為主，至於計算階乘的 ranking 則比較不重要，因它只是個輔助計算的函數而已。

【例 7.10】　寫一函數計算三角形的面積，並判斷輸入資料是否有誤？已知三角形的三個邊為 x、y、z，面積公式是 $A=\sqrt{s(s-x)(s-y)(s-z)}$ ，其中 $s=\dfrac{x+y+z}{2}$ 。

函數：(triangarea.m)

```
function A=triangarea(x,y,z)
%
% Calculate triangle area
% triangarea(x,y,z)
% x,y,z must >0 and cannot x+y<z or y+z<x or z+x<y
%

% check input
if x<0 | y<0 |z<0
    fprintf('input data must positive number\n');
    return
end
if x+y<z | y+z<x | z+x<y
    fprintf('Cannot calculate area\n');
    return
end
% Main
s=(x+y+z)/2;
A=sqrt(s*(s-x)*(s-y)*(s-z));
```

註解區

輸入判斷區

函數主體區

執行函數測試結果如下：

```
>> help triangarea          ：查閱使用者自行輸入的註解說明
  Calculate triangle area
  triangarea(x,y,z)
  x,y,z must >0 and cannot x+y<z or y+z<x or z+x<y
>> triangarea(5,6,7)        ：正確輸入。

ans =
   14.6969
>> triangarea(4,7,17)       ：不正確輸入。
Cannot calculate area
>> triangarea(5,-6,7)       ：不正確輸入。

input data must positive number
>> triangarea(3,4,5)        ：正確輸入。

ans =
    6
```

【註】本例主要加入輸入判斷區，亦即輸入不正確時用 return 離開函數。

使用 error 指令之修正版程式

函數：(triangarea1.m)

```
function A=triangarea1(x,y,z)
%
% Calculate triangle area
% triangarea(x,y,z)
% x,y,z must >0 and cannot x+y<z or y+z<x or z+x<y
%
% check input
if x<0 | y<0 |z<0
    error('input data must positive number');
    return
end
if x+y<z | y+z<x | z+x<y
    error('Cannot calculate area');
    return
end
% Main
s=(x+y+z)/2;
A=sqrt(s*(s-x)*(s-y)*(s-z));
```

執行函數測試結果如下：

```
>> triangarea1(3,4,15)
??? Error using ==> triangarea1
Cannot calculate area

>> triangarea1(3,4,-15)
??? Error using ==> triangarea1
input data must positive number

>> triangarea1(3,4,5)
ans =
    6
```

【例 7.11】 一機械手臂之運動學方程式如下：

$$x = L1\cos(\theta_1) + L2\cos(\theta_1 + \theta_2)$$
$$y = L1\sin(\theta_1) + L2\sin(\theta_1 + \theta_2)$$

以函數之型式寫出其運動方程式？

函數：(robotk.m)

```
function [x y]=robotk(th1,th2,L1,L2)
%
% Robot Kinematics
% input theta1 and theta2
% input L1 and L2
% output x and y
%
if L1<0 | L2<0
    error('Length error')
    return
end

% Kinematics
x=L1*cosd(th1)+L2*cosd(th1+th2);
y=L1*sind(th1)+L2*sind(th1+th2);
```

θ_1 由 0 到 15 度、θ_2 由 30 到 45 度、$L1 = 8$ 及 $L2 = 5$，執行結果如下：

```
>> [x y]=robotk(0:15,30:45,8,5)
x =
  Columns 1 through 11
```

```
12.3301  12.2390  12.1403  12.0341  11.9206  11.7998  11.6719
11.5371  11.3954  11.2472  11.0924

Columns 12 through 16

 10.9313   10.7641   10.5909   10.4120   10.2274
y =
Columns 1 through 11

2.5000  2.7892  3.0752  3.3576  3.6364  3.9112  4.1819  4.4482
4.7101  4.9672  5.2194

Columns 12 through 16

5.4665  5.7084  5.9448  6.1756  6.4007
```

【例 7.12】 已知 $a_n = 5a_{n-1} - 6a_{n-2} + 7^n$，其中 $a_0 = 2$ 及 $a_1 = 1$，以函數之型式寫出可輸入 n 的函數？

函數：(recurre.m)

```
function R=recurre(a0,a1,n)
%
% Recurrence relation
% input a0 and a1
% input n
% output a
%
if n<2
    error('order error')
    return
end

% recurrence
r(1)=a0;
r(2)=a1;
for i=3:n+1
    r(i)=5*r(i-1)-6*r(i-2)+7.^(i-1);
end
R=r(n+1);
```

執行結果如下：

```
>> a0=2;
>> a1=1;
>> n=3;
>> recurre(a0,a1,n)
ans =
       547
>> n=8
n =
     8
>> recurre(a0,a1,n)
ans =
    14027496
```

函數通常適合重複使用，但若使用頻率不高可考慮用 inline 函數比較簡單，此函數特別適用於數值計算之 Matlab 指令。

```
>> help inline
 INLINE Construct INLINE object.
```

INLINE(EXPR) constructs an inline function object from the MATLAB expression contained in the string EXPR. The input arguments are automatically determined by searching EXPR for variable names (see SYMVAR). If no variable exists, 'x' is used.

INLINE(EXPR, ARG1, ARG2, ...) constructs an inline function whose input arguments are specified by the strings ARG1, ARG2, ... Multicharacter symbol names may be used.

INLINE(EXPR, N), where N is a scalar, constructs an inline function whose input arguments are 'x', 'P1', 'P2', ..., 'PN'.

```
    Examples:
      g = inline('t^2')
      g = inline('sin(2*pi*f + theta)')
      g = inline('sin(2*pi*f + theta)', 'f', 'theta')
      g = inline('x^P1', 1)
```

【See also】symvar.

```
>> inline('cos(x)*exp(x)','x')            :inline 函數設定。
```

```
ans =
    Inline function:
    ans(x) = cos(x)*exp(x)
```

因未指定函數名稱，所以 ans 被設為 inline 函數，因此 ans(1)即是計算上函數 x=1 之值。

```
>> ans(1)
ans =
    1.4687
>> y=inline('sin(x)*cos(x)','x')    :設 y 為 inline 函數。

y =
    Inline function:
    y(x) = sin(x)*cos(x)
>> y(1:5)                           :inline 函數之輸入不可以是向量。
??? Error using ==> inlineeval
Error in inline expression ==> sin(x)*cos(x)
??? Error using ==> mtimes
Inner matrix dimensions must agree.

Error in ==> inline.subsref at 25
    INLINE_OUT_ = inlineeval(INLINE_INPUTS_, INLINE_OBJ_.inputExpr,
INLINE_OBJ_.expr);
```

>> y(pi/3)   :計算上函數 x=$\dfrac{\pi}{3}$ 之值。

```
ans =
0.4330
```

feval 指令：執行函數呼叫。

在路徑有設定的自建 finmax 函式

```
function [y1,y2] = finmax(x1, x2)

y1 = max(x1,x2);
```

使用方法一：

```
y1 = feval(@finmax, 5,7)
```

使用方法二：

```
y1 = feval('finmax',9,7)
```

不只使用者的自行定義的 Matlab 函式可以使用 feval 呼叫，內建函式也可以用 feval。

```
>> x = [1 2 3
        3 5 7
        1 6 2];
>> b=feval(@inv,x)
b =
   -3.5556    1.5556    -0.1111
    0.1111   -0.1111     0.2222
    1.4444   -0.4444    -0.1111
>> x*b
ans =
    1.0000   0.0000   0.0000
    0.0000   1.0000   0.0000
    0.0000   0          1.0000
```

7.3 全區變數的設定

　　基本上 **global** 此指令的用法，在 Matlab 中使用來宣告一些變數做為傳參數是非常方便的(亦即當作**全區變數**)，在後面筆者會用一個例子來說明，當變數 a 被宣告成 global 之後，要清除此變數 a，只用 clear 無法完全清除 global 變數的動作，因此得用 clear global 才可完成清除 global 變數 a 的動作。若要看目前有那些是 global 變數則得用

who global

　　光用 who 是不行的。有關 global 用來當作傳遞參數時的方式如下，基本上一個變數若被宣告成 global，不管在主程式或是副程式中的所有修改均為有效。不像一般副程式的參數，只有在副程式中有效而已，而到主程式中則無效，除非有利用設定傳回其值。此外有關 global 的宣告，只要有用到，不管在主程式和副程式中均得宣告方才有效，只在主程式中宣告是不夠的。從這個程式的應用可知，當變數在主程式和副程式中同時宣告成 global 時，其意思即代表，不管是在主程式或是副程式中若有修改此變

數時，其改變數值對主程式和副程式均是有效的。因此可以說使用 global 是一個最簡單的程式參數傳送的方法。同時亦是很方便去修改一些現存 Matlab 程式的重要指令。讀者宜深入了解

此指令，並加以應用之。

測試例子(檔名 gltest.m)如下：

```
%
% global test
%
clear
global b                  %設定變數 b 為全區變數。
a=1;
b=1;
c=ffff(a)
a=2;
b=10;
c=ffff(a)
```

變數 b 直接由主程式更改

函數檔名為 ffff.m

```
function r=ffff(a)
global b                  %設定變數 b 為全區變數。
r=a*b;
```

執行結果如下

```
>> gltest
c =
     1
c =
    20
>> who                    :查看所有變數。
Your variables are:
a  b  c
>> who global             :查看所有全區變數。
Your variables are:
b
>> clear b
>> who
```

```
    Your variables are:
    a c

    >> who global

    Your variables are:
    b

    >> clear global b
    >> who

    Your variables are:
    a   c

    >> who global
```

此時全區變數 b 已清除。

1. 巨集程式和函數形式有什麼差別？

2. 請說明如何從一個文字檔把資料讀入 Matlab 系統之中，並且把它用圖形顯示出來？

3. 試說明要宣告一個函數時要注意那些事項？

4. 在一個檔案下寫多個函數時要注意那些？

5. 已知函數

$$f(x, y, z) = 3x^2 + 5xyz + y^2z^2$$

把上函數寫成一個函數 FTEST(x,y,z)並完成下列測試

> x=1;
>
> y=3;
>
> z=-1

FTEST(1,3,-1)的結果？

6. 已知 $a_n = 3a_{n-1} - 5a_{n-2} + 2^n$，其中 $a_0 = 2$ 及 $a_1 = 1$，以函數之型式寫出可輸入 n 的函數？

7. 簡單期初年金未來值得函數如下

$$FV = R(1+i)\left(\frac{(1+1)^n - 1}{i}\right)$$

把上函數寫成一個函數 IPVF(R,i,n)，傳回 FV 值？

8. 請說明 error 指令在寫函數有何功能？

9. 請說明 inline 函數有何功能？

10. 請說明 global 指令的功能？及其使用時機？若要刪去由 global 所設的變數如何做？

11. 請說明 who global 指令的功能？

12. 請說明 clear global 指令的功能？

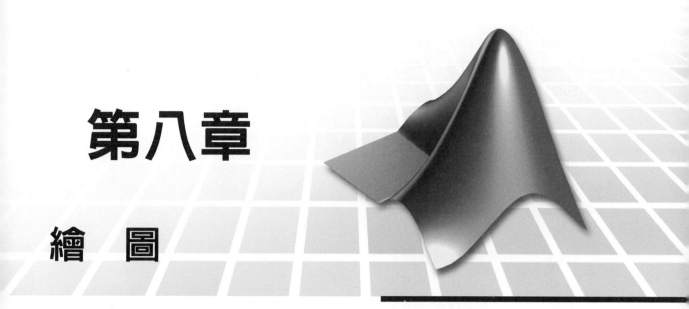

第八章

繪　圖

在 Matlab 中有許多方便的繪圖指令，只要使用者熟悉這些繪圖指令，並且善加運用，就可以繪出許多方便的圖形，如**平面圖、階梯圖、條狀圖、對數圖、圓形圖、立體圖等圖形，相信只要讀者仔細的把這些指令格式及定義熟讀清楚、再配合筆者所提**供的例子說明來加以應用，對圖形的繪製就可隨心所欲地達成需要的功能。

接下來筆者先把一些繪圖指令表列出來如下：

基本繪圖指令

loglog	：x-y 軸全對數圖。
plot	：2-D 圖。
semilogx	：x 軸半對數圖。
semilogy	：y 軸半對數圖。
bar3	：三維 bar 圖。
bar	：bar 圖。
barh	：繪製橫式條形圖。
hist	：Histogram 圖。
stairs	：階梯圖。
grid	：加上格線。
gtext	：利用滑鼠在圖上填上文字。

text	：在圖上利用特定座標填上文字。
title	：設定標題文字。
xlabel	：設定 x 軸文字。
ylabel	：設定 y 軸文字。
zlabel	：設定 z 軸文字。
hold	：維持圖形。
subplot	：設定顯示格式。
figure	：建立圖形視窗及編號指令。
plot3	：3-D 線圖。
contour	：等高線圖。
contour3	：3-D 等高線圖。
quiver	：梯度圖。
mesh	：3-D 網狀圖。
meshc	：3-D 網狀圖。
meshz	：3-D 網狀圖。
fplot	：可快速繪出函數圖形。
slice	：切面圖。
surf	：3-D 表面圖。
surfc	：3-D 表面圖(有等高線圖)。
surfl	：3-D 表面圖(有打光效果)。
waterfall	：水流形圖。

8.1 二維圖形繪製指令

指令名稱	指令功能
plot(r)	：r 對內建資料的線性圖。
plot(r,s)	：r 對 s 的線性圖。
plot(r,s,'線的表示方式')	：r 對 s 的線性圖，花紋可以自行定義。
plot(r1,s1,r2,s2, …)	：多組 r 對 s 的線性圖。
loglog(r,s)	：r 對 s 的全對數圖。
semilogx(r,s)	：r 取對數刻度，s 取線性刻度的關係圖。
semilogy(r,s)	：r 取線性刻度，s 取對數刻度的關係圖。

上列這七個指令，分別有繪製不同刻度的圖形格式，繪製多組曲線以及如何指定圖形顯示之格式的功能，同時前列的所有參數可以是個變數、向量、矩陣，唯一的限

制就是每一組參數 r 和 s 的長度要一樣，亦即元素的個數要相等。否則會出現長度不符的錯誤，這點在繪圖的動作上非常重要。另外這幾個指令亦可非常方便的把商業趨勢繪出，如 highlow 圖、bolling 圖、candle 圖、pointfig 圖及 movavg 圖。

　　首先筆者先使用一個程式說明 plot 指令的用法。

【例 8.1】　　把函數 $10e^{-t}\sin(t)$ 繪製出來，其中 t 的範圍在 0 到 3 之間，間隔 0.1？

解：　本例之程式設計(ex81.m)如下：

```
1.  clear                        %是清除舊變數的指令。
2.  t=0:0.1:3;                   %設定 t 的範圍從 0 到 3，間隔取 0.1。
3.  f1=exp(-t).*sin(t)*10;       %設定 f1(t) 多項式內容。
4.  plot(t,f1)                   %繪出圖形，t 對 f1 的關係圖。
5.  pause                        %暫停執行的動作，使用這個指令的目的
                                 %是把螢幕停下來，以便查看所劃的圖形
                                 %是否正確，如果一顯示就立即消失，
                                   那麼就無法判斷是否正確。
```

其執行結果如圖 8.1 所示。

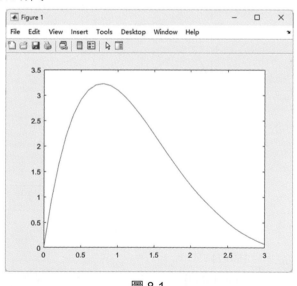

圖 8.1

　　上例是一個簡單二維圖形的繪製，其中變數 t 和 f1 之資料長度要一樣。接下來筆者再用一個例子說明如何在一個圖形上繪出二條曲線圖的例子如下

【例 8.2】　　以相同的區間在同一個圖形下顯示二個函數的圖形：
　　　　　　f1(t) = 10sin(t)exp(－t)

$$f2(t) = t^3 - 4t^2 + t + 2 \quad 其中\, t\, 的間隔從\, 0\, 到\, 3\, 之間,間隔\, 0.1?$$

解：同樣也是使用 plot 指令,只是重複一組圖形對而已,把原本用 plot(r,s)變成 plot(r1,s1,r2,s2)。

程式設計(ex82.m)如下:

```
1.  clear                    %是清除舊變數的指令。
2.  t=0:0.1:3;               %設定 t 的範圍及間隔。
3.  f1=exp(-t).*sin(t)*10;   %函數一的設定。
4.  f2=t.^3-4*t.^2+t+2;      %函數二的設定。
5.  plot(t,f1,t,f2)          %把二個圖形同時繪製在同一圖形內。
6.  pause                    %暫停螢幕。
```

其執行結果如圖 8.2 所示。

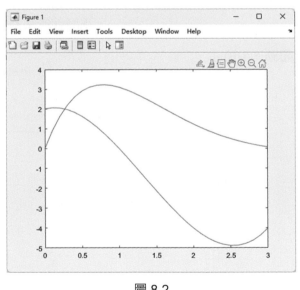

圖 8.2

【例 8.3】 假設 $a = \begin{bmatrix} \sin(t) \\ \tanh(0.5t) \end{bmatrix}$

其中的範圍在 -10 到 $+10$ 之間,間隔取 0.1,請寫個程式把 a 矩陣中這二個函數對的關係圖畫出來?

解：其實,要繪出這個圖形非常簡單,只要 plot 中的 s 參數用陣列的方式宣告即可。

程式設計(ex83.m)如下:

```
t=-10:0.1:10;          ：設定 t 的範圍在-10 到 10 之間，間隔取 0.1，此時 t
                         可視爲是　個向量。
a=[sin(t)
   tanh(0.5*t)];       ：把 a 陣列的內容設定在程式中。
plot(t,a)              ：把 t 對 a 陣列的圖形繪出。
pause                  ：暫停執行。
```

其執行結果如圖 8.3 所示。

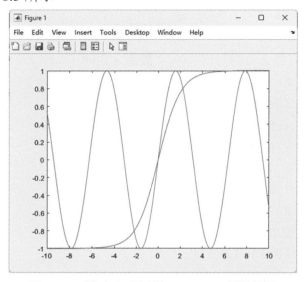

圖 8.3　t 對 sin(t)和 t 對 tanh(1/2t)的關係圖

其中實線代表 a 陣列中 sin(t)對 t 的關係圖，虛線則代表 a 陣列中 tanh(1/2t)對 t 的關係圖，此例即是完成 r，s 參數是陣列時的情形。前述的這三個例子只是簡單的把一個或是二個圖形顯示出來，然而若有很多曲線要同時顯示時，又該如何處理呢？另外，若想指定曲線的格式時又該如何處理呢？其實若要劃很多條圖形可以使用的 plot(r1,s1,r2,s2,r3,s3,…)這個指令，餘的格式則同於前三個例子的設定。

【例 8.4】　當有二個矩陣資料時，如何去繪製出這個圖形呢？令 a，b 矩陣均是 10*4 的矩陣，其資料分別爲：

```
a=[1  2  3  4          b=[1  1  1  1
   2  3  4  5             3  3  3  3
   3  4  5  6             5  5  5  5
   4  5  6  7             7  7  7  7
   5  6  7  8             9  9  9  9
   6  7  8  9             7  7  7  7
```

```
      7  8   9 10              5  5  5
      8  9  10 11              3  3  3  3
      9 10  11 12              1  1  1  1
     10 11  12 13];            3  3  3  3 ];
```

試寫一個程式把這四個關係圖同時繪出？

解： 在設計這個程式時，a、b 二矩陣要先存在，直接用 plot 的可把結果顯示出來。

程式設計(ex84.m)如下：

```
1.  clear                  :清除變數。

2.  a=[1  2  3  4          :設定 a 矩陣。
       2  3  4  5
       3  4  5  6
       4  5  6  7
       5  6  7  8
       6  7  8  9
       7  8  9 10
       8  9 10 11
       9 10 11 12
      10 11 12 13];

3.  b=[1  1  1  1          :設定 b 矩陣。
       3  3  3  3
       5  5  5  5
       7  7  7  7
       9  9  9  9
       7  7  7  7
       5  5  5  5
       3  3  3  3
       1  1  1  1
       3  3  3  3];

4.  plot(a,b)             :繪製出這四個圖形。

5.  pause。
```

其結果如圖 8.4 所示。

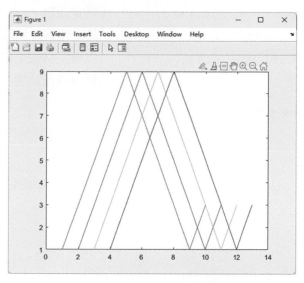

圖 8.4 矩陣 a，b 的關係圖

其繪出四條曲線，第一條線代表 a，b 矩陣行向量 1 的關係圖，第二條線代表 a，b 矩陣行向量 2 的關係圖，第三條代表 a，b 矩陣中行向量 3 的關係圖，第四條代表 a，b 矩陣中行向量 4 的關係圖。從圖 8.4 中不易其中一條線代表哪一個資料。在 Matlab 中有提供**線條格式的指定，以及顏色的指定**，方便使用者清楚看出圖形中線條代表哪一個資料，其指定格式是

plot(r,s,'指定格式')

線的格式有 "o"、"--"、":"、"-."、"."、"+"、"*"、"x" 等。

顏色的指定如下：紅色 "r"、藍色 "b"、白色 "w"、綠色 "g" 等。

上述這些符號均可用於所有繪圖指令，亦可把二種寫在一起，如 "r+"，表示該線使用紅色且使用＋做線的格式。詳細**資料可參附錄 B**。

【例 8.5】　用指定的符號繪出下二個函數的圖形。其中：

f1(t) = 10sin(t)exp(-t)，用 "*" 表現出來。

f2(t) = $t^3 - 4t^2 + t + 2$，用 "." 表現出來，其中 t 的範圍是從 0 到 3，間隔 0.1。

解：　要完成這些功能只要把前述幾個例子的 plot 指令變成 plot(r,s,'線的表示方式')即可。本例之程式設計(ex85.m)如下：

```
clear

t=0:0.1:3;                    %設定 t 的輸入範圍從 0 到 3 間隔 0.1。
```

```
f1=exp(-t).*sin(t)*10;        %設定函數 f1 的型式。
f2=t.^3-4*t.^2+t+2;           %設定函數 f2 的型式。
plot(t,f1,'*',t,f2,'.')       %依規定格式來繪製此二圖形。
pause                         %暫停執行功能。
```

其結果如圖 8.5 所示。

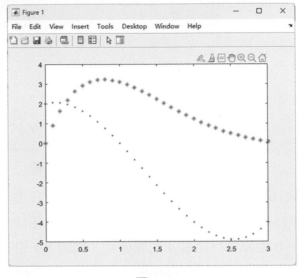

圖 8.5

8.2 螢幕控制指令及文字輸出指令

指令名稱   指令功能

title('所要顯示的文字')   : 顯示圖形抬頭文字。

xlabel('所要顯示的文字')   : 水平軸文字輸出。

ylabel('所要顯示的文字')   : 垂直軸文字輸出。

zlabel('所要顯示的文字')   : z 軸文字輸出。

grid   : 加上格子線。

gtext('所要顯示的文字')   : 活動指定說明文字位置輸出。

【例 8.6】　同例 8.5 但用滑鼠加文字說明。

解：本例之程式設計(ex86.m)如下：

```
clear

t=0:0.1:3;                    :設定輸入區間從 0 到 3 之間，間隔 0.1。
f1=exp(-t).*sin(t)*10;        :把函數 f1 表示出來。
```

`f2=t.^3-4*t.^2+t+2;`	：把函數 `f2` 表示出來。
`plot(t,f1,'*',t,f2)`	：依指定的型式把曲線繪出。
`title('display two function')`	：顯示抬頭文字為 `display two function`。
`xlabel('time input')`	：顯示水平軸文字為 `time input`。
`ylabel('magnitude')`	：顯示水平軸文字為 `magnitude`。
`grid`	：加劃格子到圖形上。
`gtext('function 1')`	：活動顯示文字到第一條曲線上。
`gtext('function 2')`	：活動顯示文字到第二條曲線上。
`pause`	
`grid`	：取消劃格子到圖形上。
`pause`	：暫停執行功能。

其結果如圖 8.6 及圖 8.7 所示。

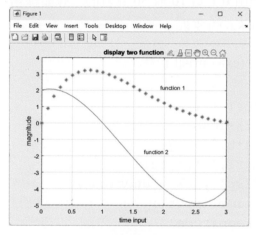

圖 8.6

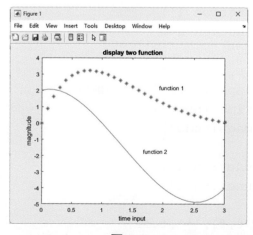

圖 8.7

8.3 特殊刻度圖形的處理

指令名稱	指令功能
semilogx	：水平軸是對數刻度圖。
semilogy	：垂直軸是對數刻度圖。
loglog	：全對數刻度圖。
logspace	：配合對數刻度來取資料點。
linspace	：配合線性刻度來取資料點。

【例 8.7】　使用全對數刻度，及半對數刻度把

$$f1(t) = 100exp(-t)$$
$$f2(t) = t^3 + 4t^2 + t + 2$$

在區間由 0.1 到 10 取 50 點時的二條曲線繪出，此外有關圖形的文字輸出同例 8.6 的要求。

解：　本例之程式設計(ex87.m)如下：

```
clear
t=logspace(-1,1);
f1=exp(-t)*100;
f2=t.^3+4*t.^2+t+2;
loglog(t,f1,'*',t,f2)
title('display two function')
xlabel('time input')
ylabel('magnitude')
grid;
gtext('function 1')
gtext('function 2')
pause
semilogx(t,f1,'*',t,f2)
title('display two function')
xlabel('time input')
ylabel('magnitude')
grid;
gtext('function 1')
gtext('function 2')
pause
semilogy(t,f1,'*',t,f2)
title('display two function')
```

```
xlabel('time input')
ylabel('magnitude')
grid;
gtext('function 1')
gtext('function 2')
pause
```

其結果如圖 8.8～圖 8.10 所示。

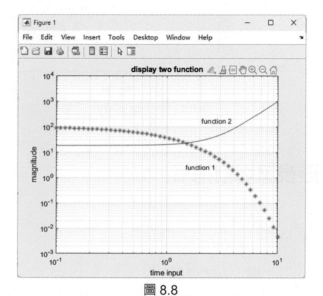

圖 8.8

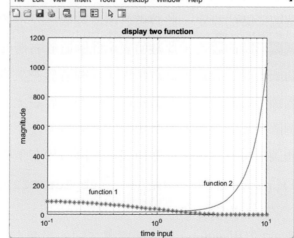

圖 8.9

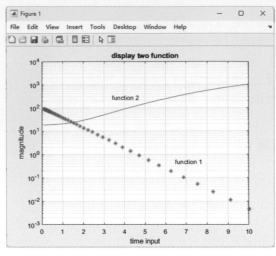

圖 8.10

8.4 圖形視窗切割指令

指令名稱　　　　　　指令功能

subplot(n)　　　　：功能切換設定。

subplot　　　　　　：顯示方式復原。

其中有關數值 n 的定義如下：數值 n 的定義功能

111：預設的數值，顯示單一個圖形。

121：顯示二個圖形時的設定，此數值表示此圖置於左邊的情形。

122：顯示二個圖形時的設定，此數值表示此圖置於右邊的情形。

221：顯示四個圖形時的設定，此數值表示此圖置於左上方的情形。

222：顯示四個圖形時的設定，此數值表示此圖置於右上方的情形。

223：顯示四個圖形時的設定，此數值表示此圖置於左下方的情形。

224：顯示四個圖形時的設定，此數值表示此圖置於右下方的情形。

subplot(121),plot(R,S)　　或是　　　subplot(222),plot(r,s)

【例 8.8】　同例 8.7 但用 subplot 把二張圖畫在同一視窗上。

解：　本例之程式設計(ex88.m)如下：

```
1.  t=0:0.1:3;
2.  f1=exp(-t).*sin(t)*10;
```

```
3.  f2=t.^3-4*t.^2+t+2;
4.  subplot(121),plot(t,f1,'*',t,f2)
5.  title('display two function')
6.  xlabel('time input')
7.  ylabel('magnitude')
8.  t=logspace(-1,1);
9.  f3=exp(-t).*100;
10. f4=t.^3+4*t.^2+t+2;
11. subplot(222),loglog(t,f3,'*',t,f4)
12. title('display two function')
13. xlabel('time input')
14. ylabel('magnitude')
15. subplot
16. pause
```

其結果如圖 8.11 所示。

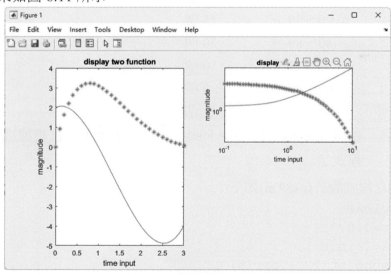

圖 8.11

【註】　通常使用 subplot 之功能時，當程式執行結束前會多加一次 subplot 指令，讓圖形
　　　　視窗恢復單一個圖，以免影響到下次繪圖。

8.5 特殊二維圖形的繪製

接下來二節主要討論條狀圖、階梯圖以及圓形圖的繪製，以下是這些功能的指令，定義如下：

指令名稱	指令功能
bar	：條形圖指令。
stairs	：階梯圖指令。
bar3	：三維條形圖。
pie	：圓形圖。
pie3	：三維圓形圖。

首先是條形圖的說明所用到的指令是 bar(a)或是 bar(t,a)，其中 bar(a)是 a 向量中每個元素自己對累積個數的條件圖，bar(t,a)是 t 對 a 的條形圖。

【例 8.9】 (a)利用條形圖繪出 sin(t)自己對累積個數的圖形，(b)sin(t)對 t 在區間 0 到 4 取間隔 0.2 的條形圖。(c)利用條形圖繪製一個成績分佈的條形圖，資料分別如下：

100 分	9 個
90～99 分	15 個
80～89 分	20 個
70～79 分	10 個
60～69 分	5 個
不及格	1 個

採用 subplot 的方式，同時顯示這三個圖形。試根據這些要求設計一個程式？

解： 本例之程式設計(ex89.m)如下：

```
clear
t=0:0.2:4;
a=[sin(t)];
subplot(221),bar(a)
subplot(222),bar(t,a)
number=[ 1 5 10 20 15 9];      %設定人數在 number 這個向量之中。
ga=50:10:100;                  %設定分數的資料於 ga 這個向量之中。
subplot(224),bar(ga,number)    %採用切換螢幕成四個圖的模式，位於右下方處。
subplot                        %切換回原來單一圖形顯示的模式。
pause
```

其結果如圖 8.12 所示。

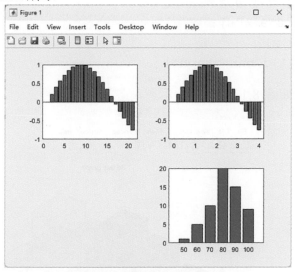

圖 8.12

【註】 本例沿用上節 subplot 的功能，把三個條形圖，放置在同一個圖形視窗內。

　　以下用一個例子說明 bar3(y,z)的使用方法，其中 y 代表共有幾條，且是遞增或遞減的。z 代表高度，它的 raw 數剛好等於 y 的長度。

【例 8.10】 畫二個三維條形圖，分別 y 是 2 個及 y 是 5 個，z 值的給定如程式所示

解： 本例之程式設計(ex810.m)如下：

```
%
% 3d bar test
%
clear
y=[ 1 2];
z=[ 1 5 8 3 6
   -3 6 2 7 -1];
bar3(y,z)
title('3d bar graph')
pause
clear
clf
y=[ 1 2 3 4 5];
z=[ 1 5 8 3 6 7
   -3 6 2 7 -1 2
```

```
        5  4  8  -4  6  7
        3  -6  7  1  9  1
        3  7  8  9  4  6];
bar3(y,z)
title('3d bar graph')
```

其結果如圖 8.13～8.14 所示。

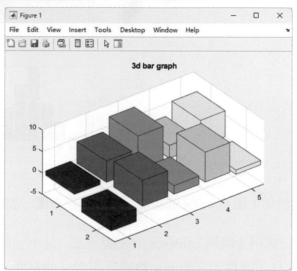

圖 8.13

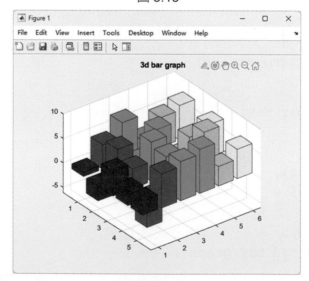

圖 8.14

　　從此例可聯想成 y 是代表有幾個班級，z 代表所有的成績的方式來統計多班成績分配條形圖。

圓形圖：

pie(x)　　　　：繪圓形圖

有關測試例子如下：

x=[3　4　5　1　8]　　　：輸入向量。

x =

　　3　4　5　1　8

pie(x)

其結果如圖 8.15 所示。

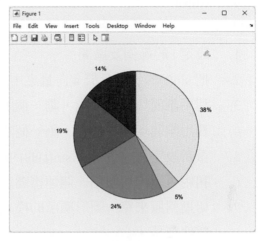

圖 8.15

【註】　從 x 向量中可看出第一個元素佔全部的，約 14%。至於 pie3 則留待讀者自行測試之。

8.6 階梯圖的繪製

所用到的指令是 stairs(a)或是 stairs(t,a)，其中 stairs(a)是 a 向量中每個元素自己對累積個數的階梯圖，stairs(t,a)是 t 對 a 向量的階梯圖。以下直接使用一個例子來說明這二個指令的情形。

【例 8.11】　利用階梯圖繪出 sin(t)中自己對累積個數的階梯圖，以及 sin(t)對 t 的關係圖。另外則是繪出 sin(t)對 t 的連續關係圖，其中 t 的範圍是在 0 到 4 之間，間隔 0.2。此外並且要把這三個圖形同時顯示於一螢幕上。試根據上述這些要求設計出一個程式來完成此功能。

解：依題意可知除了會使用到 stairs 的指令外，尚會應用到 subplot 的技巧。

其程式設計(ex811.m)如下：

1.　t=0:0.2:4;

2.　a=[sin(t)];

3.　subplot(221),stairs(a)

4. subplot(223),stairs(t,a)

5. ga=[sin(t)];

6. subplot(224),plot(t,ga)

7. subplot

8. pause

說明：

1. 設定 t 的範圍及區間。

2. 把 sin(t)的資料存於 a 向量之中。

3. 利用劃面切換的功能，劃一個階梯圖在左上方。

4. 利用劃面切換的功能，劃一個階梯圖在左下方。

5. 重新設定個向量來存 sin(t)的內容。

6. 利用視窗的切換劃一個連續圖在右下方處。

7. 切換回原來單一圖形顯示的模式。

8. 暫停螢幕。

其結果如圖 8.16 所示。

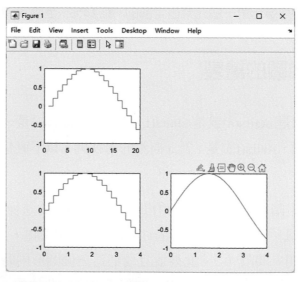

圖 8.16

【註】 此例同樣是利用 subplot 來繪製三個圖形，這些配置方式不同例 8.9，只是要讓讀者多看些例子而已。

8.7 hold 指令

　　從例題 8.1 到例題 8.8 對每個圖形均只是單獨處理一些圖形或是做些劃面切換的功能。倘若要劃很多的圖形在同一個圖形視窗之內，從前面節可知：plot(r1,s1,r2,s2,r3,s3,…)可以完成此功能，但當圖形更多時，或是變數要重複使用時，上述這個指令就有點不足，而且顯得太麻煩，因此在 Matlab 中有提供 hold 的指令，對處理多個圖重疊的問題是非常有幫助的。使用 hold 這個指令只要在程式中鍵入 hold 即可，無須做任何參數的設定，一般其所鍵入的位置是在第一個圖形指令之後。另外有兩個細節問題要特別說明的是：當在程式中 hold 指令一旦被執行過後，所有圖形均會被 hold 住，如果想要再單獨繪製另一張圖時，必須在繪另一張圖之前的一個指令再度執行 hold 的指令才能恢復正常的輸出方式。如果不這樣做，等下一次再執行一個繪圖程式時，圖形顯示的功能繪癱瘓掉。其實 hold 這個指令和 grid 用以切換加格線和不加格線有著異曲同工之妙，亦即第一次執行 hold 時系統維持住圖形的功能打開，等到再次執行 hold 時，此時系統維持住圖形的功能才真正被關掉。另外，若不做座標軸刻度的設定，水平軸的長度最好一樣，否則在 Matlab 中會看起來不是很合宜。

　　以下用二個例子來說明這個指令的使用情形。基本上此二例子的差異是 t 的長度不同而已，在例 8.12 中，t 的長度不設限，但在例 8.13 中 t 的長度則是限制一樣，如此只是方便 hold 進行圖形重疊，且刻度相近。圖形看起來會比較諧調些。

【例 8.12】 (t 軸範圍不同)

　　　　請利用 hold 的功能將三個 plot 指令所繪製的圖形結合於同一個圖形內，這三組圖形分別是：

　　　　1　f1(t) = 10sin(t)exp(-t)，用 "*" 做線條格式。

　　　　　　f2(t) = $t^3 + 4t^2 + t + 2$，區間 t 從 0 到 3，間隔為 0.1 用 "-" 做線條格式。

　　　　2　另一個圖是 t 對 t 的線性關係圖，用 "+" 做線條格式。

　　　　3　最後一張圖是 $a = \begin{bmatrix} 3\sin(t) \\ 3\tanh(0.5t) \end{bmatrix}$ 其中是從 -10 到 10，間隔 0.1。

　　　　利用 hold 指令分別依序結合這三個圖，最後再用一次 hold 取消後以 subplot 繪製三個圖在一個視窗中。根據這些要求來設計一個程式完成此功能？

解：在設計這個程式時，是利用 hold 把這三組圖形維持在同一個程式之內，然後在繪出單一圖形之前，再度使用 hold 一次，即可進行單獨圖形的顯示。有關程式的設計如下所示：

程式(ex812.m)內容如下：

```
1.  t=0:0.1:3;
2.  f1=exp(-t).*sin(t)*10;

3.  f2=t.^3-4*t.^2+t+2;
4.  plot(t,f1,'*',t,f2,'.')
5.  hold

    pause

6.  plot(t,t,'+')
    pause

7.  t2=-10:0.1:10;

8.  a=[3*sin(t2)
9.    3*tanh(0.5*t2)];
10. plot(t2,a)

    pause

11. title('display two function')

12. xlabel('time input')

13.  ylabel('magnitude')

14. hold
15. subplot(221),plot(t,f1,'*',t,f2,'.')
16. subplot(222),plot(t,t,'+')
17. subplot(223),plot(t2,a)
18. subplot
19. pause
```

說明：

1.～4.設定第一組圖形的函數及區間。

5.系統維持住圖形的**開關打開**。

6.第二組圖形，此時會重疊到原來的圖形之中。

7.～9.設定第三組圖形的函數，並繪製第三組圖形，此時仍然再度重疊到前二個圖之中。

10.～13.加註解文字說明以及儲存圖形資料。

14. 系統維持住圖形的**開關關閉**。

15.~19. 是把前三圖單獨分別在同一個螢幕上顯示這三個圖形，以供比較之用。

其結果如圖 8.17~8.20 所示。

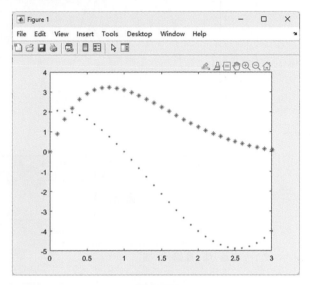

圖 8.17

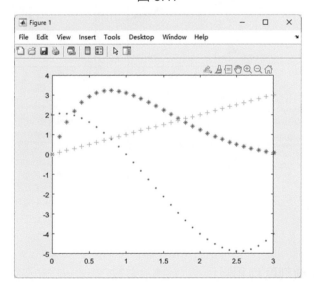

圖 8.18

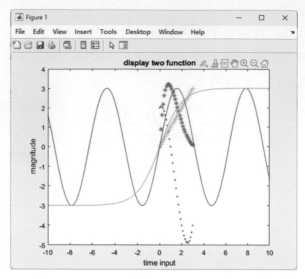

圖 8.19

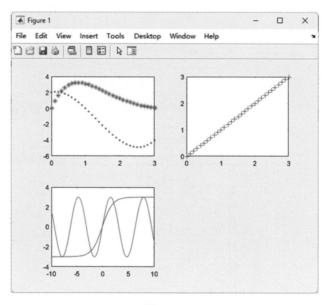

圖 8.20

【例 8.13】 (t 軸刻度均相同)

　　同例 8.12，但 t 的刻度均是設定為 0 到 3 間隔 0.1。

　　程式(ex813.m)如下：

```
clear
t=0:0.1:3;
f1=exp(-t).*sin(t)*10;
f2=t.^3-4*t.^2+t+2;
plot(t,f1,'*',t,f2,'.')
```

```
pause
hold
plot(t,t,'+')
pause
t2=0:0.1:3;
a=[3*sin(t2)

   3*tanh(0.5*t2)];
plot(t2,a)
title('display two function')
xlabel('time input')
ylabel('magnitude')
pause
hold off
subplot(221),plot(t,f1,'*',t,f2,'.')
subplot(222),plot(t,t,'+')
subplot(223),plot(t2,a)
subplot
pause
```

其結果如圖 8.21～8.24 所示。

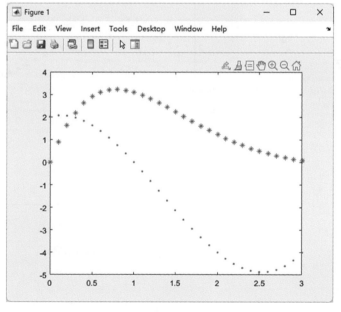

圖 8.21

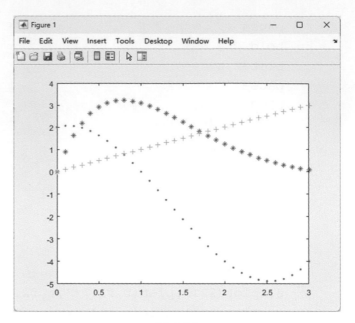

圖 8.22

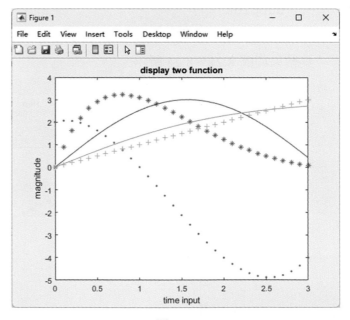

圖 8.23

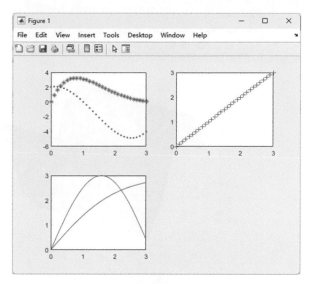

圖 8.24

ribbon：把二維圖變成三維圖形。

有關此指令的用法，讀者可利用 help 自行查看一下即可明瞭，有關其例子的用法如下：

例子

```
t=0:0.1:8;
ribbon(t,cos(t))          :第一種畫法。
ribbon(t,cos(t),5)        :第二種畫法。
```

其結果如圖 8.25～8.26 所示。

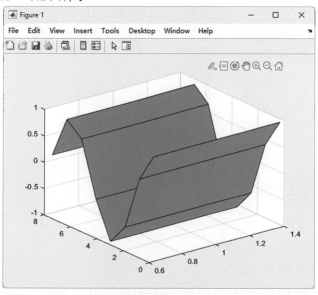

圖 8.25

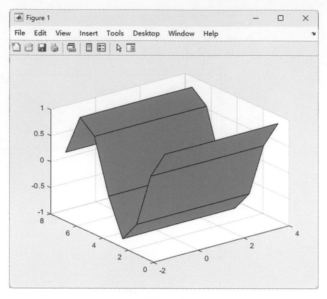

圖 8.26

8.8 axis：座標刻度控制指令

在以下這個程式中，共繪出 11 個圖形，來區分各種不同的 axis 的設定，前 6 個是二維的指令，後 5 個是三維的例子，有關這 5 個三維圖的解說，在本節後會有更清楚的解說，在此讀者只要比較 axis 的差異即可。

有關 axis 的用法之指令及說明如下：

1　axis([x 軸最小　x 軸最大　y 軸最小　y 軸最大])

2　axis([x 軸最小　x 軸最大　y 軸最小　y 軸最大　z 軸最小　z 軸最大])

3　axis('auto')

4　axis('ij')

5　axis('equal')

6　axis('square')

7　axis('xy')

1、2 是較一般的用法。

3 自動調整刻度。

4 是改變垂直軸的部份，由大到小。

5 是垂直及水平長度相等(指尺寸上)。

6 是垂直及水平長度相等(指大小相等，但刻度可不同)。

7 正常一般直角座標顯示。

以下 11 個圖分別是上程式的結果，充分的把各種 axis 的用法表現出來，由於是用圖形把它表現出來，因此讀者只要細心比較一下這些圖形的差別，不難明瞭 axis 這個指令的各種設定和其使用的方式。

程式是 ex814.m

```
%
% axis test
%
clear
t=1:0.1:10;
y=exp(-t).*cos(7.*t);
plot(t,y)
axis([1 10 -1 1])              %(a)
xlabel('x');
ylabel('y');
title('2D plot');
pause

plot(t,y)
axis('auto')                   %(b)
xlabel('x');
ylabel('y');
title('2D plot which axis is auto');
pause

plot(t,y)
axis('ij')                     %(c)
xlabel('x');
ylabel('y');
title('2D plot which axis is ij');
pause

plot(t,y)
axis('xy')                     %(d)
xlabel('x');
ylabel('y');
title('2D plot which axis is xy');
pause
```

```
plot(t,y)
axis('square')
xlabel('x');                      %(e)
ylabel('y');
title('2D plot which axis is square');
pause

plot(t,y)
axis('equal')              %(f)
xlabel('x');
ylabel('y');
title('2D plot which axis is equal');
pause

z=exp(-2.*t).*cos(6.*t);
plot3(t,y,z)
axis([1 10 -1 1 -1 1])
xlabel('x');                  %(g)
ylabel('y');
zlabel('z');
title('3D line plot');
pause

plot3(t,y,z)
axis('equal')
xlabel('x');                %(h)
ylabel('y');
zlabel('z');
title('3D line plot is equal');
pause
%
% 3-D objects
%
clear x,y,z;
[x y z]=sphere(15);
surf(x,y,z)
axis([-1.5 1.5 -1.5 1.5 -1.5 1.5])
xlabel('x');
```

```
ylabel('y');                    %(i)
zlabel('z');
title('3D surface of sphere');
pause

surf(x,y,z)
axis('square')
xlabel('x');                    %(j)
ylabel('y');

zlabel('z');
title('3D surface of sphere in square');
pause

surf(x,y,z)
axis('auto')
xlabel('x');                    %(k)
ylabel('y');
zlabel('z');
title('3D surface of sphere in auto');
pause
```

其結果如圖 8.27～8.37 所示。

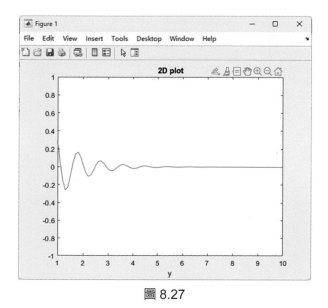

圖 8.27

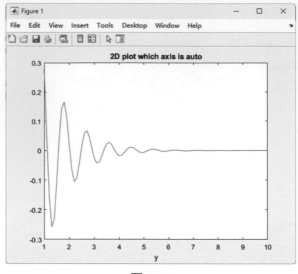

圖 8.28

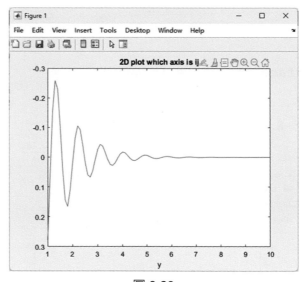

圖 8.29

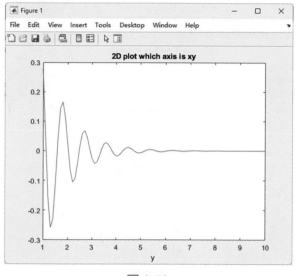

圖 8.30

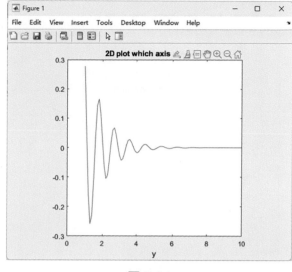

圖 8.31

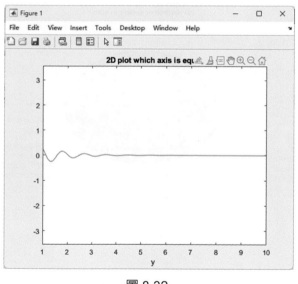

圖 8.32

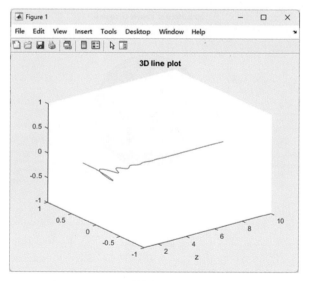

圖 8.33

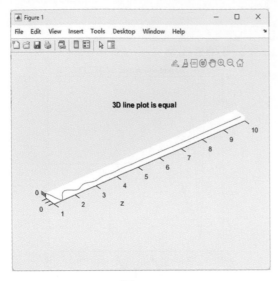

圖 8.34

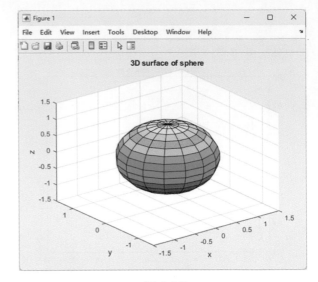

圖 8.35

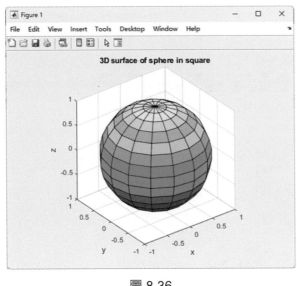

圖 8.36

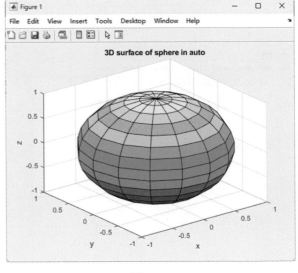

圖 8.37

　　從這 11 個圖形的表現和比較，讀者應可了解有關 axis 這個指令的各種用法，一般而言，使用此指令比較可規範圖形的座標刻度，但不用此指令時，Matlab 在繪圖時，會自動調整其刻度，但有時並不能滿足每一個人，因此若有需要，讀者可善加利用 axis 即可。亦即前二種設定方式可單獨設定 x，y，z 範圍的指令。

8.9 三維立體圖的繪製

輸入一個三維的資料 x，y，z。其中 $z=e^{0.2y}\sin(y)\cos(x)$。有關這些 x，y，z 的資料均持續使用，把 x，y，z 資料直接繪出圖。

$$Z=e^{0.2Y}\sin(Y)\cos(X)$$

其中　　X 介於 -5 和 $+5$ 之間

　　　　Y 介於 -5 和 $+5$ 之間

　　　　間隔均為 0.1

分別使用繪製立體圖的指令 mesh，meshc，meshz 來繪製此函數，並比較它們間的不同點。一般而言 X，Y 的產生會利用 meshgrid 這個指令來設定，

```
x= -5:0.1:5;
y= -5:0.1:5;
[X Y]=meshgrid(x,y);
```

另外 meshgrid 的使用，對繪製立體圖亦是非常的重要的。其指令型式如下：

```
[X Y]=meshgrid(x,y)
[X Y]=meshgrid(x)
```

其中有關 x，y 的設定如程式中的設定，另外再配合 meshgrid。由輸入 x，y 去產生 X，Y 的繪圖陣列資料來。因此即可求出 Z 的資料如程式 ex815.m 中所示。再利用 mesh(z) 即可繪出圖。另外 meshgrid(x) 是同 meshgrid(x,x)

有關這一小段程式(ex815.m)如下：

```
clear
x=-5:0.1:5;
y=-5:0.1:5;
[X Y]=meshgrid(x,y);
Z=exp(0.2.*Y).*sin(Y).*cos(X);
mesh(Z)
xlabel('x-axis')
ylabel('y-axis')                :mesh 的繪製。
zlabel('z-axis')
title('3d graph')
pause
```

```
meshc(X,Y,Z)
xlabel('x-axis')
ylabel('y-axis')                          : meshc 的繪製。
zlabel('z-axis')
title('3d graph with contour')
pause

meshz(X,Y,Z)
xlabel('x-axis')
ylabel('y-axis')                          : meshz 的繪製。
zlabel('z-axis')
title('3d graph with curtain')
pause
```

其結果如圖 8.38～8.40 所示。

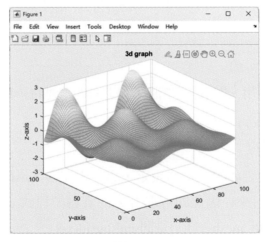

圖 8.38

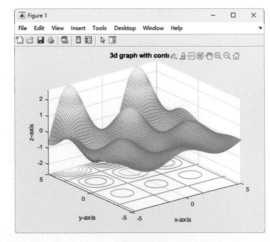

圖 8.39

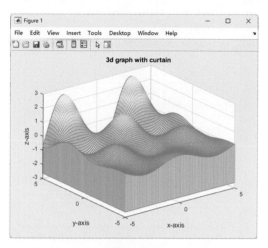

圖 8.40

　　另外有關等高線的繪圖指令有平面的指令 contour，和立體的指令 contour3 二種。有關這二個指令的使用方式如下程式(ex816.m)所示：

```
clear
x=-5:0.1:5;                        :資料的設定。
y=-5:0.1:5;
[X Y]=meshgrid(x,y);
Z=exp(0.015.*Y).*sin(Y).*cos(X);%
% Contour graph
%
contour(X,Y,Z)                     :二維等高線圖。
pause

contour3(X,Y,Z)                    :三維等高線圖。
pause
```

其結果如圖 8.41～8.42 所示。

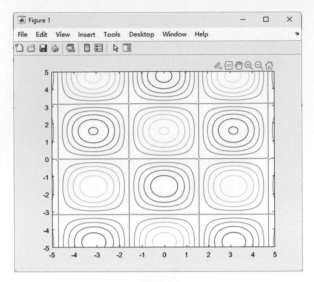

圖 8.41

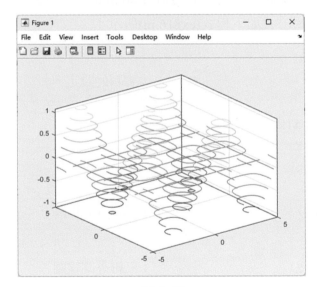

圖 8.42

接下來再介紹三個指令，分別是

surf(X,Y,Z)　　　　　　　　立體面圖的繪製。

surfc(X,Y,Z)　　　　　　　　同 surf 外，尚有等高線的繪製。

surfl(X,Y,Z)　　　　　　　　同 surf 外，尚有打光的效果。

基本上這三個指令所繪出的結果比較重視立體面的感覺，其中 surfl，更可以有打光的效果。有關這三個指令的基本使用方式，分別如程式 ex817.m 所示。

有關 surf 圖繪製的程式(ex817.m)如下：

```
clear
x=-5:0.1:5;
y=-5:0.1:5;                      :資料的設定。
[X Y]=meshgrid(x,y);
Z=exp(0.05.*Y).*sin(Y).*cos(X);

%
% 3D shaded surface graph
%
surf(X,Y,Z)
xlabel('x-axis')
ylabel('y-axis')                :surf 的繪製。
zlabel('z-axis')
title('3d surface graph')
pause

surfc(X,Y,Z)
xlabel('x-axis')
ylabel('y-axis')                :surfc 的繪製。
zlabel('z-axis')
title('3d surface graph with contour')
pause

surfl(X,Y,Z)
xlabel('x-axis')
ylabel('y-axis')                :surfl 的繪製。
zlabel('z-axis')
title('3d surface graph with light')
pause
```

其結果如圖 8.43～8.45 所示。

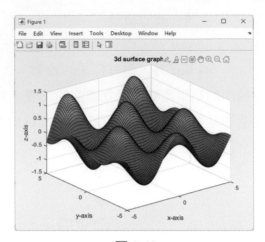

圖 8.43

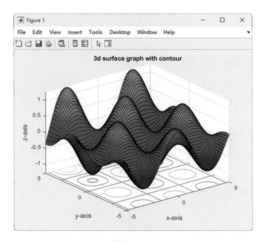

圖 8.44

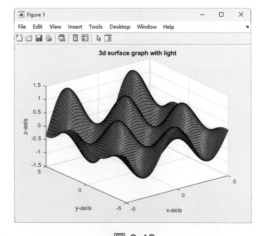

圖 8.45

接下來筆者再來介紹 view 這個指令,由於立體圖若從不同角度來看,結果相差甚大,又由於在 Windows 版 Matlab 中,更加了立體圖繪製的能力,因此 view 的應用機會更多,以下是幾個常見 view 的指令。

view(Az,El) 利用方位角及向上角來定義觀看點。

view([Az,El]) 利用方位角及向上角來定義觀看點。

view([X,Y,Z]) 利用 X,Y,Z 來定義觀看點。

view(2) 預設觀看點的位置在 Az＝0 度,El＝90 度。

view(3) 預設觀看點的位置在 Az＝－37.5 度,AEl＝30 度。

有關 Az、El、X、Y、Z 的定義如下圖所示。

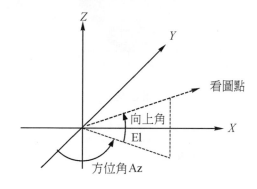

在程式 ex818.m 中筆者用二個由 X、Y、Z,去定義觀看點的位置:

```
clear
x=-5:0.1:5;
y=-5:0.1:5;:資料的設定。
[X Y]=meshgrid(x,y);
Z=exp(0.2.*Y).*sin(Y).*cos(X);

%
% view graph
%

mesh(X,Y,Z)
view([0 5 10])          :第一種 view 的設定。
pause

mesh(X,Y,Z)
view(3)                 :第二種 view 的設定。
pause
```

其結果如圖 8.46～8.47 所示。

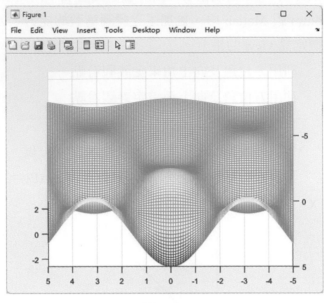

圖 8.46

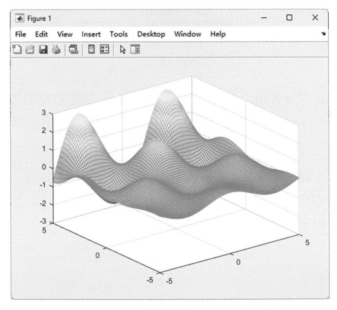

圖 8.47

　　分別使用不同的 Az，El 去看此三維的圖形，其結果相差甚大，因此如何合適的選取觀看點的位置，得由使用者對所繪圖函數的了解，看看由那一個位置去觀看圖形，最有辦法表現出該圖形的重要性為原則。以圖 8.47 即是個不錯的圖，此是由 view(3) 預設下所看到的立體圖，當函數改變時 view(3)未必合宜。因此筆者建議當在使用 view 時，可以利用 Az，El 做為參數來設定，再配合看點圖對 Az，El 的定義，即可很快的

找出想定義的觀看點了。另外亦可直接使用滑鼠直接在圖上找 view 的位置，如圖 8.48
所示，但得先用滑鼠點箭頭處後，即可拉動圖，但無法寫出 view 的位置。

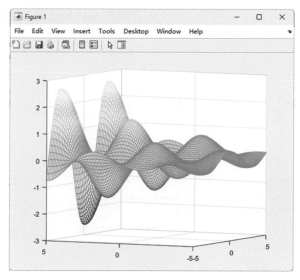

圖 8.48

另外一個指令是 waterfall 指令，其使用方法，可利用 help 指令去查出如下所示。
help waterfall

基本上，其使用方法同 mesh，meshc，surf 等指令，有關 waterfall 這個指令的測
試程式如下 ex819.m 所示(waterfall 指令的用法是把圖形表現的如水波般的流動式的圖
形)。

```
clear
x=-5:0.25:5;
y=-5:0.25:5;
[X Y]=meshgrid(x,y);           :資料的設定。
Z=exp(0.2.*Y).*sin(Y).*cos(X);

%
% waterfall graph
%  the using method via help waterfall

%
subplot(1,1,1)
waterfall(X,Y,Z)               :y 方向的 waterfall 圖。
xlabel('x');
ylabel('y');
zlabel('z');
```

```
title('waterfall')
pause

subplot(1,1,1)
waterfall(X',Y',Z')                    ：x 方向的 waterfall 圖。
xlabel('x');
ylabel('y');
zlabel('z');
title('waterfall with another input')
pause
```

其結果如圖 8.49～8.50 所示。

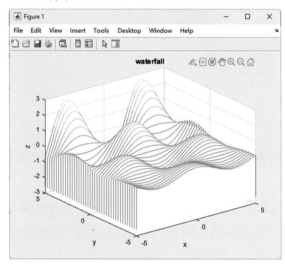

圖 8.49

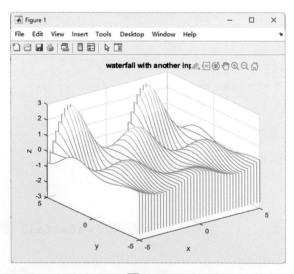

圖 8.50

【例 8.14】　　考慮一個非線性函數為

$$z = e^{0.1y} \sin(y) \cos(x)$$

其中：x: -10 到 10 間隔 0.1

y: -10 到 10 間隔 0.1

試利用 plot3 繪出，比較 legend 在二維圖及三維圖的差異？並利用 mesh 繪出此函數的立體圖以及以 view 看不同角度的 mesh 圖。

有關其程式(ex820.m)如下：

```
%
% 3D
%
clear
x=-10:0.1:10;
y=-10:0.1:10;
z=exp(0.1*y).*sin(y).*cos(x);
plot3(x,y,z)
xlabel('x-axis')
ylabel('y-axis')
zlabel('z-axis')
title('3d-line-graph')
legend('z=exp(0.1x)*sin(y)*cos(x)')
grid
pause

plot(y,z)
xlabel('x-axis')
ylabel('y-axis')
title('yz-line-graph')
legend('z=exp(0.1x)*sin(y)*cos(x)')
grid
pause

x=-10:0.1:10;
y=-10:0.1:10;
[X Y]=meshgrid(x,y);
Z=exp(0.1*Y).*sin(Y).*cos(X);
mesh(Z)
```

```
xlabel('x-axis')
ylabel('y-axis')
zlabel('z-axis')
title('3d-graph')
pause

x=-10:0.1:10;
y=-10:0.1:10;
[X Y]=meshgrid(x,y);

Z=exp(0.1*Y).*sin(Y).*cos(X);
mesh(Z)
xlabel('x-axis')
ylabel('y-axis')
zlabel('z-axis')
title('3d-graph')
xvie=2;
yvie=2;
zvie=1.5;
view([xvie,yvie,zvie])
pause
```

其結果如圖 8.51～8.54 所示。

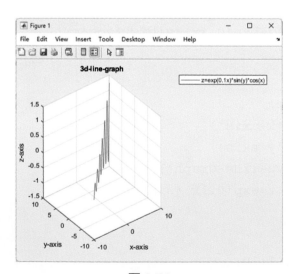

圖 8.51

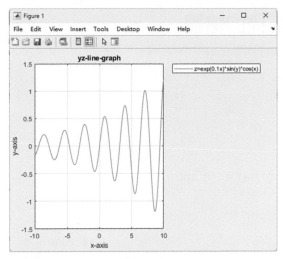

圖 8.52

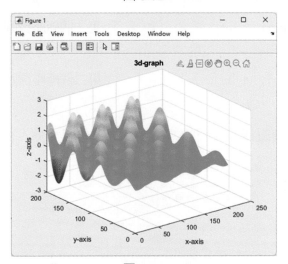

圖 8.53

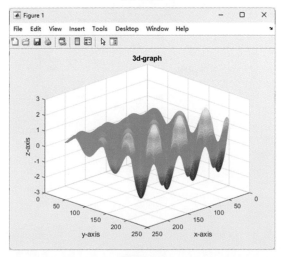

圖 8.54

8.10 極座標的繪圖

極座標圖的繪製：

```
polar
ex821.m
%
% Polar corrdinate graph
%
clear
ang=0:0.1:2*pi;                    :資料設定。
mag=cos(ang).*sin(3*ang);

polar(ang,mag)                     :第一個極座標圖。
pause

polar(ang,mag,'*')                 :第二個極座標圖。
pause
```

上程式是二種繪製極座標圖的方法，其結果如圖 8.55～8.56 所示。

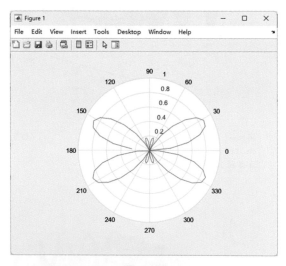

圖 8.55

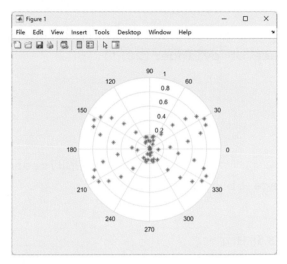

圖 8.56

8.11 其他繪圖指令

至此筆者已把 Matlab 中有關立體圖的繪製指令介紹過了，此外尚有一些較特殊的立體圖如球形圖、柱形圖、多邊形圖，以及一些繪圖控制的指令，在下面筆者再一一進行說明。

圓柱形圖和球形圖的繪製

在 Matlab 中有關圓柱圖的指令是

[X Y Z]=cylinder(r)

X，Y，Z 是所產生的資料，r 是指半徑，當這些資料產生後，可直接利用 mesh，surf 等指令去繪製。另外有關球形圖的指令有

[X Y Z]=sphere(r)

X，Y，Z 是所產生的資料，r 是指格子的大小，若不設時，通常是 20。

有關這二個指令的測試程式如下 ex822.m 所示。

```
%
% 3-D objects
%
clear
[x y z]=cylinder(28);                    :資料產生。
surf(x,y,z)
xlabel('x');
```

```
ylabel('y');
zlabel('z');                                    :柱形的 surface 圖。
title('3D surface of cylinder(28)')
pause

mesh(x,y,z)
xlabel('x');
ylabel('y');
zlabel('z');                                    :柱形的 mesh 圖。
title('3D surface of cylinder(28)')
pause
```

其結果如圖 8.57～8.58 所示。

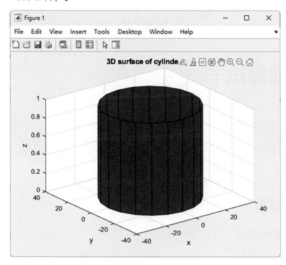

圖 8.57

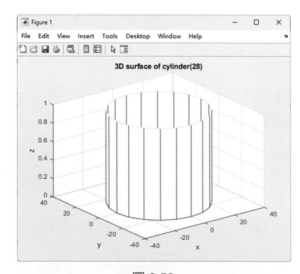

圖 8.58

基本上，此例的半徑是設為 28，亦即半徑固定。另一種**柱形圖**，但其半徑是依 cos(w) 在變，其中 w 是由 0 到間隔 0.1，有關其程式部份如下：

```
ex823.m
clear x,y,z
w=0:0.1:1.5*pi;                          :資料設定。
[x y z]=cylinder(cos(w));
surf(x,y,z)
xlabel('x');
ylabel('y');
zlabel('z');                             :surf 的柱形圖。
title('3D surface of cylinder(cos(w))')
pause

mesh(x,y,z)
xlabel('x');
ylabel('y');
zlabel('z');                             :mesh 的柱形圖。
title('3D mesh of cylinder(cos(w))')
pause
```

其結果如圖 8.59～8.60 所示。

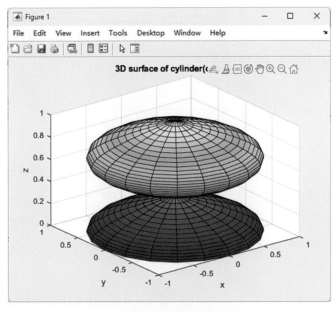

圖 8.59

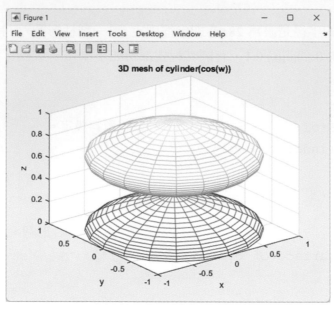

圖 8.60

接下來是有關**球形圖**的說明：

```
ex824.m
clear x,y,z
[x,y,z]=sphere(15);                    :產生資料。

subplot(221),surf(x,y,z)
xlabel('x');
ylabel('y');
zlabel('z');                           :surf 繪出的球形圖。
title('3D surface of sphere')
pause

subplot(222),surfl(x,y,z)
xlabel('x');
ylabel('y');
zlabel('z');                           :surfl 繪出的球形圖。
title('3D surface with light of sphere')
pause

subplot(223),mesh(x,y,z)
xlabel('x');
ylabel('y');
zlabel('z');                           :mesh 繪出的球形圖。
title('3D mesh of sphere')
```

```
pause
subplot(111)
```

其結果如圖 8.61 所示。

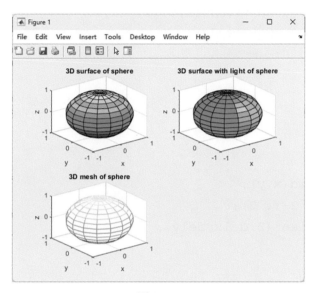

圖 8.61

從這幾個圖形的結果可說明要繪製柱形圖和球形圖的指令是 cylinder，sphere，但是這二個指令只能產生 x，y，z 的資料，真正繪圖時，仍得使用先前介紹的 mesh 和 surf 之相關指令來繪製。

有關資料函數的資料分析指令有

```
[dx dy]=gradient(z,delx,dely)
```

其中 z 代表 z=f(x,y)

delx 代表 x 軸的間隔值。

dely 代表 y 軸的間隔值。

所以 z 經過 gradient 可得 dx，dy 的數值，若要把梯度向量圖顯示出來得再利用

```
quiver(x,y,dx,dy)
```

這個指令。其中 x，y 代表 x 軸及 y 軸的輸入資料到給 z，dx，dy 是由 gradient 所計算出來的結果。

以下用一個程式 ex825.m 來說明，其內容如下：

在這個程式中，筆者分別顯示(x,dx)，(y,dy)，(dx,dy)梯度圖，梯度圖配合等高線圖。

其程式(ex825.m)如下：

```
%
%      gradient and quiver
%       [dx dy]=gradient(Z,delx,dely)
%       quiver(x,y,dx,dy)
%
clear
delx=0.1;
dely=0.1;
x=-2:delx:2;
y=-2:dely:2;
[X Y]=meshgrid(x,y);
Z=X.*exp(-X.^2-Y.^2);
[dx dy]=gradient(Z,delx,dely);
plot(dx,dy)
xlabel('dx')
ylabel('dy')
pause

plot(x,dx)
xlabel('x')
ylabel('dx')
pause

plot(y,dy)
xlabel('y')
ylabel('dy')
pause

quiver(x,y,dx,dy)
pause
hold on
contour(X,Y,Z)
pause

hold off
```

其結果如圖 8.62～8.66 所示。

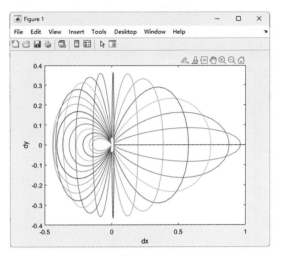

圖 8.62

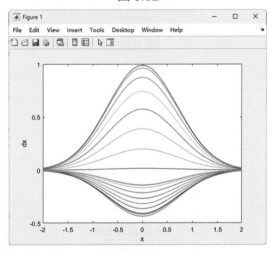

圖 8.63

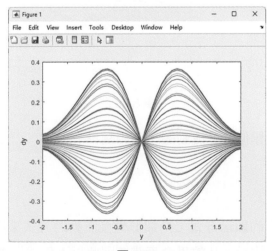

圖 8.64

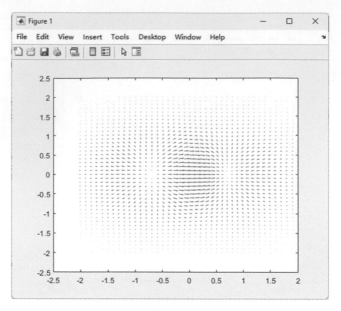

圖 8.65

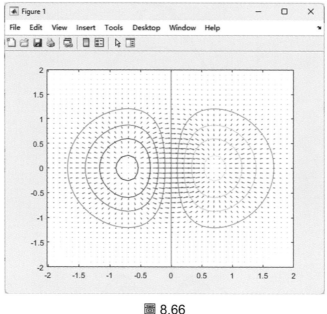

圖 8.66

接下來筆者再介紹類似彗星流動圖，其相關指令如下：

```
comet(x,y)
comet3(x,y,z)
```

基本上這二個指令的顯示方式，是類似彗星流動的方式來顯示二維和三維資料，基本上圖形如果用重複的話，其效果會不錯，因此以下程式 ex826.m 來說明，其內容如下：

8-54

```
%
% comet and comet3
%
clear
x=-3*pi:0.15:3*pi;
y=tan(sin(x))-sin(tan(x));
i=5;
j=0;

while (i==5)
  j=j+1;
  comet(x,y)
  axis([-3*pi 3*pi -1.2 1.2])
  if j==20
    i=6;
  end
end
pause

z=-3*pi:0.5:3*pi;
y=sin(z);
x=cos(z);
i=5;
j=0;
while (i==5)
  j=j+1;
  comet3(x,y,z)

    if j==20

    i=6;

  end
end
```

　　基本上這個程式，需要由讀者自行去執行一次，方才能更了解如何像彗星般的顯示二維和三維的圖形，其結果如圖 8.67～8.68 所示，只列出程式中，二個片段的圖形。

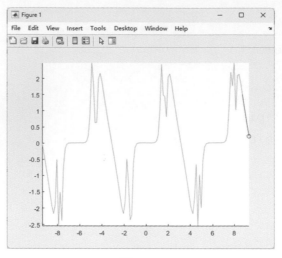

圖 8.67

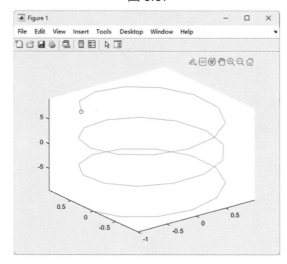

圖 8.68

接下來再介紹 **stem**，其用法如下：

```
stem(x,y,':')
stem(x,y)
stem(x,y,'-')
```

上列三種指令，均是繪出離散資料的圖形，其差別只是線條的樣式不同而已。以下用程式 ex827.m 來說明：

```
%
% stem
%
clear
x=1:0.5:3*pi;
```

```
y=sin(x);
subplot(221), stem(x,y)
axis([0 3*pi -1.2 1.2])
xlabel('x')
ylabel('y')
title('stem')
pause

subplot(222), stem(y,':')
axis([0 3*pi -1.2 1.2])
title('stem')
xlabel('x')
ylabel('y')
pause

subplot(223), stem(x,y,'-.')
axis([0 3*pi -1.2 1.2])
title('stem')

xlabel('x')
ylabel('y')
pause
```

　　基本上圖 8.69 其差別只是線條的樣式不同而已，讀者只要稍加注意一下程式 ex827.m 的內容即可明瞭之。

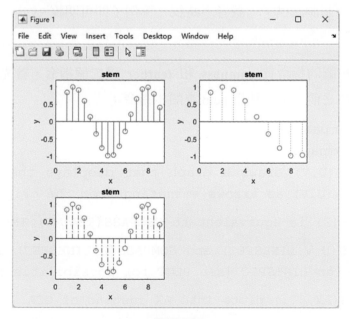

圖 8.69

接下來筆者再介紹三維的離散資料圖 stem3，首先先利用 help 查閱 stem3 的詳細用法如下：

```
>> help stem3
 STEM3  3-D stem plot.
    STEM3(Z) plots the discrete surface Z as stems from the xy-plane
terminated with circles for the data value.

    STEM3(X,Y,Z) plots the surface Z at the values specified in X and Y.

    STEM3(...,'filled') produces a stem plot with filled markers.

    STEM3(...,LINESPEC) uses the linetype specified for the stems
and markers.  See PLOT for possibilities.

    STEM3(AX,...) plots into AX instead of GCA.

    H = STEM3(...) returns a stem object.

    Backwards compatibility

    STEM3('v6',...) creates line objects instead of stemseries
objects for compatibility with MATLAB 6.5 and earlier.

    【See also】 stem, quiver3.
```

這個指令留待讀者自行測試之，基本上它是個三維的指令，從 help 中亦可看出 Matlab 亦有提供一個測試例子，讀者不妨試一下例子即可明瞭。

大小相角圖

有關大小相角圖的指令有 **compass** 和 **feather** 這二個指令，首先先介紹 compass 這個指令，在介紹之前，仍然利用 help 查閱本指令；

```
>>  help compass
 COMPASS Compass plot.
    COMPASS(U,V) draws a graph that displays the vectors with
components (U,V) as arrows emanating from the origin.

    COMPASS(Z) is equivalent to COMPASS(REAL(Z),IMAG(Z)).

    COMPASS(U,V,LINESPEC) and COMPASS(Z,LINESPEC) uses the line
specification LINESPEC (see PLOT for possibilities).

    COMPASS(AX,...) plots into AX instead of GCA.

    H = COMPASS(...) returns handles to line objects in H.
```

Example:
```
  Z = eig(randn(20,20));
  compass(Z)
```

【See also】rose, feather, quiver.

以直譯之測試程式如下：

```
>>x=[ 1 2 3 4 5 6 7];
>>y=[3 5 7 2 4 9 3];
>>compass(x,y)
```

其結果如圖 8.70 所示。

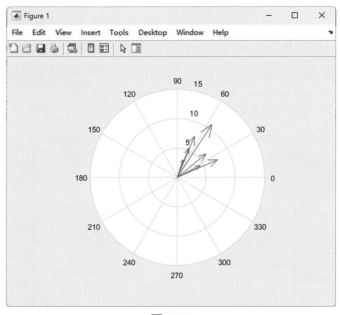

圖 8.70

前述 compass 的底圖是極座標，接下來筆者要介紹的大小相角圖 feather 的底圖是直角座標。首先仍是用 help 看 feather。

```
>> help feather
FEATHER Feather plot.
    FEATHER(U,V) plots the velocity vectors with components U and
V as arrows emanating from equally spaced points along a horizontal
axis. FEATHER is useful for displaying direction and magnitude data
that is collected along a path.
    FEATHER(Z) for complex Z is the same as FEATHER(REAL(Z),IMAG(Z)).
    FEATHER(...,'LineSpec') uses the color and linestyle specification
from 'LineSpec' (see PLOT for possibilities).
    FEATHER(AX,...) plots into AX instead of GCA.
```

```
H = FEATHER(...) returns a vector of line handles.
Example:
   theta = (-90:10:90)*pi/180; r = 2*ones(size(theta));
   [u,v] = pol2cart(theta,r);
   feather(u,v), axis equal
【See also】compass, rose, quiver.
```

以直譯之測試程式如下：

```
>> theta = (-90:10:90)*pi/180; r = 2*ones(size(theta));
   [u,v] = pol2cart(theta,r);
   feather(u,v), axis equal
```

其結果如圖 8.71 所示。

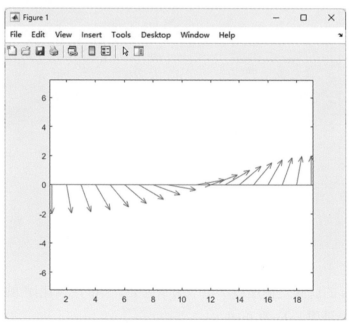

圖 8.71

繪製橫式條形圖

詳細用法請讀者自行用 help 查閱之，以下以直譯之方式測試如下：

```
>> a=[1 3 5
      4 2 4
      1 3 7
      2 2 2
      5 6 7];
>> barh(a)
```

其結果如圖 8.72 所示。

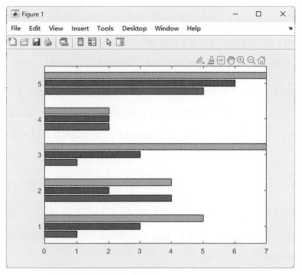

圖 8.72

　　繪製一簡單之四維圖，亦即利用三維圖搭配 colorbar 指令。詳細用法請讀者自行用 help 查閱之，以下以直譯之方式測試如下：

```
>> [x y z]=peaks;
>> mesh(x,y,z)
>> colorbar
```

其結果如圖 8.73 所示。

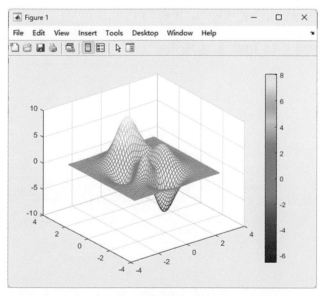

圖 8.73

建立圖形視窗及編號指令 figure，以下使用 help 指令查閱 figure 之用法。

```
>> help figure

    FIGURE Create figure window.
    FIGURE, by itself, creates a new figure window, and returns its handle.

    FIGURE(H) makes H the current figure, forces it to become visible,
    and raises it above all other figures on the screen.  If Figure H
    does not exist, and H is an integer, a new figure is created with
    handle H.

    GCF returns the handle to the current figure.

    Execute GET(H) to see a list of figure properties and their
    current values. Execute SET(H) to see a list of figure properties
    and their possible values.

    【See also】  SUBPLOT, AXES, GCF, CLF.
```

另外 ezsurf 指令是非常方便繪製 3D 圖，可省去 meshgrid 的運算。詳細用法請讀者自行用 help 查閱之，以下以直譯之方式測試如下：

測試例子

```
>> figure(1)          :以下資料放在編號圖 1 上。
>>  ezsurf('real(atan(x + i*y))')
>> figure(2)          :以下資料放在編號圖 2 上。
>>  ezsurf('real(atan(2*x + i*y))')
```

此二結果分別如圖 8.74 和圖 8.75 所示。

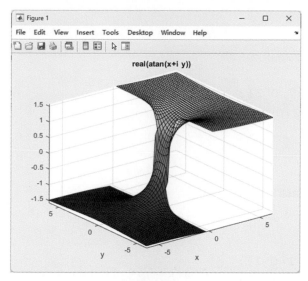

圖 8.74

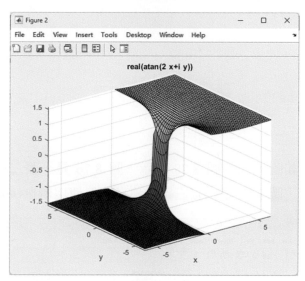

圖 8.75

二維及三維多邊形圖形的繪製

基本上有關多邊形圖形的繪製在 Matlab 中，直接利用下列指令即可完成其繪製。

```
fill(x,y,'顏色代號')                        ：二維多邊形繪製指令。
fill(x,y,'顏色代號',x1,y1,'顏色代號',  )   ：繪製多組多邊形圖形。
fill3(x,y,z,'顏色代號')                     ：三維多邊形繪製指令。
fill3(x,y,z,'顏色代號',x1,y1,z1,'顏色代號',  )
```

所以在繪製的時候，只要輸入該多邊形的端點到 x，y 或是 x，y，z 即可。有關 Matlab 測試程式如下(ex828.m)：

```
%
% polygons
%
clear
x=[5 -5 -10 -7 0 3];
y=[5 10   5 -2 0 3];
fill(x,y,'b')
xlabel('x');
ylabel('y');
title('polygons');
grid
pause

x=[0 1 0 1 0 1 0 1];
y=[0 0 1 1 0 0 1 1];
z=[0 0 0 0 1 1 1 1];
fill3(x,y,z,'y')
xlabel('x')
ylabel('y')
zlabel('z')
title('polygons');
grid
pause
```

有關其執行結果如圖 8.76～圖 8.78 所示。圖 8.76 是一張二維多邊形圖，圖 8.77 是一張三維多邊形圖，圖 8.78 是一張三維多邊形圖但使用滑鼠決定 view 的位置。

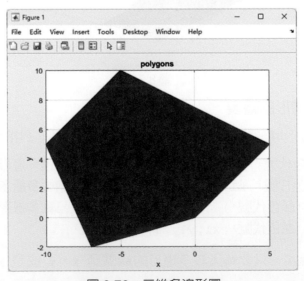

圖 8.76　二維多邊形圖

其中 x、y 向量的元素互相對應成二維點，然後連成一個多邊形。

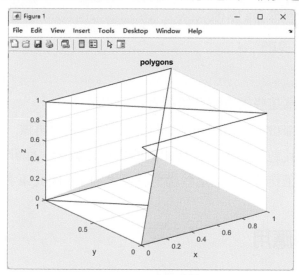

圖 8.77 三維多邊形圖

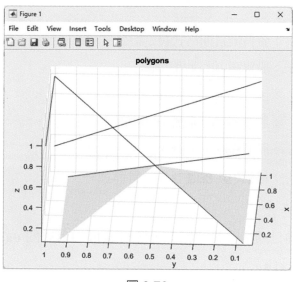

圖 8.78

有關影像處理的指令有

image   ：顯示一個影像。

imagesc   ：純量資料的顯現當作影像。

imread   ：從圖形檔讀影像。

imwrite   ：把影像寫成檔案。

imfinfo   ：從圖形檔讀取影像的資訊。

imshow ：顯示一個影像。

以下指令可顯示一張 jpg 圖檔：

im=imread('p1.jpg');

imshow(im);

其他指令筆者認為這些指令留待給讀者自行測試之。

最後有關繪圖的部份，在 Matlab 中可以針對每一張圖再做一些更深入的處理，這一部份甚為複雜，且比較深入，因此使用到的機會比較少，除非專門做圖形處理的，否則只是做些圖形的工作時，前述這些指令就已足夠了。因此筆者就把這部份忽略掉。

8.12 繪圖應用

本節將介紹一些與經濟學和財務金融的繪圖指令

財金資料繪圖指令

dateaxis ：資料軸日期格式設定指令。

highlow ：股票高-低-收盤價圖。

bolling ：Bollinger band 圖。

candle ：股票高-低-收盤-開盤價圖。

pointfig ：股價漲跌天數圖。

movavg ：移動平均線圖

```
>> help dateaxis
```

dateaxis 為資料軸日期格式設定指令，使用 help 指令查閱 **dateaxis** 之用法如下：

```
>> help dateaxis
```

DATEAXIS(AKSIS,DATEFORM,STARTDATE) replaces axis tick labels with date labels. AKSIS determines which axis tick labels, X, Y, or Z, should be converted. The default AKSIS argument is 'x'. DATEFORM specifies which date format to use. If no DATEFORM argument is entered, this function determines the date format based on the span of the axis limits. For example, if the difference between the axis minimum and maximum is less than 15, the tick labels will be converted to 3 letter day of the week abbreviations. STARTDATE determines which date should be assigned to the first axis tick

<u>value.</u> The tick values are treated as serial date numbers. The default STARTDATE is the lower axis limit converted to the appropriate date value. For example, a tick value of 1 is converted to the date 01-Jan-0000. By entering STARTDATE as '06-Apr-1995', the first tick value is assigned the date April 6, 1995 and the axis tick labels will be set accordingly.

DATEFORM	Format	Description
0	01-Mar-1995 15:45:17	(day-month-year, hour:minute)
1	01-Mar-1995	(day-month-year)
2	03/01/95	(month/day/year)
3	Mar	(month, three letter)
4	M	(month, single letter)
5	3	(month)
6	03/01	(month/day)
7	1	(day of month)
8	Wed	(day of week, three letter)
9	W	(day of week, single letter)
10	1995	(year, four digit)
11	95	(year, two digit)
12	Mar95	(month year)
13	15:45:17	(hour:minute:second)
14	03:45:17	(hour:minute:second AM or PM)
15	15:45	(hour:minute)
16	03:45 PM	(hour:minute AM or PM)
17	95/03/01	(year/month/day)

DATEAXIS('X') or DATEAXIS converts the X-axis labels to an automatically determined date format.

DATEAXIS('Y',6) converts the Y-axis labels to the month/day format.

DATEAXIS('X',2,'03/03/1995') converts the X-axis labels to the month/day/year format. The minimum Xtick value is treated as March 3, 1995.

只要提供軸、日期格式及起始日期三比資料即可。

有關 IBM 股價資料檔 (ibm.dat) 之說明

首先先載入 Matlab

```
load ibm.dat
```

查看資料維度

```
>> size(ibm)
ans =
   453      6
```

共 453 筆資料，每筆資料有六項子資料，

第一項子資料是日期(格式西元年末二位/月/日)。

第二項子資料是當天最高價。

第三項子資料是當天最低價。

第四項子資料是當天收盤價。

第五項子資料是成交量。

第六項子資料是大盤成交量。

以下是以不同日期表示繪出 IBM 收盤價圖，程式如下：(ex829.m)

```
%
% ex829
%
clear
load ibm.dat;

[ro, co] = size(ibm);
fprintf('Initial Date')
ibm(1,1)
fprintf('\nFinal Date')
ibm(ro,1)
plot(ibm(:,4))                                    :繪收盤價圖
xlabel('data');
ylabel('Price ($)');
title('International Business Machines, close price');
pause

plot(ibm(:,1),ibm(:,4))
xlabel('data');
ylabel('Price ($)');
title('International Business Machines, close price');
pause

plot(ibm(:,4))
xlabel('data');
```

```
ylabel('Price ($)');
title('International Business Machines, close price');
dateaxis('x',6,'30-Aug-1993')
pause

plot(ibm(:,4))
xlabel('data');
ylabel('Price ($)');
title('International Business Machines, close price');
dateaxis('x',11,'30-Aug-1993')
```

有關其執行結果如圖 8.79~圖 8.82 所示：圖 8.79 以資料點數做為 x 軸數字，圖 8.80
以 ibm(:,1)資料點數做為 x 軸數字(格式不對)，圖 8.81 以月/日資料點數做為 x 軸數字，
圖 8.82 以西元年末二位資料點數做為 x 軸數字，圖 8.81 和圖 8.82 需使用 dateaxis 指令。

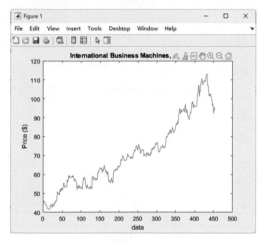

圖 8.79

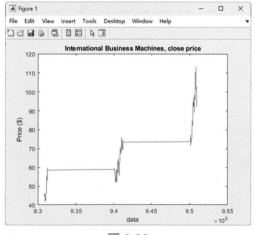

圖 8.80

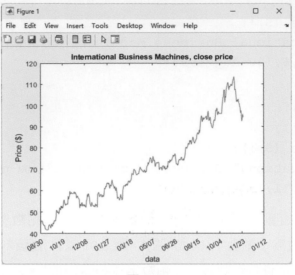

圖 8.81

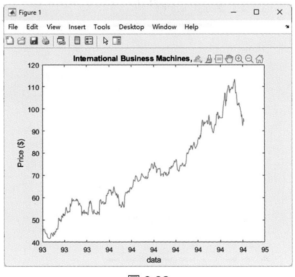

圖 8.82

股票高-低-收盤價圖指令如下：

highlow(Data)

highlow(Data, COLOR)

COLOR：顏色設定。

其中　　Data：要顯示的資料，格式如下：

Time	Open	High	Low	Close	Volume
04-Sep-2012	100	102.19	98.57	100.25	7.4792e+06
05-Sep-2012	100.15	101.05	98.45	100.43	6.5051e+06
06-Sep-2012	100.4	102.38	100.34	101.81	6.0469e+06
07-Sep-2012	101.74	102.37	98.97	99.51	7.2479e+06
10-Sep-2012	99.72	101.55	98.05	98.36	5.7329e+06
11-Sep-2012	98.48	98.66	96.63	96.9	5.7566e+06
12-Sep-2012	96.9	99.18	96.54	96.78	6.2104e+06
13-Sep-2012	96.9	98.79	96.52	97.57	5.2657e+06
14-Sep-2012	97.65	98.92	96.58	97.52	5.5529e+06
17-Sep-2012	97.35	97.52	94.51	94.69	5.8097e+06
18-Sep-2012	94.59	95.49	92.81	93.42	6.2436e+06

股票高-低-收盤價圖之程式例子(ex830.m)

```
%
% ex830
%
clear
load SimulatedStock.mat
highlow(TMW,'b');
title('High, Low, Open, Close Chart for TMW')
xlabel('data');
ylabel('Price ($)');
pause
%TMW 的 51 至 75 天之資料
range = 51:75;
highlow(TMW(range,:),'b');
title('High, Low, Open, Close Chart for TMW')
xlabel('data');
ylabel('Price ($)');
```

有關其執行結果如圖 8.83～圖 8.84 所示。

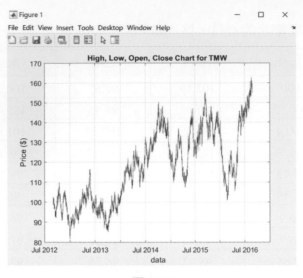

圖 8.83

圖 8.84

Bolling 圖的繪製

```
>> help bolling
 BOLLING Bollinger Band chart.
    BOLLING(ASSET,SAMPLES,ALPHA,WIDTH) plots Bollinger bands for
given ASSET   data vector.   SAMPLES specifies the number of samples
to use in computing the moving average.  **ALPHA is an optional input**
**that specifies the exponent used to compute the element weights**
**of the moving average.  The default ALPHA is 0 (simple moving**
**average).  WIDTH is an optional input that specifies the number of**
**standard deviations to include in the envelope.**  It is a
```

multiplicative factor specifying how tight the bounds should be made around the simple moving average. The default WIDTH is 2. This calling syntax plots the data only and does not return the data.

Note: The standard deviations are normalized by (N-1) where N is the sequence length.

[MAV,UBAND,LBAND] = BOLLING(ASSET,SAMPLES,ALPHA,WIDTH) returns MAV with the moving average of the asset data, UBAND with the upper band data, and LBAND with the lower band data. It does not plot any data.

BOLLING(ASSET,20,1) plots linear 20-day moving average Bollinger Bands.

[MAV,UBAND,LBAND] = BOLLING(ASSET,20,1) returns the data used to plot the linear 20-day moving average Bollinger Bands without plotting the data.

【See also】movavg, highlow, candle, pointfig.

常用指令格式

1. BOLLING(ASSET,SAMPLES,ALPHA,WIDTH)

2. [MAV,UBAND,LBAND] = BOLLING(ASSET,SAMPLES,ALPHA,WIDTH)

1 是繪圖，2 是傳回平均值、上限值及下限值不繪圖，相關資料參數 ASSET 是資料，SAMPLES 代表幾點做平均，一般而言 SAMPLES 越大越平滑。ALPHA 和 WIDTH 是選項設定。

有關 ALPHA 之設定值如下：

ALPHA = 0 (default) corresponds to a simple moving average,
ALPHA = 0.5 to a square root weighted moving average,
ALPHA = 1 to a linear moving average,
ALPHA = 2 to a square weighted moving average, etc.
To calculate the exponential moving averages, let ALPHA = 'e'.。

Bollinger Chart 的例子 (ex831.m) 如下：

```
%
% ex831
%
```

```
clear
load ibm.dat;
[ro, co] = size(ibm);

[MAV,UBAND,LBAND]=bolling(ibm(:,4), 15, 0);

bolling(ibm(:,4), 15, 0);
axis([0 ro min(ibm(:,4)) max(ibm(:,4))]);
ylabel('Price ($)');
title(['International Business Machines']);
dateaxis('x', 6,'31-Dec-1994')
pause

subplot(221),plot(MAV)
subplot(222),plot(UBAND)
subplot(223),plot(LBAND)
pause

subplot
bolling(ibm(:,4), 25, 0);
axis([0 ro min(ibm(:,4)) max(ibm(:,4))]);
ylabel('Price ($)');
title(['International Business Machines']);
dateaxis('x', 6,'31-Dec-1994')
pause
```

有關其執行結果如圖 8.85～圖 8.87 所示。

圖 8.85

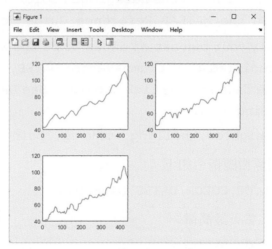

圖 8.86

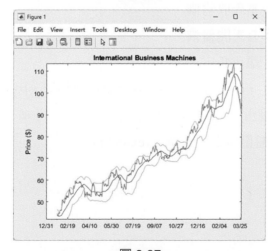

圖 8.87

股票高-低-收盤-開盤價圖的繪製

```
>> help candle
 CANDLE Candlestick chart.

     CANDLE(HI,LO,CL,OP,COLOR,DATES,DATEFORM) plots a candlestick
chart given     the high HI, low LO, closing CL, and opening OP, prices
of a security. All prices data must be specified as column vectors.

     If the closing price is greater than the opening price, the body
(the region between the opening and closing price) is empty.  If
the opening price is greater than the closing price, the body is
filled. color specifies the candlestick color; enter it as a string.
MATLAB supplies a default color if none is specified.  The default
color differs depending on the background color of the figure window.
See COLORSPEC in the MATLAB Reference Guide for color names.

     You may supply your own set of dates to be the X-axis tick labels.
The dates are specified as a column-vector DATES.  DATEFORM dictates
the format of the date string tick labels.  See DATEAXIS for details
on the date string formats.
     【See also】highlow, bolling, movavg, pointfig.
```

股票高-低-收盤-開盤價圖指令如下：

```
candle(HI,LO,CL,OP,COLOR,DATES,DATEFORM)
```

其中　　HI　　　：當天最高價。

　　　　LO　　　：當天最低價。

　　　　CL　　　：當天收盤價。

　　　　OP　　　：當天開盤價。

　　　　COLOR　：顏色設定。

本指令 HI，LO，CL，OP 這四個參數不能少且要相等，因 ibm.dat 少 OP 資料，因此本例子之 OP 資料直接由 HI 和 LO 資料平均。

股票高-低-收盤-開盤價圖之程式例子(ex832.m)：

```
%
% ex832
%
clear
load ibm.dat;
```

```
[ro, co] = size(ibm);
ibm(ro-25,1)

candle(ibm(ro-25:ro,2),ibm(ro-25:ro,3),ibm(ro-25:ro,4),ibm(ro-
25:ro,4),'r');
xlabel('data');
ylabel('Price ($)');
title('International Business Machines');
axis([0 26 -inf inf])
dateaxis('x',6,'11-Aug-1995')
pause

ibm(ro-125,1)
candle(ibm(ro-125:ro,2),ibm(ro-125:ro,3),ibm(ro-125:ro,4),ibm(
ro-125:ro,4),'r');
xlabel('data');
ylabel('Price ($)');
title('International Business Machines');
axis([0 126 -inf inf])
dateaxis('x',6,'08-Mar-1995')
pause
```

有關其執行結果如圖 8.88～圖 8.89 所示。

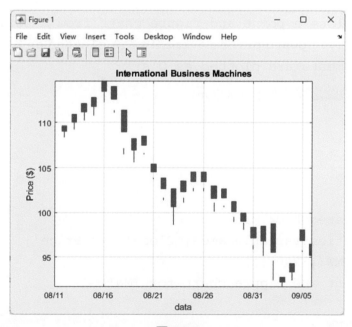

圖 8.88

圖 8.89

股價漲跌天數圖

```
>> help pointfig
pointfig Point and figure chart.
Syntax:
pointfig(Data)
pointfig(ax,___)
Description:
pointfig plots a point and figure chart from a series of prices
of a security. Upward price movements are plotted as X's and downward
price movements are plotted as O's.
```

股價漲跌天數圖之程式例子(ex833.m)

```
%
% ex833
%
clear
load SimulatedStock.mat
TMW.Properties.VariableNames{'Close'} = 'Price';
pointfig(TMW(1:200,:))
title('Point and figure chart for TMW')
pause
pointfig(TMW);
```

```
title('Point and figure chart for TMW')
```

有關其執行結果如圖 8.90～圖 8.91 所示。

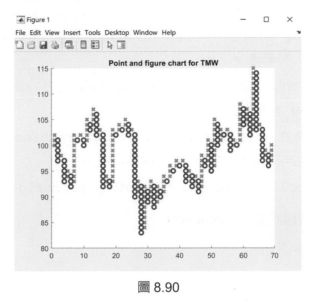

圖 8.90

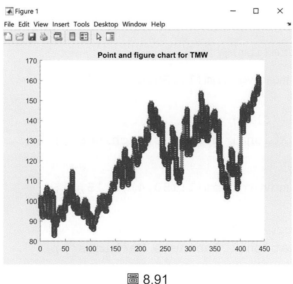

圖 8.91

移動平均線圖

```
>> help movavg
 MOVAVG Leading and lagging moving averages chart.
    [SHORT,LONG] = MOVAVG(ASSET,LEAD,LAG,ALPHA) plots leading and
 lagging  moving averages.  ASSET is the security data, LEAD is the
 number of  samples to use in leading average calculation, and LAG
 is the number of samples to use in the lagging average calculation.
```

ALPHA is the control parameter which determines what type of moving averages are calculated. ALPHA = 0 (default) corresponds to a simple moving average, ALPHA = 0.5 to a square root weighted moving average, ALPHA = 1 to a linear moving average, ALPHA = 2 to a square weighted moving average, etc. To calculate the exponential moving averages, let ALPHA = 'e'.

MOVAVG(ASSET,3,20,1) plots linear 3 sample leading and 20 sample lagging moving averages.

[SHORT,LONG] = MOVAVG(ASSET,3,20,1) returns the leading and lagging average data without plotting it.

See also bolling, highlow, candle, pointfig.

有關 Matlab 測試程式如下(ex834.m)：

```
%
% ex834
%
clear
load ibm.dat;
[ro, co] = size(ibm);

subplot(121),movavg(ibm(1:150,4),3,20,1);
xlabel('');
ylabel('Price ($)');
title('International Business Machines');
pause

subplot(122),movavg(ibm(1:150,4),5,15,1);
xlabel('');
ylabel('Price ($)');
title('International Business Machines');
pause

subplot

movavg(ibm(:,4),5,25,1);
xlabel('');
ylabel('Price ($)');

title('International Business Machines');
pause
```

有關其執行結果如圖 8.92～圖 8.93 所示。

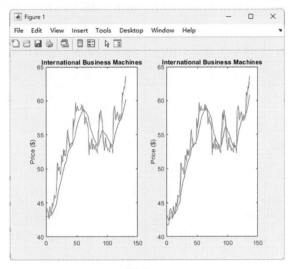

圖 8.92

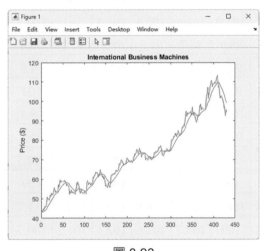

圖 8.93

【例 8.15】 從 1961～1999 之領先指標綜合指數(LEDING INDEX)如下：

Year/month	1	2	3	4	5	6	7	8	9	10	11	12
1961	89.1	88.2	86.2	85.7	86.4	86.2	88.9	88.9	88.7	88.4	87.6	85.9
1962	86.9	85.2	86	86.6	89.5	87.9	87.2	87.2	86.9	88.2	86.9	88.2
1963	86.9	90.3	89.1	88	87.4	87.6	90.6	91.1	89.2	90	90.9	91.5
1964	95.1	94.7	94	95.1	94.7	95	91.8	90.3	91	91.9	89.6	89.8
1965	88.6	87.8	88.2	86.8	86.8	86.9	86.8	87.9	86.4	85.8	87.2	88
1966	84.6	87	87.3	87.4	87.2	88.2	89.4	88.7	91.2	90.2	90.3	88.5

Year/month	1	2	3	4	5	6	7	8	9	10	11	12
1967	89.4	89.8	89	88.5	89.2	88.6	88.9	89	88.6	89.3	89.5	90.4
1968	91.6	91.7	90.6	90.5	90.7	90.2	89.8	90	89.2	89	88.9	86.3
1969	85.1	86	85.8	86	85.5	85.6	86.6	87.4	87.6	88.6	88.8	89.3
1970	89.9	90	90.2	89.8	90	90.3	89.3	89	89.5	88.9	88.4	88.4
1971	88.6	90.5	88.5	87.9	89	90.3	92.1	91	90.4	90.1	90.4	91.5
1972	89.2	90.1	90.7	91.4	92.2	91.1	91.1	92.7	93.6	94.8	96.1	96.4
1973	102.2	101.2	104	105.6	104.9	107.5	108.3	109.9	112.1	113.5	114.6	112.8
1974	112.5	115.7	109	104.9	102.8	99.4	97.1	94.2	93.8	93.5	92.4	92.8
1975	93.1	93.3	94.8	96	98	98.4	99.3	100.6	100.8	101.9	102.6	101.6
1976	102.8	102.4	102.5	102.5	100.6	100.4	100.5	99.6	99.7	98.9	99.9	100.7
1977	99	99	99.5	100.1	100	101.3	101	100.7	101.8	103	102.5	102.3
1978	103	100.4	102.9	103.3	105.1	103.9	105.2	105.3	105.6	104.4	104.8	104.6
1979	102.8	104.4	102.7	102.8	101.4	101.7	101.3	102.5	101.2	100.2	98.8	99.2
1980	101.7	102.2	101.9	101.6	102.5	101.4	101	100.2	100.1	102.1	101.5	100.6
1981	101.1	98.6	98.9	98.7	98.3	98.2	97.1	96.4	95.5	95.3	94.5	95.8
1982	93.7	95	94.4	94.1	94.1	94.2	95	94.3	95.7	95.1	95.4	94.9
1983	94.9	96.7	97.2	99.9	100.2	101.4	101.6	102	102.1	101.3	102	102
1984	104.3	102.9	102.1	99.9	99.9	99	97.6	98.4	97.3	97.4	96.6	95.3
1985	95.2	94.5	93.6	93.1	92.6	91.8	92.2	91.8	92.9	93.9	94.4	95.9
1986	96.7	95.7	98	99.7	100.1	101.7	102.9	104.5	104.5	105.1	106.2	106
1987	105.7	107.1	106	109.4	109.3	106.9	107.7	109	113.6	111.2	108.6	108.8
1988	105.7	106.4	106.4	105.8	106.8	109.4	110.9	111.7	109.3	108.2	109.5	108.1
1989	108.9	105.8	109	107.7	103.6	102.4	101.2	100.2	99.5	98.8	99.6	99.8
1990	100.2	101.2	99.4	98.4	99.1	99.6	98.6	99.3	99.5	99.5	100.3	99.1
1991	100.7	98.5	98.8	99.4	101.5	101.9	101.1	101.4	102.2	103.1	102.7	101.8
1992	103	101.7	103.2	103.9	102.7	102.8	103.3	103.6	102.8	103.8	102.7	103
1993	102.1	103.8	103.8	104	103.1	103.1	103.9	104	103.7	103.3	104	105.2
1994	105.7	104.3	103.7	104.6	105.7	106.5	107.1	107.6	108.3	108.4	107.9	105.9
1995	106	106.6	106.6	105.2	104.9	103.5	102.7	103.2	101.8	99.7	99.8	100
1996	100.5	98.7	97.3	99.7	99.2	100.3	99.6	99.8	99.9	101.4	101.6	102
1997	103.4	103.5	105.2	104	104.6	104.5	106.5	106.3	106.1	104.8	107.1	107.4
1998	106.3	104.7	104	103.2	99.8	99	97.3	97.6	98.7	97.9	97.5	96.8
1999	96.9	95.9	97.5	99.8	100.9	102.4	102.5	103.3	102.6	104.7	104.9	105.7

【例 8.16】 請繪出趨勢圖及移動平均線圖？

有關 Matlab 測試程式如下(ex835.m)：

```
%
% ex835
%
clear
load data.dat
col=data';
row=col(:);
plot(row)
xlabel('Time')

movavg(row,5,25,1);
xlabel('Time')
pause
```

有關其執行結果如圖 8.94～圖 8.95 所示。

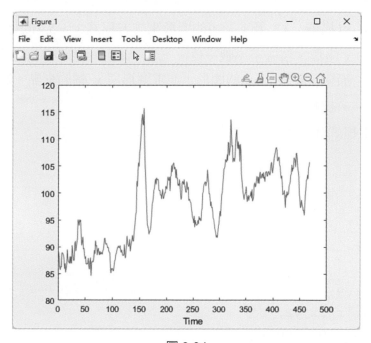

圖 8.94

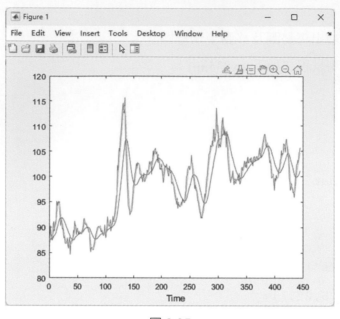

圖 8.95

非線性方程式之圖解法之應用

這類應用可應用在非性聯立方程組中來求近似解,圖形之交點即是解。

【例 8.17】 (a) 以描繪 $y = 3^x$ 及 $y = 5.9$ 的圖形來求方程式 $3^x = 5.9$ 的近似解,即交點的 x 座標,精確至小數一位。

(b) 描繪 $y = 3^x - 5.9$ 的圖形,並求圖形與 x 軸的交點。將此結果與(a)作一比較。

(a) 的 Matlab 程式如下:

```
%
% ex836
%
clear
x=-5:0.1:5;
y1=3.^x;
y2=y1-y1+5.9;
plot(x,y1,'r',x,y2,'b')
axis([-5 5 -100 300])
gtext('y=3^x')
gtext('y=5.9')
pause
```

有關其執行結果如圖 8.96 所示。

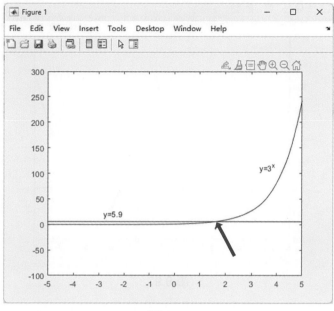

圖 8.96

(b)　的 Matlab 程式如下：

```
%
% ex837
%
clear
x=-5:0.1:5;
y1=3.^x-5.9;

y2=y1-y1+0;
plot(x,y1,'r',x,y2,'b')
axis([-5 5 -100 300])
gtext('y=3^x-5.9')
gtext('y=0')
pause
```

有關其執行結果如圖 8.97 所示。

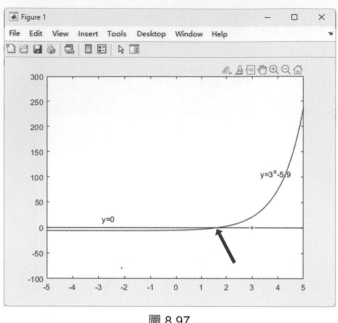

圖 8.97

【例 8.18】　(折舊)某機圖的價值，在 x 年後依下列的方式折舊：

$$y = 2500e^{-0.052x} \text{ 元}$$

以 x 的範圍為[0, 40]而 y 的範圍為[0，3000]來描繪此函數。

(a) 機圖的價值要為 1250 元，需時多少年？(以最接近的年數表示)。

(b) 9 年半後，機器的價值為多少？(以最接近的百元計)。

```
%
% ex838
%
clear
x=0:40;
y1=2500*exp(-1*0.052*x);
plot(x,y1,'r')
axis([0 40 0 3000])
gtext('y=e^-0.052x')
pause

y2=y1-y1+1250;
plot(x,y1,'r',x,y2,'b')
axis([0 40 0 3000])
gtext('y=e^-0.052x')
```

```
gtext('y=1250')
pause

x2=y1-y1+9.5;
plot(x,y1,'r',x2,y1,'b')
axis([0 40 0 3000])
gtext('y=e^-0.052x')
gtext('x=9.5')
pause
```

有關其執行結果如圖 8.98～8.100 所示。

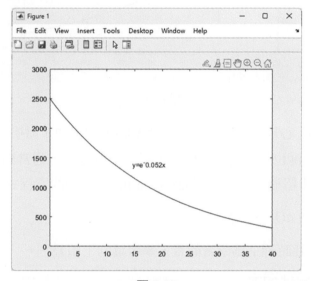

圖 8.98

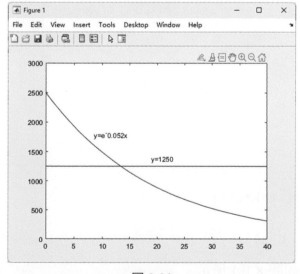

圖 8.99

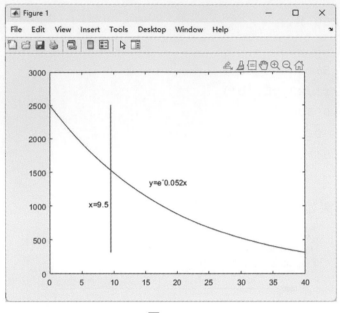

圖 8.100

學習曲線之繪製 心理學家發現人們在開始時學習很快,但學習速率會慢下來,最後到達一個停滯點,再也不能超過。例如,某人學習打字,通常到達某個速度(每分鐘的字數),或再也無法超過。這種學習曲線(learning curve)的方程式為

$$y = c(1 - e^{-kt})$$

其中 t 為學習的耗時而 y 為學習的量,學習量的上限為 c。

本例以直譯之方式測試如下

```
>> clear
>> c=5
c =
     5
>> k=2
k =
     2
>> t=0:0.1:10;
>> y=c*(1-exp(-1*k*t));
>> plot(t,y)
>> axis([0 10 0 6])
```

有關其執行結果如圖 8.101 所示。

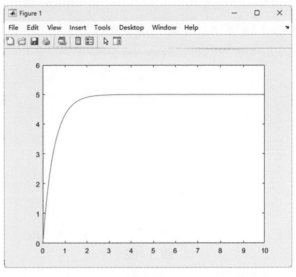

圖 8.101

　　推理成長之繪製　推理成長函數(logistic growth function)描敘如非常環境禁止則可呈指數成長的情況。族群數起先是指數成長，但由於過度擁擠且食物缺乏，在達到一定數目後就不再增加。所以在很多情形中，假設為推理成長是較實際的。

【例 8.19】　　推理成長

　　　　養殖池中的魚群數由以下的推理成長函數所限定：

$$y = \frac{2000}{1 + 49e^{-0.3t}}$$

　　　　其中 y 為 t 個月後的魚群數，其中吃 t 為 1 到 10 個月。

本例以直譯之方式測試如下

```
>> clear
>> t=1:60;
>> y=2000./(1+49.*exp(-1*0.3*t));
>> plot(t,y)
```

有關其執行結果如圖 8.102 所示。

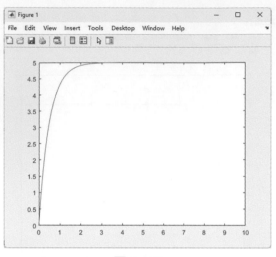

圖 8.102

【例 8.20】　供給、需求與均衡

假設產品的需求方程式為 $p = 17 - 0.2x$ (以元計算)，而供給方程式為 $p = 0.4x + 8$ 以元計算)。求均衡點？$17 - 0.2x = 0.4x + 8$

$$9 = 0.6x$$

$$x = 15$$

上供給與需求方程式均為線性方程式，因此手算很簡單，若遇到**非線性**供給與需求方程式時圖解法有時會方便些，本例雖然是線性方程式依然用圖解法來解，未來遇到**非線性解法相同**。

有關其執行結果如圖 8.103 所示。

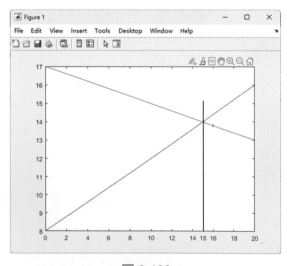

圖 8.103

以代數解此題之過程如下

$$p = 17 - 0.2x$$

$$p = 0.4x + 8$$

整理變成以下：

$$p + 0.2x = 17$$

$$p - 0.4 = 8$$

再整理變成以下：

$$\begin{bmatrix} 1 & 0.2 \\ 1 & -0.4 \end{bmatrix} \begin{bmatrix} p \\ x \end{bmatrix} = \begin{bmatrix} 17 \\ 8 \end{bmatrix}$$

以直譯之方式測試如下

```
>>clear
>> a=[1 0.2
     1 -0.4]

a =
   1.0000    0.2000
   1.0000   -0.4000

>> b=[17
     8]

b =
   17
    8
>> px=inv(a)*b

px =
   14
   15
```

所以 x 為 15。

另一做法如下：

```
>> px=a\b

px =
  14.0000
  15.0000
```

所以 x 為 15。

若遇到**非線性**方程式時，可參考第十一章用 solve 指令解**非線性系統符號解**。亦可參考第十六章用 fsolve 指令解**非線性系統數值解**。

【例 8.21】　計算多邊型面積及繪圖
　　　　　　　本例會用到 polyarea 指令

```
>> help polyarea
 POLYAREA Area of polygon.
```

POLYAREA(X,Y) returns the area of the polygon specified by the vertices in the vectors X and Y. If X and Y are matrices of the same size, then POLYAREA returns the area of polygons defined by the columns X and Y. If X and Y are arrays, POLYAREA returns the area of the polygons in the first non-singleton dimension of X and Y. The polygon edges must not intersect. If they do, POLYAREA returns the absolute value of the difference between the clockwise encircled areas and the counterclockwise encircled areas.

POLYAREA(X,Y,DIM) returns the area of the polygons specified by the vertices in the dimension DIM.
　　Class support for inputs X,Y:
　　　　float: double, single

以直譯之方式計算多邊型面積如下

```
>> clear
>> y=[0 5 4 1];
>> x=[1 3 5 7];
>> y=[0 5 4 1];
>> polyarea(x,y)
ans =
    16
```

以直譯之方式進行多邊型繪圖如下

```
>> x1=[x x(1)];
>> y1=[y y(1)];
>> plot(x1,y1)
```

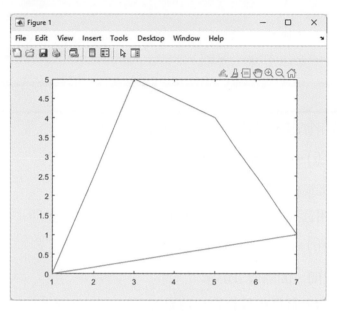

圖 8.104

用 plot 指令繪圖比較不方便，以下改用 fill 指令繪圖比較方便：

```
>> fill(x,y,'r')
```

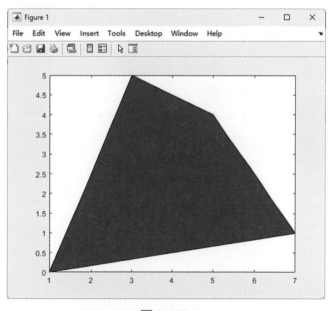

圖 8.105

習 題

1. 將下列函數用實線，"+"，"*" 繪出：

$$f(t) = e^{-5t}(\sin(3t) + 5\cos(3t))$$

t 從 0 到 3，間隔 0.1。

2. 將下列圖形用最完整的格式繪製出來，其中包含文字說明：

$$f(t) = t^4 + 2t^3 - 5t^2 + t - 1$$

t 從 0 到 2 之間，間隔取 0.05。

3. 試說明下列指令有那些較特殊的功能：

(a) plot 和 plot3

(b) hold 和 axis

(c) view

(d) subplot

4.

A= [		B= [		
1	3	1	1
3	4	2	2
5	5	3	3
7	4	4	4
9	3	5	5
10	4	6	6
11	5	7	7
13	4	8	8
15	3	9	9
13	4	10	10
11	5	11	11
9	4	12	12
7	3	13	13
5	4	14	14
3	5	15	15
1	4]	16	16]

試繪出 A、B 二矩陣的關係圖，並且要用文字在圖形上說明那一軸代表 A，那一軸代表 B。除了劃成同一個圖之外，並且把 A(:,1)，B(:,2)繪成一個圖置於左半部，A(:,1)，A(:,2)繪成另一個圖置於右半部？

5. 請說明在 Matlab 中如何繪製極座標圖形？

6. 請說明在 Matlab 中如何繪製 3 維的圖形？

7. 請比較指令 mesh，meshc 和 meshz 的差別？

8. 請比較指令 plot3 和 mesh 的差別？

9. 請說明指令 peaks 的使用方式？

10. 請比較說明指令 surf，surfc 和 surfl 的差別？

11. 繪圖說明 view 中有關 Az 和 El 的定義？

12. 請說明指令 meshgrid 的重要性？

13. 請說明指令 waterfall 的使用方式？

14. 請說明指令 hidden 的用途為何？

15. 請說明如何繪製二維的多邊形圖？

16. 請說明如何繪製球形圖？

17. 請說明指令 comet 和 comet3 的使用方式？

18. 請說明在 Matlab 中如何繪製類似彗星流動圖？

19. 請說明在 Matlab 中如何繪製離散資料圖？

20. 請說明在 Matlab 中如何繪製切面圖？

21. 請說明在 Matlab 中如何繪製雙刻度圖？(利用 plotyy 指令)

22. 已知一函數

$$z = e^{-0.3x} \cos y$$

其中 x 為-1 到 1 間隔 0.05，y 為-1 到 1 間隔 0.05，利用 mesh 和 surfl 繪出此一函數之立體圖，並且使用 view 指令，測試一下不同角度的結果，試舉出三個差異較大的圖來？

23. 試說明下列指令的意義：

gtext

legend

另外並解釋此二指令在使用上有些什麼限制？

24. 已知函數

$$f(x) = \begin{cases} -2.186x - 12.864 & \text{if } -10 \le x < -2 \\ 4.246x & \text{if } -2 \le x < 0 \\ 10e^{-0.05x-0.5} \sin(0.03x^2 + 0.7x) & \text{if } 0 \le x \le 10 \end{cases}$$

其中的間隔均為 0.1，試利用 plot 及 hold 繪出此函數的圖形來？

25. 已知函數

$$f(x, y) = (x^2 - y^2)\sin(0.5x)$$

其中 x，y 均從 1 到 10 間隔 0.1。

試利用 mesh，及 surfc 繪出此函數來，並要求得加上 xlabel，ylabel，zlabel，title，grid 在圖形上？

26. 試比較 compass 和 feather 這二個指令的差異性？

27. 試說明如何繪製三維的 bar 圖？

28. 試說明如何繪製 pie 圖？

29. 請說明 ezsurf 指令的使用方式？

30. 試說明 ibm.dat 資料的前五項格式？

31. 試說明如何繪製 Bollinger band 圖？

32. 試說明如何繪製股票高-低-收盤-開盤價圖？

33. 請說明如何利用 fill 指令繪製多邊型圖？

34. 請說明如何利用圖解法來解非線性方程組？

35. 請說明 colorbar 指令的用法？

36. 請說明 figure 指令的用法？

37. 請說明如何繪製橫式條形圖？

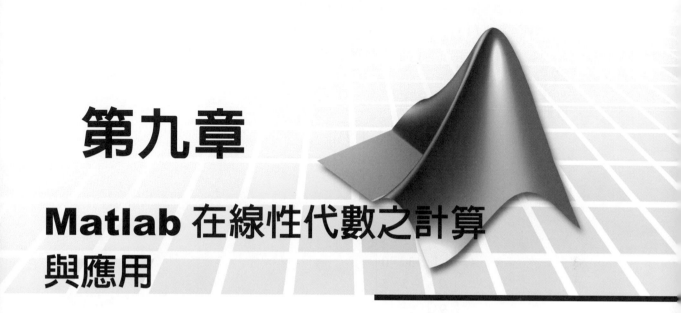

第九章

Matlab 在線性代數之計算與應用

　　線性代數之問題非常適合以 Matlab 來解，一些常用指令在前八章中均已介紹過，本章直接用一些例子來進行說明，有關這些例子分別是解聯立方程式解之問題、分佈矩陣之消費頃向分析、簡單的密碼學例子、最小平方回歸分析、LU 分解解聯立方程式問題、行列式應用、旋轉矩陣應用、Gram-Schmidt 正交化過程應用、特徵值及特徵向量應用、線性系統之迭代方式求解問題、複數相量空間問題、交流電路之計算。

9.1　線性系統之解

　　有關解聯立方程式之問題，在本節分三項來討論。

【一】方程式個數和變數個數一樣時。

【二】方程式個數比變數多時。

【三】方程式個數比變數少時。

【一】方程式個數和變數個數一樣時

【例 9.1】 已知方程式如下：

$$x - 2y + 3z = 9$$
$$-x + 3y \quad = -4$$
$$2x - 5y + 5z = 17$$

解 x, y, z ？

可把方程式重寫如下：

$$\begin{bmatrix} 1 & -2 & 3 \\ -1 & 3 & 0 \\ 2 & -5 & 5 \end{bmatrix} \begin{bmatrix} x \\ y \\ z \end{bmatrix} = \begin{bmatrix} 9 \\ -4 \\ 17 \end{bmatrix}$$

令

$$A = \begin{bmatrix} 1 & -2 & 3 \\ -1 & 3 & 0 \\ 2 & -5 & 5 \end{bmatrix}$$

$$b = \begin{bmatrix} 9 \\ -4 \\ 17 \end{bmatrix}$$

若是可逆矩陣，則根據以下推導可解出 X

$$AX = b$$
$$A^{-1}AX = A^{-1}b$$
$$X = A^{-1}b$$

Matlab 程式如下：

```
%
% solve linear equation
%
A=[1 -2 3
   -1 3 0
    2 -5 5];
b=[9
   -4
   17];
X=inv(A)*b;
X
X1=A\b
```

檔名存成 linex1.m，並進行執行如下：

```
>> linex1
X =
     1
    -1
     2
X1 =
     1
    -1
     2
```

此例是有唯一解之情形，那在 Matlab 中可用以下二種方式測試有唯一解之情形：

```
>> A
A =
     1    -2     3
    -1     3     0
     2    -5     5
```

(1) 行列式不為零的情形。

```
>> det(A)
ans =
     2
```

(2) 秩等於行或列數

```
>> rank(A)
ans =
     3
```

不可逆之矩陣的例子說明如下：

```
>> aa=[1 1 1
       3 5 7
       6 6 6]
aa =
     1     1     1
     3     5     7
     6     6     6
>> det(aa)                :行列式值為零，所以為不可逆之矩陣。
```

```
ans =
     0
>> rank(aa)                :秩不等於行或列數,所以為不可逆之矩陣。
ans =
     2
>> inv(aa)
Warning: Matrix is singular to working precision.
ans =
   Inf    Inf    Inf
   Inf    Inf    Inf
   Inf    Inf    Inf
```

【例 9.2】　若矩陣方程式如下：

$$\begin{bmatrix} 1 & -2 & 3 \\ -1 & 3 & 0 \\ 2 & -5 & 5 \end{bmatrix}\begin{bmatrix} x \\ y \\ z \end{bmatrix} = \begin{bmatrix} 1 & -1 \\ 2 & 0 \\ 1 & 3 \end{bmatrix}$$

　　　　　令

$$A = \begin{bmatrix} 1 & -2 & 3 \\ -1 & 3 & 0 \\ 2 & -5 & 5 \end{bmatrix}$$

$$b = \begin{bmatrix} 1 & -1 \\ 2 & 0 \\ 1 & 3 \end{bmatrix}$$

　　　　　本例亦可直接使用上述之方法,解出兩組 x, y, z 的解,讀者自行練習之。

【二】方程式個數比變數多時

【例 9.3】　已知方程式如下：

$$-3x + 5y = -22$$
$$3x + 4y = 4$$
$$4x - 7y = 30$$

　　　　　因此可得

$$A = \begin{bmatrix} -3 & 5 \\ 3 & 4 \\ 4 & -7 \end{bmatrix}, b = \begin{bmatrix} -22 \\ 4 \\ 30 \end{bmatrix}$$

此例因 A 矩陣是非方陣，因此不可用指令 inv，在 Matlab 中使用 \ 比較方便。

有關 Matlab 程式如下：

```
%
% solve linear equation
%
A=[-3 5
   3 4
   4 -7];
b=[-22
   4
   30];
X2=A\b;
X2
```

檔名存成 linex2.m，並進行執行如下：

```
>> linex2
X2 =
   4.0000
  -2.0000
>> inv(A)                :因 A 矩陣是非方陣，因此不可用指令 inv。
??? Error using ==> inv
Matrix must be square.
```

此例因 A 矩陣是非方陣，因此不可用指令 inv，在 Matlab 中使用 \ 比較方便。但若是要用 inv 指令，可根據以下推導來寫程式即可。

$$AX = b$$
$$A^T AX = A^T b$$
$$\left(A^T A\right)^{-1}(A^T A)X = \left(A^T A\right)^{-1} A^T b$$
$$X = \left(A^T A\right)^{-1} A^T b$$

上式的 T 代表轉置。

【例 9.4】　已知方程式如下：

$$x - 5y + 25z = 4.1$$
$$x = 4.5$$
$$x + 5y + 25z = 4.9$$
$$x + 10y + 100z = 5.3$$
$$x + 15y + 225z = 5.7$$

有關 Matlab 程式如下：

```
%
% solve linear equation with least square analysis
%
clear
A=[1  -5   25
   1   0    0
   1   5   25
   1  10  100
   1  15  225];
b=[4.1
   4.5
   4.9
   5.3
   5.7];
X3=A\b;
X3
NA=A'*A
Nb=A'*b
X4=inv(NA)*Nb;
X4
```

檔名存成 linex3.m，並進行執行如下：

```
>> linex3
X3 =
    4.5000
    0.0800
   -0.0000
NA =
         5          25         375
```

```
        25            375          4375
        375          4375          61875
Nb =
  1.0e+003 *
    0.0245
    0.1425
    2.0375
X4 =
    4.5000
    0.0800
   -0.0000
```

【註】此二例之解法可應用至解統計迴歸問題。

另外要查閱 \ 的用法可用以下之操做：

```
>> help mldivide
 \   Backslash or left matrix divide.

    A\B is the matrix division of A into B, which is roughly the
 same as INV(A)*B , except it is computed in a different way. If
 A is an N-by-N matrix and B is a column vector with N components,
 or a matrix with several such columns, then X = A\B is the solution
 to the equation A*X = B computed by Gaussian elimination. A warning
 message is printed if A is badly scaled or nearly singular.
 A\EYE(SIZE(A)) produces the inverse of A.

    If A is an M-by-N matrix with M < or > N and B is a column vector
 with M components, or a matrix with several such columns, then X
 = A\B is the solution in the least squares sense to the under- or
 overdetermined system of equations A*X = B. The effective rank,
 K, of A is determined from the QR decomposition with pivoting. A
 solution X is computed which has at most K nonzero components per
 column. If K < N this will usually not be the same solution as
 PINV(A)*B. A\EYE(SIZE(A)) produces a generalized inverse of A.

    C = MLDIVIDE(A,B) is called for the syntax 'A \ B' when A or
 B is an    object.

    See also LDIVIDE, RDIVIDE, MRDIVIDE. （幾個相關符號之英文名稱）
 Overloaded methods
    help lti/mldivide.m
```

```
help frd/mldivide.m
help sym/mldivide.m
```

另外亦可使用 pinv 指令來解相同問題，有關要查閱 pinv 的用法可用以下之操做：

```
>> help pinv
   PINV   Pseudoinverse. (最小範數解，亦即解的範數最小)
   X = PINV(A) produces a matrix X of the same dimensions as A'
   so that
A*X*A = A,  X*A*X = X and A*X and X*A are Hermitian. The computation
is based on SVD(A) and any singular values less than a tolerance
are treated as zero.
   The default tolerance is MAX(SIZE(A)) * NORM(A) * EPS.
   PINV(A,TOL) uses the tolerance TOL instead of the default.
   See also RANK.
```

重解例 9.3，其 Matlab 程式如下(linex4.m)：

```
%
% solve linear equation
%
A=[-3 5
    3 4
    4 -7];
b=[-22
    4
    30];
X2=pinv(A)*b;
X2
```

執行結果如下：

```
>> linex4
X2 =
   4.0000
  -2.0000
```

【三】方程式個數比變數少時

解這類之問題可用 pinv 或 \ 進行計算，其中 pinv 是解最小範數解，亦即解的範數最小；\ 是解最多包含秩個非零元素解，要看矩陣的秩而定。

【例 9.5】　已知方程式如下：

$$x_1 - 2x_2 + 5x_3 + 3x_4 = -22$$
$$x_1 + 4x_2 - 7x_3 - 2x_4 = 45$$
$$3x_1 - 5x_2 + 7x_3 + 4x_4 = 25$$

因此可得

$$A = \begin{bmatrix} 1 & -2 & 5 & 3 \\ 1 & 4 & -7 & -2 \\ 3 & -5 & 7 & 4 \end{bmatrix}, b = \begin{bmatrix} -22 \\ 45 \\ 25 \end{bmatrix}$$

有關 Matlab 程式如下：

```
%
% solve linear equation
%
clear
A=[1 -2   5 -3
   1  4 -7 -2
   3 -5  7  4];
b=[-22
   45
   25];
% 最多包含秩個非零元素解
X1=A\b;
X1
RA=rank(A)
% 最小範數解
X2=pinv(A)*b;
X2
```

檔名存成 linex5.m，並進行執行如下：

```
>> linex5
RA =                          :秩為 3。
    3
X1 =                          :最多包含秩個非零元素解。
   15.6216
        0
```

```
   -5.2703
    3.7568
```
X2 =   :最小範數解(變數比秩多)。
```
   15.6047
   -0.1317
   -5.3388
    3.7247
```

【註】當矩陣全秩，用 inv, pinv, \ 在線性系統的解相同。若矩陣不是方陣可用 pinv, \ 在線性系統的解有些不同。 pinv 是解最小範數解, \ 是解最多包含秩個非零元素解，這二個指令之結果是否相同要看矩陣的秩而定。

【註】/ \ 運算子：

運算子	名稱	說明
/(向右倒斜稱之為右除)	右除	$XA=B \rightarrow X=BA^{-1} \rightarrow X=B/A$
\(向左倒斜稱之為左除)	左除	$AX=B \rightarrow X= A^{-1}B \rightarrow X=A\backslash B$

　　X=A\B 就是對應線性方程 A*X=B 的解。X=A/B 就是對應線性方程 X*A=B 的解。

　　若是無解之線性系統用 \ , pinv 解的情形如何？筆者以例 9.6 來進行說明。

【例 9.6】　　已知方程式如下：
$$x - y + 2z = 4$$
$$x \quad + \quad z = 6$$
$$2x - 3y + 5z = 4$$

　　　　解 x, y, z ？

有關 Matlab 程式如下：
```
%
% solve no solution linear equation
%
clear
A=[1 -1 2
   1 0 1
   2 -3 5];
b=[4
   6
   4];
```

```
X1=A\b;
X1
X2=pinv(A)*b;
X2
```

檔名存成 linex6.m，並進行執行如下：

```
>> linex6
Warning: Matrix is singular to working precision.
> In C:\MATLAB6p1\work\linex6.m at line 14
X1 =                                    ：無解之表示方式。
   Inf
   Inf
   Inf
X2 =                                    ：最小範數解。
   5.0303
   3.8788
   1.1515
```

rref 指令：在處理聯立方程式 AX=b 時，若直接有解，應可利用左除法得到其答案。
　　　　　若為多數解，則需要將其重組並簡化至梯形的表列方式，將某些變數設定
　　　　　為自變數，並將其餘因變數之係數均轉換為 1。此時可以利用 rref([A b])這
　　　　　個指令達到目的。這個指令執行結果，會產生一個增廣矩陣，其內容為[A b]。
聯立方程式 AX=b 時

```
>> A = [1  1  5;           %矩陣 A 設定。
        2  1  8;
        1  2  7;
       -1  1 -1];
        b = [6 8 10 2]';   %矩陣 b 設定。
        M = [A b];         %擴增矩陣設定。
>> R = rref(M)
   R =
   1    0    3    2
   0    1    2    4
   0    0    0    0
   0    0    0    0
```

若只輸入矩陣 A，結果如下：

```
>> R = rref(A)
   R =
   1    0    3
   0    1    2
   0    0    0
   0    0    0
```

9.2 應用實例

本節以一些線性代數的例子來進行說明：.

【例 9.7】　假設虎尾有二家有線電視公司提供 15000 家庭使用，目前甲有線電視公司有 3000 個家庭用戶，乙有線電視公司有 4200 個家庭用戶。假設每年之變化公司之情行如下：

	甲有線電視公司	乙有線電視公司	不看
甲有線電視公司	75%	10%	25%
乙有線電視公司	15%	70%	15%
不看	10%	20%	60%

意指

1. 甲有線電視公司用戶每年有 75%留在甲有線電視公司，有 15%會轉到乙有線電視公司，有 10%會轉成不看有線電視。

2. 乙有線電視公司用戶每年有 70%留在乙有線電視公司，有 10%會轉到甲有線電視公司，有 20%會轉成不看有線電視。

3. 不看有線電視用戶每年有 60%繼續不看有線電視，有 25%會轉到甲有線電視公司，有 15%會轉到乙有線電視公司。

　　求一年後六年後十五年後用戶之變化情形？

分析方法是先把上述表格變成一個矩陣如下：

$$A = \begin{bmatrix} 0.75 & 0.1 & 0.25 \\ 0.15 & 0.7 & 0.15 \\ 0.1 & 0.2 & 0.6 \end{bmatrix}$$

在這個例子中此分佈矩陣其行之和必需是一

```
>> sum(A)                    :輸入 A 矩陣後，在用 sum 指令算所有行之和。
  ans =
      1    1    1
```

有關用戶分佈可用 $X = \begin{bmatrix} 甲用戶 \\ 乙用戶 \\ 不看 \end{bmatrix}$ 表示，因此本例之 $X = \begin{bmatrix} 3000 \\ 4200 \\ 7800 \end{bmatrix}$

基本上此例只是矩陣相乘之例子，每經過一年乘一次分佈矩陣而已，有關 Matlab 程式如下：

```
%
% 消費傾向分析
%
clear
A=[0.75 0.1 0.25
   0.15 0.7 0.15
   0.1 0.2 0.6];
X=[3000
   4200
   7800];
X
X1=A*X;
X1
X6=A^6*X;
X6
X15=A^15*X;
X15
```

檔名存成 linexex1.m，並進行執行如下：

```
>> linexex1
X =                          :原分佈情形。
      3000
      4200
      7800
```

```
X1 =                          :一年後之分佈情形。

     4620
     4560
     5820

X6 =                          :六年後之分佈情形。

  1.0e+003 *

    5.9821
    4.9779
    4.0401

X15 =                         :十五年後之分佈情形。

  1.0e+003 *

    6.0001
    4.9999
    4.0000
```

從上結果可看出六年後之分佈情形就變化不大。

【例 9.8】　一個簡單的密碼學之例子，此方法是採用矩陣乘法做加密之動做，反矩陣乘法做解密之動做，另外字母之編碼如下：

$$\begin{bmatrix} 0=0 & 1=1 & 2=2 & 3=3 & 4=4 & 5=5 \\ 6=6 & 7=7 & 8=8 & 9=9 & A=10 & B=11 \\ C=12 & D=13 & E=14 & F=15 & G=16 & H=17 \\ I=18 & J=19 & K=20 & L=21 & M=22 & N=23 \\ O=24 & P=25 & Q=26 & R=27 & S=28 & T=29 \\ U=30 & V=31 & W=32 & X=33 & Y=34 & Z=35 \\ Space=36 & ?=37 & & & & \end{bmatrix}$$

資料內容如下：

"IS THE DATA1 ? OR 7 "

可把它編成四個字母為一組如下：

$$\begin{bmatrix} I \\ S \\ space \\ T \end{bmatrix} = \begin{bmatrix} 18 \\ 28 \\ 36 \\ 29 \end{bmatrix}, \begin{bmatrix} H \\ E \\ space \\ D \end{bmatrix} = \begin{bmatrix} 17 \\ 14 \\ 36 \\ 13 \end{bmatrix}, \begin{bmatrix} A \\ T \\ A \\ 1 \end{bmatrix} = \begin{bmatrix} 10 \\ 29 \\ 10 \\ 1 \end{bmatrix}, \begin{bmatrix} space \\ ? \\ space \\ O \end{bmatrix} = \begin{bmatrix} 36 \\ 37 \\ 36 \\ 24 \end{bmatrix}, \begin{bmatrix} R \\ space \\ 7 \\ space \end{bmatrix} = \begin{bmatrix} 27 \\ 36 \\ 7 \\ 36 \end{bmatrix}$$

基本上此例只是矩陣相乘與反矩陣乘法之動做的例子，有關 Matlab 程式如下：

```
%
% 密碼學分析
%
clear
% 設定資料
D1=[18
    28
    36
    29];
D2=[17
    14
    36
    13];
D3=[10
    29
    10
    1];
D4=[36
    37
    36
    24];
D5=[27
    36
    7
    36];
% 找編碼矩陣
ra=3;
while (ra~=4)
  codeA=rand(4,4);
  ra=rank(codeA);
end
% 編碼
C1=codeA*D1;
C2=codeA*D2;
C3=codeA*D3;
```

```
C4=codeA*D4;
C5=codeA*D5;
% 解碼
E1=inv(codeA)*C1;
E2=inv(codeA)*C2;
E3=inv(codeA)*C3;
E4=inv(codeA)*C4;
E5=inv(codeA)*C5;
disp('原資料之代碼')
D1
D2
D3
D4
D5
disp('編碼後資料之代碼')
C1
C2
C3
C4
C5
disp('解碼後資料之代碼')
E1
E2
E3
E4
E5
```

檔名存成 linexex2.m，並進行執行如下：

```
>> linexex2
```

原資料之代碼

```
D1 =
    18
    28
    36
    29

D2 =
    17
    14
```

```
           36
           13
D3  =
           10
           29
           10
            1

D4  =
           36
           37
           36
           24

D5  =
           27
           36
            7
           36
```

編碼後資料之代碼

```
C1  =
        61.6562
        80.1952
        67.0694
        22.6830

C2  =
        46.0637
        53.7560
        54.5123
        13.3876

C3  =
        36.9577
        42.8995
        25.3663
        19.6325

C4  =
        74.4148
       102.8051
```

```
      81.2432
      29.5829
C5  =
      51.5703
      90.5512
      54.7477
      26.3087
```

解碼後資料之代碼

```
E1  =
      18.0000
      28.0000
      36.0000
      29.0000

E2  =
      17.0000
      14.0000
      36.0000
      13.0000

E3  =
      10.0000
      29.0000
      10.0000
       1.0000

E4  =
      36.0000
      37.0000
      36.0000
      24.0000

E5  =
      27.0000
      36.0000
       7.0000
      36.0000
```

【註】本例在計算 C1 到 C5 時有用到亂矩陣，因此 C1 到 C5 之數值每次執行時皆不同，
　　　但 D、E 值皆固定。

【例 9.9】　最小平方回歸分析，找出一直線 $y(x)=a_0+a_1x$ 使其最接近以下這些點 $(1,1)$，$(2,2)$，$(3,4)$，$(5,5)$，$(5,6)$及$(7,8)$，其中每點以(x,y)成對。

$$Y = XA + E$$

$$\begin{bmatrix} y_1 \\ y_2 \\ \vdots \\ y_n \end{bmatrix} = \begin{bmatrix} 1 & x_1 \\ 1 & x_2 \\ \vdots & \vdots \\ 1 & x_n \end{bmatrix} \begin{bmatrix} a_0 \\ a_1 \end{bmatrix} + \begin{bmatrix} y_1 - y(x_1) \\ y_2 - y(x_2) \\ \vdots \\ y_n - y(x_n) \end{bmatrix}$$

$$A = \left(X^T X\right)^{-1} X^T Y$$

基本上此例只是做上述公式矩陣運算的例子，有關 Matlab 程式如下：

```
%
% 最小平方回歸分析
%
clear
% 設定資料
Y=[1
   2
   4
   5
   6
   8];
X=[1 1
   1 2
   1 3
   1 5
   1 5
   1 7];
figure(1)
plot(X(:,2),Y,'o')
axis([0 10 0 10])
title('data')
xlabel('X')
ylabel('Y')
pause
A=inv(X'*X)*X'*Y;
disp('coefficient A0 and A1')
A'
```

```
newY=A(1).*(Y./Y)+A(2).*X(:,2);
figure(2)
plot(X(:,2),Y,'o',X(:,2),newY)
axis([0 10 0 10])
title('data')
xlabel('X')
ylabel('Y')
```

檔名存成 linexex3.m，並進行執行如下：

```
>> linexex3
coefficient A0 and A1

ans =
   -0.0403    1.1409
```

$y(x)=-0.0403+1.1409x$

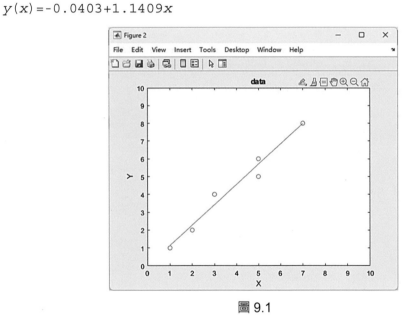

圖 9.1

【例 9.10】 已知方程式如下：

$$x_1 - 3x_2 = -5$$
$$x_2 + x_3 = -1$$
$$2x_1 - 10x_2 + 2x_3 = -20$$

使用 LU 分解解聯立方程式?

$$AX = B ,$$
$$LUX = B$$

$$令\ X1 = UX，\ LX1 = B$$
$$X1 = L^{-1}B$$
$$UX = X1$$
$$X = U^{-1}X1$$

基本上此例只是做上述公式矩陣運算的例子，有關 Matlab 程式如下：

```
%
% LU 分解
%
clear
% 設定資料
A=[1 -3  0
   0  1  3
   2 -10 2];
[L U]=lu(A);
disp('顯示 L U 矩陣')
L
U
disp('顯示 A 矩陣')
A
disp('顯示 L*U 矩陣')
L*U

B=[-5
   -1
   -20];
X2=inv(L)*B;
X=inv(U)*X2;
disp('顯示解 with L,U')
X
X3=U\(L\B);
disp('顯示另一種不同計算的解 with L,U')
X3
disp('顯示直接解')
X4=A\B
```

檔名存成 linexex4.m，並進行執行如下：

```
>> linexex4
```

顯示 LU 矩陣

```
L =
    0.5000    1.0000         0
         0    0.5000    1.0000
    1.0000         0         0

U =
    2.0000  -10.0000    2.0000
         0    2.0000   -1.0000
         0         0    3.5000
```

顯示 A 矩陣

```
A =
     1    -3     0
     0     1     3
     2   -10     2
```

顯示 L*U 矩陣

```
ans =
     1    -3     0
     0     1     3
     2   -10     2
```

顯示解 with L,U

```
X =
     1
     2
    -1
```

顯示另一種不同計算的解 with L,U

```
X3 =
     1
     2
    -1
```

顯示直接解

```
X4 =
     1
     2
    -1
```

【註】在 Matlab 中經由 LU 分解後之 L，有時須再做對調才能真正得到下三角型矩陣。

【例 9.11】　利用以下公式求四面體之體積，頂點為 (x_1, y_1, z_1)，(x_2, y_2, z_2)，(x_3, y_3, z_3) 及 (x_4, y_4, z_4)

$$體積=\left|\frac{1}{6}\det\left(\begin{bmatrix} x_1 & y_1 & z_1 & 1 \\ x_2 & y_2 & z_2 & 1 \\ x_3 & y_3 & z_3 & 1 \\ x_4 & y_4 & z_4 & 1 \end{bmatrix}\right)\right|$$

頂點為 $(3,5,2)$，$(0,4,1)$，$(2,2,5)$，及 $(4,0,0)$ 之四面體之體積？

有關 Matlab 程式如下：

```
%
% 算四面體之體積
%
clear
% 設定資料
A=[3  5  2  1
   0  4  1  1
   2  2  5  1
   4  0  0  1];
Area=abs(1/6*det(A));
disp('顯示四面體之體積')
Area
```

檔名存成 linexex5.m，並進行執行如下：

```
>> linexex5
```

顯示四面體之體積

```
Area =
    12
```

【例 9.12】 三角型 Scaling 運算

Scaling 矩陣是 $\begin{bmatrix} k & 0 \\ 0 & k \end{bmatrix}$，若 k 大於 1 是做放大，若 k 小於 1 是做縮小。

Matlab 程式如下(scaling.m)：

```
%
% Scaling
%
clear
clf
% 設定三角型共四點其中一點重覆
x=[3 4 2 3];
y=[-1 1 1 -1];
c(:,:,1)=[x' y'];
s=0;
figure(1)
plot(x,y)
axis([0 10 -8 10])
pause
% 等比率放大至兩倍
for i=1:10
    s=s+1/10
    nc(:,:,i+1)=c(:,:,1)*[1+s 0; 0-s 1+s];
    nx=nc(:,1,i+1);
    ny=nc(:,2,i+1);
    figure(2)
    plot(nx,ny)
    axis([0 10 -8 10])
    drawnow
    hold on
    pause(2)
end
hold off
% 發出聲音提醒完成
y=-1:0.1:1;
sound(y)
pause
```

```
% 不等比率放大
s=0
for i=1:10
    s=s+1/10
    nc(:,:,i+1)=c(:,:,1)*[1+s 0; 0-s 1+5*s];
    nx=nc(:,1,i+1);
    ny=nc(:,2,i+1);
    figure(3)
    plot(nx,ny,'r')
    axis([0 10 -8 10])
    drawnow
    hold on
    pause(2)
end
hold off
% 發出聲音提醒完成
y=-1:0.1:1;
sound(y)
```

其執行結果如圖 9.2～9.4 所示。

>>scaling

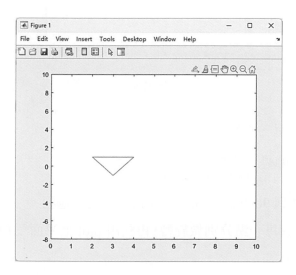

圖 9.2

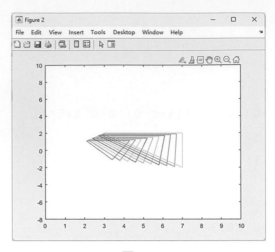

圖 9.3

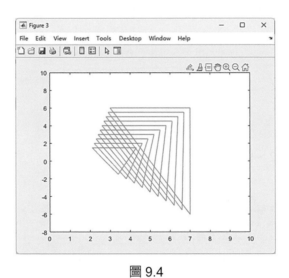

圖 9.4

【例 9.13】 寫一平面三角形之旋轉過程

旋轉矩陣是 $\begin{bmatrix} \cos(\theta) & -\sin(\theta) \\ \sin(\theta) & \cos(\theta) \end{bmatrix}$

繪出 0 到 90 度的過程及 270 到 360 度的過程。

　　基本上本例是先對每一點分別做旋轉，再利用 plot 把平面三角型繪出。有關 Matlab
程式如下(rotation.m)：

```
%
% rotation
%
clear
clf
% 設定平面三角型共四點其中一點重覆
x=[3 4 2 3];
y=[-5 1 1 -5];
c(:,:,1)=[x' y'];
s=0;
plot(x,y)
axis([-10 10 -10 10])
pause
hold on
% 轉 0 到 90 度
for i=0:10:90
    s=i*pi/180
    nc(:,:,i+1)=c(:,:,1)*[cos(s) -1*sin(s); sin(s) cos(s)];
    nx=nc(:,1,i+1);
    ny=nc(:,2,i+1);
    plot(nx,ny)
    drawnow
    pause(2)
end
% 發出聲音提醒完成轉到 90 度
y=-1:0.1:1;
sound(y)
pause
% 轉 270 到 360 度
s=0
for i=270:10:360
    s=i*pi/180;
    nc(:,:,i+1)=c(:,:,1)*[cos(s) -1*sin(s); sin(s) cos(s)];
    nx=nc(:,1,i+1);
    ny=nc(:,2,i+1);
    plot(nx,ny,'r')
    drawnow
```

```
        pause(2)
end
hold off
% 發出聲音提醒完成轉到 180 度
y=-1:0.1:1;
sound(y)
```

其執行結果如圖 9.5～9.7 所示。

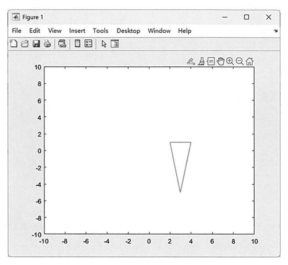

圖 9.5　先繪出 0 度之三角型

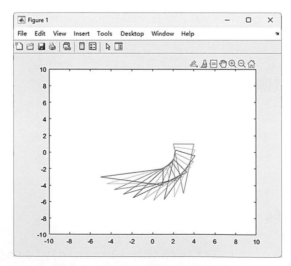

圖 9.6　繪出 0 度到 90 度之過程

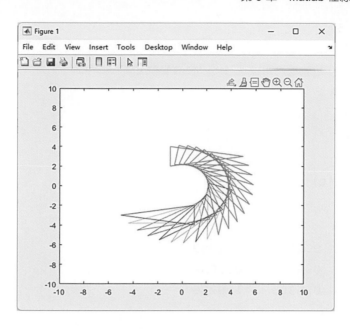

圖 9.7　繪出 270 度到 360 度之過程

同理若是要處理立體點 $\begin{bmatrix} x \\ y \\ z \end{bmatrix}$，則其相關旋轉矩陣分別如下述：

對 x 軸之旋轉矩陣是 $\begin{bmatrix} 1 & 0 & 0 \\ 0 & \cos(\theta) & \sin(\theta) \\ 0 & -\sin(\theta) & \cos(\theta) \end{bmatrix}$。

對 y 軸之旋轉矩陣是 $\begin{bmatrix} \cos(\theta) & 0 & \sin(\theta) \\ 0 & 1 & 0 \\ -\sin(\theta) & 0 & \cos(\theta) \end{bmatrix}$。

對 z 軸之旋轉矩陣是 $\begin{bmatrix} \cos(\theta) & \sin(\theta) & 0 \\ -\sin(\theta) & \cos(\theta) & 0 \\ 0 & 0 & 1 \end{bmatrix}$。

其中 θ 是分別對 x，y 和 z 軸之旋轉角度。

【例 9.14】　驗證　$\dfrac{de^{At}}{dt} = Ae^{At} = e^{At}A$

```
>> t=0.3
t =
    0.3000
```

```
>> A=[1 3 5
      2 2 7
      5 7 9]
A =
     1     3     5
     2     2     7
     5     7     9
>> A*expm(A*t)
ans =
  1.0e+003 *
    0.2055    0.2949    0.4789
    0.2597    0.3705    0.6034
    0.4411    0.6305    1.0226
>> expm(A*t)*A
ans =
  1.0e+003 *
    0.2055    0.2949    0.4789
    0.2597    0.3705    0.6034
    0.4411    0.6305    1.0226
```

【例 9.15】 利用特徵值及特徵向量計算 e^A，其中 $A = \begin{bmatrix} 5 & 1 \\ 1 & 2 \end{bmatrix}$。

計算公式如下：

1. 先求出 A 矩陣之特徵值矩陣 Λ 及特徵向量矩陣 P。

2. 求出 $\Lambda = P^{-1}AP$。

3. 求出 e^{Λ}。

4. 求出 $e^A = Pe^{\Lambda}P^{-1}$。

有關 Matlab 程式如下：

```
%
% 特徵值及特徵向量應用
%
clear
a=[5 1
   1 2];
%算出特徵值及特徵向量
[ve ei]=eig(a);
```

```
disp('特徵向量')
ve
disp('特徵值')
ei
%對角化
disp('對角化')
anoei=inv(ve)*a*ve
%對角化可用手算出
na=expm(anoei)
%轉換回去
disp('轉換回去')
result=ve*na*inv(ve)
%比較
expm(a)
```

檔名存成 linexex8.m，並進行執行如下：

```
>> linexex8
```

特徵向量

```
ve =
    0.2898   -0.9571
   -0.9571   -0.2898
```

特徵值

```
ei =
    1.6972        0
        0    5.3028
```

對角化

```
anoei =
    1.6972        0
    0.0000    5.3028

na =
    5.4588        0
    0.0000  200.8936
```

轉換回去

```
result =
  184.4820   54.2039
   54.2039   21.8704
```

```
ans =
  184.4820   54.2039
   54.2039   21.8704
```

【例 9.16】 Gram-Schmidt 正交化過程應用

已知 $x_1 = \begin{bmatrix} 3 & 7 & 12 \end{bmatrix}$，$x_2 = \begin{bmatrix} 1 & -3 & -9 \end{bmatrix}$

計算公式如下：

1. 先求出第一向量 $u_1 = \dfrac{x_1}{\|x_1\|}$。

2. 求出第二向量 $z_2 = x_2 - (x_2 \cdot u_1)u_1$，及 $u_2 = \dfrac{z_2}{\|z_2\|}$。

3. 依序求出 $z_k = x_k - (x_k \cdot u_1)u_1 - \cdots - (x_k \cdot u_{k-1})u_{k-1}$，及 $u_k = \dfrac{z_k}{\|z_k\|}$，其中 k 是從 2

    開始之正整數。

4. 依序寫出正交化結果 $u_1, u_2, u_3 \cdots$。

有關 Matlab 程式如下：

```
%
% 正交化過程應用
%
clear
x1=[3  7 12];
x2=[1 -3 -9];
%算出特徵值及特徵向量
nx1=x1./norm(x1);
%對角化
disp('正交化後')
nx1
%對角化可用手算出
gx2=x2-(x2*nx1')*nx1;
nx2=gx2./norm(gx2);
disp('正交化後')
nx2
% 驗證
norm(nx1)
norm(nx2)
nx1*nx2'
```

檔名存成 linexex9.m，並進行執行如下：

```
>> linexex9
```

正交化後

```
nx1 =
    0.2111    0.4925    0.8443
```

正交化後

```
nx2 =
    0.8152    0.3879   -0.4301

ans =
    1

ans =
    1

ans =
  1.6653e-016
```

考慮以下線性系統，使用迭代之方式求解

$$a_{11}x_1 + a_{12}x_2 + \cdots + a_{1n}x_n = b_1$$

$$a_{21}x_1 + a_{22}x_2 + \cdots + a_{2n}x_n = b_2$$

$$\vdots \qquad \vdots \qquad \qquad \vdots \quad \vdots$$

$$a_{n1}x_1 + a_{n2}x_2 + \cdots + a_{nn}x_n = b_n$$

首先必須把線性系統轉成以下型式，給一初值 $x_1(0), x_2(0), \cdots, x_n(0)$

$$x_1 = \frac{1}{a_{11}}(b_1 - a_{12}x_2 - \cdots - a_{1n}x_n)$$

$$x_2 = \frac{1}{a_{22}}(b_2 - a_{21}x_1 - \cdots - a_{2n}x_n)$$

$$\vdots$$

$$x_n = \frac{1}{a_{nn}}(b_n - a_{n1}x_1 - \cdots - a_{n(n-1)}x_{n-1})$$

一直迭代直到收斂為止即可求到解。

【例 9.17】

$$5x_1 - 2x_2 + 3x_3 = -1$$
$$-3x_1 + 9x_2 + x_3 = 2$$
$$2x_1 - x_2 - 7x_3 = 3$$

首先必須把線性系統轉成以下型式，給一初值 $x_1(0) = 0, x_2(0) = 0, x_3(0) = 0$。

$$x_1 = -\frac{1}{5} + \frac{2}{5}x_2 - \frac{3}{5}x_3$$
$$x_2 = \frac{2}{9} + \frac{1}{3}x_1 - \frac{1}{9}x_3$$
$$x_3 = -\frac{3}{7} + \frac{2}{7}x_1 - \frac{1}{7}x_2$$

方法一：甲可比法

```
%
% Jacobi test
%
clear
x1=0;
x2=0;
x3=0;
[1 0 0 0]
s=1;
for i=1:10
  bx1=-1/5+2/5*x2-3/5*x3;
  bx2=2/9+1/3*x1-1/9*x3;
  bx3=-3/7+2/7*x1-1/7*x2;
  x1=bx1;
  x2=bx2;
  x3=bx3;
  s=s+1;
  x=[s x1 x2 x3]
end
>> jacobitest
ans =
    1    0    0    0
x =
   2.0000   -0.2000    0.2222   -0.4286
```

```
x =
    3.0000    0.1460    0.2032   -0.5175
x =
    4.0000    0.1917    0.3284   -0.4159
x =
    5.0000    0.1809    0.3323   -0.4207
x =
    6.0000    0.1854    0.3293   -0.4244
x =
    7.0000    0.1863    0.3312   -0.4226
x =
    8.0000    0.1861    0.3313   -0.4226
x =
    9.0000    0.1861    0.3312   -0.4227
```

：第九次才收斂。

```
x =
   10.0000    0.1861    0.3312   -0.4227
x =
   11.0000    0.1861    0.3312   -0.4227
```

方法二：高斯-賽德法

```
%
% Gauss Seidel test
%
clear
x1=0;
x2=0;
x3=0;
[1 0 0 0]
s=1;
for i=1:10
  x1=-1/5+2/5*x2-3/5*x3;
  x2=2/9+1/3*x1-1/9*x3;
  x3=-3/7+2/7*x1-1/7*x2;
  s=s+1;
  x=[s x1 x2 x3]
```

end 檔名存成 gausstest.m，並進行執行如下：

```
>> jacobitest
ans =
    1    0    0    0
x =
    2.0000   -0.2000    0.1556   -0.5079
x =
    3.0000    0.1670    0.3343   -0.4286
x =
    4.0000    0.1909    0.3335   -0.4217
x =
    5.0000    0.1864    0.3312   -0.4226
x =
    6.0000    0.1861    0.3312   -0.4227        ：第七次即收斂。
x =
    7.0000    0.1861    0.3312   -0.4227
x =
    8.0000    0.1861    0.3312   -0.4227
x =
    9.0000    0.1861    0.3312   -0.4227
x =
   10.0000    0.1861    0.3312   -0.4227
x =
   11.0000    0.1861    0.3312   -0.4227
```

【註】此二法之差別是高斯-賽德法在計算每個變數時，皆是使用最新的；而甲可比法是在計算每個變數時，皆是使用上一次的資料，直到全部算完，在一次更新供下次使用。

線性系統，使用迭代之方式求解，保證有解之條件如下：

$$|a_{11}| > |a_{12}| + |a_{13}| + \cdots |a_{1n}|$$
$$|a_{22}| > |a_{21}| + |a_{23}| + \cdots |a_{2n}|$$
$$\vdots$$
$$|a_{nn}| > |a_{n1}| + |a_{n2}| + \cdots |a_{n(n-1)}|$$

複數相量空間問題

【例 9.18】　輸入一矩陣判斷是否為赫米特矩陣？

判斷條件是 $A = A*$，其中*代表共軛轉置

$$a = \begin{bmatrix} 1 & i & 1+i \\ -i & -5 & 2-i \\ 1-i & 2+i & 3 \end{bmatrix}$$

```
>> a=[ 1  i  1+i
    -i  -5  2-i
1-i  2+i  3]

a =
  Columns 1 through 2
  1.0000           0 + 1.0000i
  0 - 1.0000i     -5.0000
  1.0000 - 1.0000i   2.0000 + 1.0000i

  Column 3
  1.0000 + 1.0000i
  2.0000 - 1.0000i
  3.0000

>> a'

ans =
  Columns 1 through 2
  1.0000           0 + 1.0000i
  0 - 1.0000i      -5.0000
  1.0000 - 1.0000i    2.0000 + 1.0000i

  Column 3
  1.0000 + 1.0000i
  2.0000 - 1.0000i
  3.0000
```

因 $a = a*$，所以 a 是赫米特矩陣。另外，一個赫米特矩陣之特徵值皆是實數，可由以下測試之

```
>> eig(a)

ans =
   -5.6468
    0.2841
    4.3627
```

赫米特矩陣之行列式值是實數，可由以下測試之

```
>> det(a')
ans =
    -7
```

【例 9.19】 複數矩陣 a 之秩、正交基底及零空間的求解

$$a = \begin{bmatrix} -1 & -i & 1 \\ -i & 1 & i \\ 1 & i & -1 \end{bmatrix}$$

基本上此例只是 rank，orth 及 null 指令直接使用之例子，有關 Matlab 程式如下：

```
%
%   複數矩陣
%
clear
a=[ -1   -i    1
    -i    1    i
     1    i   -1];
disp('rank is: ')
rank(a)
disp('正交基底')
orth(a)
disp('零空間')
null(a)
```

檔名存成 compex1.m，並進行執行如下：

```
>> compex1
rank is:
ans =
    1
```

正交基底

```
ans =
  -0.5774
 0 - 0.5774i
   0.5774
```

零空間

```
ans =
  0.8165                 0
  0 + 0.4082i      0.2357 - 0.6667i
  0.4082 - 0.0000i   0.6667 + 0.2357i
```

【例 9.20】　輸入一矩陣 a 判斷是否為么正矩陣？

判斷條件是 $A^{-1} = A*$，其中*代表共軛轉置

$$a = \begin{bmatrix} \dfrac{1+i}{2} & \dfrac{-1}{2} & \dfrac{1}{2} \\[2mm] \dfrac{i}{\sqrt{3}} & \dfrac{1}{\sqrt{3}} & \dfrac{-i}{\sqrt{3}} \\[2mm] \dfrac{3+i}{2\sqrt{15}} & \dfrac{4+3i}{2\sqrt{15}} & \dfrac{5i}{2\sqrt{15}} \end{bmatrix}$$

基本上此例只是 inv 及指令直接使用之例子，有關 Matlab 程式如下：

```
%
%   么正矩陣
%
clear
a=[  (1+i)/2              -0.5                0.5
     i/sqrt(3)           1/sqrt(3)         -i/sqrt(3)
 (3+i)/(2*sqrt(15))  (4+3*i)/(2*sqrt(15))  (5*i)/(2*sqrt(15))];
 inv(a)
 a'
```

檔名存成 compex2.m，並進行執行如下：

```
>> compex2
ans =
  Columns 1 through 2
  0.5000 - 0.5000i  -0.0000 - 0.5774i
 -0.5000 + 0.0000i   0.5774 - 0.0000i
  0.5000 + 0.0000i   0.0000 + 0.5774i
  Column 3
  0.3873 - 0.1291i
  0.5164 - 0.3873i
 -0.0000 - 0.6455i
```

```
ans =
  Columns 1 through 2
   0.5000 - 0.5000i     0 - 0.5774i
  -0.5000              0.5774
   0.5000              0 + 0.5774i
  Column 3
   0.3873 - 0.1291i
   0.5164 - 0.3873i
   0 - 0.6455i
```

【例 9.21】 (多項式變換)

本例子是處理多項式變換之程式。

1. 首先將 $ax^2 + by^2 + cz^2 + 2dxy + 2exz + 2fyz$ 多項式轉成矩陣式 $A = \begin{bmatrix} a & d & e \\ d & b & f \\ e & f & c \end{bmatrix}$。

2. 算 A 矩陣之特徵值。

3. 排列 A 矩陣之特徵值，由大至小。

4. 依序寫出新的多項式。

Matlab 程式如下：

```
%
% quad equation
%
clear
disp('ax^2+by^2+cz^2+2dxy+2exz+2fyz')
A(1,1)=input('coefficient a: ');
A(2,2)=input('coefficient b: ');
A(3,3)=input('coefficient c: ');
A(1,2)=input('coefficient d: ');
A(2,1)=A(1,2);
A(1,3)=input('coefficient e: ');
A(3,1)=A(1,3);
A(2,3)=input('coefficient f: ');
A(3,2)=A(2,3);
fprintf('\n\n')
disp([int2str(A(1,1))'x^2+'int2str(A(2,2))'y^2+'int2str(A(3,3)
)'z^2+2*'...
```

```
        int2str(A(1,2))'xy+2*'int2str(A(1,3))'xy+2*'int2str(A(2,3))'yz'])
A
eiv=eig(A);
reeiv=sort(eiv);
reeiv2=flipud(reeiv)
disp([num2str(reeiv2(1),8)'nx^2+'num2str(reeiv2(2),8)'ny^2+'...
        num2str(reeiv2(3),8)  'nz^2'])
```

檔名存成 qutra.m，並進行執行如下：

測試一

```
>> qutra
ax^2+by^2+cz^2+2dxy+2exz+2fyz
coefficient a: 1
coefficient b: 2
coefficient c: 3
coefficient d: 4
coefficient e: 5
coefficient f: 6
1x^2 + 2y^2 + 3z^2 + 2*4xy + 2*5xy + 2*6yz
A =
     1     4     5
     4     2     6
     5     6     3
reeiv2 =
   12.1760
   -2.5073
   -3.6687
12.175971nx^2 + -2.507288ny^2 + -3.6686831nz^2
```

測試二

```
>> qutra
ax^2+by^2+cz^2+2dxy+2exz+2fyz
coefficient a: 4
coefficient b: 3
coefficient c: -1
coefficient d: 6
coefficient e: 2
coefficient f: -5
```

```
4x^2 + 3y^2 + -1z^2 + 2*6xy + 2*2xy + 2*-5yz
A =
     4     6     2
     6     3    -5
     2    -5    -1
reeiv2 =
    9.9324
    3.0145
   -6.9469
9.9324226nx^2 + 3.0145019ny^2 + -6.9469245nz^2
```

【例 9.22】 (交流穩態電路計算)

一交流穩態電路如圖 9.8 所示。

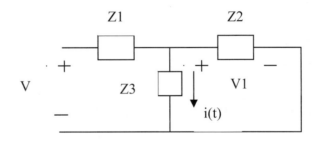

圖 9.8

其中 Z1 = 1+j2 歐姆，Z2 = 1－j2 歐姆，Z3 = 3－j2.5 歐姆，V=8∠60°，求試寫一 Matlab 程式計算總阻抗、i(t) 及 V1？

根據電路定義的計算公式如下：

$$Z_{th} = Z1 + Z3 /\!/ Z2$$

$$= Z1 + \frac{1}{\dfrac{1}{Z2} + \dfrac{1}{Z3}}$$

$$i(t) = \frac{V}{Z_{in}} \frac{Z2}{Z2 + Z3}$$

$$V1 = \frac{Z2 /\!/ Z3}{Z1 + Z2 /\!/ Z3} V$$

$V=8\angle 60°$ 可寫成 $V = 8e^{j\frac{\pi}{3}}$

Matlab 之程式設計如下(cirex1.m)：

```
%
% Ac circuit
%
clear
V=8*exp(j/3);
Z1=1+2j;
Z2=1-2j;
Z3=3-2.5j;
disp('Total Z')
Zth=Z1+1/((1/Z2)+(1/Z3))
disp('i(t)')
it=(V/Zth)*Z2/(Z2+Z3)
Zp=1/((1/Z2)+(1/Z3));
disp('V1')
V1=V*Zp/(Z1+Zp)
>> cirex1
Total Z
Zth =
  1.8345 + 0.8138i
i(t)
it =
  1.3921 - 0.5037i
V1
V1 =
  2.9171 - 4.9915i
```

從上例可知，只要依照電路定義計算，以 Matlab 計算電路中之阻抗串並聯化簡非常容易，同理亦很方便計算分壓定律及分流定律，更方便延申至非線性電路之計算。

【例 9-23】

一交流穩態電路如圖 9.9 所示。

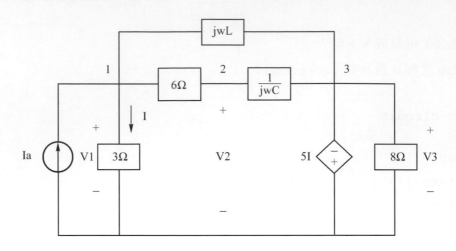

圖 9.9

其中 jwL = j3，jwC = j0.003 和 Ia = 2A，請寫一程式解 V1、V2 及 V3？
利用節點定律可寫出以下聯立方程式

$$\frac{1}{3}V1 + \frac{1}{6}(V1 - V2) + \frac{1}{jwL}(V1 - V3) = Ia$$

$$\frac{1}{6}(V2 - V1) + jwC(V2 - V3) = 0$$

$$V3 = -5I$$

因 $$I = \frac{V1}{3}$$

$$\frac{1}{3}V1 + \frac{1}{6}(V1 - V2) + \frac{1}{jwL}(V1 - V3) = Ia$$

所以 $$\frac{1}{6}(V2 - V1) + jwC(V2 - V3) = 0$$

$$V3 = -5I = -\frac{5}{3}V1$$

重新整理可得

$$\left(\frac{1}{2} + \frac{1}{jwL}\right)V1 - \frac{1}{6}V2 - \frac{1}{jwL}V3 = Ia$$

$$-\frac{1}{6}V1 + \left(jwC + \frac{1}{6}\right)V2 - jwCV3 = 0$$

$$\frac{5}{3}V1 + V3 = 0$$

因 jwL = j3，jwC = j0.003 和 Ia = 2A，所以其矩陣型式如下：

$$
\begin{bmatrix}
\dfrac{1}{2}-j\dfrac{1}{3} & -\dfrac{1}{6} & j\dfrac{1}{3} \\[2ex]
-\dfrac{1}{6} & j0.003+\dfrac{1}{6} & -j0.003 \\[2ex]
\dfrac{5}{3} & 0 & 1
\end{bmatrix}
\begin{bmatrix} V1 \\ V2 \\ V3 \end{bmatrix}
=
\begin{bmatrix} 2 \\ 0 \\ 0 \end{bmatrix}
$$

$$\because AV = I \qquad \therefore V = A^{-1}I$$

此例簡化至此，很容易用 Matlab 解出 V1、V2 及 V3，因此以直譯的方式執行之：

```
>> clear
>> A=[1/2-j/3  -1/6      j/3
      -1/6  0.003j+1/6 -0.003j
       5/3      0          1]
A =
   0.5000 - 0.3333i  -0.1667              0 + 0.3333i
  -0.1667             0.1667 + 0.0030i    0 - 0.0030i
   1.6667             0                   1.0000
>> I=[2 0 0]'
I =
     2
     0
     0
>> V=inv(A)*I
V =
   0.7518 + 1.9858i
   0.8464 + 1.9480i
  -1.2530 - 3.3097i
>> V1=V(1)
V1 =
   0.7518 + 1.9858i
>> V2=V(2)
V2 =
   0.8464 + 1.9480i
>> V3=V(3)
V3 =
  -1.2530 - 3.3097i
```

習　題

1. 請寫一程式解 x, y, z？已知方程式如下：
$$7x - 2y + 3z = 9$$
$$-x + 3y = -4$$
$$x - 3y + 5z = 10$$

2. 請寫一程式解 x, y？已知方程式如下：
$$-x + 5y = -11$$
$$x + 4y = 4$$
$$4x - 3y = 9$$

3. 請寫一程式解 x_1, x_2, x_3, x_4？已知方程式如下：
$$x_1 - x_2 + 5x_3 + 3x_4 = -2$$
$$2x_1 + 4x_2 - 7x_3 - 2x_4 = 5$$
$$7x_1 - 5x_2 + 2x_3 + 4x_4 = 23$$

4. 請寫一程式解 x, y, z？已知方程式如下：
$$\begin{bmatrix} 1 & -2 & 3 \\ -1 & 3 & 0 \\ 2 & -5 & 5 \end{bmatrix} \begin{bmatrix} x \\ y \\ z \end{bmatrix} = \begin{bmatrix} 1 & -1 \\ 2 & 0 \\ 1 & 3 \end{bmatrix}$$

5. 請寫一程式完成使用 LU 分解解聯立方程式？已知方程式如下：
$$7x - 2y + 3z = 9$$
$$-x + 3y = -4$$
$$x - 3y + 5z = 10$$

6. 請寫一程式完成正交化過程？
已知 $x_1 = \begin{bmatrix} 3 & 7 & 12 \end{bmatrix}$，$x_2 = \begin{bmatrix} 1 & -3 & -9 \end{bmatrix}$，$x_3 = \begin{bmatrix} 3 & -5 & -7 \end{bmatrix}$

7. 假設虎尾有二家有線電視公司提供 25000 家庭使用，目前甲有線電視公司有 7000 個家庭用戶，乙有線電視公司有 9200 個家庭用戶。假設每年之變化公司之情行如下：

	甲有線電視公司	乙有線電視公司	不看
甲有線電視公司	65%	10%	30%
乙有線電視公司	20%	75%	20%
不看	15%	15%	50%

意指

(1) 甲有線電視公司用戶每年有 65%留在甲有線電視公司，有 20%會轉到乙有線電視公司，有 15%會轉成不看有線電視。

(2) 乙有線電視公司用戶每年有 75%留在乙有線電視公司，有 10%會轉到甲有線電視公司，有 15%會轉成不看有線電視。

(3) 不看有線電視用戶每年有 50%繼續不看有線電視，有 30%會轉到甲有線電視公司，有 20%會轉到乙有線電視公司。

求一年後五年後十年後用戶之變化情形？

8. 修改例 9-8 的密碼學之例子，完成字串 'IT IS A GOOD DAY' 加密動做及解密動做？

9. 請寫一程式找出一直線 $y(x) = a_0 + a_1 x$ 使其最接近以下這些點 $(1,5)$，$(2,6)$，$(3,8)$，$(5,5)$，$(6,7)$ 及 $(7,8)$？

10. 請寫一程式完成計算矩陣 a 之秩、正交基底及零空間？

$$a = \begin{bmatrix} 1 & 3 & 5 & 7 \\ 2 & 7 & 3 & 1 \\ 2 & 6 & 10 & 14 \\ 13 & 3 & 23 & 10 \end{bmatrix}$$

11. 請寫一程式完成一平面四角形之旋轉過程，繪出 0 到 90 度的過程及 270 到 360 度的過程？

12. 請寫一程式利用特徵值及特徵向量計算 $\ln(A)$，其中 $A = \begin{bmatrix} 5 & 1 \\ 1 & 2 \end{bmatrix}$？

13. 請寫一高斯-賽德法程式解下列聯立方程式？

$$7x_1 - 2x_2 + 3x_3 = -2$$
$$-x_1 + 9x_2 + x_3 = 5$$
$$2x_1 - 5x_2 - 13x_3 = 3$$

14. 請寫一程式判斷下列矩陣是否為赫米特矩陣？

$$a = \begin{bmatrix} -1 & i & 1 \\ -i & 5 & 3+i \\ 1 & 3-i & 3 \end{bmatrix}$$

15. 請寫一程式判斷下列矩陣是否為么正矩陣？

$$a = \begin{bmatrix} \dfrac{-i}{2} & \dfrac{i}{2} & \dfrac{1}{2} \\[2mm] \dfrac{i}{\sqrt{3}} & \dfrac{1}{\sqrt{3}} & \dfrac{-i}{\sqrt{3}} \\[2mm] \dfrac{3+i}{2} & \dfrac{4+3i}{2} & \dfrac{5i}{2} \end{bmatrix}$$

16. 根據圖 9.10，請寫一程式解 I1、I2 及 I3？

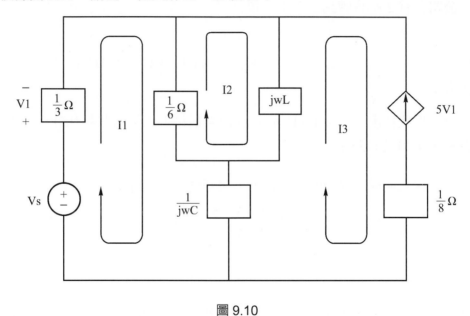

圖 9.10

第十章

多項式處理及曲線近似

　　本章主要是介紹如何找出一個多項式的表示、矩陣的特徵多項式，多項式的乘除，如何求出多項式的根以及如何找出一個多項式去近似一些點資料的曲線近似及利用神經網路進行函數之學習，以方便進行預測。

10.1 多項式處理

以下是常見的一些指令的說明：

指令名稱	指令功能
poly(V)	：找出 V 向量的多項式來，其中 V 可代表一組特性根向量值。
poly(A)	：找出 A 矩陣的特徵多項式。
roots(f)	：找出 f 多項式的根出來。
polyval(p,t)	：求出多項式 p 的數值，其中 p 是指多項式的係數由高階依序表示在 p 向量中，t 是指要計算的範圍值。t 可以是個常數或是個向量均可以接受。
conv(a,b)	：計算多項式 a 乘多項式 b。
deconv(a1,b1)	：計算多項式 $\dfrac{a1}{b1}$。

以直譯的方式來進行說明，其測試例子分別如下所示：

```
>>clear
>>p=[ 1 2 3 4 5 6]          :求出以 1，2，3，4，5，6 為根的多
                             項式來(依階層往下寫)。

p =
    1    2    3    4    5    6
>>poly(p)

ans =
  Columns 1 through 6
        1    -21    175    -735    1624    -1764
  Column 7
       720
```

上答案代表方程式是 $x^6 - 21x^5 + 175x^4 - 735x^3 + 1624x^2 - 1764x + 720 = 0$。

```
>>a=[1 3 4 4              :求輸入 a 矩陣。
     4 6 7 8
     3 7 8 9
     2 7 9 3];
>>poly(a)                 :求 a 矩陣的特徵多項式。

ans =
    1.0000  -18.0000  -111.0000  -75.0000  -37.0000
>>roots(poly(a))          :求 a 矩陣的特徵多項式的根。

ans =
  22.9762
  -4.2859
  -0.3452+ 0.5066i
  -0.3452- 0.5066i
>>poly(roots(poly(a)))    :測試例子。

ans =
    1.0000  -18.0000 -111.0000  -75.0000  -37.0000
>>eig(a)                  :求 a 矩陣的特徵值，亦即特性根。

ans =
  22.9762
  -0.3452+ 0.5066i
```

```
  -0.3452- 0.5066i
  -4.2859
>> c=[1 0]                    :代表方程式為線性 d。
c =
     1     0
>> d=1:10
d =
     1     2     3     4     5     6     7     8     9    10
>> polyval(c,d)              :因多項式是線性，所以其結果和輸入相同。
ans =
     1     2     3     4     5     6     7     8     9    10
>> c=[1 0 0]                 :代表方程式為 d²。
c =
     1     0     0
>> d
d =
     1     2     3     4     5     6     7     8     9    10
>> polyval(c,d)              :計算輸入從 1 到 10 之 d² 的結果。
ans =
     1     4     9    16    25    36    49    64    81   100
```

計算多項式的乘除

```
>> clear
>> a=[1 1];                   :代表 x+1
>> b=[1 2];                   :代表 x+2
>> c=conv(a,b)               :計算 (x+1)(x+2)
c =
     1     3     2
```

結果如上為 x^2+3x+2。

計算 $x^2+3x+2/x+1$

```
>> [Q R]=deconv(c,a)
```

```
Q =
     1     2
R =
     0     0     0
```

上式之 Q 是商，R 是餘數。

同理計算 $\dfrac{x^4 + 2x^3 + 3x^2 + 4x + 5}{3x^2 + 4x + 5}$

```
>> a1=[1 2 3 4 5]
>> b1=[3 4 5]
>> [Q1 R1]=deconv(a1,b1)

Q1 =
    0.3333    0.2222    0.1481

R1 =
         0         0         0    2.2963    4.2593
```

驗證上結果如下：

```
>> vera1=conv(b1,Q1)+R1

vera1 =
     1     2     3     4     5
```

⑩.② 曲線近似

以下是常見的一些指令的說明：

polyfit(a,b,n)　：輸入 x 軸的資料及 y 軸的資料，分別以 a 向量及 b 向量表示，用 n 階多項式去近似這些資料。

yy=spline(a,b,t)　：輸入 x 軸的資料及 y 軸的資料分別表示為 a 向量及 b 向量，t 的定義是指輸入範圍。yy 則是對應於 t 的元素的函數值。

【例 10.1】　試給定 10 點的資料，利用 polyfit 去近似這 10 點資料，並且找出其近似的多項式，其中階數分別為 4、6、8 階，並且也使用 spline 的方式去近似這 10 點資料，同時把原始圖以及近似的結果圖顯示出來。

解：有關此例的程式設計如下(polytest.m)：

```
    %
    % curve test
```

```
%
clear
a=[0.1 1
    0.2 1.1
    0.3 1.2
    0.4 1.3
    0.5 1.1
    0.6 0.9                                    1
    0.7 0.7
    0.8 1.0
    0.9 1.2
    1 1.3];
plot(a(:,1),a(:,2),'*')                        2
axis([0.1 1 0.5 1.5]);                         3
pause                                          4
%
p=polyfit(a(:,1),a(:,2),4);                    5
fprintf('order of polynomial is 4')
p
t=0.1:0.001:0.95;                              6
nev=polyval(p,t);                              7
plot(t,nev,a(:,1),a(:,2),'*')                  8
axis([0 1.1 0.6 1.4]);                         9
grid                              10
title('order of polynomial is 4')             11
xlabel('input data')                          12
ylabel('output data')                         13
pause                                         14
%
p=polyfit(a(:,1),a(:,2),6);                   15
fprintf('order of polynomial is 6')
p
t=0.1:0.001:0.95;
nev=polyval(p,t);
plot(t,nev,a(:,1),a(:,2),'*')
axis([0 1.1 0.6 1.4]);
grid
title('order of polynomial is 6')
xlabel('input data')
```

```
ylabel('output data')
pause                                              24
%                                                  25
p=polyfit(a(:,1),a(:,2),8);
fprintf('order of polynomial is 8')
p
t=0.1:0.001:0.95;
nev=polyval(p,t);
plot(t,nev,a(:,1),a(:,2),'*')
axis([0 1.1 0.6 1.4]);
grid
title('order of polynomial is 8')
xlabel('input data')                               34
%
xx=0.1:0.01:1;                                      35
yy=spline(a(:,1),a(:,2),xx);                        36
plot(xx,yy,a(:,1),a(:,2),'*')                       37
pause
```

說明：

1.　設定這 10 點資料在 a 陣列之中。

2.　繪出原始資料的 x-y 關係圖。

3.　指定輸出圖形的 x、y 軸座標範圍。

4.　暫停螢幕。

5.　使用 4 階的多項式來近似這 10 點資料，此多項式的係數存於 p 之中。

6.　設定區間的輸入範圍。

7.　計算這個四階多項式的結果值，存於 nev 之中。

8.　繪出這組四階近似的結果圖。

9.　重新再定義輸出圖形的 x-y 關係圖。

10.　在圖形上加上方格。

11.～13.在圖形上加入文字說明。

14.　暫停螢幕。

15.～24.重複 5.～14.的計算，只是改成用 6 階的多項式去近似。

25.～34.重複 5.～14.的計算，只是改成用 8 階的多項式去近似。

35.　設定輸入區間。

36. 使用 spline 的近似方法，其數值結果存於 yy 之中。

37. 繪出此結果出來。

以下是其執行結果：

```
>> polytest
order of polynomial is 4
p =
  -6.7016   22.3582  -22.5204    7.8510    0.3667

order of polynomial is 6
p =
  -27.7778  -5.7692  143.6966 -173.4645  74.7197  -11.6979  1.5867

order of polynomial is 8

p =
  1.0e+004 *

  0.2728 -1.1000 1.8184 -1.5992 0.8166 -0.2489 0.0443 -0.0041 0.0002
```

依序分別是 4 階、6 階、8 階的近似多項式的係數結果。以下 5 張圖分別是代表原始圖及近似的結果圖。

【註】在此例中的 p 的使用，由於 p 是越來越大的陣列，所以可以一直被使用下去，因新資料長度比較長，可以覆蓋舊陣列，因此在此例中不管是 4 階、6 階、8 階皆可用 p 陣列，但 p 陣列在順序中有出現比較短時，則無法完全覆蓋，使用者在寫程式重複用相同變數時宜小心此現象。

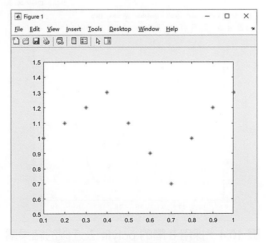

圖 10.1 原始資料的關係圖

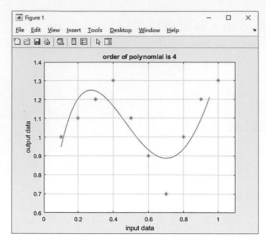

圖 10.2　使用 4 階的 polyfit 去近似的結果圖

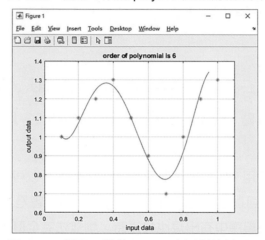

圖 10.3　採用 6 階的 polyfit 去近似的結果圖

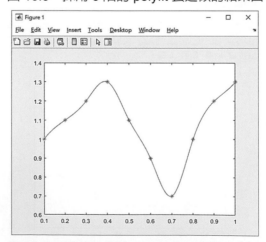

圖 10.4　採用 8 階的 polyfit 去近似的結果圖

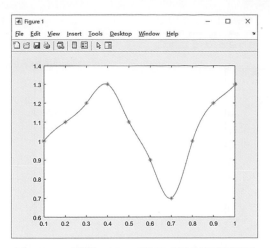

圖 10.5　採用 spline 的方式近似的結果圖

【例 10.2】　若以月為單位 2004 年每月電腦銷售量如下：

月	1	2	3	4	5	6	7	8	9	10	11	12
銷售量	20	23	29	32	20	22	20	24	26	27	30	35

請用 polyfit 指令找出近似方程式？

以直譯的方式來進行說明，其測試例子分別如下所示：

```
>> clear
>> a=[1 20
     2 23
     3 29
     4 32
     5 20
     6 22
     7 20
     8 24
     9 26
     10 27
     11 30
     12 35];
>> plot(a(:,1),a(:,2),a(:,1),a(:,2),'O')   :繪出資料圖如圖 10.6 所示。
```

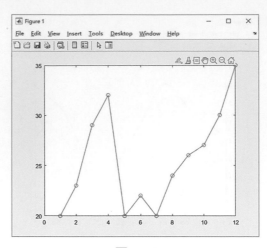

圖 10.6

```
>>p=polyfit(a(:,1),a(:,2),9);
fprintf('order of polynomial is 9')
p
t=1:0.1:12;
nev=polyval(p,t);
plot(t,nev,a(:,1),a(:,2),'*')
```

執行結果如下：

```
order of polynomial is 9

p =
  Columns 1 through 9

  0.0001  -0.0037  0.0923  -1.2607  10.2847  -51.1057  151.5426
-254.1506  220.7904

  Column 10
  -56.1667
```

9 階之近似圖如圖 10.7 所示。

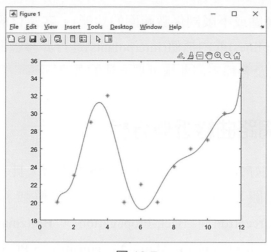

圖 10.7

使用 polyfit 指令去找出近似方程式時，階數需要猜。若採用 spline 指令去近似其效果不錯，如下測試與結果圖 10.8 所示。

```
xx=1:0.01:12;
yy=spline(a(:,1),a(:,2),xx);
plot(xx,yy,a(:,1),a(:,2),'*')
```

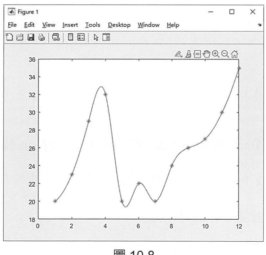

圖 10.8

Curve Fitting Toolbox：提供中心通路點的功能讓您可呈現有關於曲線近似的應用。此工具箱提供預先資料處理的規則，以及創造、比較、分析和管理模型。可透過圖形化使用者介面或指令列操作各種功能，為您預先處理例行事務，例如資料量化、分段、修正及除去極值(outlier)等，廣泛的線性或非線性參數契合模型庫，加上最佳化的起始點(starting points)以及非線性模型解題器參數，多樣的線性和非線性曲線近似方法，包括最小平方法、加權最小平方法，或強韌契合程序(robust fitting procedures)(上述全部支援限制係數範圍或不限制係數範圍的功能)，客製化的線性或非線性模型發展，支援以雲線函數(splines)或內插值(interpolants)進行非參數曲線近似，支援內插值法、外插值法、微分以及各種不同曲線近似方法的整合。

（10.3）神經網路曲線近似分析

若要近似**曲線有**更好的結果可使用神經網路做學習，此操作可參 Matlab Deep Learning Toolbox。有關類神經網路發展至今，幾種較常見的模式分別為：Hopfield/Kohonen、Perceptron、Back-Propagation、Boltzman Machine、RBF、Counter –Propagation、Self-Organising Map、Neoconsitron、PCA、SVM、Recurrent 神經網路及模糊神經網路等，至於其詳細原理及特性可參考一般類神經網路的書會有完整說明。以下以二個例子直接進行說明，這二個例子分別是 Back-Propagation 及 RBF 神經網路去進行曲線近似分析，有關這二個例子會用到之指令分別如下：

```
Back-Propagation(BP)：
net = newff([-1 1],[5 1],{'tansig' 'purelin'});
net.trainParam.epochs = 50;
net = train(net,p,t);
Y = sim(net,p);

RBF：
net = newrbe(p,t);
Y = sim(net,p);
```

第一個例子是使用 Back-Propagation 神經網路去學習 sin 波。

【例 10.3】 使用 Back-Propagation 神經網路去學習 sin 波。

有關此例的程式設計如下(nnex1bp.m)：

```
%
% Sin wave for bp NN
%
clear
p=-1:0.1:1;
t=sin(6*p);
plot(p,t,'*')
pause
```

```
net = newff([-1 1],[5 1],{'tansig' 'purelin'});
net.trainParam.epochs = 50;
net = train(net,p,t);
Y = sim(net,p);
plot(p,t,'*',p,Y)
pause

net = newff([-1 1],[15 1],{'tansig' 'purelin'});
net.trainParam.epochs = 500;
net = train(net,p,t);
Y = sim(net,p);
plot(p,t,'*',p,Y)
pause

p1=-1:0.015:1;
Y1 = sim(net,p1);
plot(p,t,'*',p1,Y1)
pause

%outlier
t(15)=3;
plot(p,t,'*')
pause

net = newff([-1 1],[15 1],{'tansig' 'purelin'});
net.trainParam.epochs = 500;
net = train(net,p,t);
Y = sim(net,p);
plot(p,t,'*',p,Y)
pause

p1=-1:0.015:1;
Y1 = sim(net,p1);
plot(p,t,'*',p1,Y1)
```

其執行結果如下：

　　圖 10.9 是待學習之 sin 波，圖 10.10 是只學習　次之結果輸出與 sin 波，圖 10.11 是學習　次後之結果輸出與 sin 波，大致上已學習成功了，圖 10.12 是學習成功後之較細之測試結果輸出與 sin 波，其測試結果很好，圖 10.13 是待學習之 sin 波含有一個離異點，基本上當資料含有離異點時，一般的 Back-Propagation 神經網路會有 overfitting 之現象如圖 10.14 所示，圖 10.15 是學習後之較細之測試結果輸出與 sin 波，仍有 overfitting 之現象。

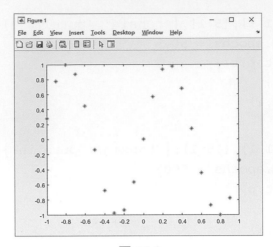

圖 10.9

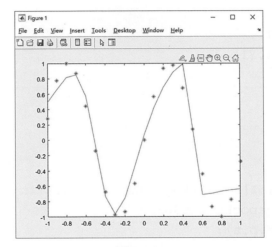

圖 10.10

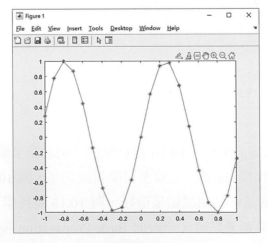

圖 10.11

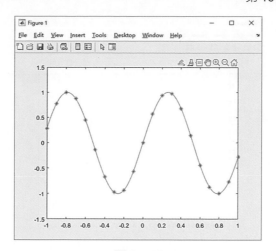

圖 10.12

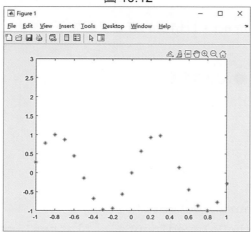

圖 10.13

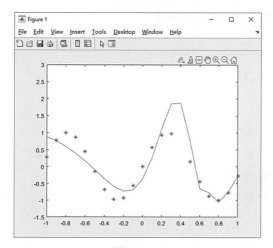

圖 10.14

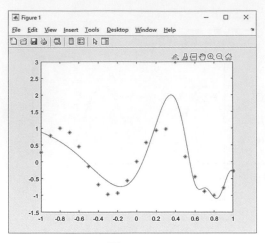

圖 10.15

有關此例的神經網路變數是 net，以結構的方式呈現如下：

```
>> net              :輸入變數名稱。

net =

Neural Network

name: 'Custom Neural Network'
efficiency: .cacheDelayedInputs, .flattenTime,
            .memoryReduction
userdata: (your custom info)
dimensions:

numInputs: 1
numLayers: 2
numOutputs: 1
numInputDelays: 0
numLayerDelays: 0
numFeedbackDelays: 0
numWeightElements: 46
sampleTime: 1

connections:

biasConnect: [1; 1]
inputConnect: [1; 0]
```

```
layerConnect: [0 0; 1 0]
outputConnect: [0 1]

subobjects:

inputs: {1x1 cell array of 1 input}
layers: {2x1 cell array of 2 layers}
outputs: {1x2 cell array of 1 output}
biases: {2x1 cell array of 2 biases}
inputWeights: {2x1 cell array of 1 weight}
layerWeights: {2x2 cell array of 1 weight}

functions:

adaptFcn: 'adaptwb'
adaptParam: (none)
derivFcn: 'defaultderiv'
divideFcn: (none)
divideParam: (none)
divideMode: 'sample'
initFcn: 'initlay'
performFcn: 'mse'
performParam: .regularization, .normalization, .squaredWeighting
plotFcns: {'plotperform', plottrainstate,
plotregression}
plotParams: {1x3 cell array of 0 params}
trainFcn: 'trainlm'
trainParam: .showWindow, .showCommandLine, .show, .epochs,
.time, .goal, .min_grad, .max_fail, .mu, .mu_dec,
.mu_inc, .mu_max

weight and bias values:

IW: {2x1 cell} containing 1 input weight matrix
LW: {2x2 cell} containing 1 layer weight matrix
b: {2x1 cell} containing 2 bias vectors

methods:

adapt: Learn while in continuous use
configure: Configure inputs & outputs
gensim: Generate Simulink model
init: Initialize weights & biases
perform: Calculate performance
```

```
sim: Evaluate network outputs given inputs
train: Train network with examples
view: View diagram
unconfigure: Unconfigure inputs & outputs
evaluate:  outputs = net(inputs)
```

第二個例子是使用 RBF 神經網路去學習 $e^{-p}\sin(9p)$ 函數

【例 10.4】 使用 RBF 神經網路去學習 $e^{-p}\sin(9p)$ 函數，其中 p 之範圍介於正負 1 之間？

有關此例的程式設計如下：(nnex2rbf.m)

```
%
% rbf test
%
clear
p=-1:0.1:1;
t=exp(-p).*sin(9*p);
plot(p,t,'*')
pause

net = newrbe(p,t);
Y = sim(net,p);
plot(p,t,'*',p,Y)
pause

p1=-1:0.015:1;
Y1 = sim(net,p1);
plot(p,t,'*',p1,Y1)
pause

%outliers

t(10)=3;
plot(p,t,'*')
pause

net = newrbe(p,t);
Y = sim(net,p);
plot(p,t,'*',p,Y)
pause
```

```
p1=-1:0.015:1;
Y1 = sim(net,p1);
plot(p,t,'*',p1,Y1)
```

其執行結果如下：

圖 10.16 是待學習之 $e^{-p}\sin(9p)$ 函數，圖 10.17 是學習成功後之結果輸出與 $e^{-p}\sin(9p)$ 函數，大致上已學習成功了，圖 10.18 是學習成功後之較細之測試結果輸出與 $e^{-p}\sin(9p)$ 函數，其測試結果很好，圖 10.19 是待學習之 $e^{-p}\sin(9p)$ 函數含有一個離異點，基本上當資料含有離異點時，一般的 RBF 神經網路一樣會有 overfitting 之現象如圖 10.20 所示，圖 10.20 是學習後之較細之測試結果輸出與 $e^{-p}\sin(9p)$ 函數，仍有 overfitting 之現象。

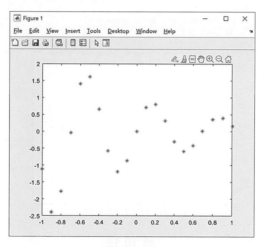

圖 10.16

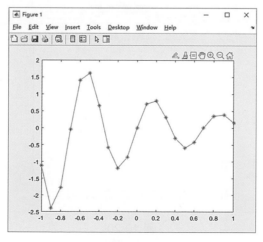

圖 10.17

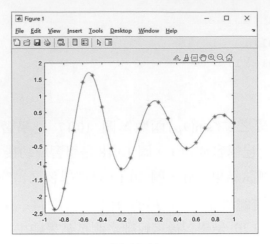

圖 10.18

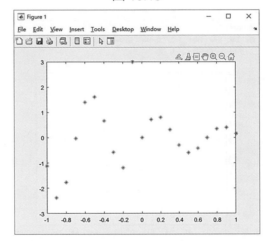

圖 10.19

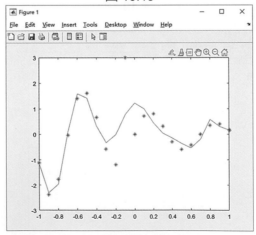

圖 10.20

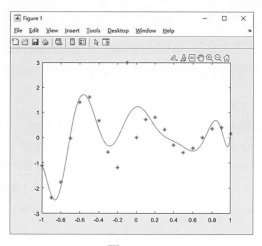

圖 10.21

　　要克服此現象可用退火強健式之學習法則，在此不做說明，讀者可參閱較新之神經網路論文會有說明。

　　另外例 10.3 和例 10.4 之神經網路之架構是以**結構變數之方式儲存**，若要得知如何取得各欄位之內容可參考 network 指令，有關其 help 結果如下：

```
>> help network

 NETWORK Create a custom neural network.

  Synopsis

   net = network

   net = network(numInputs,numLayers,biasConnect,inputConnect,
layerConnect,outputConnect,targetConnect)

  Description

   NETWORK creates new custom networks. It is used to create
networks that are then customized by functions such as NEWP, NEWLIN,
NEWFF, etc.

   NETWORK takes these optional arguments (shown with default values):

    numInputs    - Number of inputs, 0.
    numLayers    - Number of layers, 0.
    biasConnect  - numLayers-by-1 Boolean vector, zeros.
    inputConnect - numLayers-by-numInputs Boolean matrix, zeros.

    layerConnect - numLayers-by-numLayers Boolean matrix, zeros.

    outputConnect- 1-by-numLayers Boolean vector, zeros.

    targetConnect- 1-by-numLayers Boolean vector, zeros.
```

and returns,

NET   - New network with the given property values.

Properties   ：以下內容是各欄位之內容。

Architecture properties:

net.numInputs: 0 or a positive integer. Number of inputs.

net.numLayers: 0 or a positive integer. Number of layers.

net.biasConnect: numLayer-by-1 Boolean vector.

If net.biasConnect(i) is 1 then the layer i has a bias and net.biases{i} is a structure describing that bias.

net.inputConnect: numLayer-by-numInputs Boolean vector.

If net.inputConnect(i,j) is 1 then layer i has a weight coming from input j and net.inputWeights{i,j} is a structure describing that weight.

net.layerConnect: numLayer-by-numLayers Boolean vector.

If net.layerConnect(i,j) is 1 then layer i has a weight coming from layer j and net.layerWeights{i,j} is a structure describing that weight.

net.outputConnect: 1-by-numLayers Boolean vector.

If net.outputConnect(i) is 1 then the network has an output from layer i and net.outputs{i} is a structure describing that output.

net.targetConnect: 1-by-numLayers Boolean vector.

if net.targetConnect(i) is 1 then the network has a target from layer i and net.targets{i} is a structure describing that target.

net.numOutputs: 0 or a positive integer. Read only.

Number of network outputs according to net.outputConnect.

net.numTargets: 0 or a positive integer. Read only.

Number of targets according to net.targetConnect.

net.numInputDelays: 0 or a positive integer. Read only.

Maximum input delay according to all net.inputWeight{i,j}.delays.

net.numLayerDelays: 0 or a positive number. Read only.

Maximum layer delay according to all net.layerWeight{i,j}.delays.

Subobject structure properties:

net.inputs: numInputs-by-1 cell array.

net.inputs{i} is a structure defining input i:

net.layers: numLayers-by-1 cell array.

net.layers{i} is a structure defining layer i:

net.biases: numLayers-by-1 cell array.

if net.biasConnect(i) is 1, then net.biases{i} is a structure defining the bias for layer i.

net.inputWeights: numLayers-by-numInputs cell array.

if net.inputConnect(i,j) is 1, then net.inputWeights{i,j} is a structure defining the weight to layer i from input j.

net.layerWeights: numLayers-by-numLayers cell array.

if net.layerConnect(i,j) is 1, then net.layerWeights{i,j} is a structure defining the weight to layer i from layer j.

net.outputs: 1-by-numLayers cell array.

if net.outputConnect(i) is 1, then net.outputs{i} is a structure defining the network output from layer i.

net.targets: 1-by-numLayers cell array.

if net.targetConnect(i) is 1, then net.targets{i} is a structure defining the network target to layer i.

Function properties:

net.adaptFcn: name of a network adaption function or ''.

net.initFcn: name of a network initialization function or ''.

net.performFcn: name of a network performance function or ''.

net.trainFcn: name of a network training function or ''.

Parameter properties:

net.adaptParam: network adaption parameters.

net.initParam: network initialization parameters.

net.performParam: network performance parameters.

net.trainParam: network training parameters.

Weight and bias value properties:

net.IW: numLayers-by-numInputs cell array of input weight values.

net.LW: numLayers-by-numLayers cell array of layer weight values.

net.b: numLayers-by-1 cell array of bias values.

Other properties:

    net.userdata: structure you can use to store useful values.

Examples

Here is how the code to create a network without any inputs and layers, and then set its number of inputs and layer to 1 and 2 respectively.

```
net = network
net.numInputs = 1
net.numLayers = 2
```

Here is the code to create the same network with one line of code.

```
net = network(1,2)
```

Here is the code to create a 1 input, 2 layer, feed-forward network. Only the first layer will have a bias. An input weight will connect to layer 1 from input 1. A layer weight will connect to layer 2 from layer 1. Layer 2 will be a network output, and have a target.

```
net = network(1,2,[1;0],[1; 0],[0 0; 1 0],[0 1],[0 1])
```

We can then see the properties of subobjects as follows:
```
net.inputs{1}
```

```
net.layers{1}, net.layers{2}
net.biases{1}
net.inputWeights{1,1}, net.layerWeights{2,1}
net.outputs{2}
net.targets{2}
```

We can get the weight matrices and bias vector as follows:
```
net.iw{1,1}, net.iw{2,1}, net.b{1}
```

We can alter the properties of any of these subobjects. Here we change the transfer functions of both layers:

```
net.layers{1}.transferFcn = 'tansig';
net.layers{2}.transferFcn = 'logsig';
```

Here we change the number of elements in input 1 to 2, by setting each element's range:

```
net.inputs{1}.range = [0 1; -1 1];
```

Next we can simulate the network for a 2-element input vector:
```
p = [0.5; -0.1];
y = sim(net,p)
```

【See also】INIT, REVERT, sim, ADAPT, TRAIN.

　　從上述 help networks 的說明結合 10-16 頁到 10-18 頁說明，有關神經網路 net 結構變數的資料可以透過 net.numInputs 取得該神經網路的輸入變數個數，餘參數取得可類推。

　　另 Neural Network Toolbox(神經網路工具盒)自 2016 年後改名成 Deep Learning Toolbox (深度學習工具盒)提供更多的人工智慧模型。2018 年後更加入 Deep Network Designer 應用程式，可讓使用者更輕鬆編輯和建構深度網路。同時支援 ONNX (Open Neural Network Exchange) 框架及新增網路分析器(可用於在訓練之前，視覺化、分析和在網路架構中查找問題)。

　　深度學習網路包括卷積神經網路(Convolutional Neural Networks-CNN)與自編碼器(Autoencoders)，分別用於圖片分類與降維。對於時間序列分類和預測，深度學習工具盒提供長短期記憶(LSTM)深度學習網路。當有小型的訓練資料集時，使用者更可以使用轉移學習(Transfer Learning)的方式，使用已預訓練好的深層網路模型(GoogLeNet，AlexNet，VGG-16，VGG-19，ResNet-50，DarkNet-53 和 ShuffleNet)去做快速應用開發。

　　深度學習工具盒自 2019 起提供 Deep Network Designer 工具做快速模型開發與轉移學習開發，啟動方式如下(Deep 的 D 要用小寫 d)：

```
>>deepNetworkDesigner
```

啟動後可得圖 10.22，選 Blank Network 後可得圖 10.23。

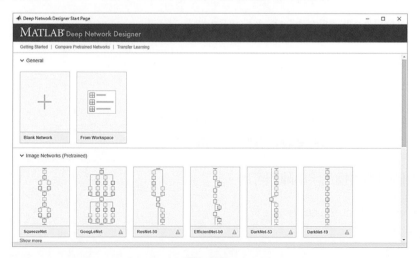

圖 10.22

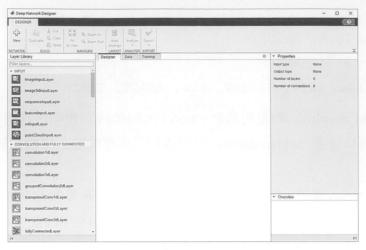

圖 10.23

使用者可用圖 10.23 的工具做快速模型開發，若要做轉移學習開發可在圖 10.22 Pretrained 的模型去修改即可。另 Matlab 亦可結合一些用 Python 寫的深度學習模型，去擴展 Matlab 在人工智慧的應用。

10.4 資料處理基本指令

一般進行資料分析時，準備資料這個階段通常是最耗時的任務。能深入了解 Matlab 的用於存儲，管理和前處理各種類型資料的新功能對資料分析是很重要的，以下我們將介紹一些 Matlab 進行資料分析之前處理的新增指令。

※字串陣列指令：自 Matlab 2016b 起開始可使用，例子如下：

```
>> strData = ["Merry","Gemini","Apollo";
       "Nfulab","Csielab B","Rss"]

strData =
  2×3 string array

   "Merry"      "Gemini"       "Apollo"
   "Nfulab"     "Csielab B"    "Rss"
```

將輸入數值陣列轉換為字串陣列可用。

```
>> c=[ 1 2 3
    4.6 4 7
    3 5 7];
```

```
>> strData2 = string(c)

strData2 =

  3×3 string array

    "1"      "2"     "3"

    "4.6"    "4"     "7"

    "3"      "5"     "7"
```

※Matlab 建立時間表格資料指令

tt = timetable(times, var1, var2, ... ,varN);

【註】所有變數必須要有相同的 raw 數。例子如下：

```
>> MeasurementTime = datetime({'2016-12-18 08:03:05'; '2016-12-18
10:03:17'; '2016-12-18 12:03:13'});

>> Temp = [27.1; 29.2; 32.5];

>> Pressure = [31.1; 32.03; 29.5];

>> WindSpeed = [12.5; 8.5; 9.8];

>> WindDirection = categorical({'E'; 'NS'; 'NW'});

>> TTdata =
timetable(MeasurementTime,Temp,Pressure,WindSpeed,WindDirectio
n)


TTdata =

  3×4 timetable
```

MeasurementTime	Temp	Pressure	WindSpeed	WindDirection
18-Dec-2016 08:03:05	27.1	31.1	12.5	E
18-Dec-2016 10:03:17	29.2	32.03	8.5	NS
18-Dec-2016 12:03:13	32.5	29.5	9.8	NW

若有表格要結合時間成時間表格可用 tt = table2timetable(t) 指令去轉換。

※有關資料 Cleaning 的指令有

B = smoothdata(A, method);　　%平滑雜訊資料指令。

Smooth noisy data with methods: 'movmean', 'movmedian', 'gaussian', 'lowess', 'loess', 'rlowess', 'rloess', 'sgolay'　　　　%可設定的方法。

例子如下：

```
>> clear
>> x = 1:80;
>> NA = sin(2*pi*0.05*x+2*pi*rand) + 0.3*randn(1,80);
>> SB = smoothdata(NA, 'gaussian');
>> plot(x,NA,'-o',x,SB)
>> legend('Original Data','Smoothed Data')
```

其執行結果如圖 10.24 所示：

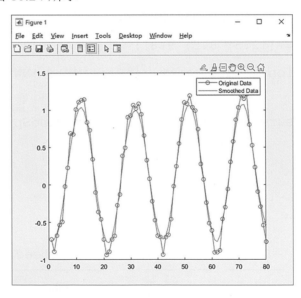

圖 10.24

若改用移動平均的平滑雜訊資料，例子如下：

```
>> SB = smoothdata(NA, 'movmean');
>> plot(x,NA,'-o',x,SB)
>> legend('Original Data','Smoothed Data')
```

其執行結果如圖 10.25 所示：

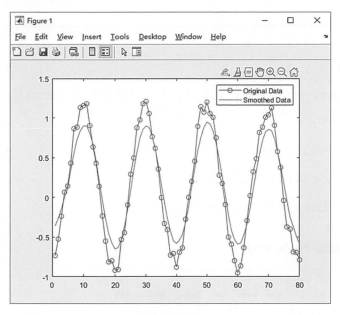

圖 10.25

※有關資料含有離異點的偵測指令有

TFO = isoutlier(A, method);

Identify outliers with methods: 'median','mean','quartiles', 'grubbs','gesd'

例子如下：

```
>> D = [56 58 60 59 99 58 59 56 200 60 61 63 65 59 55];
>> TFO1 = isoutlier(D)
TFO1 =
  1×15 logical array

  0  0  0  0  1  0  0  0  1  0  0  0  0  0  0
```

上結果為 1 的是有離異點

例子如下：

```
>> clear
>> x = -2*pi:0.05:2*pi;
>> A = cos(x);
>> t = datetime(2018,1,1,0,0,0) + hours(0:length(x)-1);
>> A(67) = 5;
>> TF = isoutlier(A,'median');
>> plot(t,A,t(TF),A(TF),'x')
>> legend('Data','Outlier')
```

其執行結果如圖 10.26 所示：

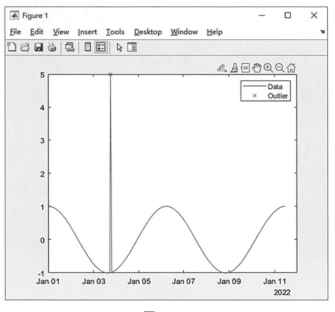

圖 10.26

※有關資料含有改變點的偵測指令有

```
TFA = ischange(A, method);
```

Find abrupt changes with methods: 'mean', 'variance', 'linear'

例子如下：

```
clear
A = [zeros(1,80) 1:80 79:-1:50  50*ones(1,250)];
NA = A + 3*randn(1,length(A));
[TF, S1, S2] = ischange(NA,'linear');
segline = S1.*(1:length(A)) + S2;
plot(1:length(A),A,1:length(A),segline)
legend('Data','Linear Regime')
```

其執行結果如圖 10.27 所示：

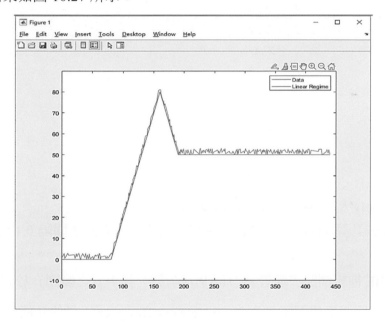

圖 10.27

習 題

1. 試比較 conv 和 deconv 這二個指令有些什麼差別？

2. 試比較 polyfit 和 spline 這二個指令有些什麼差別？

3. 利用以下資料找出其近似多項式(分別用 5，7，9 階去近似)：

   ```
   Data=[ 1      2
          1.3    2.5
          1.5    2.7
          1.8    2.6
          1.9    2.2
          2      2.5
          2.2    2.8
          2.4    3
          2.6    3.2
          2.8    2.9
          3      2.4
          3.2    2.5];
   ```

4. 試說明 poly 和 roots 這二個指令的功能？

5. polyval 去計算 $f(x) = 3x^3 - 2x^2 + x - 10$，其中 x 由 0 到 5 間隔 0.1，並繪出和的關係圖？

6. 使用 RBF 神經網路去學習 $e^{-2p}\sin(9p)$ 函數，其中 p 之範圍介於正負 1 之間？

7. 請簡要說明深度學習工具盒 Deep Network Designer 工具的功能？

8. 請說明 isoutlier 這個指令的功能？

9. 請說明 ischange 這個指令的功能？

第十一章

符號數學

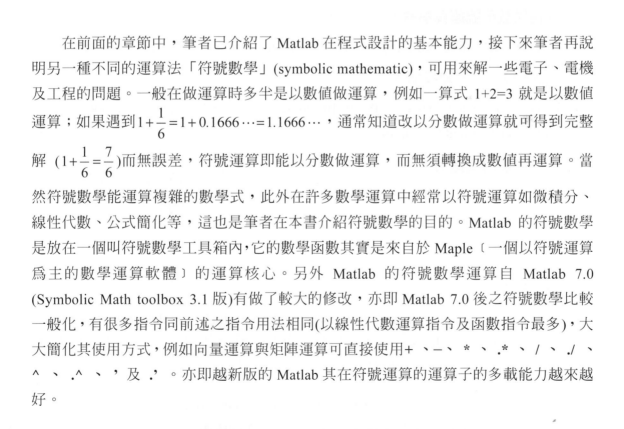

在前面的章節中，筆者已介紹了 Matlab 在程式設計的基本能力，接下來筆者再說明另一種不同的運算法「符號數學」(symbolic mathematic)，可用來解一些電子、電機及工程的問題。一般在做運算時多半是以數值做運算，例如一算式 1+2=3 就是以數值運算；如果遇到 $1+\dfrac{1}{6}=1+0.1666\cdots=1.1666\cdots$，通常知道改以分數做運算就可得到完整解 $(1+\dfrac{1}{6}=\dfrac{7}{6})$ 而無誤差，符號運算即能以分數做運算，而無須轉換成數值再運算。當然符號數學能運算複雜的數學式，此外在許多數學運算中經常以符號運算如微積分、線性代數、公式簡化等，這也是筆者在本書介紹符號數學的目的。Matlab 的符號數學是放在一個叫符號數學工具箱內，它的數學函數其實是來自於 Maple〔一個以符號運算為主的數學運算軟體〕的運算核心。另外 Matlab 的符號數學運算自 Matlab 7.0 (Symbolic Math toolbox 3.1 版)有做了較大的修改，亦即 Matlab 7.0 後之符號數學比較一般化，有很多指令同前述之指令用法相同(以線性代數運算指令及函數指令最多)，大大簡化其使用方式，例如向量運算與矩陣運算可直接使用+ 、－、 * 、.* 、 / 、./ 、^ 、.^ 、'及 .'。亦即越新版的 Matlab 其在符號運算的運算子的多載能力越來越好。

11.1 基本指令介紹

符號數學工具指令集如下：

a、符號公式簡化指令：

coeffs、collect、expand、factor、horner、numden、simple，simplify，subs、subexpr。

b、符號多項式指令：

horner，numden。

c、符號基本運算指令：

pretty、real、latex、ccode、round、sym、syms、ceil、quorem、size、sort、conj、eq、findsym、fix、floor、fortran、frac、imag、latex、log2、log10、mod。

d、微積分符號運算指令：

diff、jacobian、int、limit、symsum、taylor。

e、線性代數符號運算指令：

colspace、det、diag、eig、expm、inv、jordan、null、poly、rank、rref、svd、tril、triu。

f、符號運算精確度變換指令：

digits、vpa、char、double、int8、int16、int32、int64、poly2sym、sym2poly、single、unit8、unit16、unit32、unit64。

g、解符號多項式指令：

compose、solve、dsolve、finverse。

h、積分轉換指令：

laplace、ilaplace、fourier、ifourier、 ztrans、iztrans

i、繪圖指令：

ezcontour、ezcontourf、ezmesh、ezmeshc、ezplot、ezplot3、ezpolar、ezsurf、ezsurfc、funtool、rsums、taylortool。

j、特殊函數指令：

cosint、dirac、heaviside、hypergeom、lambertw、sinint、zeta。

讀者若有興趣可自行利用 help 去查閱一下即可進行應用。

以下筆者僅用一些例子來說明：

```
>> mat=str2sym('[r s; t u]')          :矩陣符號表示式。
mat =
[ r, s]
[ t, u]
>> det(mat)                    :矩陣符號行列表示式。
ans =
r*u-s*t
>> mat                         :顯示矩陣符號表示式。
mat =
[ r, s]
[ t, u]
>> mat1=str2sym('[a b; c d]')    :矩陣符號表示式(舊的宣告方式)。
mat1 =
[ a, b]
[ c, d]
>> mat+mat1                    :矩陣符號加之運算。
ans =
[a+r, b+s]
[c+t, d+u]
>> mat-mat1                    :矩陣符號減之運算。
ans =
[ r-a, s-b]
[ t-c, u-d]
>> mat*mat1                    :矩陣符號乘之運算。
ans =
[a*r+c*s, b*r+d*s]
[a*t+c*u, b*t+d*u]
>> mat\mat1                    :矩陣符號左除之運算。
ans =
[  (a*u-c*s)/(r*u-s*t),    (b*u-d*s)/(r*u-s*t)]
[ -(a*t-c*r)/(r*u-s*t),   -(b*t-d*r)/(r*u-s*t)]
>> mat/mat1                    :矩陣符號右除之運算。
ans =
[-(c*s-d*r)/(a*d-b*c),  (a*s-b*r)/(a*d-b*c)]
[-(c*u-d*t)/(a*d-b*c),  (a*u-b*t)/(a*d-b*c)]
```

【註】上述這些基本符號運算已簡化同一般代數運算指令，R2017b 後多變數符號設定可
使用 str2sym 取代 sym，sym 只做單變數符號設定如 sym(pi)、sym('x')、sym(2)。
另可用 syms 去宣告符號變數，再去寫多變數符號運算的表達式亦可以。另同一項
的符號會依字母順序排列。

Matlab 2017 新版之符號矩陣的建立改成以下的設定方式如下：

```
>> syms a b c                        %宣告a, b, c三個符號變數。
A = [a b c; c a b; b c a]            %設定符號矩陣變數的內容。
 A =
[ a, b, c]
[ c, a, b]
[ b, c, a]

>> det(A)                            %計算符號矩陣A的行列式值。
 ans =
a^3 - 3*a*b*c + b^3 + c^3

>> B = str2sym('B', [2 2])           %另一種設定符號矩陣變數的方式。
 B =
[ B1_1, B1_2]
[ B2_1, B2_2]

>> det(B)                            %計算符號矩陣B的行列式值。
 ans =
 B1_1*B2_2 - B1_2*B2_1

>> C = str2sym('C', [2 2])           %設定符號矩陣C。
 C =
 [ C1_1, C1_2]
 [ C2_1, C2_2]

>> B+C                               %計算符號矩陣B, C的矩陣相加。
 ans =
 [ B1_1 + C1_1, B1_2 + C1_2]
 [ B2_1 + C2_1, B2_2 + C2_2]
```

```
>> B*C                        %計算符號矩陣 B, C 的矩陣相乘。
 ans =
[ B1_1*C1_1 + B1_2*C2_1, B1_1*C1_2 + B1_2*C2_2]
[ B2_1*C1_1 + B2_2*C2_1, B2_1*C1_2 + B2_2*C2_2]
```

或 R2017b 後可使用 str2sym 取代 sym。另可用 syms 去宣告符號變數，再去寫符號運算的表達式亦可以。

str2sym：符號運算表達式的字串處理，修正方式如下表供課本後續的例子在 R2017b 版後的修改參考用。

R2017b 版之前　用法	R2017b 版之後　用法
sym('[r s; t u]')	str2sym('[r s; t u]')
p='x^2+b*x+c'	p=str2sym('x^2+b*x+c')
int('exp(a*x)*sin(b*x)','x')	int(str2sym('exp(a*x)*sin(b*x)'),'x')
int('x2*sin(x1)+x1*cos(x2)','x1',pi,2*pi)	int(str2sym('x2*sin(x1)+x1*cos(x2)'),'x1',pi,2*pi)
a=sym('[t 2*t; b b]')	>> syms t b
	>> a=[t 2*t
	b b]

上述最後一列的 syms 方式去表示符號運算的表達式會比較方便。

```
>> [n d]=numden(a/b+c/d)      :計算 a/b+c/d 的分子和分母。
                             [n d] 不能省，否則會有錯誤。
n =
a*d+c*b
d =
b*d
>> syms x;                    :單位步級波函數。
>> heaviside(x)
ans =
heaviside(x)
>> heaviside(1)               :x>0 所以為 1。
ans =
    1
```

```
>> heaviside(-0.1)          :x<0 所以為 0。
ans =
     0
>> expand(sin(a+b))         :三角函數展開。
ans =
sin(a)*cos(b)+cos(a)*sin(b)
>> expand((x^3+1)*(x^2+x+1))  :多項式相乘展開。
ans =
x^5+x^4+x^3+x^2+x+1
>> syms x y                 :符號變數 x，y 宣告(新的宣告方式)。
>> f=1/(1+x+x^2)            :設定 f 函數。
f =
1/(x^2+x+1)
>> g=cos(y)                 :設定失 g 函數。
g =
cos(y)
>> compose(f,g)             :計算函數的合成。
ans =
1/(cos(y)^2+cos(y)+1)
>> m=str2sym('magic(3)')    :把 3×3 之 magic 矩陣轉成符號數學的表示。
m =
[ 8, 1, 6]
[ 3, 5, 7]
[ 4, 9, 2]
>> ccode(m)                 :把 3×3 之 magic 矩陣由符號數學轉成 C 的表示。
ans =
'm[0][0] = 8.0;  m[0][1] = 1.0;  m[0][2] = 6.0;  m[1][0]  = 3.0;
m[1][1] = 5.0;  m[1][2] = 7.0;  m[2][0] = 4.0;  m[2][1] = 9.0;
m[2][2] = 2.0;'
```

計算 $\sum$ 之運算

```
>> syms x                   :符號變數 x 宣告(新的宣告方式)。
>> symsum(x^3,1,5)          :計算 $\sum_1^5 x^3 = ?$
ans =
225
```

```
>> clear
>> syms x k                          :符號變數 x，k 宣告。
>> symsum(x^k,k,1,inf)               :計算 ∑₁^∞ x^k = ?
```

$$\text{:計算} \sum_{1}^{\infty} x^{k} = ?$$

```
ans =
-x/(x-1)
```

微分與積分

```
>>syms t                             :符號變數 t 宣告。
>> diff(cos(t))                      :微分三角函數。
ans =
-sin(t)

>>syms x                             :符號變數 x 宣告。
>> diff(sec(x))
ans =
sec(x)*tan(x)

>>syms x b                           :符號變數 x，b 宣告。
>> p=x^3+3*x^2+9*x+b                  :設定 p 多項式。
p =
x^3+3*x^2+9*x+b

>> diff(p)                           :微分 p 多項式。
ans =
3*x^2+6*x+9

>>diff(str2sym('x^3+3*x^2+9*x+b'))   :微分一多項式(符號函數宣告與設定一起)。
ans =
3*x^2+6*x+9

>> diff(str2sym('10^x'))             :直接微分(符號函數宣告與設定一起)。
ans =
10^x*log(10)

>> syms x                            :另一種新版較簡便的宣告方式。
>> diff(10^x)
ans =
10^x*log(10)
>> syms x
>> q=x/((sin(x)+1)^2)
q =
x/((sin(x)+1)^2)
```

```
>> diff(q)
ans =
1/(sin(x)+1)^2-2*x/(sin(x)+1)^3*cos(x)
>> int(str2sym('exp(10*x)'))      :積分 (符號函數宣告與設定一起)。
ans =
1/10*exp(10*x)
>> int(str2sym('exp(10*x)'),0,2):積分帶有範圍 (符號函數宣告與設定一起)。
ans =
1/10*exp(20)-1/10
```

在上列符號函數表示式的一些原則如下：在 Matlab 中是將一符號函數表示式儲存為一字串，即是以二個單引號之內的表示式來定義其為一符號式，例如'6*x^3−2*x^2 + 3'，'sin(x)'，'1/((x+1)^2)'，'x/((sin(x)+1)^2'，'ln(x)+sin(x)^2'。一般而言在寫一符號函數表示式時要小心些，需要定義所謂的獨立變數。如果未曾事先指定何者為獨立變數，Matlab 會自行決定。而它所決定變數的原則是，它會挑選一個除了 i 和 j 之外，而在字母上最接近 x 的小寫字元，如果在式子中並無上述字元，則 x 會被視為預設的獨立變數。此外當符號函數表示式錯誤時，會算出奇怪之答案，讀者宜小心些。

多項式方程式如右式　$p = x^2 + bx + c$

```
>> p=str2sym('x^2+b*x+c')      :設定 p 多項式。
p =
x^2+b*x+c
>> f=solve(p)              :解 p 多項式的根。
f =
[ -1/2*b+1/2*(b^2-4*c)^(1/2)]
[ -1/2*b-1/2*(b^2-4*c)^(1/2)]
>> pretty(f)                :修正 p 多項式的根成比較漂亮之公式。
                          [                  2      1/2]
                          [- 1/2 b + 1/2 (b - 4 c)  ]
                          [                          ]
                          [                  2      1/2]
                          [- 1/2 b - 1/2 (b - 4 c)  ]
>> syms x y alpha
>> [x y]=solve('x^2*y','x-y/2-alpha')  :解非線性聯立方程式。
x =                      :非線性聯立方程式的 x 解。
    0
```

```
        0
alpha
```

y =　　　　　　　　　　　　：非線性聯立方程式的 y 解。
```
-2*alpha
 -2*alpha
        0
```

```
>> syms y t
```

>> dsolve('Dy=1+y/t')：在微分方程式中預設變數是 t。

```
ans =
t*log(t)+t*C1
```

二階齊次微分方程式如右式　　　$y'' - 4y' + 4y = 0$

>> dsolve('D2y-4*Dy+4*y=0')　　　　　　　　：解二齊次階微分方程式。

```
ans =
C1*exp(2*t)+C2*exp(2*t)*t
```

二階齊次微分方程式如右式　　　$y'' - 4y' + 4y = 0, y'(0) = 9, y(0) = 0$

>>dsolve('D2y-4*Dy+4*y=0','Dy(0)=9','y(0)=2')　：解二階齊次微分方程式
　　　　　　　　　　　　　　　　　　　　　　　　帶有初值。

```
ans =
2*exp(2*t)+5*exp(2*t)*t
```

二階非齊次微分方程式如右式　　　$y'' - 4y' + 3y = 4t + 3t^2$

>> dsolve('D2y-4*Dy+3*y=4*t+3*t^2')　　　：在解二階非齊次微分方程式。

```
ans =
exp(3*t)*C2+exp(t)*C1+14/3+4*t+t^2
```

【註】Support for character vector or string inputs will be removed in a future release.
Instead, use syms to declare variables and replace inputs such as dsolve('Dy =
-3*y') with syms y(t); dsolve(diff(y,t) == -3*y).

```
>>syms y(t)
>>Dy = diff(y,t);
>>eqn = diff(y,t,2) == 4*Dy-3*y+4*t+3*t^2;
>>ySol(t) = dsolve(eqn)
ySol(t) =
4*t + C1*exp(t) + t^2 + C2*exp(3*t) + 14/3
```

```
>>syms y(t) a
>>Dy = diff(y,t);
>>eqn = diff(y,t,2) == 4*Dy-3*y+a*t+3*t^2;
>>ySol(t) = dsolve(eqn)
ySol(t) =
(4*a)/9 + C1*exp(t) + t^2 + C2*exp(3*t) + t*(a/3 + 8/3) + 26/9

>>syms y(t)
>>Dy = diff(y,t);
>>eqn = diff(y,t,2) == 4*Dy-3*y+4*t+3*t^2;
>>cond = [y(0)==0, Dy(0)==1];
>>ySol(t) = dsolve(eqn ,cond)
ySol(t) =
4*t + (5*exp(3*t))/6 - (11*exp(t))/2 + t^2 + 14/3

>>syms y(t) k
>>Dy = diff(y,t);
>>eqn = diff(y,t,2) == 4*Dy-3*y+4*t+3*t^2;
>>cond = [y(0)==k, Dy(0)==1];
>>ySol(t) = dsolve(eqn ,cond)
ySol(t) =
4*t + exp(t)*((3*k)/2 - 11/2) - exp(3*t)*(k/2 - 5/6) + t^2 + 14/3
```

拉氏轉換基本例子

1. 拉氏轉換

```
>> fun1=str2sym('2*(1-exp(-1*t))')      :符號函數宣告。
fun1 =
2*(1-exp(-1*t))

>> FunL=laplace(fun1)
FunL =
2/s-2/(1+s)
```

2. 拉氏轉換

```
>> fun2=str2sym('t+exp(-1*t)-1')        :符號函數宣告。
fun2 =
t+exp(-1*t)-1
```

```
>> FunL2=laplace(fun2)
FunL2 =
1/s^2+1/(1+s)-1/s
```

3. 反拉氏轉換

```
>> FunL3=str2sym('3/s^2+4/s')            :符號函數宣告。
FunL3 =
3/s^2+4/s
```

```
>> fun3=ilaplace(FunL3)
fun3 =
3*t+4
```

4. 反拉氏轉換

```
>> FunL4=str2sym('1/(s^2*(s+1))')            :符號函數宣告與設定。
FunL4 =
1/(s^2*(s+1))
```

```
>> fun4=ilaplace(FunL4)
fun4 =
t+exp(-t)-1
```

5. 泰勒級數展開

(a)

```
>> syms t                    :符號變數 t 宣告。
>> fun5=exp(-1*t)            :符號函數設定。
fun5 =
exp(-t)
```

```
>> taylor(fun5,6)
ans =
1-t+1/2*t^2-1/6*t^3+1/24*t^4-1/120*t^5
```

(b)

```
>> syms t                    :符號變數 t 宣告。
>> fun6 = cosh(t)            :符號函數設定。
fun6 =
cosh(t)
```

```
>> taylor(fun6,6)
ans =
1+1/2*t^2+1/24*t^4
```

```
>> taylor(fun6,12)
ans =
1+1/2*t^2+1/24*t^4+1/720*t^6+1/40320*t^8+1/3628800*t^10
```

6. 積分傅立葉轉換

```
>> fun1=str2sym('k/(1+x^2)')      :符號函數宣告與設定。
fun1 =
k/(1+x^2)
>> Four1=fourier(fun1)
Four1 =
k*(exp(w)*pi*Heaviside(-w)+exp(-w)*pi*Heaviside(w))
```

(11.2) 微積分計算例子

微積分是大學教育中一門重要的基礎課程，在 Matlab 中可利用符號工具箱內的一些指令完成相關極限運算、微分運算及積分運算之微積分運算。

首先，筆者先介紹計算極限之指令，有關其用法讀者可用 help 查閱之，如下之操作：

```
>> help limit

 --- help for sym/limit.m ---

    LIMIT    Limit of an expression.
    LIMIT(F,x,a) takes the limit of the symbolic expression F as x->a.
    LIMIT(F,a) uses findsym(F) as the independent variable.
    LIMIT(F) uses a = 0 as the limit point.
    LIMIT(F,x,a,'right') or LIMIT(F,x,a,'left') specify the direction
                                of a one-sided limit.
    Examples:
      syms x a t h;

      limit(sin(x)/x)                      returns  1
      limit((x-2)/(x^2-4),2)               returns  1/4
      limit((1+2*t/x)^(3*x),x,inf)         returns  exp(6*t)
      limit(1/x,x,0,'right') (右極限)       returns  inf
      limit(1/x,x,0,'left')  (左極限)       returns  -inf
      limit((sin(x+h)-sin(x))/h,h,0)       returns  cos(x)
      v = [(1 + a/x)^x, exp(-x)];
      limit(v,x,inf,'left')                returns  [exp(a),  0]
```

【**例 11.1**】 以下是一個計算極限之例子，本例會用到 syms 指令搭配進行變數宣告。

有關之 Matlab 程式如下：

```
%
%   極限
%
syms x;
limit(sin(x)/x)
```
: $\lim\limits_{x \to 0} \dfrac{\sin(x)}{x}$ 。

```
pause
syms h x;
limit((sin(x+h)-sin(x))/h,h,0)
```
: $\lim\limits_{h \to 0} \dfrac{\sin(x+h)-\sin(x)}{h}$ 。

```
pause
syms a x;
v = [(1 + a/x)^x, exp(-x)];
limit(v,x,inf,'left')
```
:(左極限)。

```
pause
```

檔名存成 ch11ex1.m，並進行執行如下：

```
>> ch11ex1
ans =
1

ans =
cos(x)

ans =
[ exp(a),      0]
```

【例 11.2】 有關微分運算指令 diff 之介紹，其用法可用 help 查閱之。以下是一個計
算微分運算之例子，本例亦會有 syms 指令搭配做宣告變數。

有關之 Matlab 程式(ch11ex2.m)如下：

```
%
%  微分
%
clear
syms x
diff(log(x))
```
$\dfrac{d\ln(x)}{dx}$ 。
```
pause
syms x
diff(exp(x)*cos(x))
```
$\dfrac{d(e^x\cos(x))}{dx}$ 。
```
pause
syms a x
f = exp(-x)+x^3+cos(x)+exp(-a*x)*sin(x);
diff(f)
pause
syms x y
f=x*exp(y);
diff(f,y)
pause
```

檔名存成 ch11ex2.m，並進行執行如下：

```
>> ch11ex2
ans =
1/x
ans =
exp(x)*cos(x)-exp(x)*sin(x)
ans =
-exp(-x)+3*x^2-sin(x)-a*exp(-a*x)*sin(x)+exp(-a*x)*cos(x)
f =
x*exp(y)
ans =
x*exp(y)
```

【例 11.3】 有關積分運算指令 int 的介紹，可用 help 指令先查閱 Matlab 中有關 int 指令之使用的方式如下：

```
>> help int

--- help for sym/int.m ---
```

INT   Integrate.   (常見之四種積分方式)

INT(S) is the indefinite integral of S with respect to its symbolic variable as defined by FINDSYM. S is a SYM (matrix or scalar). If S is a constant, the integral is with respect to 'x'.

INT(S,v) is the indefinite integral of S with respect to v. v is a scalar SYM.

INT(S,a,b) is the definite integral of S with respect to its symbolic variable from a to b. a and b are each double or symbolic scalars.

INT(S,v,a,b) is the definite integral of S with respect to v from a to b.

【Examples】
```
syms x x1 alpha u t;
A = [cos(x*t),sin(x*t);-sin(x*t),cos(x*t)];
int(1/(1+x^2))          returns    atan(x)
int(sin(alpha*u),alpha) returns    -cos(alpha*u)/u
int(besselj(1,x),x)     returns    -besselj(0,x)
int(x1*log(1+x1),0,1)   returns    1/4
int(4*x*t,x,2,sin(t))   returns    2*sin(t)^2*t-8*t
int([exp(t),exp(alpha*t)]) returns [exp(t),1/alpha*exp(alpha*t)]
int(A,t)                returns    [sin(x*t)/x,  -cos(x*t)/x]
                                   [cos(x*t)/x,   sin(x*t)/x]
```

There is more than one int available.
 See also help char/int.m

以下是幾個測試例子：

積分公式：　$\int \sec^2(x)dx$

```
>> int(str2sym('sec(x)*sec(x)'),'x')

ans =

tan(x)
```

積分公式： $\int e^{ax} \sin(bx)\, dx$

```
>> int(str2sym('exp(a*x)*sin(b*x)'),'x')

ans =

>> -(exp(a*x)*(b*cos(b*x) - a*sin(b*x)))/(a^2 + b^2)
```

積分公式： $\int x^p\, dx$

```
>> int(str2sym('x^p'),'x')

ans =

piecewise(p == -1, log(x), p ~= -1, x^(p + 1)/(p + 1))
```
　　　　　　　　　　　　　：p 不等於-1 是一般結果，p 等於-1 是 log。

　　　　　　　　　　　　　符號運算更一般化。

【例 11.4】　寫一 Matlab 程式驗証以下積分結果：

$$\int_0^\pi \int_\pi^{2\pi} x_2\, sin\, x_1 + x_1\, cos\, x_2\, dx_1 dx_2 = -\pi^2 = -9.8696$$

有關本例之 Matlab 程式(ch11ex4.m)如下：

```
%
% 2D integration test
%
clear
innert2=int(str2sym('x2*sin(x1)+x1*cos(x2)'),'x1',pi,2*pi);
outert1=int(innert2,'x2',0,pi);

disp('symbolic result data');
outert1
disp('numeric results');
result=-1*pi^2
```

檔名存成 ch11ex4.m，並進行執行如下：

```
>> ch11ex4
symbolic result data

outert1 =
-pi^2

numeric results
```

```
result =
   -9.8696
```

從上述結果可看出二者之計算結果相等。

11.3 繪圖

本節將介紹以符號數學宣告的函數之快速繪圖，在 Matlab 符號數學提供一個可以畫單變數符號式的指令示 ezplot，其預設的獨立變數的範圍是 $[-2\pi, 2\pi]$。它的語法為 ezplot(P)，P 代表符號變數；另一個相關語法是 ezplot(P,[xsta,xfin])，則是設定獨立變數的範圍 xstr 到 xfin。

```
>> a='sin(x)^2'                        :設定 a 函數(舊的宣告方式)。
a =
sin(x)^2
>> ezplot(a)
```

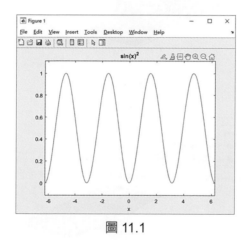

圖 11.1

```
>> ezplot(a,[0 10], 3)
```

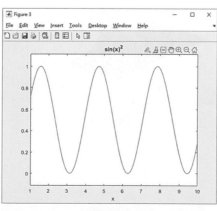

圖 11.2

MATLAB 程式設計實務

```
>> figure(1)            :以下資料放在編號圖 1 上。
>>  ezsurf('real(atan(x + i*y))')
>> figure(2)            :以下資料放在編號圖 2 上。
>>  ezsurf('real(atan(2*x + i*y))')
```

此二結果分別如圖 11.3 和圖 11.4 所示。

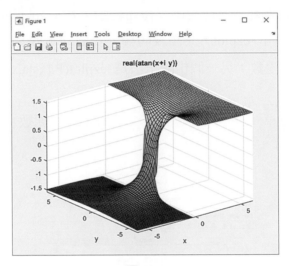

圖 11.3

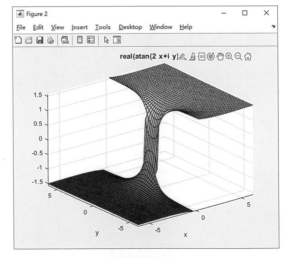

圖 11.4

11-18

另外 ezsurf 指令是非常方便繪製 3D 圖，可省去 meshgrid 的運算，首先查閱其用法如下：

```
>> help ezsurf

EZSURF Easy to use 3-D colored surface plotter.

EZSURF(f) plots a graph of f(x,y) using SURF where f is a string
or a symbolic expression representing a mathematical function
involving two symbolic variables, say 'x' and 'y'. The function
f is plotted over the default domain -2*pi < x < 2*pi, -2*pi < y
< 2*pi. The computational grid is chosen according to the amount
of variation that occurs.

EZSURF(f,DOMAIN) plots f over the specified DOMAIN instead of the
default DOMAIN = [-2*pi,2*pi,-2*pi,2*pi]. The DOMAIN can be the
4-by-1 vector [xmin,xmax,ymin,ymax] or the 2-by-1 vector [a,b] (to
plot over a < x < b, a < y < b).

If f is a function of the variables u and v (rather than x and y),
then the domain endpoints umin, umax, vmin, and vmax are sorted
alphabetically. Thus,

EZSURF('u^2 - v^3',[0,1,3,6])    :代表畫 plots u^2 - v^3
                                 over 0 < u < 1, 3 < v < 6.

EZSURF(x,y,z) plots the parametric surface x = x(s,t),y = y(s,t),and
z = z(s,t) over the square -2*pi < s < 2*pi and -2*pi < t < 2*pi.

EZSURF(x,y,z,[smin,smax,tmin,tmax]) or EZSURF(x,y,z,[a,b]) uses
the specified domain.

EZSURF(...,N) plots f over the default domain using an N-by-N grid.
The default value for N is 60.

EZSURF(...,'circ') plots f over a disk centered on the domain.

ROTATE3D always on. To rotate the graph, click and drag with your
mouse.
```

【Examples】

f is typically an expression, but it can also be specified using @ or an inline function:

```
f = ['3*(1-x)^2*exp(-(x^2) - (y+1)^2)' ...
     '- 10*(x/5 - x^3 - y^5)*exp(-x^2-y^2)' ...
     '- 1/3*exp(-(x+1)^2 - y^2)'];

ezsurf(f,[-pi,pi])
ezsurf('sin(sqrt(x^2+y^2))/sqrt(x^2+y^2)',[-6*pi,6*pi])
ezsurf('x*exp(-x^2 - y^2)')
ezsurf('x*(y^2)/(x^2 + y^4)')
ezsurf('x*y','circ')
ezsurf('real(atan(x + i*y))')
ezsurf('exp(-x)*cos(t)',[-4*pi,4*pi,-2,2])
ezsurf('s*cos(t)','s*sin(t)','t')
ezsurf('s*cos(t)','s*sin(t)','s')
ezsurf('exp(-s)*cos(t)','exp(-s)*sin(t)','t',[0,8,0,4*pi])
ezsurf('cos(s)*cos(t)','cos(s)*sin(t)','sin(s)',[0,pi/2,0,3*pi/2])

ezsurf('(s-sin(s))*cos(t)','(1-cos(s))*sin(t)','s',[-2*pi,2*pi])

ezsurf('(1-s)*(3+cos(t))*cos(4*pi*s)','(1-s)*(3+cos(t))*
       sin(4*pi*s)',...'3*s + (1 - s)*sin(t)', [0,2*pi/3,0,12] )

    h = inline('x*y - x');
    ezsurf(h)
    ezsurf(@peaks)
```

【See also】EZPLOT, EZPLOT3, EZPOLAR, EZCONTOUR, EZCONTOURF, EZMESH, EZSURFC, EZMESHC, SURF.

Overloaded methods
    help sym/ezsurf.m

關函數之寫法皆以字串之方式書寫,相關測試例子如下:

```
>>ezsurf('x*(y^2)/(x^2 + y^4)')
```
            :繪製 $\dfrac{xy^2}{x^2+y^4}$ 之 3D 圖。

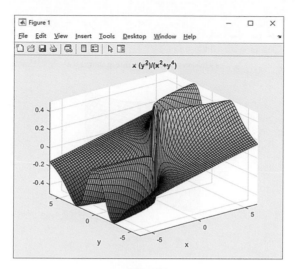

圖 11.5

直接繪製 $\dfrac{\sin\left(\sqrt{x^2+y^2}\right)}{\sqrt{x^2+y^2}}$ 之 3D 圖，範圍 $\pm 8\pi$。

```
>>ezsurf('sin(sqrt(x^2+y^2))/sqrt(x^2+y^2)',[-8*pi,8*pi])
```

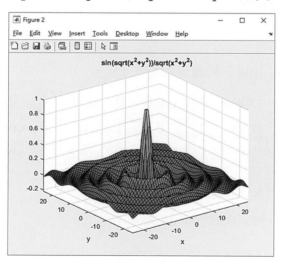

圖 11.6

直接繪製 $x=(s-\sin(s))\cos t,\quad y=(1-\cos(s))\sin(t),\quad z=s$ 之 3D 圖，範圍 $t,\ s$ 皆為 $\pm 2\pi$。

```
>>ezsurf('(s-sin(s))*cos(t)','(1-cos(s))*sin(t)','s',[-2*pi,2*pi])
```

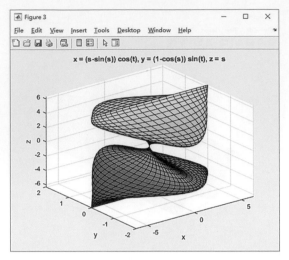

圖 11.7

其他相關指令有 ezcontour、ezcontourf、ezmesh、ezmeshc、ezplot3、ezpolar、ezsurfc、funtool、rsums、taylortool，讀者可利用 help 指令自行查閱測試之。

11.4 應用例子

【例 11.5】 寫一個可計算下列運算的程式：

$$N = \begin{bmatrix} \cos a & -\sin a & 0 \\ \sin a & \cos a & 0 \\ 0 & 0 & 1 \end{bmatrix} \begin{bmatrix} \cos b & 0 & \sin b \\ 0 & 1 & 0 \\ -\sin b & 0 & \cos b \end{bmatrix} \begin{bmatrix} 1 & 0 & 0 \\ 0 & \cos c & -\sin c \\ 0 & \sin c & \cos c \end{bmatrix}$$

其中 a、b 及 c 為可輸入的變數。

有關本例之 Matlab 程式(ch11lin1.m)如下：

```
%
% symbolic matrix
%
clear
syms a;
M1=[cos(a) -sin(a) 0; sin(a) cos(a) 0; 0 0 1];
syms b;
M2=[cos(b)   0    sin(b)
       0     1     0
    -sin(b)  0    cos(b)];
```

```
syms c;
M3=[1 0 0
0 cos(c) -sin(c)
0 sin(c) cos(c)];

n=M1*M2*M3
```

檔名存成 ch11lin1.m，並進行執行如下：

```
>> ch11lin1
n =
[cos(a)*cos(b),-sin(a)*cos(c)+cos(a)*sin(b)*sin(c),sin(a)*sin(
c)+cos(a)*sin(b)*cos(c)]
[sin(a)*cos(b),cos(a)*cos(c)+sin(a)*sin(b)*sin(c),
-cos(a)*sin(c)+sin(a)*sin(b)*cos(c)]
[-sin(b),      cos(b)*sin(c),                cos(b)*cos(c)]
```

【例 11.6】 寫一個程式計算 $|\lambda I - A| = ?$ 其中 $A = \begin{bmatrix} 1 & 2 & -2 \\ -1 & 2 & 0 \\ 1 & 1 & 1 \end{bmatrix}$

用 L 代替 λ，有關本例之 Matlab 程式(ch11lin2.m)如下：

```
%
% characteristic equation
%
clear
syms L;
LI=[L 0 0
0 L 0
0 0 L];

A=[1 2 -2
   -1 2 0
   1 1 1];
disp('characteristic equation')
b=det(LI-A)
disp('factor of b')
factor(b)
disp('root of b')
solve(b)
```

檔名存成 ch11lin2.m，並進行執行如下：

```
>> ch11lin2
characteristic equation
b =
L^3-4*L^2+9*L-10
factor of b
ans =
(L-2)*(L^2-2*L+5)
root of b
ans =
    2
 1+2*i
2*i
```

【例 11.7】 寫一個程式計算 A^{-1}？

$$A = \begin{bmatrix} \cos a & -\sin a & 0 \\ \sin a & \cos a & 0 \\ 0 & 0 & 1 \end{bmatrix}$$

其中 a 爲可輸入的變數。

有關本例之 Matlab 程式(ch11lin3.m)如下：

```
%
% inverse matrix
%
clear
syms a;
A=[cos(a) -sin(a) 0; sin(a) cos(a) 0; 0 0 1];
inv(A)
```

檔名存成 ch11lin3.m，並進行執行如下：

```
>> ch11lin3
ans =
[  cos(a)/(cos(a)^2+sin(a)^2),  sin(a)/(cos(a)^2+sin(a)^2),  0]
[ -sin(a)/(cos(a)^2+sin(a)^2), cos(a)/(cos(a)^2+sin(a)^2),  0]
[      0,                             0,                    1]
```

【例 11.8】 以直譯的方式用三種不同之方式計算 $\dfrac{1}{5}+\dfrac{1}{6}=$ ？

```
>> format long        :一般算法。
>> 1/5+1/6

ans =
   0.36666666666667

>> sym(1/5)+1/6       :符號數學的算法。

ans =
11/30

>> digits(30)         :取小數點後 30 位的算法。
>> vpa(str2sym('1/5+1/6'))

ans =
.36666666666666666666666666667
```

【例 11.9】 以直譯的方式計算 $e^{At}=$ ？ 其中 $A=\begin{bmatrix} 1 & 2 & -2 \\ -1 & 2 & 0 \\ 1 & 1 & 1 \end{bmatrix}$

```
>> clear
>> syms t
>> A=[1 2 -2
      -1 2 0
      1 1 1];
>> expm(A*t)

ans =
[  exp(t)*cos(2*t),
   exp(t)*sin(2*t),
  -exp(t)*sin(2*t)]

[ 1/5*exp(t)*cos(2*t)-2/5*exp(t)*sin(2*t)-1/5*exp(2*t),
  3/5*exp(2*t)+1/5*exp(t)*sin(2*t)+2/5*exp(t)*cos(2*t),
  -1/5*exp(t)*sin(2*t)-2/5*exp(t)*cos(2*t)+2/5*exp(2*t)]

[ 3/5*exp(t)*sin(2*t)+1/5*exp(t)*cos(2*t)-1/5*exp(2*t),
  1/5*exp(t)*sin(2*t)-3/5*exp(t)*cos(2*t)+3/5*exp(2*t),
  2/5*exp(2*t)+3/5*exp(t)*cos(2*t)-1/5*exp(t)*sin(2*t)]
```

【例 11.10】 *RL* 暫態電路之分析

首先寫出 *RL* 暫態電路的微分方程式如下：

$$L\frac{di(t)}{dt} + Ri(t) = v_s(t) \text{，} i(0) = \frac{10}{5} = 2$$

$$\Rightarrow Li' + Ri = v_s$$

$$\Rightarrow i' + \frac{R}{L}i = \frac{v_s}{L}$$

$$\Rightarrow i' + Ai = B, \quad A = \frac{R}{L}, \ B = \frac{v_s}{L}$$

為方便寫程式 $i' + Ai = B$，須改寫成 $Di + Ai - B = 0$，以直譯的方式直接執行本例？本例可以直譯的方式直接執行如下：

```
>> dsolve('Di+A*i-B=0','i(0)=2')
??? Error using ==> dsolve
Error, (in pdsolve/sys/info) required an indication of the
dependent variables in the given system
```

因 i 會被誤認為是複數，所以上式狀態方程式之 i 改用 y，需改寫成 $Dy - Ay - B = 0$ 或 $Dy - Ay = B$

```
>> dsolve('Dy+A*y-B=0','y(0)=2')
ans =
B/A+exp(-A*t)*(-B+2*A)/A

>> dsolve('Dy+A*y=B','y(0)=2')
ans =
B/A+exp(-A*t)*(-B+2*A)/A
```

代回 $A = \frac{R}{L}, \ B = \frac{v_s}{L}$ 上例之 B/A 為 $\frac{v_s}{R}$，(−B+2*A)/A 為 $2 - \frac{v_s}{R}$。

```
>> syms y(t) A B
>> eqn = diff(y,t) == A*y+B;
>> cond = [y(0)==2];
>> ySol(t) = dsolve(eqn ,cond)
   ySol(t) =
   -(B - exp(A*t)*(2*A + B))/A
```

11.5 離散傅立葉轉換

「離散時間傅立葉轉換」(簡稱 DTFT)來將一段數位訊號轉換成各個頻譜的分量。一般而言，一個連續的函數，並不適合在電腦中處理。因此以離散傅立葉轉換(DFT)去完成程式的開發。有關離散傅立葉轉換之指令在 Matlab 中是使用 fft，首先先用 help 查閱一下在 Matlab 中有關之用法如下：

```
>> help fft     :查閱 fft 之用法。
>> help fft
FFT Discrete Fourier transform.
```

FFT(X) is the discrete Fourier transform (DFT) of vector X. For matrices, the FFT operation is applied to each column. For N-D arrays, the FFT operation operates on the first non-singleton dimension.

FFT(X,N) is the N-point FFT, padded with zeros if X has less than N points and truncated if it has more.

FFT(X,[],DIM) or **FFT(X,N,DIM)** applies the FFT operation across the dimension DIM.

```
For length N input vector x,the DFT is a length N vector X,with
elements
              N
    X(k) = sum x(n)*exp(-j*2*pi*(k-1)*(n-1)/N), 1 <= k <= N.
            n=1
The inverse DFT (computed by IFFT) is given by
              N
    x(n) =(1/N) sum X(k)*exp( j*2*pi*(k-1)*(n-1)/N),1 <= n <= N.
              k=1
```

【See also】fft2, fftn, fftshift, fftw, ifft, ifft2, ifftn.

從上結果可明顯看出 matlab 之傅立葉轉換有 fft、ifft、fft2、ifft2、fftn、ifftn、fftw 及 fftshift 這八個指令，N 代表資料點數。另外要特別提出的是索引 k 是由 1 開始，而在數學定義中是由 0 開始，這點讀者宜注意。最後 fft 指令亦可算出傅立葉級數其公式如下之轉換：

```
a0 = X(1)/N, a(k) = 2*real(X(k+1))/N, b(k) = -2*imag(X(k+1))/N,
```

離散傅立葉轉換其功能是將一段數位訊號轉換成其各個離散頻率的弦波分量，以便後續使用電腦進行各種處理。

以下筆者用一些例子直接說明：

例把一筆 500 點之資料以 fft 做頻域分析並繪出圖形。

其程式如下：

```
%
%     fft test
%
clear
fdata1
plot(data(:,1),data(:,2))
title('source data')
xlabel('time input')
ylabel('magnitude')
grid
pause

a=fft(data(:,2),500);
plot(1:500,abs(a))
title('FFT result')
ylabel('magnitude')
grid
pause

a1=fft(data(:,2));
plot(1:500,abs(a1))
title('DFT result')
ylabel('magnitude')
grid
pause
```

上程式的 fdata1 是資料檔(已轉成.m 的形式)，最後檔名存成 ffttest.m，並進行執行如下：

```
>>ffttest
```

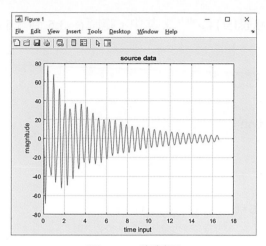

圖 11.8　資料圖

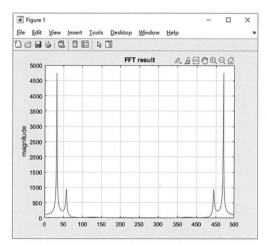

圖 11.9　fft(X,N)圖

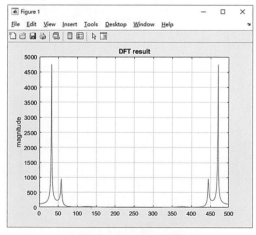

圖 11.10　fft(X)圖

例把一函數 $\sin(3t)+\cos(5t)+e^{-0.1t}$，其中 t 範圍在-3.5 到 3.5 間隔 0.01 以 fft 做頻域分析並繪出圖形。

其程式如下：

```
%
%     fft function
%
clear
t=-3.5:0.01:3.5;
X=sin(3*t)+cos(5*t)+exp(-0.1*t);
plot(t,X)
title('source data')
xlabel('time input')
ylabel('magnitude')
grid
pause
a=fft(X,length(t));
plot(t,abs(a))
title('FFT result')
ylabel('magnitude')
grid
pause
```

檔名存成 fftfun.m，並進行執行如下：

```
>>fftfun
```

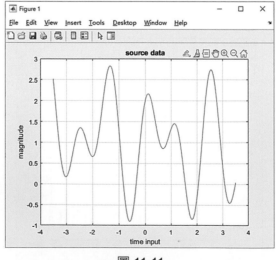

圖 11.11

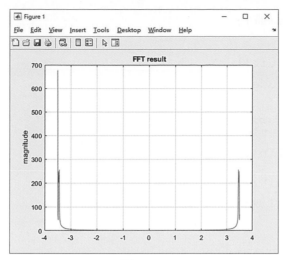

圖 11.12

例把一函數 $f(t) = \begin{cases} -3 & -\pi \le t < 0 \\ 3 & 0 \le t \le \pi \end{cases}$ ，其中 t 範圍在 $-pi$ 到 pi 間隔 0.01 以 fft 做頻域

分析並繪出圖形及傅立葉級數。

其程式如下：

```
%
%      fft series
%
clear
t=-pi:0.01:pi;
 for i=1:length(t)
   if t(i)<0
    X(i)=-3;
   else
    X(i)=3;
   end
end
plot(t,X)
axis([-7 7 -5 5])
title('source data')
xlabel('time input')
ylabel('magnitude')
grid
pause
```

```
x=fft(X,length(t));
plot(t,abs(x))
title('FFT result')
ylabel('magnitude')
grid

a0=x(1)/length(t);
fprintf('a0=%f\n',a0)

for i=2:length(t)
a(i-1) = 2*real(x(i))/length(t);
end

fprintf('a1-a10:\n')
a(1:10)
for i=2:length(t)
b(i-1) = -2*imag(x(i))/length(t);
end
fprintf('b1-b10:\n')
b(1:10)
```

執行結果如下：

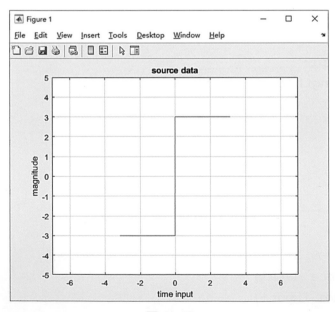

圖 11.13

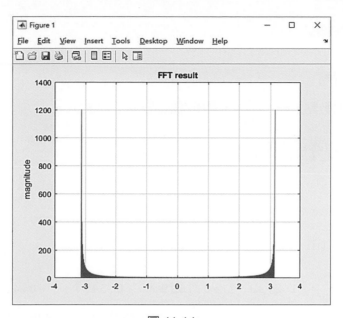

圖 11.14

執行數值結果如下：

a0=-0.004769

a1-a10:

ans =

  Columns 1 through 8

    -0.0095   -0.0095   -0.0095   -0.0095   -0.0095   -0.0095
-0.0095   -0.0095

  Columns 9 through 10

   -0.0095   -0.0095

b1-b10:

ans =

  Columns 1 through 8

    -3.8197   0.0000   -1.2732   0.0001   -0.7639   0.0001
-0.5456   0.0002

  Columns 9 through 10

   -0.4243   0.0002

數學分析之答案是

a0=0

an=0，對所有點。

bn=0，對所偶數點，bn= $\dfrac{-12}{n\pi}$ ，對所奇數點， $n = 1,3,5,\cdots$ 。

有關 bn 之數學分析計算如下：

```
>> n=1:2:9
n =
     1     3     5     7     9
>> bn=-12./(n.*pi)
bn =
    -3.8197    -1.2732    -0.7639    -0.5457    -0.4244
```

從上比較結果之計算值 a0、an 及 bn 之偶數點皆很小，因此可視為零。bn 之前五點奇數點與數學分析之答案亦相近，會有一點差異主要是因取樣點不夠。

習 題

1. 請說明 sym 指令和 syms 指令之用法？

2. 請說明使用 Matlab 符號運算解線性代數問題要注意哪些事項？

3. 請說明 solve 指令之用法？

4. 寫一個 Matlab 符號運算程式解

$$x^2 + y^2 = 16$$
$$3x + y = 1$$

5. 請說明 det 指令之用法？

6. 請說明 dsolve 指令之用法？

7. 寫一個 Matlab 符號運算程式解 $y'' - 6y' + 8y = 3t + 2t^2$？

8. 寫一個 Matlab 符號運算程式解其反拉氏轉換

   (a) $\dfrac{4}{s^3 - 2s^2}$

   (b) $\dfrac{s^3 - 7s^2 + 14s - 9}{(s-1)^2 (s-2)^2}$

9. 請說明 fourier 指令和 fft 指令之用法差別？

10. 請說明 heaviside 指令之用法？

11. 請說明 diff 和 int 指令之用法？

12. 請說明 compose 指令之用法？

13. 請說明 ezplot 指令之用法？

14. 請說明 ezsurf 指令之用法？

15. 寫一個 Matlab 符號運算程式解 $\int x \sin(x) dx$？

16. 計算 $e^{At} = ?$ 其中 $A = \begin{bmatrix} 1 & 2 \\ -1 & 2 \end{bmatrix}$

17. 請說明 str2sym 指令之用法？

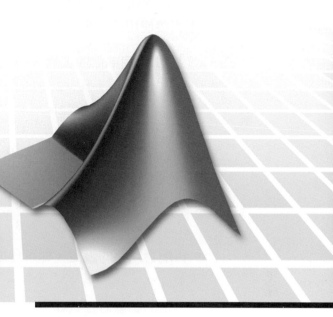

第十二章

微分積分的數值解

　　第 11 章是求解微分和積分方程之符號解的技術，本章則是針對求解微分方程、具有延遲之微分方程和積分方程之數值解的技術進行說明。

12.1　微分方程的數值解

　　有關解微分方程的指令在 Matlab 中有 ode23、ode45、ode113、ode15s、ode23s、ode23tb 等指令。其中有關微分的部分是採用阮奇一庫特法及其修正的方法，另外 ode15s 和 ode23s 是針對 stiff 微分方程用的。一般而言，在工程例子中的許多模型之建立，均是以一組微分方程式存在，所以微分方程在現代數學中佔有很重要的角色，因此如何來解微分方程在工程系統分析上更是重要，在本節中就是要針對如何利用 Matlab 中的指令來解微分方程。有關微分方程的指令如下：

　　[t,y]=ode23('描述微分方程的檔名'，[t0 tf]，tinit)

　　[t,y]=ode23('描述微分方程的檔名'，[t0 tf]，tinit，選項設定)

　　ode45，ode113 所用的參數完全相同，只是精確度要求較高。

　　t　　：時間的結果。

　　y　　：解的數值。

　　t0　　：設定開始時間。

tf ：設定結束時間。

tinit ：初值或起始點的內容。(可以用行向量或列向量表示均可)

以下則直接使用例子來說明：

【例 12.1】 試使用 ode23 去解

$$3y'' + 2y' + 4y = 2\cos(5t) \text{，} y(0)=5 \text{，} y'(0)=2$$

解： 上式可重寫成 $y'' + \dfrac{2}{3}y' + \dfrac{4}{3}y = \dfrac{2}{3}\cos(5t)$，記得要把最高階的微分項的係數變

成 1，由於在使用 ode23 或 ode45 均得要用描述微分方程，所以必須要把一般微分方程式把它轉成狀態方程式，因此上式可寫成：

$$y'' = -\frac{2}{3}y' - \frac{4}{3}y + \frac{2}{3}\cos(5t)$$

再配合以下的設定，即可轉成狀態方程式。

令 $y_2 = y'$ ， $y_2' = y''$ 又令 $y_1 = y$ ∴ $y_1' = y' = y_2$

本例的狀態方程式如下：

$$y_1' = y_2$$
$$y_2' = -\frac{2}{3}y_2 - \frac{4}{3}y_1 + \frac{2}{3}\cos(5t)$$

若由手算解可得

$$y = \frac{25847}{5141}e^{-t/3}\cos\left(\sqrt{11}\frac{t}{3}\right) + \frac{56393}{5141\sqrt{11}}e^{-t/3}\sin\left(\sqrt{11}\frac{t}{3}\right)$$
$$- \frac{142}{5141}\cos(5t) + \frac{20}{5141}\sin(5t)$$

若取到小數第四位，其結果如下：

$$y = 5.0276e^{-t/3}\cos\left(\sqrt{11}\frac{t}{3}\right) + 3.3074e^{-t/3}\sin\left(\sqrt{11}\frac{t}{3}\right)$$
$$- 0.027\cos(5t) + 0.0039\sin(5t)$$

【註】此例的解適合用數值解。

有關此法的模擬程式設計如下：

狀態方程式的函數如下：

```
twoorder.m
function ydot=twoorder(t,y)
ydot(1)=y(2);
ydot(2)=2/3.*cos(5.*t)-2/3.*y(2)-4/3.*y(1);
ydot=ydot';
```

主程式部份(ch12ex1.m)：

```
t0=0;
tf=25;
y0=[5 2];
[t,y]=ode23('twoorder',[t0 tf],y0);
axis=([0 25 -10 5]);
plot(t,y(:,2))
title('ode23 result 2')
grid
pause
[t,y]=ode45('twoorder',[t0 tf],y0);
plot(t,y(:,2))
title('ode45 result 2')
grid
pause
tintv=0:0.1:25;
y0=[5 2];
[t,y]=ode23('twoorder',tintv,y0);
axis=([0 25 -10 5]);
plot(t,y(:,2))
title('ode23 result 2')
grid
pause
[t,y]=ode45('twoorder',tintv,y0);
plot(t,y(:,2))
title('ode45 result 2')
grid
pause
```

有關副程式的說明：

在寫這個函數副程式時，可以是一個線性微分方程或是非線性微分方程式，或是一個時變的系統也可以。最主要是要轉化成：

$$\begin{bmatrix} y_1' \\ y_2' \\ \vdots \\ y_n' \end{bmatrix} = \begin{bmatrix} y_2 \\ y_3 \\ \vdots \\ f(y_1,\cdots,y_n) \end{bmatrix} \Leftrightarrow \begin{bmatrix} y'(1) \\ y'(2) \\ \vdots \\ y'(n) \end{bmatrix} = \begin{bmatrix} y(2) \\ y(3) \\ \vdots \\ f(y(1),\cdots,y(n)) \end{bmatrix}$$

這一類的狀態方程式，在 twoorder.m 的程式中 2.和 3.行即是描述狀態方程式的方法，因這個例子是二階的微分方程，所以用二行即可。第 1 行是有關函數名稱的定義供 ode23 或是 ode45 呼叫時使用。有關主程式部分在此就不再做細部說明，原因是因這些指令在先前已經介紹過了，另有關第 4 行的修正，Matlab 5.0 之前的版本在解微分方程式時，不需要此行的命令，但到 Matlab 5.0 中，則要加這個轉置的動作(若不加在執行時會有錯誤，亦即維度運算有問題)。

　　有關 y' 模擬結果如下：

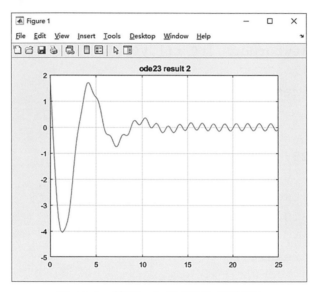

圖 12.1　使用 ode23 解出 y' 的結果

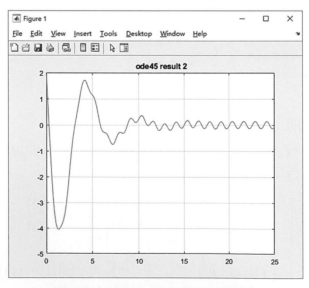

圖 12.2　使用 ode45 解出 y' 的結果

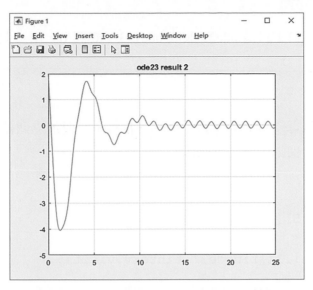

圖 12.3　另一種使用 ode23 解出 y 的結果

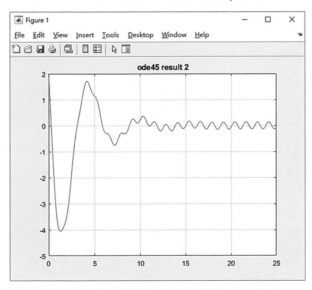

圖 12.4　另一種使用 ode45 解出 y 的結果

　　在此要特別說明的是有關初值設定的問題，亦即 $y0$ 要配合 y 參數的變化順序，這個順序和在寫這個狀態方程式有關。以這個例子而言：$y1=y=5$，$y2=y'=2$ 所以 $y0=$ [5 2]，另外 $y0$ 宣告的方式可以用行向量或列向量均可以。**在結果中所劃的是 t 對 $y2$ 的關係，亦即是 y' 解曲線，若要求 y 的解時，則改用 t 對 $y1$ 的關係圖，亦即 polt(t, y(:, 1))** 即是 y 對 t 的結果圖。

【例 12.2】　考慮微分方程

$$y''-2y'+y=2\sin(3t) \text{，} y(0)=2 \text{，} y'(0)=1$$

利用 ode113 解上微分方程，區間由 0 到 5？

解： 此例解法同例 12.1 只是 ode23 改成 ode113，t0 與 tf，用一個向量 tinterv 取代而已，其程式如下：

```
        ch12ex2.m
%
%   y"-2y'+y=2sin(3t),y(0)=2,y'(0)=1
%
%
clear
tinterv=[0 5];
yinit=[2 1]';
[t1 y1]=ode113('finode3',tinterv,yinit);
subplot(1,1,1)
plot(t1,y1(:,1),t1,y1(:,2))
title('ode---0 to 5---');
xlabel('time');
ylabel('output Y');
legend('y11','y12');
pause

tx=0:0.1:5;
yx=exp(tx).*(47/25-(2/5.*tx))+3/25.*cos(3.*tx)-4/25.*sin(3.*tx);
subplot(1,2,1)
plot(tx,yx)
title('time');
xlabel('time')
ylabel('output Y');
pause

hold on
subplot(1,2,2)

plot(t1,y1(:,1))
title('ode ---0 to 5---');
xlabel('time');
ylabel('output Y');
pause

hold off
```

有關描述微分程的副程式如下：

```
function dy=finode3(t,y)
dy=[y(2);2.*y(2)-y(1)+2.*sin(3.*t)];
```

在這裏的這個程式的寫法有別於例 12.1，若以例 12.1 的寫法如下：

```
dy(1)=y(2);
dy(2)=2.*y(2)-y(1)+2.*sin(3.*t);
dy=dy';
```

在 Matlab 中，有關微分方程式中的這個副程式，可使用這二方式描述，若使用上者得再加 dy=dy'這一行指令若寫成矩陣的方式就不用再轉置一次，此項差異讀者宜注意，以下是以矩陣的方式表示方法：

```
dy=[y(2);2.*y(2)-y(1)+2.*sin(3.*t)]
```

以矩陣的方式，注意在隔開每個表示式得用 "；" 代表 Enter 或者可再表示成下式更直接：

```
dy=[ y(2)
     2.*y(2)-y(1)+2.*sin(3.*t)]
```

以下是此例的執行結果，分別如圖 12.5 到圖 12.7 所示。

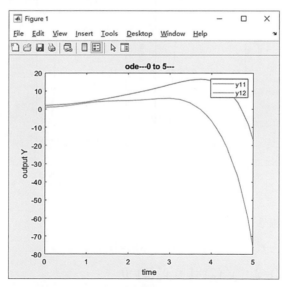

圖 12.5　y 和 y'的圖形，使用 ode113

手算 y 的解為

$$y = e^t \left(\frac{47}{25} - \frac{2}{5}t \right) + \frac{3}{25}\cos(3t)\frac{4}{25}\sin(3t)$$

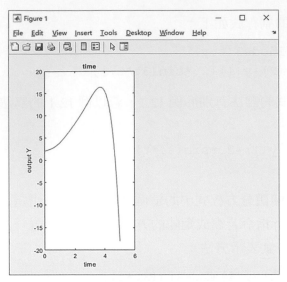

圖 12.6 手算方程式 y 的圖形

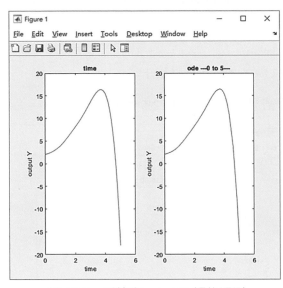

圖 12.7 手算和 ode113 解的圖形

【例 12.3】 考慮一個 3 階的微分方程

$$t^3 y''' + 4t^2 y'' - 8ty' + 8y = 0$$

其中 $y(2)=2$，$y'(2)=1$，$y''(2)=0$

試解出 y 的解，由 2 到 10 為止。利用 ode113 去解？

解： 其程式如下：

```
ch12ex3.m
```
%

```
%
%    t.^3y'''+4t.^2y''-8ty'+8y=0, y(2)=2,y'(2)=1, y''(2)=0
%
%
clear
tinterv=[2 10];
yinit=[2 1 0]';
[t1 y1]=ode113('finode4',tinterv,yinit);
subplot(1,1,1)
plot(t1,y1(:,1),t1,y1(:,2))
title('ode---2 to 10---');
xlabel('time');
ylabel('output Y');
legend('y11','y12');
pause

tx=2:0.1:10;
yx=tx;
subplot(1,2,1)
plot(tx,yx)
title('solution ---0 to 5---');
xlabel('time');
ylabel('output Y');
pause

hold on
subplot(1,2,2)
plot(t1,y1(:,1))
title('ode --- 2 to 10 ---');
xlabel('time');
ylabel('output Y');
pause

hold off
```

描述微分方程的副程式如下：

```
function dy=finode4(t,y)

dy(1)= y(2);
dy(2)= y(3);
dy(3)=-4./t.*y(3)+8./(t.^2).*y(2)-8./(t.^3).*y(1);

dy=dy';
```

其執行結果如圖 12.8 到圖 12.10。

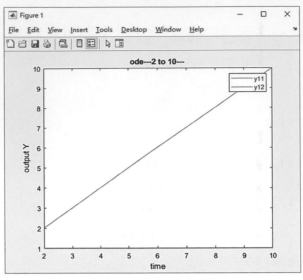

圖 12.8　y 的數值解

此微分方程的手算解是 t。

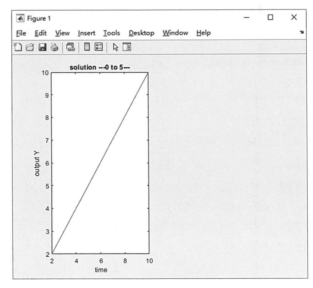

圖 12.9　手算解的圖

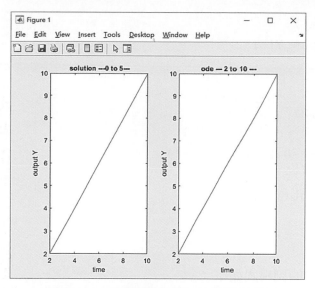

圖 12.10　手算解和 ode113 解的比較

其實此例的微分方程式，稱為柯西微分方程式，手算時，有特殊方法可解，但用 Matlab 來解時，不會特別再去分類，反正只是改變描述微分方程式的副程式而已。

【例 12.4】　考慮微分方程是 $y' = 2 + \dfrac{2y}{t}$，其中 $y(0)=0$ 區間由 0.25 到 10？

解：

程式如下(ch12ex4.m)：

```
clear
tinterv=[0.25 10];
yinit=[0]';
[t1 y1]=ode23('finode5',tinterv,yinit);
subplot(1,1,1)
plot(t1,y1)
title('ode ---0.25 to 10---');
xlabel('time');
ylabel('output Y');
legend('y11','y12');
pause

tx=0.25:0.1:10;
yx=8.*tx.^2-2.*tx;
subplot(1,2,1)
plot(tx,yx)
title('solution ---0.25 to 5---');
```

```
xlabel('time');
ylabel('output Y');
pause

hold on
subplot(1,2,2)
plot(t1,y1)
title('ode ---0.25 to 10---');
xlabel('time');
ylabel('output Y');
pause

hold off
```

描述微分方程式的副程式如下：

```
function dy=finode5(t,y)
dy(1)=2+2.*y(1)./t;
```

因是一階的微分方程，所以有關 $dy=dy'$，這個轉置的指令就可以忽略。其執行結果如圖 12.11 到圖 12.13 所示。

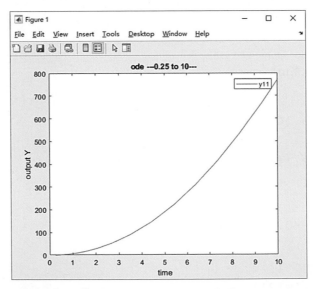

圖 12.11　利用 ode23 的解

手算微分方程的解是

$$y = 8t^2 - 2t$$

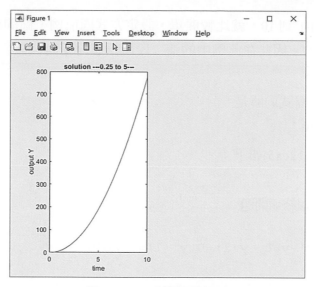

圖 12.12　手算解的圖形

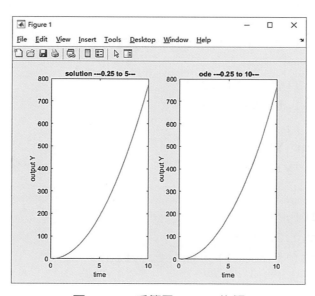

圖 12.13　手算及 ode23 的解

【例 12.5】　考慮一個微分方程如下：

$$16y''-8y'+y=0$$，其中 $y(1)=0$，$y'(1)=-\exp(0.25)$

解此方程式，但區間是由 0 到 10？

解：　此例的微分方程較特別，起始值給 $y(1)$，$y'(1)$，但求解範圍是由 0 到 10，因此在做此題時，必需要分二段來做，分別是由 0 到 1 和 1 到 10，首先處理 0 到 1 的做法，在 Matlab 中允許區間給[1 0]的做法，此時的初始值是[0 −exp(0.25)]。至

於第二部份由 1 到 10，就比較簡單，設定方式同前例，區間由[1 10]，起始值是
[0 $-\exp(0.25)$]。因此在此例中的這二段起始值均相同，只是時間設定的方式不
同而已。

有關此微分方程式的解是

$$y = (1-t)\,e^{0.25t}$$

本例的程式(ch12ex5)如下：

```
%
%        微分方程終值問題
%
%     16y"-8y'+y=0, y(1)=0,y'(1)=-exp(0.25)
%

clear
tinterv=[1 0];
yfin=[0 -exp(0.25)]';
[t1 y1]=ode45('finode1',tinterv,yfin);
subplot(1,1,1)
plot(t1,y1(:,1),t1,y1(:,2))
title('ode---1 to 0---');
xlabel('time');
ylabel('output Y');
legend('y11','y12');
pause

tinterv=[1 10];
yfin=[0 -exp(0.25)]';
[t2 y2]=ode45('finode1',tinterv,yfin);
subplot(1,1,1)
plot(t2,y2(:,1),t2,y2(:,2))
title('ode---1 to 10---');
xlabel('time');
ylabel('output Y');
legend('y21','y22');
pause

tx=0:0.1:10;
yx=(1-tx).*exp(0.25.*tx);
subplot(1,2,1)
plot(tx,yx)
```

```
title('solution---0 to 10---');
xlabel('time');
ylabel('output Y');
pause

hold on
subplot(1,2,2)
plot(t1,y1(:,1),t2,y2(:,1))
title('ode ---0 to 10---');
xlabel('time');
ylabel('output Y');
pause

hold off
```

描述微分方程的副程式如下：

```
function dy=finode1(t,y)
%
% modify
%
dy(1)=y(2);
dy(2)=0.5.*y(2)-1/16.*y(1);
dy=dy';
```

其執行結果如圖 12.14 到圖 12.17 所示。

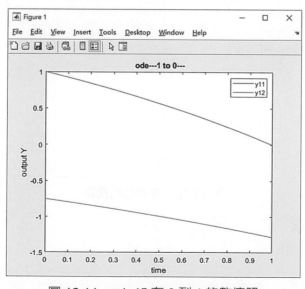

圖 12.14　ode45 在 0 到 1 的數值解

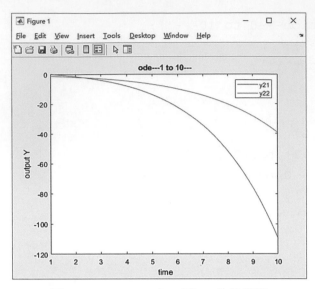

圖 12.15　ode45 在 1 到 10 的數值解

手算解的結果是

$$y = (1-t)\,e^{0.25t}$$

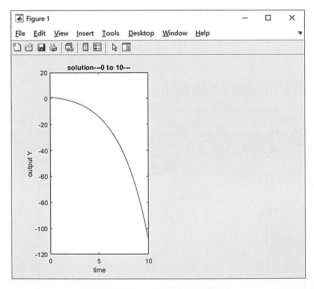

圖 12.16　手算解的圖形

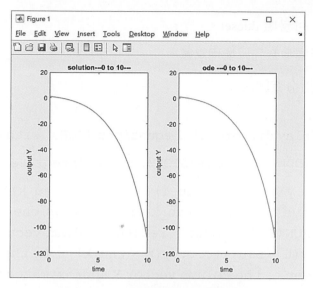

圖 12.17　手算解和數值解的比較

12.2 具有延遲之微分方程的數值解

　　有關解具有延遲之微分方程的指令在 Matlab7.0 後有 dde23 指令，另配合之相關指令有 ddeset、ddeget 及 deval。其中有關解具有延遲之微分的部份是採用 Shampine and Thompson 的方法(L.F. Shampine and S. Thompson, "Solving DDEs in MATLAB," Applied Numerical Mathematics, Vol. 37, 2001, pp.441-458.)，在本節中就是要針對如何利用 Matlab 中的指令來解具有延遲之微分方程。有關具有延遲之微分方程的指令如下：

Solution = dde23('描述微分方程的檔名'，延遲之常數，HIS，[t0 tf])

Solution = dde23('描述微分方程的檔名'，延遲之常數，HIS，[t0 tf]，選項設定)

相關參數設定如下：

Solution 　　　：解的數值，以結構之資料型態表示。

延遲之常數　　：只能用正常數(多個延遲時可用向量表示)。

HIS 　　　　　：有以下三種可選擇

1.　A function of t such that y=history(t) returns the solution y(t) for t ≤ t0 as a column vector.

2.　A constant column vector, if y(t) is constant.

3.　The solution sol from a previous integration, if this call continues that integration.

　　t0 　　　　：設定開始時間。

　　tf 　　　　：設定結束時間。

選項設定　　　：可參照 ddeset。

【註】　dde23 的延遲參數完只能用常數。

以下先用 help 指令查閱之：

```
>> help dde23
DDE23 Solve delay differential equations (DDEs) with constant delays.

  SOL = DDE23(DDEFUN,LAGS,HISTORY,TSPAN) integrates a system of DDEs

  y'(t) = f(t,y(t),y(t - tau_1),...,y(t - tau_k)). The constant,
  positive delays tau_1,...,tau_k are input as the vector LAGS. The
  function DDEFUN(T,Y,Z) must    return a column vector corresponding
  to f(t,y(t),y(t - tau_1),...,y(t - tau_k)). In the call to DDEFUN,
  T is the current t, the column vector Y approximates y(t), and Z(:,j)
  approximates y(t - tau_j) for delay tau_j = LAGS(J). The DDEs are
  integrated from T0 to TF where T0 < TF and TSPAN = [T0 TF].

  The solution at t <= T0 is specified by HISTORY in one of three
  ways: HISTORY can be a function of t that returns the column vector
  y(t). If y(t) is constant, HISTORY can be this column vector. If
  this call to DDE23 continues a previous  integration to T0, HISTORY
  is the solution SOL from that call.

  DDE23 produces a solution that is continuous on [T0,TF]. The
  solution is  evaluated at points TINT using the output SOL of DDE23
  and the function  DEVAL: YINT = DEVAL(SOL,TINT). The output SOL is
  a  structure with  SOL.x -- mesh selected by DDE23 SOL.y --
  approximation to y(t) at the mesh points of SOL.x SOL.yp --
  approximation to y'(t) at the mesh points of SOL.x SOL.solver --
  'dde23'

  SOL = DDE23(DDEFUN,LAGS,HISTORY,TSPAN,OPTIONS) solves as above
  with default parameters replaced by values in OPTIONS, a structure
  created with the DDESET function. See DDESET for details. Commonly
  used options are  scalar relative error tolerance 'RelTol' (1e-3
  by default) and vector of absolute error tolerances 'AbsTol' (all
  components 1e-6 by default).

  SOL = DDE23(DDEFUN,LAGS,HISTORY,TSPAN,OPTIONS,P1,P2,...) passes
  the  additional  parameters  P1,P2,...  to  the  DDE  function  as
  DDEFUN(T,Y,Z,P1,P2,...), to the history (if it is a function) as
  HISTORY(T,P1,P2,...), and to all functions specified in OPTIONS.
  Use OPTIONS = [] as a place holder if no options are set.
```

DDE23 can solve problems with discontinuities in the solution prior to T0 (the history) or discontinuities in coefficients of the equations at known values of t after T0 if the locations of these discontinuites are provided in a vector as the value of the 'Jumps' option.

By default the initial value of the solution is the value returned by HISTORY at T0. A different initial value can be supplied as the value of the 'InitialY' property.

With the 'Events' property in OPTIONS set to a function EVENTS, DDE23 solves as above while also finding where event functions g(t,y(t),y(t - tau_1),...,y(t - tau_k)) are zero. For each function you specify whether the integration is to terminate at a zero and whether the direction of the zero crossing matters. These are the three vectors returned by EVENTS: [VALUE,ISTERMINAL,DIRECTION] = VENTS(T,Y,Z).

For the I-th event function: VALUE(I) is the value of the function, ISTERMINAL(I) = 1 if the integration is to terminate at a zero of this event function and 0 otherwise. DIRECTION(I) = 0 if all zeros are to be computed (the default), +1 if only zeros where the event function is increasing, and -1 if only zeros where the event function is decreasing. The field SOL.xe is a column vector of times at which events occur. Rows of SOL.ye are the corresponding solutions, and indices in vector SOL.ie specify which event occurred.

【Example】

```
sol = dde23(@ddex1de,[1, 0.2],@ddex1hist,[0, 5]);
```

solves a DDE on the interval [0, 5] with lags 1 and 0.2 and delay differential equations computed by the function ddex1de. The history is evaluated for t <= 0 by the function ddex1hist. The solution is evaluated at 100 equally spaced points in [0 5]

```
tint = linspace(0,5);
yint = deval(sol,tint);
```
and plotted with
```
plot(tint,yint);
```

DDEX1 shows how this problem can be coded using subfunctions. For another example see DDEX2.

Class support for inputs TSPAN, LAGS, HISTORY, and the result of DDEFUN(T,Y,Z):
float: double, single

【See also】ddeset, ddeget, deval.

>> help deval

DEVAL Evaluate the solution of a differential equation problem.

SXINT = DEVAL(SOL,XINT) evaluates the solution of a differential equation problem at all the entries of the vector XINT. SOL is a structure returned by an initial value problem solver (ODE45, ODE23, ODE113, ODE15S, ODE23S, ODE23T, ODE23TB, ODE15I), the boundary value problem solver (BVP4C), or the solver for delay differential equations (DDE23). The elements of XINT must be in the interval [SOL.x(1) SOL.x(end)]. For each I, SXINT(:,I) is the solution corresponding to XINT(I).

SXINT = DEVAL(SOL,XINT,IDX) evaluates as above but returns only the solution components with indices listed in IDX.

SXINT = DEVAL(XINT,SOL) and SXINT = DEVAL(XINT,SOL,IDX) are also acceptable.

[SXINT,SPXINT] = DEVAL(...) evaluates as above but returns also the value of the first derivative of the polynomial interpolating the solution.

For multipoint boundary value problems, the solution obtained with BVP4C might be discontinuous at the interfaces. For an interface point XC, DEVAL returns the average of the limits from the left and right of XC. To get the limit values, set the XINT argument of DEVAL to be slightly smaller or slightly larger than XC.

Class support for inputs SOL and XINT:
  float: double, single

【See also】

ode solvers:ode45,ode23,ode113,ode15s, ode23s, ode23t, ode23tb, ode15i
    dde solver: dde23
    bvp solver: bvp4c

以下則直接使用例子來說明：

【例 12.6】　試使用 dde23 去解

$$y'(t) = \frac{3y(t-2)}{1 + y(t-2)^{3.25}} - y$$

區間由 0 到 50，$y(t)=0.5$ 在 t 小於等於 0。

有關此法的模擬程式設計如下：

狀態方程式的函數如下：

```
function dy=cades(t,y,d)
dy=(3*d)/(1+d^3.25)-y;
```

其程式如下：

```
%
% ddeex1 test
%
clear
solution=dde23('cades',2,0.5,[0 50])

t=linspace(2,50,500);
y=deval(solution,t);
ydelay=deval(solution,t-2);

plot(t,y)
xlabel('Time t')
ylabel('y(t-2)')
pause

plot(t,ydelay)
xlabel('Time t')
ylabel('y(t-2)')
pause

plot(t,y,t,ydelay)
xlabel('time t')
ylabel('y(t) and y(t-2)')
pause

plot(y,ydelay)
xlabel('y(t)')
ylabel('y(t-2)')
```

檔名存成 ddeex1.m，其執行結果如圖 12.18 到圖 12.21 所示。

```
>> ddeex1

solution =
    solver: 'dde23'
   history: 0.5000
   discont: [0 2 4 6]
         x: [1x60 double]
         y: [1x60 double]
     stats: [1x1 struct]
        yp: [1x60 double]
```

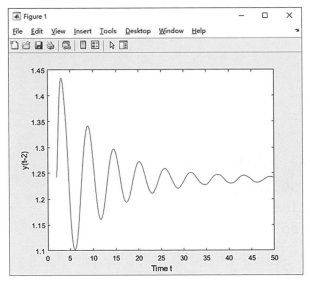

圖 12.18

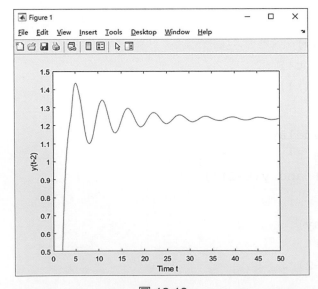

圖 12.19

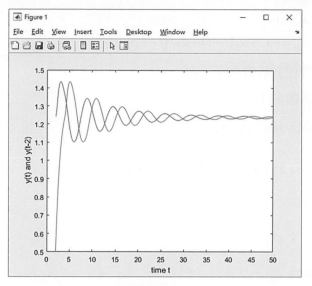

圖 12.20

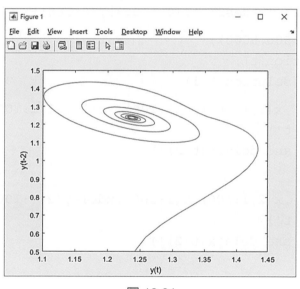

圖 12.21

【例 12.7】　解具有 1 延遲之 Van der Pol 方程式

$$x'' + \lambda(x(t-1)^2 - 1)x'(t-1) + x = 0$$

其中 $\lambda = 0.25$，區間由 0 到 500，HIS=[0.5 0.3]。

令　$x_1(t) = x(t), x_2(t) = x'(t)$，具有 1 延遲之 Van der Pol 方程式的狀態方程
式如下：

$$x_1' = x_2$$
$$x_2' = -x_1 + x_2(t-1) - \lambda x_1^2(t-1)x_2(t-1)$$

有關此法的模擬程式設計如下：

狀態方程式的函數如下：

```
function dx=cades2(t,x,d)
dx(1)=x(2);
dx(2)=-x(1)+0.25*d(2)-0.25*d(1)*d(1)*d(2);
dx=dx';
```

其程式如下：

```
%
% ddeex2 test
%
clear
solution=dde23('cades2',1,[0.5 0.3],[0 500])

t=linspace(1,500,5000);
x=deval(solution,t);
xdelay=deval(solution,t-1);

plot(t(1:100),x(1,1:100),t(1:100),xdelay(1,1:100))
xlabel('time t')
ylabel('x(t) and delayx(t-2)')
pause
plot(t(1:100),x(2,1:100),t(1:100),xdelay(2,1:100))
xlabel('time t')
ylabel('x(t) and delayx(t-2)')
pause
plot(x(1,:),x(2,:))
xlabel('x(t)')
ylabel('dx/dt(t)')
pause
plot(x(1,:),xdelay(1,:))
xlabel('x(t)')
ylabel('dx/dt(t)')
```

檔名存成 ddeex2.m，其執行結果如圖 12.22 到圖 12.25 所示。

```
>> ddeex2
```

```
solution =
    solver: 'dde23'
   history: [0.5000 0.3000]
   discont: [0 1 2 3]
         x: [1x2857 double]
         y: [2x2857 double]
     stats: [1x1 struct]
        yp: [2x2857 double]
```

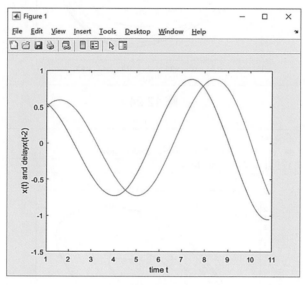

圖 12.22

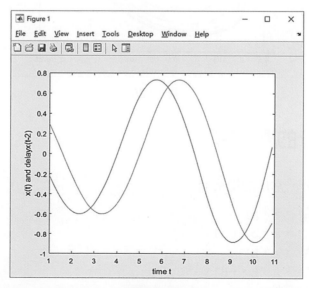

圖 12.23

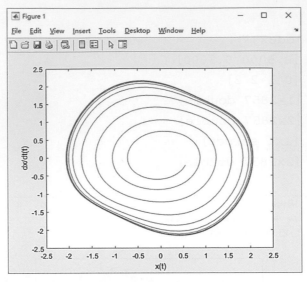

圖 12.24

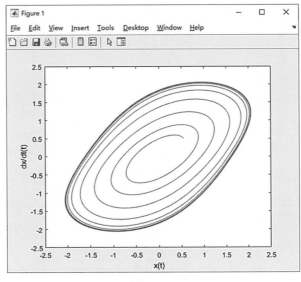

圖 12.25

12.3 積分的數值解

有關積分的部份，常用的指令有：

quad　　（'檔名'，a，b）
quad　　（'檔名'，a，b，tol）
quadl　　（'檔名'，a，b）
quadl　　（'檔名'，a，b，tol）
trazp　　（變數，函數）

大致上而言有關這二個指令的差別是 quad 採用辛浦森積分演算法，而 quadl 是採用牛頓卡茲法，一般而言，若以牛頓-卡茲法所得到的效果比較好，因此法可避開奇值的問題。至於其詳細的演算法讀者不妨參考一般數值分析的書均會有詳細的介紹，在本書的範圍僅著重在如何去做些應用。另外上述指令的符號意義分別如下：

a 代表定積分的起點，

b 是代表定積分的終點，

tol 則是代表誤差容忍度，正常所設定的範圍值是 1.e-3。

以下利用 help 查看一下 quad 的用法：

```
>> help quad
QUAD Numerically evaluate integral, adaptive Simpson quadrature.

    Q = QUAD(FUN,A,B) tries to approximate the integral of function
FUN from A to B to within an error of 1.e-6 using recursive adaptive
Simpson quadrature. The function Y = FUN(X) should accept a vector
argument X and return a vector result Y, the integrand evaluated
at each element of X.

    Q = QUAD(FUN,A,B,TOL) uses an absolute error tolerance of TOL
instead of the default, which is 1.e-6. Larger values of TOL result
in fewer function evaluations and faster computation, but less
accurate results. The QUAD function in MATLAB 5.3 used a less
reliable algorithm and a default tolerance of 1.e-3.

    [Q,FCNT] = QUAD(...) returns the number of function evaluations.

    QUAD(FUN,A,B,TOL,TRACE) with non-zero TRACE shows the values
of [fcnt a b-a Q] during the recursion.

    QUAD(FUN,A,B,TOL,TRACE,P1,P2,...) provides for additional
arguments P1, P2, ... to be passed directly to function FUN,
FUN(X,P1,P2,...). Pass empty matrices for TOL or TRACE to use the
default values.

    Use array operators .*, ./ and .^ in the definition of FUN so
that it can be evaluated with a vector argument.

    Function QUADL may be more efficient with high accuracies and
smooth integrands.

    Example:

        FUN can be specified as:
```

```
An anonymous function:
    F = @(x) 1./(x.^3-2*x-5);
    Q = quad(F,0,2);

A function handle:
    Q = quad(@myfun,0,2);
    where myfun.m is an M-file:
        function y = myfun(x)
        y = 1./(x.^3-2*x-5);
```

Class support for inputs A, B, and the output of FUN:

　float: double, single

【See also】quadv, quadl, dblquad, triplequad, @.

以下則是使用一個例子來說明這些指令的用法，並在結尾部份做了些比較說明。

【例 12.8】 試利用 quad 和 quadl 採用預設容忍誤差，以及容忍誤差在 1.e.−4 時的情形去計算下列三個積分。

(a) $\int_0^{1.57} \cos(x)\,dx$

(b) $\int_{0.1}^4 \frac{\sin(x)}{x}\,dx$

(c) $\int_{0.1}^4 \sin(x^2)\,x^2\,dx$

其中有關(c)的積分在使用 quadl 時改用 0 到 4。試根據這些要求及式子寫出其程式來計算積分結果。

解： 首先要知道如何來描述這個積分式子供 quad 或 quadl 呼叫時使用。有關這三個積分式子之函數副程式分別如下：

funcinte.m

```
function y=funcinte(x)
y=cos(x);
```

funcint1.m

```
function y=funcint1(x)
y=sin(x)./x;
```

funcint2.m
```
function y=funcint2(x)
y=sin(x.^2).*x.^2;
```

分別利用 function 的功能寫成三個.m 的函數程式。以後若有較複雜的積分式子寫法亦是相同的，只是運算符號的連接要小心些，亦即要了解是矩陣運算還是陣列運算。以下是有關此例的主程式部份：

```
(ch12ex8.m)
a1=quad('funcinte',0,1.57)
b1=quad('funcinte1',0.1,4)
c1=quad('funcinte2',0.1,4)
a2=quad('funcinte',0,1.57,1.e-4)
b2=quad('funcinte1',0.1,4,1.e-4)
c2=quad('funcinte2',0.1,4,1.e-4)
a3=quadl('funcinte',0,1.57)
b3=quadl('funcinte1',0.1,4)
c3=quadl('funcinte2',0,4)
a4=quadl('funcinte',0,1.57,1.e-4)
b4=quadl('funcinte1',0.1,4,1.e-4)
c4=quadl('funcinte2',0,4,1.e-4)
```

其執行結果分別如下：

```
>> ch12ex8
a1 =
    1.0000
b1 =
    1.6583
c1 =
    2.2125
a2 =
    1.0000
b2 =
    1.6583
c2 =
    2.2126
a3 =
    1.0000
b3 =
    1.6583
c3 =
    2.2125
```

```
a4 =
    1.0000
b4 =
    1.6583
c4 =
    2.2125
```

從 help quad 中可看出可使用以下方式可省去寫函數副程式：

計算 $\int_0^2 \dfrac{1}{x^3 - 2x - 5}$

```
>> F = @(x) 1./(x.^3-2*x-5);
        Q = quad(F,0,2);
>> Q
Q =
   -0.4605
```

若積分式子較複雜時，對 Matlab 而言，負擔並不會太重，只是讀者在寫這個待呼叫的函數時要小心些，多注意一下維度的問題，若書寫時出現問題時，可再參閱第四章及第五章的內容即可。

trapz：梯形法積分指令

有關積分指令，筆者已介紹過辛普森積分法，另一個比較簡單的積分指令稱為梯形法積分，其用法如下：

面積＝trapz(變數，函數)

以下筆者用一個電子學的例子來說明 trapz 的使用方式，基本上這個例子是計算半波整流和全波整流的直流值，本例是利用輸入是弦波的情形，讀者可以稍加修改本程式去計算其他波形的全波或是半波整流的結果。

首先輸入波形定義如下：

$$v_i = v_{max} \sin(t)$$

半波整流的公式如下；

$$V_{dc} = \frac{v_{max}}{2\pi} \int_0^\pi \sin(t)\, dt$$

全波整流的公式如下：

$$V_{dc} = \frac{v_{max}}{\pi} \int_0^\pi \sin(t)\, dt$$

從上列二個公式中可看出，只要做個積分即可求出直流值 V_{dc} 來，有關這個程式的名稱為 TRAPZEX.M，其內容如下：

```
          TRAPZEX.M
%
%
% 梯形積分法的應用
%
%
%
clear

vmmax=1;

t=0:0.5:pi;
x=sin(t);
disp('helf wave 1')
sumx=trapz(t,x)*vmmax/(2*pi)
realval=1/pi*vmmax
pause

t=0:0.005:pi;
x=sin(t);
t1=pi:0.005:2*pi;
x1=t1-t1;
disp('helf wave 2')
sumx1=trapz(t,x)*vmmax/(2*pi)
realval=1/pi*vmmax

plot(t,x,t1,x1)
axis([0 2*pi -0.2 1.2])
xlabel ('time')
ylabel ('time')
title ('helf wave')
grid
pause

t=0:0.005:2*pi;
x=sin(t);

for i=1:length(x)
  if x(i) <0
    x(i)=-1*x(i);
```

```
      end
   end

disp('full wave')
sumx3=trapz(t,x)*vmmax/(2*pi)
realvau=2/pi*vmmax

plot(t,x)

axis([0 2*pi -0.2 1.2])
xlabel('time')
ylabel('time')
title('full wave')
grid
pause
```

其執行結果如下：

```
>> TRAPZEX
helf wave 1

sumx=                          ：切割比較大的梯形法的結果(半波)。
   0.3101

realval                        ：正確數值(半波)。
   0.3183

helf wave 2
sumx1=                         ：切割比較細的梯形法的結果(半波)。
   0.3183

realval=                       ：正確數值(半波)  0.3183
0.3183

full wave
sumx3=                         ：切割較細的梯形法的結果(全波)。
   0.6366

realvau=                       ：正確數值(全波)。
0.6366
```

從上述的結果可知，當使用 trapz 做積分時，只要切割夠細，計算起來是非常準確的，且簡單的。此外 trapz 指令不需在寫一個函數副程式，另外有關本例的半波和全波形分別如圖 12.26 和圖 12.27 所示。

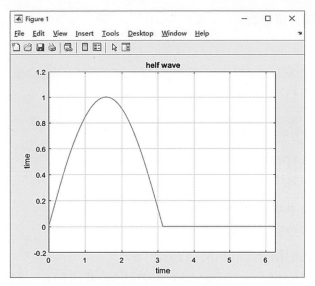

圖 12.26 半波整流波形

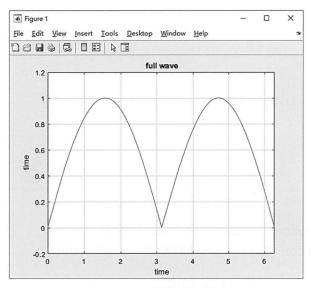

圖 12.27 全波整流波形

【例 12.9】 考慮下積分式子

$$\int_{\pi}^{2\pi} \sin(t)\, dt$$

試利用梯形法、quad 及 quadl 解此積分。

程式如下：

```
ch12ex10.m
%
```

```
% 積分函數的應用(單變數)
%
% 梯形積分法
wt=pi:0.1:2*pi;
y=sin(wt);
a0=trapz(wt,y);
% Adaptive Simpson 積分法
a1=quad('interg1',pi,2*pi);

% Adaptive Newton Cptes 積分法
a2=quadl('interg1',pi,2*pi);

fprintf('\n 梯形積分法的結果:%f\n',a0)
fprintf('\n Adaptive Simpson 積分法的結果:%f\n',a1)
fprintf('\n Adaptive Newton Cptes 積分法的結果:%f\n',a2)
```

描述積分的副程式如下:

```
%
% 積分函數的書寫
%
function res=interg1(wt)
   res=sin(wt);
```

執行結果如下:

```
>>ch12ex10
```

梯形積分法的結果：-1.997469
Adaptive Simpson 積分法的結果：-2.000017
Adaptive Newton Cptes 積分法的結果：-2.000000

接下來筆者再介紹一個雙重積分的指令

```
dblquad
```

以下利用 help 查看一下 dblquad 的用法:

```
>>help dblquad
DBLQUAD Numerically evaluate double integral.
DBLQUAD(FUN,XMIN,XMAX,YMIN,YMAX) evaluates the double integral of
FUN(X,Y) over the rectangle XMIN <= X <= XMAX, YMIN <= Y <= YMAX.
FUN(X,Y) should accept a vector X and a scalar Y and return a vector
of values of the integrand.
```

DBLQUAD(FUN,XMIN,XMAX,YMIN,YMAX,TOL) uses a tolerance TOL instead of the default, which is 1.e-6.

DBLQUAD(FUN,XMIN,XMAX,YMIN,YMAX,TOL,@QUADL) uses quadrature function QUADL instead of the default QUAD.

DBLQUAD(FUN,XMIN,XMAX,YMIN,YMAX,TOL,@MYQUADF) uses your own quadrature function MYQUADF instead of QUAD. MYQUADF should have the same calling sequence as QUAD and QUADL.

DBLQUAD(FUN,XMIN,XMAX,YMIN,YMAX,TOL,@QUADL,P1,P2,...) passes the extra parameters to FUN(X,Y,P1,P2,...).

DBLQUAD(FUN,XMIN,XMAX,YMIN,YMAX,[],[],P1,P2,...) is the same as DBLQUAD(FUN,XMIN,XMAX,YMIN,YMAX,1.e-6,@QUAD,P1,P2,...)

Example:

　　FUN can be an anonymous function or a function handle.

```
Q = dblquad(@(x,y) (y*sin(x)+x*cos(y)), pi, 2*pi, 0, pi)
```

　　or

```
Q = dblquad(@integrnd, pi, 2*pi, 0, pi)
```

　　where integrnd.m is an M-file:

```
function z = integrnd(x, y)
  z = y*sin(x)+x*cos(y);
```

This integrates y*sin(x)+x*cos(y) over the square pi <= x <= 2*pi, 0 <= y <= pi. Note that the integrand can be evaluated with a vector x and a scalar y .

Nonsquare regions can be handled by setting the integrand to zero outside of the region. The volume of a hemisphere is

---

```
dblquad(@(x,y) sqrt(max(1-(x.^2+y.^2),0)),-1,1,-1,1)
```

　　or

```
dblquad(@(x,y) sqrt(1-(x.^2+y.^2)).*(x.^2+y.^2<=1),-1,1,-1,1)
```

Class support for inputs XMIN,XMAX,YMIN,YMAX, and the output of FUN:

　　float: double, single

【See also】quad, quadl, triplequad, @.

【例 12.10】解雙重積分

$$\int_0^1 \int_0^1 \frac{2}{5}(2x+3y)\,dxdy$$

的數值解為何？

本例的程式(ch12ex11)如下：

```
%
% 積分函數的應用(雙變數)
%
clear
xlower=0;
xupper=1;
ylower=0;
yupper=1;
al=dblquad('interg2',xlower,xupper,ylower,yupper,[],'quadl')
fprintf('\n 雙變數積分法的結果:%f\n',al)
```

積分函數副程式如下：

```
%
% 積分函數的書寫
%
function res=interg2(x,y)
   res=2/5*(2*x+3*y);
```

執行結果：

>>ch12ex11

```
al =
    1.0000
```

雙變數積分法的結果：1.000000

從 help dblquad 中可看出可使用以下方式可省去寫函數副程式：

$$\int_0^\pi \int_\pi^{2\pi} y\sin(x)+x\cos(y)\ dxdy$$

```
>> Q = dblquad(@(x,y) (y*sin(x)+x*cos(y)), pi, 2*pi, 0, pi)
Q =
  -9.8696
```

(12.4) 應用

※暫態電路之分析

以下之暫態電路可用微分方程來表示，其開關在 $t=0$ 時開路，求 $i(t)$ 之數值解？

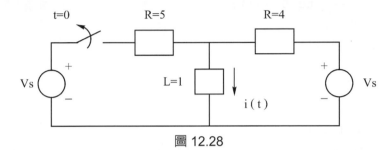

圖 12.28

首先寫出圖 12.28 的狀態方程式如下：

$$L\frac{di(t)}{dt} + Ri(t) = v_s(t) \text{，} i(0) = \frac{10}{5} = 2$$

$$\Rightarrow Li' + Ri = v_s$$

$$\Rightarrow i' = -\frac{R}{L}i + \frac{1}{L}v_s$$

手算 i 的解為

$$i = 5e^{2t} - 3e^{-4t}$$

有關此圖的 Matlab 模擬程式設計如下：

本例的狀態方程式之程式如下：

```
%
% RL circuit
%
function dy=diffasub1(t,y)
%parameter
R=4;
L=1;
Vs=10*exp(-2*t);
% state equation
dy=-1*R/L*y+Vs/L;
```

【註】　因 i 會被誤認為是複數，所以上狀態方程式之 i 改用 y。

主程式部份(ch12ex12.m)：

```
clear
tinterv=[0 5];
yinit=[2]';
[t1 y1]=ode23('diffasub1',tinterv,yinit);
plot(t1,y1)
title('ode ---0 to 5---');
xlabel('time');
ylabel('output i');
pause
Vs=10*exp(-2*t1);
plot(t1,y1,t1,Vs)
title('Vs and I');
xlabel('time');
ylabel('output i and input Vs');
pause
ii=5*exp(-2*t1)-3*exp(-4*t1);
plot(t1,ii)
title('ode ---0 to 5---');
xlabel('time');
ylabel('output i');
>> ch12ex12
```

執行結果如圖 12.29 所示。

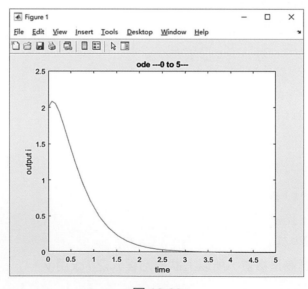

圖 12.29

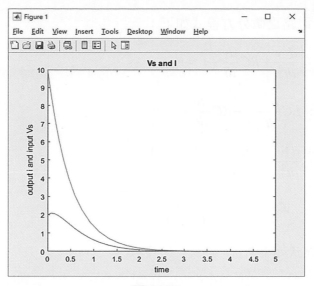

圖 12.30

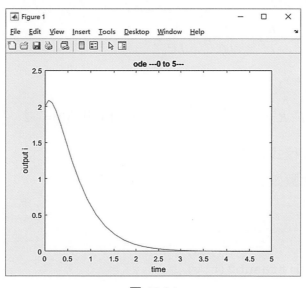

圖 12.31

※串聯 RLC 電路之完全響應分析

串聯 RLC 電路之完全響應分析可用一個二階之微分方程來表示：

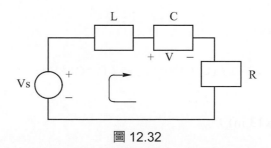

圖 12.32

寫出串聯 RLC 電路之微分方程式如下：

$$LC\frac{d^2v}{dt^2} + RC\frac{dv}{dt} + v = v_s$$

$$\Rightarrow LC\frac{d^2v}{dt^2} = -RC\frac{dv}{dt} - v + v_s$$

$$\Rightarrow \frac{d^2v}{dt^2} = -\frac{R}{L}\frac{dv}{dt} - \frac{1}{LC}v + \frac{1}{LC}v_s$$

$$\Rightarrow \quad v'' = -\frac{R}{L}v' - \frac{1}{LC}v + \frac{1}{LC}v_s$$

本例的狀態方程式如下：

令　$v_2 = v'$，$v_2' = v''$　又令　$v_1 = v$　　$\therefore v_1' = v' = v_2$

因此本例的狀態方程式如下：

$$v_2' = -\frac{R}{L}v_2 - \frac{1}{LC}v_1 + \frac{1}{LC}v_s$$

$$v_1' = v_2$$

當 $L = 1H, C = \frac{1}{6}F, R = 5\Omega$，$v_s = \frac{2}{3}e^{-t}$，$v(0) = 10$ 和 $v'(0) = -2$

有關此法的模擬程式設計如下：

狀態方程式的函數如下：

```
%
% RL circuit
%
function dv=diffasub2(t,v)

%parameter
R=5;
L=1;
C=1/6;
Vs=2/3*exp(-1*t);

% state equation
dv(1)=v(2);
dv(2)=-1*R/L*v(2)-1/(L*C)*v(1)+1/(L*C)*Vs;
dv=dv';
```

主程式部份(ch12ex13.m)：

```
clear
tinterv=[0 5];
yinit=[10 -2]';
[t1 v]=ode23('diffasub2',tinterv,yinit);
plot(t1,v)
title('--0 to 5---');
xlabel('time');
ylabel('v');
gtext('v')
gtext('dv/dt')
>> ch12ex13
```

執行結果如圖 12.33 所示。

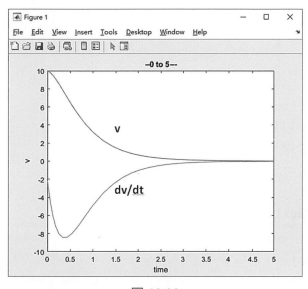

圖 12.33

※無人自走車的軌跡模擬

無人自走車的的狀態方程式如下：

$$x' = v\cos\theta + \omega_x$$
$$y' = v\sin\theta + \omega_y$$
$$\theta' = \omega$$

相關參數之定義如下：

θ　：方向盤的角度。

v　：前進速度。

ω ：方向盤的旋轉角速度。

ω_x ：x 方向的地面阻力。

ω_y ：y 方向的地面阻力。

若前進速度是 5，x 方向的地面阻力是 0.1，y 方向的地面阻力是 0.2，方向盤的旋轉角速度是 $\sin(t)$，寫一 Matlab 程式模擬無人自走車的軌跡？

有關此法的模擬程式設計如下：

狀態方程式的函數如下：

```
%
% mobile robot
%
function dp=diffasub3(t,p)
%parameter
wx=0.1;
wy=0.2;
w=sin(t);
v=5;
% state equation
dp(1)=v*cos(p(3))+wx;
dp(2)=v*sin(p(3))+wy;
dp(3)=w;
dp=dp';
```

主程式部份(ch12ex14.m)：

```
clear
tinterv=[0 20];
yinit=[0 0 0]';

[t1 p]=ode23('diffasub3',tinterv,yinit);

plot(t1,p)
title('--0 to 20---');
xlabel('time');
ylabel('v');
gtext('x')
gtext('y')
gtext('angle')
pause

plot(p(:,1),p(:,2))
xlabel('x');
```

```
ylabel('y');
pause

plot(t1,p(:,3))
xlabel('Time');
ylabel('angle');
pause

>> ch12ex14
```

執行結果如圖 12.34～12.36 所示。

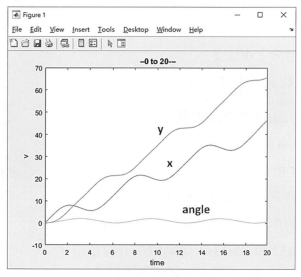

圖 12.34

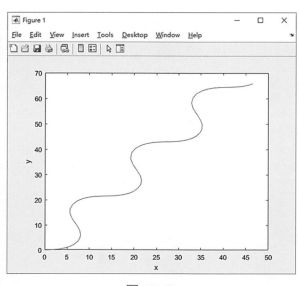

圖 12.35

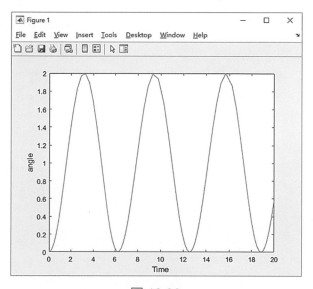

圖 12.36

習 題

1. 寫 Matlab 微分方程之函數副程式要注意哪些事項？

2. 試比較 ode23 和 ode45 這二個指令的差別？

3. 寫一個 Matlab 程式解 $y'' + 3y' - 4y = 2e^{-3t}$ 其中 $y'(0) = 2$，$y(0)=1$，時間從 0 到 10 秒？

4. 請說明 dde23 指令之用法？

5. 寫一個 Matlab 程式解 $\int_0^{10} 7e^{-3t}\, dt = ?$

6. 請比較 quad 和 quadl 指令之差別？

7. 請說明 trapz 指令之用法？

8. 請說明 dblquad 指令之用法？

9. 請說明如何求解非線性微分方程式？

10. 請說明如何求解串聯 RLC 電路之完全響應？

11. 請比較說明 ode23 和 ode23s，這兩個指令的差別？

12. 請比較說明符號解(解析解)和數值解之差別？

第十三章

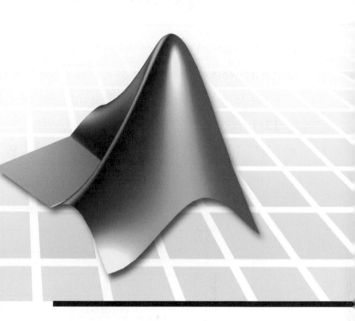

GUI 程式設計

　　Matlab 中有關 GUI 的建立有三大方式，第一種就是直接透過程式撰寫的方式去產生物件，即利用 get、set、uicontrol、uimenu、uicontextmenu 等函數以撰寫 m 檔方式開發 GUI 介面，此方式的優點在於 GUI 功能表的建立比較齊全，並且不會額外產生一個 fig 檔，並且程式碼的通用性很高，因此當完成一 GUI 介面後，該程式碼就可以複製到一般的 m 檔中使用也可以複製到 GUIDE 的 m 檔使用。但程式撰寫的方式來建立 GUI 物件最大的缺點就是 GUI 物件位置上的配置，若不是非常熟悉的使用者，可能會比較難以控制。另外在新的直接透過程式撰寫的方式 (Develop Apps Programmatically Workflow) 去設計 GUI，會利用以 Matlab 函數的概念導入較完整的物件導向程式設計，即利用 uifigure 結合物件導向程式設計以撰寫 m 檔函數方式去開發 GUI 介面。13.1 將介紹如何利用二種不同程式撰寫的方式建立 GUI 物件。第二種就是直接透過 GUI guide 產生視窗程式設計，其主架構是函數導向去設計如 13.2、GUI guide 視窗程式設計。設計好的 GUI 會產生 fig 檔與 m 檔二個檔案。第三種就是直接透過 App Designer (應用視窗程式設計) 產生視窗程式設計，其主架構是物件導向去設計如 13.3 App Designer：應用視窗程式設計。設計好的 GUI 會產生 mlapp 檔。

13.1 GUI 程式設計

本節以程式的方式進行 GUI 的設計，從簡單之元件到複雜元件，會用到之指令有 figure，set，uicontrol，axes，get，其中主要在 uicontrol 中的 callback 之事件函數的書寫，與 uicontrol 中的 style 之元件之設定。有關 uicontrol 中的 style 之元件如表 13-1 所示。

表 13-1

pushbutton	一般按紐元件
togglebutton	觸發按紐元件
radio	輻射鈕元件
edit	編輯器元件
text	標籤元件
listbox	選擇表單元件
checkbox	核對選項元件
slider	卷軸元件
popupmenu	外彈式表單元件
frame	圖形框元件

另外要設定元件值可用 set 指令，取得元件值可用 get 指令。若要加上功能表可搭配 uimenu 指令。

【例 13.1】　簡單 GUI 設計一。

繪畫並加上二個觸發按紐元件之圖形視窗。

觸發按紐元件是在 uicontrol 中的 style 設定 togglebutton。

figure 的 position 是設定繪圖視窗的大小，其他之 position 是設定各元件的大小。

Matlab 程式如下：

```
%
% 繪圖加按紐
%
clear
```

```
% 設定圖型大小
h0=figure('position',[15 50 500 500]);
set(gca,'position',[0.2 0.2 0.6 0.6])
% 繪圖運算區
x=-1*pi:0.1:pi;
y1=exp(-0.1*x);
y2=cos(3*x);
plot(x,y2)
title('Button use')
grid
% 觸發按鈕事件
But1=['set(but2con,''value'',0),',...
       'semilogy(x,y1),',...
       ];
But2=['set(but1con,''value'',0),',...
       'plot(x,y2),',...
       ];
% 觸發按鈕屬性
but1con=uicontrol(gcf,'style','togglebutton',...
                      'string','plot exp',...
                      'value',0,...
                      'position',[20 20 80 60],...
                      'callback',But1);

but2con=uicontrol(gcf,'style','togglebutton',...
                      'string','plot sin',...
                      'value',0,...
                      'position',[400 20 80 60],...
                      'callback',But2);
```

檔名存成 drawex1.m，並進行執行如下：

```
>>drawex1
```

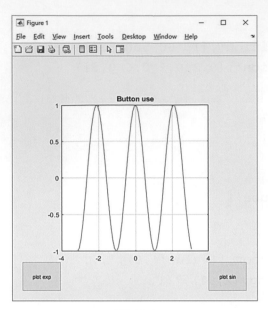

圖 13.1

在圖 13.1 中選 plot exp 可得圖 13.2。

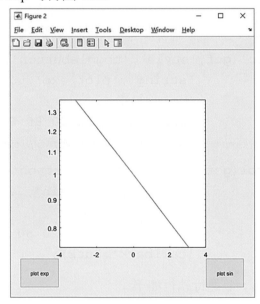

圖 13.2

在圖 13.1 中選 plot sin 圖 13.3。

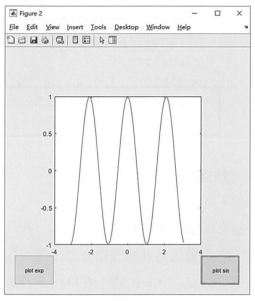

圖 13.3

```
h0=figure('position',[15 50 500 500]);
```

上一行是設定圖視窗和螢幕的位置，[15 50 500 500]數字依序代表 15 pisel 圖離螢幕左邊，50 pisel 圖離螢幕底邊，500 pisel 表示圖的寬，500 pisel 表示圖的高。

```
set(gca,'position',[0.2 0.2 0.6 0.6])
```

上一行是設定圖視窗和圖框元件的相對位置，圖視窗的比例是一個 1*1 的規格圖。[0.2 0.2 0.6 0.6]數字依序代表 0.2 為圖框元件離圖視窗左邊 0.2，0.2 為圖框元件離圖視窗底邊 0.2，0.6 為圖框元件寬 0.6，0.6 為圖框元件高 0.6。

按紐元件之事件內容設定是在 uicontrol 中的 callback，並進行如下設計：

```
but1con=uicontrol(gcf,'style','togglebutton',...
                      'string','plot exp',...
                      'value',0,...
                      'position',[20 20 80 60],...
                      'callback',But1);
```

其中 But1 之內容如下：

```
% 觸發按鈕事件
But1=['set(but2con,''value'',0),',...
      'semilogy(x,y1),',...
      ];
```

另外亦可直接設入 callback 中,如下之設計:

```
but1con=uicontrol(gcf,'style','togglebutton',...
                  'string','plot exp',...
                  'value',0,...
                  'position',[20 20 80 60],...
                  'callback', 'set(but2con,''value'',0),',...
                            'semilogy(x,y1),',...
                            );
```

其餘事件函數之設定可類推。

幾種 callback 的用法如下:

(1) 直接用字串型成指令,然後聚成程式。

(2) 直接用字串變數,字串變數另外寫成指令然後聚成程式。

(3) 直接用字串檔名如 'test',test 是一個 Matlab 程式。

【例 13.2】 簡單 GUI 設計二。

繪畫加上二個按紐元件、二個編輯器元件及二個標籤元件。

按紐元件是在 uicontrol 中的 style 設定 pushbutton。

編輯器元件是在 uicontrol 中的 style 設定 edit。

標籤元件是在 uicontrol 中的 style 設定 text。

本例之按紐元件和例 13.1 是不同,另外有關 'backgroundcolor' 是指背景顏色之設定,以 RGB 成份設定如[0.75 0.75 0.75],其他參附錄 B 之設定。此外若要取得編輯器元件之資料的指令如下:

strdn=get(Edit2,"string")　:取得編輯器元件之資料的指令,Edit2 是編輯器元件的名稱,"string"是編輯器元件的內容字串。

dn=str2num(strdn)　　　　:因編輯器元件的內容是字串,所以得再把字串轉成數字。

Matlab 程式如下:

```
%
% 繪圖加按紐
%
clear
% 設定圖型大小
h0=figure('toolbar','none',...
    'position',[210 50 360 450]);
```

```
h1=axes('parent',h0,...
    'position',[0.10 0.45 0.8 0.5],...
    'visible','off');
```

% 繪圖運算區

```
x=-1*pi:0.05:pi;
y=sin(x);
plot(x,y,'b')
axis([-4 4 -2 2])
```

% 按鈕事件及屬性

```
Button1=uicontrol('parent',h0,...
                'units','points',...
                'style','pushbutton',...
                'string','Button1',...
                'backgroundcolor',[0.5 0.5 0.5],... % 數字越大越淡
                'position',[20 50 80 25],...
                'callback',[...
                    'strn=get(Edit1,''string'');,',... % 程式區
                    'n=str2num(strn);,',...
                    'y1=cos(n.*x);,',...
                    'plot(x,y1),',...
                    'grid,',...
                    'axis([-4 4 -2 2]),',...
                        ]);
Button2=uicontrol('parent',h0,...
                'units','points',...
                'style','pushbutton',...
                'string','Button2',...
                'backgroundcolor',[0.5 0.5 0.5],...
                'position',[160 50 80 25],...
                'callback',[...
                    'strdn=get(Edit2,''string'');,',... % 程式區
                    'dn=str2num(strdn);,',...
                    'y2=2*exp(-0.7*x).*cos(dn.*x);,',...
                    'plot(x,y2),',...
                    'grid,',...
                    'axis([-4 4 -10 10]),',...
                        ]);
```

```
Button3=uicontrol('parent',h0,...
                  'units','points',...
                  'tag','b3',...
                  'style','pushbutton',...
                  'string','結束',...
                  'backgroundcolor',[0.5 0.5 0.5],...
                  'position',[103 20 50 30],...
                  'callback','close');  % 程式區
```

% 編輯器事件及屬性
```
Edit1=uicontrol('parent',h0,...
                'units','points',...
                'tag','Edit1',...
                'style','edit',...
                'fontsize',12,...
                'string','5',...
                'horizontalalignment','right',...
                'backgroundcolor',[0.8 0.8 0.8],...
                'position',[60 100 40 20]);
```

```
Edit2=uicontrol('parent',h0,...
                'units','points',...
                'tag','Edit2',...
                'style','edit',...
                'fontsize',12,...
                'string','10',...
                'horizontalalignment','right',...
                'backgroundcolor',[0.8 0.8 0.8],...
                'position',[200 100 40 20]);
```

% 標籤事件及屬性
```
Label1=uicontrol('parent',h0,...
                 'units','points',...
                 'tag','Label1',...
                 'style','text',...
                 'string','第一輸入',...
```

```
                        'fontsize',10...
                        'backgroundcolor',[0.75 0.75 0.75],...
                        'position',[20 100 40 20]);

Label2=uicontrol('parent',h0,...
                        'units','points',...
                        'tag','Label2',...
                        'style','text',...
                        'string','第二輸入',...
                        'fontsize',10...
                        'backgroundcolor',[0.75 0.75 0.75],...
                        'position',[160 100 40 20]);
```

檔名存成 drawex2.m，並進行執行如下：

>>drawex2

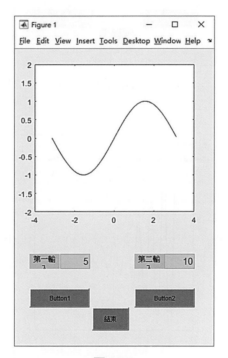

圖 13.4

按下 button1 可得：

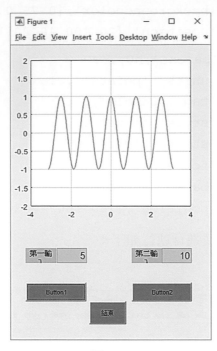

圖 13.5

按下 button2 可得：

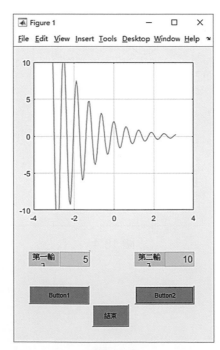

圖 13.6

更改第二輸入為 130 且按下 Button2 可得：

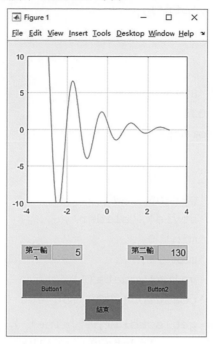

圖 13.7

【例 13.3】　簡單 GUI 設計三。

繪畫加上二個按鈕元件、三個捲軸元件及四個標籤元件。

捲軸元件是在 uicontrol 中的 style 設定 slider。

按鈕元件是在 uicontrol 中的 style 設定 pushbutton。

標籤元件是在 uicontrol 中的 style 設定 text。

若要取得捲軸值之指令是 'srl2k=get(scroll2,"value");,'，scroll2 是捲軸元件的名稱，"value" 是 捲 軸 元 件 的 內 容 值 。 另 外 若 要 設 定 捲 軸 值 之 指 令 是 'set(scroll1,"value",initcdata(1));,'，scroll1 是欲設定捲軸元件的名稱，"value"是捲軸元件的內容值，initcdata(1)是指欲設定之數值。

Matlab 程式如下：

```
%
% 繪圖加按鈕,捲軸,標籤
%
clear
% 設定圖型大小
mw0=figure('toolbar','none',...
            'position',[200 60 450 480]);
mw1=axes('parent',mw0,...
```

```
            'position',[0.18 0.42 0.65 0.55],...
            'visible','off');
% 繪圖運算區
[x y z]=peaks;
f1=surfl(x,y,z);
axis([-3 3 -3 3 -8 8])
colormap([0.5 0.5 0.5])
cdata=get(mw0,'colormap');
initcdata=cdata;
% 捲軸事件及屬性
scroll1=uicontrol('parent',mw0,...
                  'style','slider',...
                  'min',0,...
                  'max',1,...
                  'value',cdata(1),...
                  'position',[20 150 400 20],...
'callback',['srl1k=get(scroll1,''value'');,',...% 取捲軸值
                  'cdata(1)=srl1k;,',...
                  'set(mw0,''colormap'',cdata);']);
scroll2=uicontrol('parent',mw0,...
            'style','slider',...
            'min',0,...
            'max',1,...
            'value',cdata(2),...
            'position',[20 100 400 20],...
            'callback',['srl2k=get(scroll2,''value'');,',...% 取捲軸值
                  'cdata(2)=srl2k;,',...
                  'set(mw0,''colormap'',cdata);']);
scroll3=uicontrol('parent',mw0,...
                  'style','slider',...
                  'min',0,...
                  'max',1,...
                  'value',cdata(3),...
                  'position',[20 50 400 20],...

'callback',['srl3k=get(scroll3,''value'');,',...% 取捲軸值
                  'cdata(3)=srl3k;,',...
                  'set(mw0,''colormap'',cdata);']);
% 標籤事件及屬性
```

% 更改紅色成份標籤

```
Label1=uicontrol('parent',mw0,...
                 'style','text',...
                 'string','更改紅色成份',...
                 'position',[20 170 400 20]);
```

% 更改綠色成份標籤

```
Label2=uicontrol('parent',mw0,...
                 'style','text',...
                 'string','更改綠色成份',...
                 'position',[20 120 400 20]);
```

% 更改籃色成份標籤

```
Label3=uicontrol('parent',mw0,...
                 'style','text',...
                 'string','更改籃色成份',...
                 'position',[20 70 400 20]);
```

% 設定文字

```
Label3=uicontrol('parent',mw0,...
                 'style','text',...
                 'string','更改 peaks 函數顏色成份',...
                 'position',[10 450 150 20]);
```

% 按鈕事件及屬性

% reset 鈕

```
Button1=uicontrol('parent',mw0,...
                  'style','pushbutton',...
                  'string','Reset',...
                  'position',[120 5 60 40],...
'callback',['set(scroll1,''value'',initcdata(1));,',...% 還原捲軸值
                  'set(scroll2,''value'',initcdata(2));,',...
                  'set(scroll3,''value'',initcdata(3));,',...
                  'set(mw0,''colormap'',initcdata)']);
```

% close 鈕

```
Buttone2=uicontrol('parent',mw0,...
                   'style','pushbutton',...
                   'string','close',...
                   'position',[300 5 60 40],...
                   'callback','close');
```

檔名存成 drawex3.m，並進行執行如下：

```
>>drawex3
```

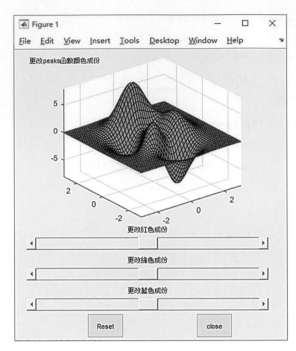

圖 13.8

改變捲軸之位置，即可改變其顏色，如圖 13.9 所示。

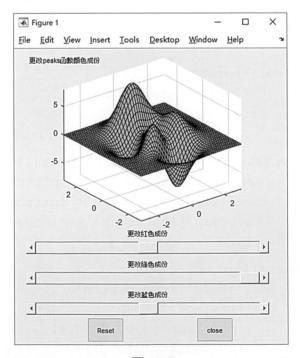

圖 13.9

再改變捲軸之位置，即可在改變其顏色，如圖 13.10 所示。

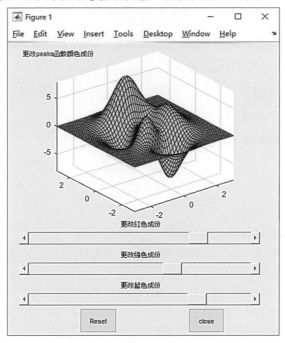

圖 13.10

【例 13.4】　簡單 GUI 設計四。

繪畫加上一個選擇表單、四個編輯器、二個按紐元件、二個輻射鈕及五個標籤元件。

選擇表單是在 uicontrol 中的 style 設定 listbox。

輻射鈕元件是在 uicontrol 中的 style 設定 radio。

捲軸元件是在 uicontrol 中的 style 設定 slider。

按紐元件是在 uicontrol 中的 style 設定 pushbutton。

標籤元件是在 uicontrol 中的 style 設定 text。

有關選擇表單中的選項之設定如下(在 'string' 後填入名稱，並用 | 隔開)：

```
List1=uicontrol('parent',mw0,...
            'style','listbox',...
            'position',[10 300 80 120],...
```

```
'string','exp(-3x)*sin(x)|cos(x)|exp(x)|peaks|sin(x)*cos(y)|stairs|stem
3|pie|bar',...
```

```
            'value',1,...
            'max',0.5,...
```

```
                'min',0);
                ,...
```

若要取得選擇表單值之指令是 'a=get(List1,"value");,'，List1 是選擇表單元件的名稱，"value"是選擇表單元件的內容值。

本例之 Matlab 程式如下：

```
%
% 繪圖加按紐,選擇表單,標籤
%
clear
% 設定圖型大小
mw0=figure('toolbar','none',...
            'position',[200 60 410 470]);
mw1=axes('parent',mw0,...
         'position',[0.3 0.25 0.65 0.7],...
         'visible','on');
f=uicontrol('parent',mw0,...
            'style','frame',...
            'position',[5 50 90 400]);
% 標籤事件及屬性
Label2=uicontrol('parent',mw0,...
                 'style','text',...
                 'string','Select Function',...
                 'fontsize',5,...
                 'position',[10 420 80 20]);
% 選擇表單事件及屬性
List1=uicontrol('parent',mw0,...
                'style','listbox',...
                'position',[10 300 80 120],...
'string','exp(-3x)*sin(x)|cos(x)|exp(x)|peaks|sin(x)*cos(y)|st
airs|stem3|pie|bar',...
                'value',1,...
                'max',0.5,...
                'min',0);
% 編輯器事件及屬性
Edit1=uicontrol('parent',mw0,...
                'style','edit',...
                'string','-2',...
```

```matlab
                'position',[20 240 60 20],...
                'horizontalalignment','right');
Edit2=uicontrol('parent',mw0,...
                'style','edit',...
                'string','2',...
                'position',[20 200 60 20],...
                'horizontalalignment','right');
Edit3=uicontrol('parent',mw0,...
                'style','edit',...
                'string','-2',...
                'position',[20 160 60 20],...
                'horizontalalignment','right');
Edit4=uicontrol('parent',mw0,...
                'style','edit',...
                'string','2',...
                'position',[20 120 60 20],...
                'horizontalalignment','right');
% 標籤事件及屬性
Label1=uicontrol('parent',mw0,...
                'style','text',...
                'string','X Data From',...
                'fontsize',5,...
                'position',[20 260 60 20],...
                'horizontalalignment','center');
Label2=uicontrol('parent',mw0,...
                'style','text',...
                'string','X Data To',...
                'fontsize',5,...
                'position',[20 220 60 20],...
                'horizontalalignment','center');
Label3=uicontrol('parent',mw0,...
                'style','text',...
                'string','Y Data From',...
                'fontsize',5,...
                'position',[20 180 60 20],...
                'horizontalalignment','center');
Label4=uicontrol('parent',mw0,...
                'style','text',...
```

```
                'string','Y Data To',...
                'fontsize',5,...
                'position',[20 140 60 20],...
                'horizontalalignment','center');
```

% 輻射鈕事件及屬性

```
Radio1=uicontrol('style','radio',...
                'string','grid on',...
                'value',0,...
                'position',[10 80 60 20],...
                'callback',['grid on,',...
                        'set(Radio1,''value'',1);,',...
                        'set(Radio2,''value'',0)']);

Radio2=uicontrol('style','radio',...
                'string','grid off',...
                'position',[10 60 60 20],...
                'value',1,...
                'callback',['grid off,',...
                        'set(Radio2,''value'',1);,',...
                        'set(Radio1,''value'',0)']);
```

% 按鈕事件及屬性

```
Button1=uicontrol('parent',mw0,...
                'style','pushbutton',...
                'position',[150 50 70 50],...
                'string','Draw',...
                'callback',['x1=str2num(get(Edit1,''string''));,',...
                        'x2=str2num(get(Edit2,''string''));,',...
                        'y1=str2num(get(Edit1,''string''));,',...
                        'y2=str2num(get(Edit2,''string''));,',...
                        'x=x1:0.1:x2;',...
                        'y=y1:0.1:y2;',...
                        'a=get(List1,''value'');,',...
                        'if a==1,',...
                            'plot(x,exp(-3*x).*sin(x)),',...
                        'end,',...
                        'if a==2,',...
```

```
                              'plot(x,cos(x)),',...
                   'end,',...
                   'if a==3,',...
                              'plot(x,exp(x)),',...
                   'end,'...
                   'if a==4,',...
                       '[r s t]=peaks;,'...
                       'mesh(r,s,t);,',...
                   'end,'...
                   'if a==5,',...
                       'plot3(x,y,sin(x).*cos(y)),',...
                   'end,'...
                   'if a==6,',...
                       'stairs(x,y);',...
                   'end,'...
                   'if a==7,',...
                       'stem3(x,y,sin(x).*cos(y));',...
                   'end,'...
                   'if a==8,',...
                       'pie(y);',...
                   'end,'...
                   'if a==9,',...
                       'bar(x,y),',...
                   'end'...
                   ]);
Button2=uicontrol('parent',mw0,...
              'style','pushbutton',...
              'position',[270 50 70 50],...
              'string','close',...
              'callback','close');
```

檔名存成 drawex4.m，並進行執行如下：

```
>>drawex4
```

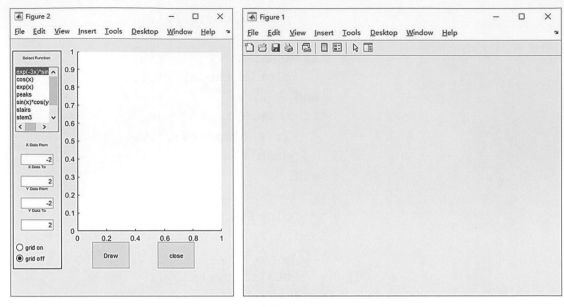

圖 13.11

　　從選擇表單下選擇 sin(x).*cos(y)，其內建圖是 plot3(x,y,sin(x).*cos(y))圖，後再點上 grid on，再點 Draw 可得圖 13.12。

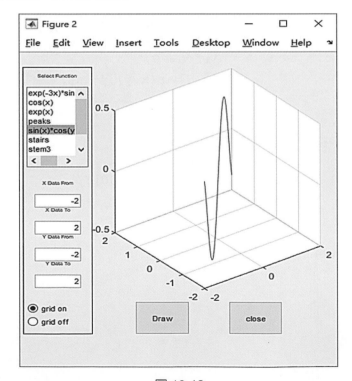

圖 13.12

從選擇表單下選擇 stem3，其內建圖是 stem3(x,y,sin(x).*cos(y))圖，後再點上 grid on，再點 Draw 可得圖 13.13。

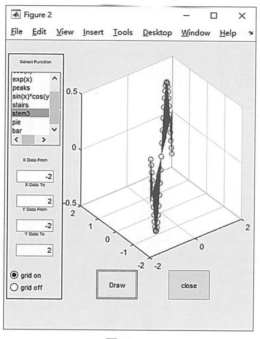

圖 13.13

從選擇表單下選擇 peaks，其內建圖是 peaks 函數圖，後再點上 grid on，再點 Draw 可得圖 13.14。

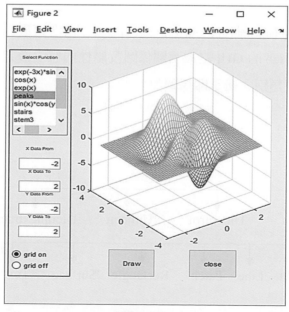

圖 13.14

從選擇表單下選擇 cos(x)，其內建圖是 plot(x,cos(x))圖，後再點上 grid on，另 X Data From 設-20，X Data To 設-20，再點 Draw 可得圖 13.15。

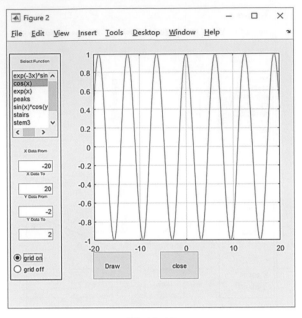

圖 13.15

【註】本節的許多讀取及設定元件之指令，亦可直接用至下節之 callback 的函數內，只是單引號可省去，因此熟讀本節之用法，有助下節之 callback 的函數的書寫。因此要設計一好的 GUI 本節及下節是非常重要的。

gca 指令可取得目前圖軸(get current axes)。gcf 指令可取得目前視窗(get current figure)。另外有關 Matlab 的 GUI 之繼承關係圖及屬性內容之設定如下之說明：

在 Matlab 的 GUI 類別之繼承關係圖如下：

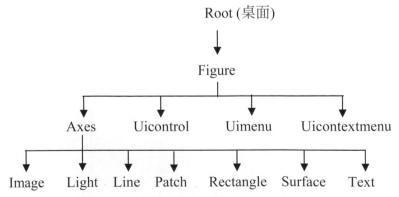

其中

Root 類別　　：可直接控制圖形視窗。一般而言，可利用在 root 中的屬性設定視窗的一些基本顯示效果。

Figure 類別　：建立圖形視窗及設定 GUI 視窗的大小及顏色。

Axes 類別　　：建立圖形視窗之軸的設定，及其子類別 Image, Light, Line, Patch, Rectangle, Surface, Text。

Uicontrol 類別：建立圖形視窗之內容元件的設定，如按鈕、edit 等。

Uimenu 類別　：建立圖形視窗之功能表 menu 的內容。

有關屬性(property)之用法如下：

```
function('property name', property value,…)
```

在此的 function 是指類別繼承關係中的任一個類別名稱，如 Uicontrol，屬性須以字串形式出現，不設之屬性可不寫。

例如：

text('String', 'test')　：此指令表示在 text 類別之 String 屬性之內容設定為 test 字串。

figure('Position', [330 260 410 315], 'Color', 'r')：此指令表示在 figure 類別之 Position 屬性之內容設定為 [330　260　410　315]；Color 屬性之內容設定為紅色。

完整的類別及屬性如下：

Root Properties

BusyAction
ButtonDownFcn
CallbackObject
Children
Clipping
CreateFcn
CurrentFigure
DeleteFcn
Diary
DiaryFile
Echo
ErrorMessage
Format
FormatSpacing
HandleVisibility
HitTest
Interruptible

Selected
SelectionHighlight
ShowHiddenHandles
Tag
TerminalDimensions
TerminalHideGraphCommand
TerminalOneWindow
TerminalProtocol
TerminalShowGraphCommand
Type
UIContextMenu
Units
UserData
Visible

Figure Properties

BackingStore
BusyAction

Language
Parent
PointerLocation
PointerWindow
Profile
ProfileCount
ProfileFile
ProfileInterval
ScreenDepth
ScreenSize
Selected
SelectionHighlight
ShowHiddenHandles
Tag
TerminalDimensions
TerminalHideGraphCommand
TerminalOneWindow
TerminalProtocol
TerminalShowGraphCommand
Type
UIContextMenu
Units
UserData
Visible

Figure Properties

BackingStore
BusyAction
ButtonDownFcn
Children
Clipping
CloseRequestFcn
Color
Colormap
CreateFcn
CurrentAxes
CurrentCharacter
CurrentObject
CurrentPoint
DeleteFcn
Dithermap
DithermapMode
FixedColors
HandleVisibility

ButtonDownFcn
Children
Clipping
CloseRequestFcn
Color
Colormap
CreateFcn
CurrentAxes
CurrentCharacter
CurrentObject
CurrentPoint
DeleteFcn
Dithermap
DithermapMode
FixedColors
HandleVisibility
HitTest
IntegerHandle
Interruptible
InvertHardcopy
KeyPressFcn
MenuBar
MinColormap
Name
NextPlot
NumberTitle
PaperOrientation
PaperPosition
PaperPositionMode
PaperSize
PaperType
PaperUnits
Parent
Pointer
PointerShapeCData
PointerShapeHotSpot
Position
Renderer
RendererMode
Resize
ResizeFcn
Selected
SelectionHighlight

HitTest
IntegerHandle
Interruptible
InvertHardcopy
KeyPressFcn
MenuBar
MinColormap
Name
NextPlot
NumberTitle
PaperOrientation
PaperPosition
PaperPositionMode
PaperSize
PaperType
PaperUnits
Parent
Pointer
PointerShapeCData
PointerShapeHotSpot
Position
Renderer
RendererMode
Resize
ResizeFcn
Selected
SelectionHighlight
SelectionType
ShareColors
Tag
Type
UIContextMenu
Units
UserData
Visible
WindowButtonDownFcn
WindowButtonMotionFcn
WindowButtonUpFcn
WindowStyle

Axes Properties

AmbientLightColor
Box
BusyAction

SelectionType
ShareColors
Tag
Type
UIContextMenu
Units
UserData
Visible
WindowButtonDownFcn
WindowButtonMotionFcn
WindowButtonUpFcn
WindowStyle

Axes Properties

AmbientLightColor
Box
BusyAction
ButtonDownFcn
CLim
CLimMode
CameraPosition
CameraPositionMode
CameraTarget
CameraTargetMode
CameraUpVector
CameraUpVectorMode
CameraViewAngle
CameraViewAngleMode
Children
Clipping
Color
ColorOrder
CreateFcn
CurrentPoint
DataAspectRatio
DataAspectRatioMode
DeleteFcn
DrawMode
FontAngle
FontName
FontSize
FontUnits
FontWeight
GridLineStyle

ButtonDownFcn	HandleVisibility
CLim	HitTest
CLimMode	Interruptible
CameraPosition	Layer
CameraPositionMode	LineStyleOrder
CameraTarget	LineWidth
CameraTargetMode	NextPlot
CameraUpVector	Parent
CameraUpVectorMode	PlotBoxAspectRatio
CameraViewAngle	PlotBoxAspectRatioMode
CameraViewAngleMode	Position
Children	Projection
Clipping	Selected
Color	SelectionHighlight
ColorOrder	Tag
CreateFcn	TickDir
CurrentPoint	TickDirMode
DataAspectRatio	TickLength
DataAspectRatioMode	Title
DeleteFcn	Type
DrawMode	Units
FontAngle	UIContextMenu
FontName	UserData
FontSize	View
FontUnits	Visible
FontWeight	XAxisLocation
GridLineStyle	XColor
HandleVisibility	XDir
HitTest	XGrid
Interruptible	XLabel
Layer	XLim
LineStyleOrder	XLimMode
LineWidth	XScale
NextPlot	XTick
Parent	XTickLabel
PlotBoxAspectRatio	XTickLabelMode
PlotBoxAspectRatioMode	XTickMode
Position	YAxisLocation
Projection	YColor
Selected	YDir
SelectionHighlight	YGrid
Tag	YLabel
TickDir	YLim

TickDirMode
TickLength
Title
Type
Units
UIContextMenu
UserData
View
Visible
XAxisLocation
XColor
XDir
XGrid
XLabel
XLim
XLimMode
XScale
XTick
XTickLabel
XTickLabelMode
XTickMode
YAxisLocation
YColor
YDir
YGrid
YLabel
YLim
YLimMode
YScale
YTick
YTickLabel
YTickLabelMode
YTickMode
ZColor
ZDir
ZGrid
ZLabel
ZLim
ZLimMode
ZScale
ZTick
ZTickLabel
ZTickLabelMode

YLimMode
YScale
YTick
YTickLabel
YTickLabelMode
YTickMode
ZColor
ZDir
ZGrid
ZLabel
ZLim
ZLimMode
ZScale
ZTick
ZTickLabel
ZTickLabelMode
ZTickMode

Uicontrol Properties

BackgroundColor
BusyAction
ButtonDownFcn
Callback
CData
Children
Clipping
CreateFcn
DeleteFcn
Enable
Extent
FontAngle
FontName
FontSize
FontUnits
FontWeight
ForegroundColor
HandleVisibility
HitTest
HorizontalAlignment
Interruptible
ListboxTop
Max
Min
Parent

ZTickMode

Uicontrol Properties

BackgroundColor
BusyAction
ButtonDownFcn
Callback
CData
Children
Clipping
CreateFcn
DeleteFcn
Enable
Extent
FontAngle
FontName
FontSize
FontUnits
FontWeight
ForegroundColor
HandleVisibility
HitTest
HorizontalAlignment
Interruptible
ListboxTop
Max
Min
Parent
Position
Selected
SelectionHighlight
SliderStep
String
Style
Tag
TooltipString
Type
UIContextMenu
Units
UserData
Value
Visible

Uimenu Properties

Position
Selected
SelectionHighlight
SliderStep
String
Style
Tag
TooltipString
Type
UIContextMenu
Units
UserData
Value
Visible

Uimenu Properties

Accelerator
BusyAction
ButtonDownFcn
Callback
Checked
Children
Clipping
CreateFcn
DeleteFcn
Enable
ForegroundColor
HandleVisibility
HitTest
Interruptible
Label
Parent
Position
Selected
SelectionHighlight
Separator
Tag
Type
UIContextMenu
UserData
Visible

Uicontextmenu Properties

BusyAction

Accelerator
BusyAction
ButtonDownFcn
Callback
Checked
Children
Clipping
CreateFcn
DeleteFcn
Enable
ForegroundColor
HandleVisibility
HitTest
Interruptible
Label
Parent
Position
Selected
SelectionHighlight
Separator
Tag
Type
UIContextMenu
UserData
Visible

Uicontextmenu Properties

BusyAction
Callback
Children
Clipping
CreateFcn
DeleteFcn
HandleVisibility
HitTest
Interruptible
Parent
Selected
SelectionHighlight
Tag
Type
UIContextMenu
UserData
Visible

Callback
Children
Clipping
CreateFcn
DeleteFcn
HandleVisibility
HitTest
Interruptible
Parent
Selected
SelectionHighlight
Tag
Type
UIContextMenu
UserData
Visible

Image Properties

BusyAction
ButtonDownFcn
CData
CDataMapping
Children
Clipping
CreateFcn
DeleteFcn
EraseMode
HandleVisibility
HitTest
Interruptible
Parent
Selected
SelectionHighlight
Tag
Type
UIContextMenu
UserData
Visible
XData
YData

Light Properties

BusyAction
ButtonDownFcn

Image Properties

BusyAction
ButtonDownFcn
CData
CDataMapping
Children
Clipping
CreateFcn
DeleteFcn
EraseMode
HandleVisibility
HitTest
Interruptible
Parent
Selected
SelectionHighlight
Tag
Type
UIContextMenu
UserData
Visible
XData
YData

Light Properties

BusyAction
ButtonDownFcn
Children
Clipping
Color
CreateFcn
DeleteFcn
HandleVisibility
HitTest
Interruptible
Parent
Position
Selected
SelectionHighlight
Style
Tag
Type
UIContextMenu

Children
Clipping
Color
CreateFcn
DeleteFcn
HandleVisibility
HitTest
Interruptible
Parent
Position
Selected
SelectionHighlight
Style
Tag
Type
UIContextMenu
UserData
Visible

Line Properties

BusyAction
ButtonDownFcn
Children
Clipping
Color
CreateFcn
DeleteFcn
EraseMode
HandleVisibility
HitTest
Interruptible
LineStyle
LineWidth
Marker
MarkerEdgeColor
MarkerFaceColor
MarkerSize
Parent
Selected
SelectionHighlight
Tag
Type
UIContextMenu
UserData

UserData
Visible

Line Properties

BusyAction
ButtonDownFcn
Children
Clipping
Color
CreateFcn
DeleteFcn
EraseMode
HandleVisibility
HitTest
Interruptible
LineStyle
LineWidth
Marker
MarkerEdgeColor
MarkerFaceColor
MarkerSize
Parent
Selected
SelectionHighlight
Tag
Type
UIContextMenu
UserData
Visible
XData
YData
ZData

Patch Properties

AmbientStrength
BusyAction
ButtonDownFcn
CData
CDataMapping
Children
Clipping
CreateFcn
DeleteFcn
DiffuseStrength

Visible
XData
YData
ZData

Patch Properties

AmbientStrength
BusyAction
ButtonDownFcn
CData
CDataMapping
Children
Clipping
CreateFcn
DeleteFcn
DiffuseStrength
EdgeColor
EdgeLighting
EraseMode
FaceColor
FaceLighting
FaceVertexCData
Faces
HandleVisibility
HitTest
Interruptible
LineStyle
LineWidth
Marker
MarkerEdgeColor
MarkerFaceColor
MarkerSize
NormalMode
Parent
Selected
SelectionHighlight
SpecularColorReflectance
SpecularExponent
SpecularStrength
Tag
Type
UIContextMenu
UserData
VertexNormals

EdgeColor
EdgeLighting
EraseMode
FaceColor
FaceLighting
FaceVertexCData
Faces
HandleVisibility
HitTest
Interruptible
LineStyle
LineWidth
Marker
MarkerEdgeColor
MarkerFaceColor
MarkerSize
NormalMode
Parent
Selected
SelectionHighlight
SpecularColorReflectance
SpecularExponent
SpecularStrength
Tag
Type
UIContextMenu
UserData
VertexNormals
Vertices
Visible
XData
YData
ZData

Rectangle Properties

BusyAction
ButtonDownFcn
Children
Clipping
CreateFcn
Curvature
DeleteFcn
EdgeColor
EraseMode

Vertices
Visible
XData
YData
ZData

Rectangle Properties

BusyAction
ButtonDownFcn
Children
Clipping
CreateFcn
Curvature
DeleteFcn
EdgeColor
EraseMode
FaceColor
HandleVisibility
HitTest
Interruptible
LineStyle
LineWidth
Parent
Position
Selected
SelectionHighlight
Tag
Type
UIContextMenu
UserData
Visible

Surface Properties

AmbientStrength
BackFaceLighting
BusyAction
ButtonDownFcn
CData
CDataMapping
Children
Clipping
CreateFcn
DeleteFcn
DiffuseStrength

FaceColor
HandleVisibility
HitTest
Interruptible
LineStyle
LineWidth
Parent
Position
Selected
SelectionHighlight
Tag
Type
UIContextMenu
UserData
Visible

Surface Properties

AmbientStrength
BackFaceLighting
BusyAction
ButtonDownFcn
CData
CDataMapping
Children
Clipping
CreateFcn
DeleteFcn
DiffuseStrength
EdgeColor
EdgeLighting
EraseMode
FaceColor
FaceLighting
HandleVisibility
HitTest
Interruptible
LineStyle
LineWidth
Marker
MarkerEdgeColor
MarkerFaceColor
MarkerSize
MeshStyle
NormalMode

EdgeColor
EdgeLighting
EraseMode
FaceColor
FaceLighting
HandleVisibility
HitTest
Interruptible
LineStyle
LineWidth
Marker
MarkerEdgeColor
MarkerFaceColor
MarkerSize
MeshStyle
NormalMode
Parent
Selected
SelectionHighlight
SpecularColorReflectance
SpecularExponent
SpecularStrength
Tag
Type
UIContextMenu
UserData
VertexNormals
Visible
XData
YData
ZData

Text Properties

BusyAction
ButtonDownFcn
Children
Clipping
Color
CreateFcn
DeleteFcn
Editing
EraseMode
Extent
FontAngle

Parent
Selected
SelectionHighlight
SpecularColorReflectance
SpecularExponent
SpecularStrength
Tag
Type
UIContextMenu
UserData
VertexNormals
Visible
XData
YData
ZData

Text Properties

BusyAction
ButtonDownFcn
Children
Clipping
Color
CreateFcn
DeleteFcn
Editing
EraseMode
Extent
FontAngle
FontName
FontSize
FontUnits
FontWeight
HandleVisibility

FontName
FontSize
FontUnits
FontWeight
HandleVisibility
HitTest
HorizontalAlignment
Interpreter
Interruptible
Parent
Position
Rotation
Selected
SelectionHighlight
String
Tag
Type
UIContextMenu
Units
UserData
VerticalAlignment

Visible

以上資料的設定可上官方網站的 GUI 的類別、屬性去查詢更詳細的說明。

Matlab 2016 年之後可配合 app designer 之寫程式方式 (Apps Programmatically Workflow) 以 Matlab 函數的概念導入較完整的物件導向程式設計，即利用 uifigure 結合物件導向程式設計以撰寫 m 檔方式去開發 GUI 介面。有關基物件與類別的關係用等號 '=' 去指定，如 fig = uifigure('Name', 'figure')中的 fig 是物件，uifigure 是類別，'Name' 是物件的屬性，'figure'是物件的屬性值。

【例 13.5】　簡單 GUI 設計五使用 Apps Programmatically Workflow。

1. 在 figure 含有 menu 下有二個繪圖框加上一個按紐元件。

2. uifigure 中的 Name 設定 figure1，Position 設定[500 500 820 330]。

3. uimenu 中的 Text 設定 Show。Menu 下設 Data type 且有 Checked 是 on 的。

4. 第一個 uiaxes 中畫二個圖並使用 hold。

5. 第二個 uiaxes 中的 Units 設定 pixels。Position 設定[450, 100, 300, 201]。按紐元件可控制此繪圖框。

6. uibutton 中的 Position 設定[550, 50, 100, 22]，ButtonPushedFcn 事件函數設定@(btn,event) plotButtonPushed(btn,ax)。

7. 事件函數的內容如下：

```
function plotButtonPushed(btn,ax)
x1 = linspace(0,5*pi,100);
y3 = cos(x1);
plot(ax,x1,y3)
end
```

Matlab 程式如下：

```
Clear
fig = uifigure('Name','figure1');
fig.Position=[500 500 820 330];
m= uimenu(fig,'Text','Show');
mitem= uimenu(m,'Text','Data type','Checked','on');
ax=uiaxes(fig);
x=-3*pi:0.1:3*pi;
y=sin(x);
plot(ax,x,y);
hold(ax)
y1=sin(x)+randn(1,length(x));
scatter(ax,x,y1);

% Create a UI axes
ax = uiaxes('Parent',fig,...
'Units','pixels',...
'Position', [450, 100, 300, 201]);
```

```
% Create a push button
btn = uibutton(fig,'push',...
'Position',[550, 50, 100, 22],...
'ButtonPushedFcn', @(btn,event) plotButtonPushed(btn,ax));

% Create the function for the ButtonPushedFcn callback
function plotButtonPushed(btn,ax)
x1 = linspace(0,5*pi,100);
y3 = cos(x1);
plot(ax,x1,y3)
end
```

檔名存成 drawex5.m，並進行執行如下：

```
>>drawex5
```

執行結果，如下圖 13.16 所示。

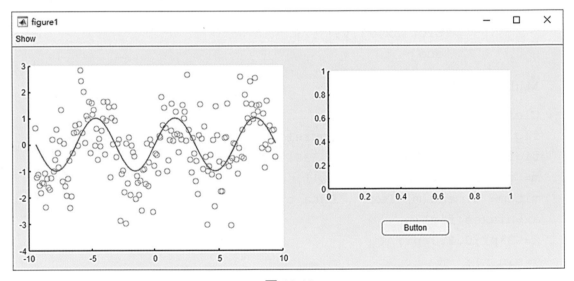

圖 13.16

按下 Button 的結果，如圖 13.17 所示。

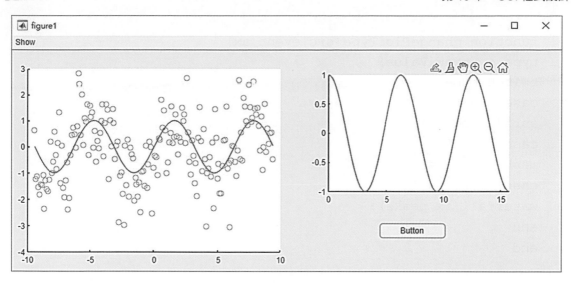

圖 13.17

　　此例用 Matlab 設計好的例子來說明，詳細可參以下網址

https://www.mathworks.com/help/matlab/creating_guis/create-and-run-a-simple-progr

ammatic-app.html

【例 13.6】　簡單 GUI 設計六使用 Apps Programmatically Workflow。以函數的方式撰寫。

1. 在 figure 含有一個 label，一個 dropdown，一個繪圖框。Dropdown 可設定繪圖框的內容。

2. uifigure 中的 Name 設定 My App。

3. uigridlayout 把 figure 分成 4 格，以 2*2 呈現。

4. uilabel 放在 uigridlayout 中。位置於 lbl.Layout.Row = 1; lbl.Layout.Column = 1;。uilabel 的 Text 設定 "Choose Plot Type:"。

5. uidropdown 放在 uigridlayout 中。位置於 dd.Layout.Row = 1; dd.Layout.Column = 2;。uilabel 的 Text 設定 Show。 uidropdown 的 Items 設定 ["Surf" "Mesh" "Waterfall"]。uidropdown 的 Value 設定 "Surf"。

6. uiaxes 放在 uigridlayout 中。位置於 ax.Layout.Row = 2; ax.Layout.Column = [1 2];佔二格。uiaxes 的預設圖 surf(ax,peaks);。

7. uidropdown 中的事件函數設定 @changePlotType。

8. changePlotType 事件函數的內容如下：

```
function changePlotType(src,event,ax)
type = event.Value;
switch type
case "Surf"
surf(ax,peaks);
case "Mesh"
mesh(ax,peaks);
case "Waterfall"
waterfall(ax,peaks);
end
end

function simpleApp
% SIMPLEAPP Interactively explore plotting functions
% Choose the function used to plot the sample data to see the
% differences between surface plots, mesh plots, and waterfall plots

% Create figure window
fig = uifigure;
fig.Name = "My App";

% Manage app layout
gl = uigridlayout(fig,[2 2]);
gl.RowHeight = {30,'1x'};
gl.ColumnWidth = {'fit','1x'};

% Create UI components
lbl = uilabel(gl);
dd = uidropdown(gl);
ax = uiaxes(gl);

% Lay out UI components
% Position label
lbl.Layout.Row = 1;
lbl.Layout.Column = 1;
% Position drop-down
dd.Layout.Row = 1;
dd.Layout.Column = 2;
```

```matlab
% Position axes
ax.Layout.Row = 2;
ax.Layout.Column = [1 2];

% Configure UI component appearance
lbl.Text = "Choose Plot Type:";
dd.Items = ["Surf" "Mesh" "Waterfall"];
dd.Value = "Surf";

surf(ax,peaks);

% Assign callback function to drop-down
dd.ValueChangedFcn = {@changePlotType,ax};
end

% Program app behavior
function changePlotType(src,event,ax)
type = event.Value;
switch type
case "Surf"
surf(ax,peaks);
case "Mesh"
mesh(ax,peaks);
case "Waterfall"
waterfall(ax,peaks);
end
end
```

檔名存成 simpleApp.m，並進行執行如下：

```matlab
>> simpleApp
```

執行結果如下圖 13.18 所示，若在圖 13.18 的 Choose Plot Type 又選 mesh 可得圖 13.19。

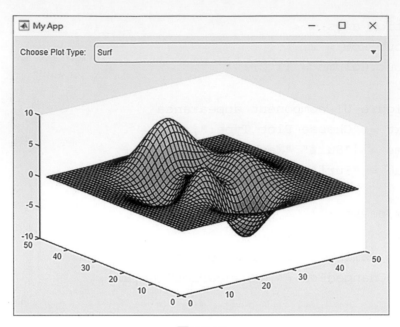

圖 13.18

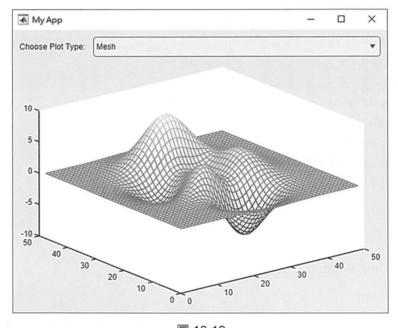

圖 13.19

eval 指令：目前 eval 廣泛用於 GUI 的設計，在 Matlab 的 GUI 中，使用 get 指令可得到的字串格式，通常若是數值，只要透過 str2num 將字串轉換為數值，即可提供後續數值處理。但如果讀入的字串是 cos，sin 之類的指令時，那就需要結合 eval 函式，將字串轉換為指令去執行。

```
>> eval('sin(2)')
ans =
0.9093
>> n=3.14
n =
3.1400
>> eval('sin(n)')
ans =
0.0016
>> n=1.57
n =
1.5700
>> eval('sin(n)')
ans =
1.0000
```

13.2 GUI guide 視窗程式設計

GUI 之設計亦可使用 guide 完成，首先，在 Matlab 命令視窗下，輸入 guide 指令如圖 13.20 所示。

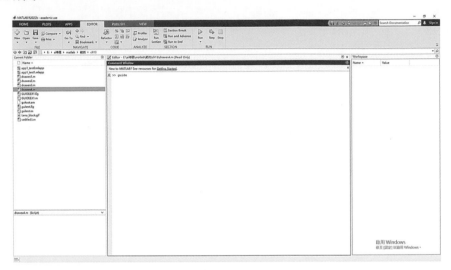

圖 13.20

當按下 Enter 後可得如圖 13.21 所示，選擇 Blank GUI(Default)即可進入 guide 之建立新的 GUI 設計。

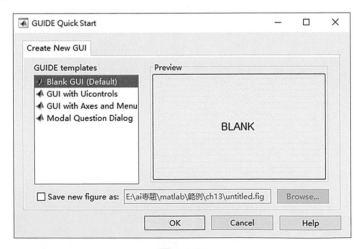

圖 13.21

當按下 OK 後可得如圖 13.22 所示，圖 13.22 是要進行 GUI 設計畫面。

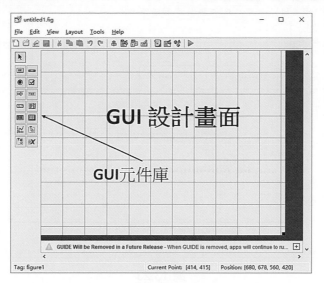

圖 13.22

GUI 設計畫面上有三大部份提供使用者使用，分別為：

Guide　工具　：View 功能表下有 Property Inspector、M-file Editor、Object Browser
　　　　　　　　及 View Callbacks 與 Tools 功能表下有 Run、Align Object、Menu
　　　　　　　　editor 及 GUI Options 等。

GUI 元件庫　：提供模型元件十四個，方便使用者建立物件。

Layout　　　：像一張黑板，可任意設計，亦即可將元件擺上此區。

　　另外 Guide 之視窗設計和前節之差異在本方法是以預設之圖形用滑鼠直接拉至設
計畫面上即可完成外觀之設計，且外觀可用滑鼠或元件之屬性直接調整，以下例子是
使用二個按鈕加上一個繪圖軸，直接從 GUI 元件庫選取這三個元件並拉至設計畫面，
如圖 13.23 所示。

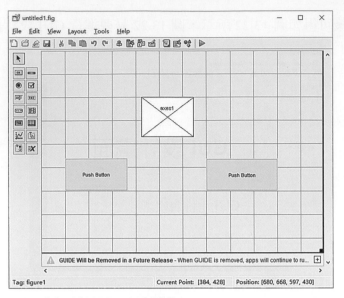

圖 13.23

可用滑鼠直接調整外觀及佈局後如圖 13.24 所示。

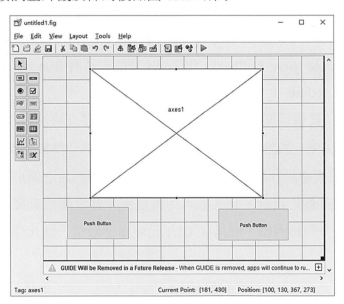

圖 13.24

接下來針對每一個元件之屬性進行設定，首先先選取元件後，按下滑鼠右鍵在選 Property Inspecter 如圖 13.25 所示。

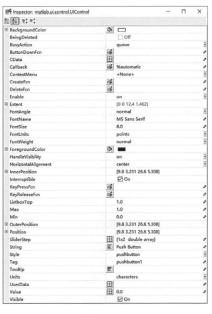

圖 13.25

Property Inspecter 會針對不同的元件給予其適當之屬性和特性設定內容，以下舉出幾個較常用的，提出說明：

Callback　　　：為最重要的，主要是設定元件執行時被按下之動作，屬於一個程式，可由 M-file Editor 來設計。

Color　　　　：顏色設定。

Enable　　　　：通常設定為 ON，表示當滑鼠按到該物件時，呼叫程式會有作用。

FontSize　　　：設定字型大小。

ButtonDownFun：設定滑鼠在被按下時執行該動作。

Position　　　：表示元件在圖形上之位置及大小；格式如右示[left botton width height]。

String　　　　：表示該元件的名稱。

Tag　　　　　：重要的呼叫參數，代表每一個元件的標籤。

Visible　　　　：一般初值為 ON，以便使用者看到元件。

View　　　　　：看圖角度。

Userdada　　　：當做資料儲藏區，用法是先 LOAD 資料進來，假設放到 temp，然後用 set(gcf, 'UserData', temp)，完成 UserData 設定。

可設定之資料有很多，讀者只要稍微測試一下即可明瞭。

以下是設定按鈕之屬性名字之操作，在 string 下設定，結果如圖 13.26 所示。

圖 13.26

同理可設定另一按鈕，結果如圖 13.27 所示，至此，此 GUI 之外觀已完成，可依此圖箭頭處進行初步執行。

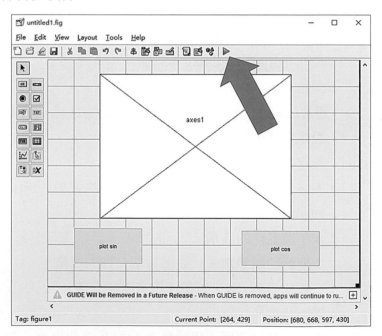

圖 13.27

如此可得圖 13.28，再按下 Yes，即可看到此 GUI 之外觀。

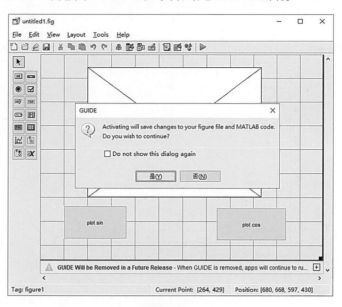

圖 13.28

按下 Yes 後會有檔名儲存如圖 13.29 所示。

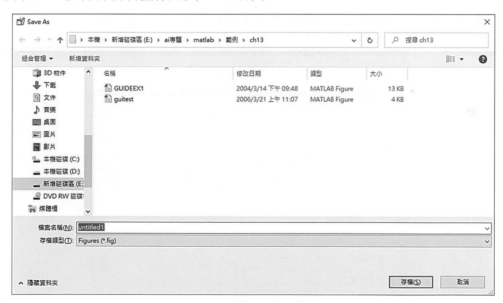

圖 13.29

檔名儲存後即執行程式會出現 GUI 之外觀與 M-file Editor，有關此 GUI 之外觀的結果如圖 13.30 所示。

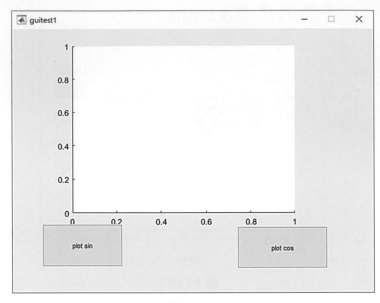

圖 13.30

　　M-file Editor 下看此例的程式結果如圖 13.31 所示。

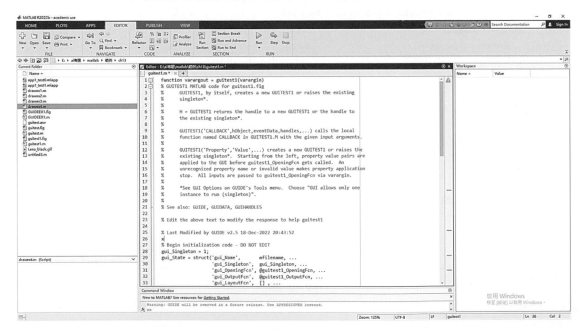

圖 13.31

至此已完成 GUI 之外觀，但點滑鼠時無運算動做，因此要使這個 GUI 視窗動起來仍得再加入 CallBack 事件函數，其加入之方法可以把滑鼠移到 Plot Sin 按鈕元件上，按下滑鼠右鍵，選 view Callbacks 下之 Callback，如圖 13.32 所示。

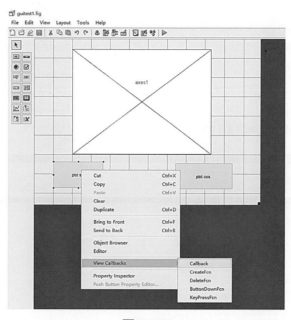

圖 13.32

　　有關 Plot Sin 之 Callback 函數之，如圖 13.33 所示。

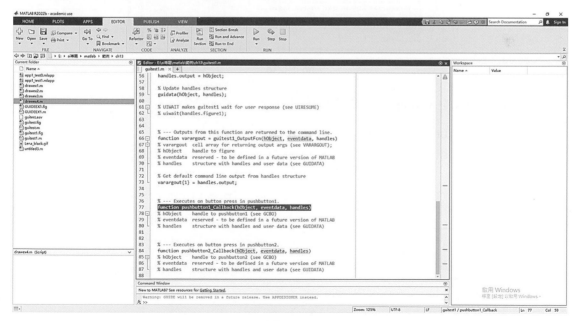

圖 13.33

有關 Plot Sin 之 Callback 函數之內容如下：

```
% --- Executes on button press in pushbutton1.
function pushbutton1_Callback(hObject, eventdata, handles)
% hObject    handle to pushbutton1 (see GCBO)
% eventdata  reserved - to be defined in a future version of MATLAB
% handles    structure with handles and user data (see GUIDATA)

t=1:0.1:100;
plot(t,sin(t))
```

填入此程式

有關 Plot Cos 之 Callback 函數之，如圖 13.34 所示。

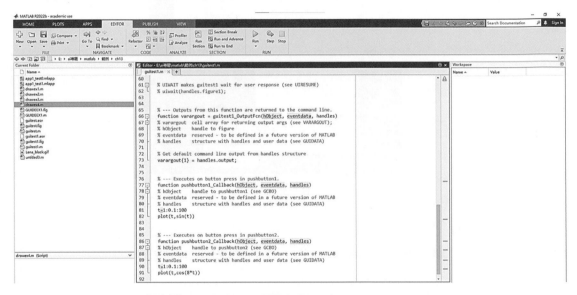

圖 13.34

有關 Plot Cos 之 Callback 函數之內容如下：

```
% --- Executes on button press in pushbutton2.
function pushbutton2_Callback(hObject, eventdata, handles)
% hObject    handle to pushbutton2 (see GCBO)
% eventdata  reserved - to be defined in a future version of MATLAB
% handles    structure with handles and user data (see GUIDATA)

t=1:0.1:100;
plot(t,cos(8*t))
```

執行結果如下：

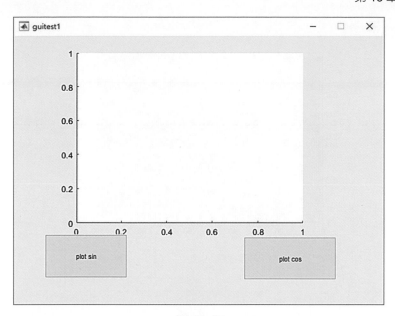

圖 13.35

當按下 Plot Sin 之結果如下：

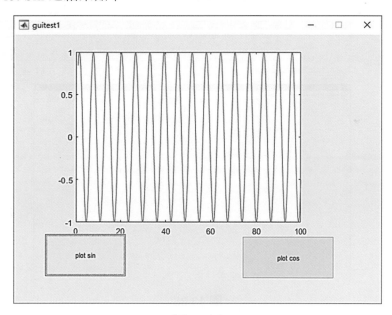

圖 13.36

按下 Plot Cos 鈕之執行結果如下：

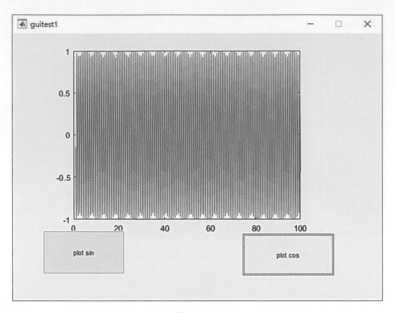

圖 13.37

設計好了之後，亦可從命令窗直接執行。

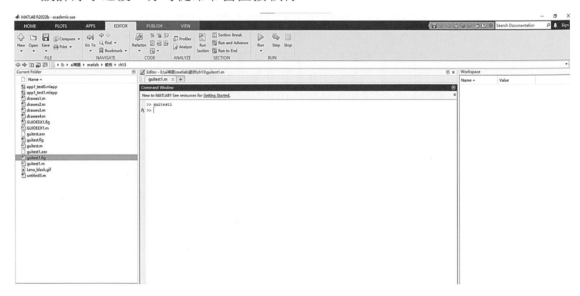

圖 13.38

至此已完成在 guide 下設計一視窗之操作，本節之方式比較簡單，但是在版本相容度不如上一節之方式來的高。

有關 M-file Editor 中本例的 M-file 之檔案結構如下，以下範例是上例之程式說明，會有 GUI 程式名稱、主體結構之設定及二個 pushbutton 之 Callbacks 函數。

```matlab
function varargout = guitest(varargin)        GUI 程式名稱
% GUITEST M-file for guitest.fig
%  GUITEST, by itself, creates a new GUITEST or raises the existing
%  singleton*.
%
%  H=GUITEST returns the handle to a new GUITEST or the handle to
%  the existing singleton*.
%
%  GUITEST('CALLBACK',hObject,eventData,handles,...) calls the local
%  function named CALLBACK in GUITEST.M with the given input arguments.
%
%  GUITEST('Property','Value',...) creates a new GUITEST or raises the
%  existing singleton*. tarting from the left, property value pairs are
%  applied to the GUI before guitest_OpeningFunction gets called.  An
%  unrecognized property name or invalid value makes property application
%  stop.  All inputs are passed to guitest_OpeningFcn via varargin.
%
%  *See GUI Options on GUIDE's Tools menu.  Choose "GUI allows only one
%  instance to run (singleton)".
%
% See also: GUIDE, GUIDATA, GUIHANDLES
% Edit the above text to modify the response to help guitest
% Last Modified by GUIDE v2.5 21-Mar-2006 10:34:09
% Begin initialization code - DO NOT EDIT

gui_Singleton = 1;                              主體結構之設定
gui_State = struct('gui_Name',        mfilename,  ...
                   'gui_Singleton',  gui_Singleton, ...
                   'gui_OpeningFcn', @guitest_OpeningFcn, ...
                   'gui_OutputFcn',  @guitest_OutputFcn, ...
                   'gui_LayoutFcn',  [] , ...
                   'gui_Callback',   []);
if nargin && ischar(varargin{1})
   gui_State.gui_Callback = str2func(varargin{1});
end

if nargout
   [varargout{1:nargout}] = gui_mainfcn(gui_State, varargin{:});
else
   gui_mainfcn(gui_State, varargin{:});
```

```
end
% End initialization code - DO NOT EDIT

% --- Executes just before guitest is made visible.
function guitest_OpeningFcn(hObject, eventdata, handles, varargin)
% This function has no output args, see OutputFcn.
% hObject    handle to figure
% eventdata  reserved - to be defined in a future version of MATLAB
% handles    structure with handles and user data (see GUIDATA)
% varargin   command line arguments to guitest (see VARARGIN)

% Choose default command line output for guitest
handles.output = hObject;

% Update handles structure
guidata(hObject, handles);

% UIWAIT makes guitest wait for user response (see UIRESUME)
% uiwait(handles.figure1);

% --- Outputs from this function are returned to the command line.
function varargout = guitest_OutputFcn(hObject, eventdata, handles)
% varargout  cell array for returning output args (see VARARGOUT);
% hObject    handle to figure
% eventdata  reserved - to be defined in a future version of MATLAB
% handles    structure with handles and user data (see GUIDATA)

% Get default command line output from handles structure
varargout{1} = handles.output;
```

Pushbutton1 之 Callbacks 函數

```
% --- Executes on button press in pushbutton1.
function pushbutton1_Callback(hObject, eventdata, handles)
% hObject    handle to pushbutton1 (see GCBO)
% eventdata  reserved - to be defined in a future version of MATLAB
% handles    structure with handles and user data (see GUIDATA)
t=1:0.1:100;
plot(t,sin(t))
```

Pushbutton2 之 Callbacks 函數

```
% --- Executes on button press in pushbutton2.
function pushbutton2_Callback(hObject, eventdata, handles)
% hObject    handle to pushbutton2 (see GCBO)
% eventdata  reserved - to be defined in a future version of MATLAB
% handles    structure with handles and user data (see GUIDATA)
t=1:0.1:100;
plot(t,cos(8*t))
```

另在 GUI 程式中有幾個常用的指令之說明如下：

get：獲取物件的屬性值。

語法：變數名稱=get(handle 物件, '該物件的屬性名稱')

例如，value=get(gco, 'String')；

如該物件的 String 內的值為 'Plot Sin'，則執行後 value 的值也就為 'Plot Sin'。

set：設定物件的屬性值。

語法：set(handle 物件, '該物件的屬性名稱', 資料)

例如，set(gco,'String','Plot Cos')；

此物件內 String 的值將變為'Plot Cos'。

findobj：透過指定的屬性名稱與屬性值，尋找出對應元件的把握值。

語法：handle 物件=findobj(gcf, '屬性名稱', '屬性值')

例如，handle_pushbutton1=findobj('tag','pushbutton1')；

找出 tag 名稱為 pushbutton1 之物件的 handle 值為 handle_pushbutton1，過來在設定該物件之背景屬性。

【註】gcf 是對目前的 figure 物件回報其 handle 值，gca 是對目前的 axes 物件回報其 handle 值，gco 是對目前的物件回報其 handle 值，或滑鼠剛剛點過的物件把握值。

Align Objects(位於功能表下的 Tools 下之 Align Objsets)可以讓排版的整體看起來更美觀，可以使用 Align Objects 這個部份提供需求，如圖 13.39(上面做垂直方向的排列，下面是做水平方向的排列)。

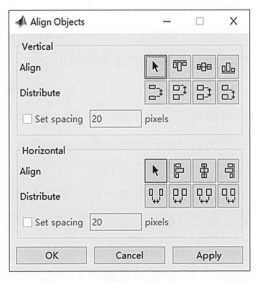

圖 13.39

Component palette 為 GUI 設計畫面上最左邊的區域，有數個元件，提供使用者應用，由下說明：

圖 13.40

push botton ：按鈕元件其使用最頻繁，當有編輯 callback 程式，即可執行其指定動作。

slider ：可供滑鼠在其上拖曳之元件，由其位置設定資料範圍。

checkbox ：由滑鼠點選切換狀態之元件，可以設定 ON 及 OFF。

radio button ：與 checkbox 功能像似之元件，圓圈圖樣。

edit text ：使用者可在其上輸入變數、數字之元件，程式執行時可以抓取。

static text ：可以在其上建立文字說明之元件。

listbox ：建立清單之元件，共使用者選取並指定動作。

table ：建立表單之元件。

popupmenu ：跟 listbox 很類似之元件，只不過顯示的方式不一樣，只有滑鼠按到其按鈕選單，清單才會列出來。

toggle button ：跟 pushbotton 類似之元件，但它可以執行雙重狀態切換。

axes ：提供繪圖區之元件，顯示運算結果圖形。

button groups ：主要應用於 radio button 與 toggle 這兩類按鈕之元件，因為它可以用來管理排外選取的行為。

panel ：跟 frame 很類似之元件，但它可以包含 axes、GUI 物件等。

activeX control ：透過這個工具就可以與其他軟體介面做有效的整合。

【註】Matlab 的提醒 "Warning: GUIDE will be removed in a future release. Use APPDESIGNER instead." GUIDE 未來會被 APPDESIGNER 取代。

13.3 App Designer：應用視窗程式設計

App Designer 是 Mathworks 新開發的工具，方便在 MATLAB 中開發與設計視窗和 Web 的應用程式。App Designer 可使您簡單的開發專業應用程式，無需太多的專業軟件開發人員的知識 (雖 Matlab 官方這麼說，但仍需有開發以物件導向為基礎之視窗軟體的概念會比較容易上手)。一樣採用拖放可視覺的元件的方式，去佈置圖形用戶使用者界面（GUI）的內容以進行開發應用程式之設計方式，並使用整合編輯器去快速填入視覺的元件的程式內容，方便 App Designer 應用視窗程式的開發。

應用視窗程式的建立，可在 Matlab 的環境 HOME 頁籤下的 FILE 下的 New 選 App 即可出現如圖 13.41，用滑鼠點 Blank App 可出現如圖 13.42 的整合環境，相關功能標示在圖 13.42 上。

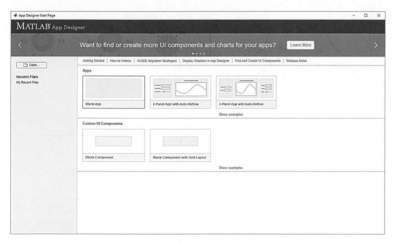

圖 13.41

圖 13.42

App Designer 的應用程式開發環境的內容，主要有工具列區(有執行程式的工具)、元件區(存放所有 App Designer 開發的元件)、GUI 佈局區(應用程式畫面設計的範圍)、使用元件的瀏覽區(已用到元件的列表)及元件的屬性區(元件屬性的快速設定區)。另 GUI 佈局區亦提供程式碼檢視區(佈局與程式碼檢視區可互相切換)。

App Designer 的設計理念同 Guide 之視窗設計設計理念，用滑鼠把要設計的視窗設計之元件直接由元件區拉至 GUI 佈局區後即完成設計畫面的外觀之設計，且外觀或所有使用到的元件之屬性皆可用滑鼠直接調整。以下這個例子是使用三個 Lamp, 一個 Linear Gauge, 一個 Gauge, 一個 Axes, 二個 List Box, 二個 Label, 及二個 Button 去設計 App Designer 的應用程式。使用者可直接從元件區一個一個去選取這十個元件，並逐一地拉至 GUI 佈局區去設計畫面，如圖 13.43 所示。

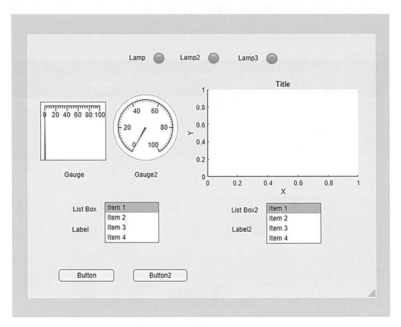

圖 13.43

圖 13.42 的內容可用滑鼠直接拉至設計畫面的位置並調整每個元件的大小，且可用滑鼠至元件之屬性區直接調整及設定每個元件的屬性值。首先，先把元件位置擺設好，二個 List Box, 二個 Label 與二個 Button 的文字更改好，三個 Lamp 的文字更改好及把三個 Lamp, 二個 List Box 及二個 Label 的 Enable 關掉如圖 13.43 所示。

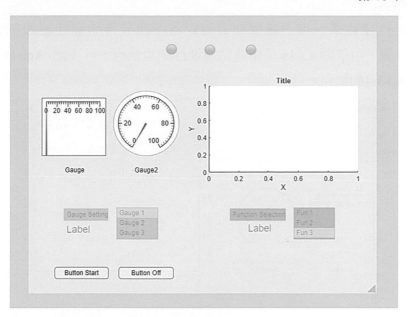

圖 13.44

　　有關元件的設定以第一個 List Box 為例，直接在圖 13.45 上說明在 GUI 佈局區、使用元件的瀏覽區及元件的屬性區這三個區之關聯。可修改 List Box 元件之屬性的 Label 文字、選項文字、可設定多選或單選、字形、文字大小、顏色，Enable 取消等元件屬性設定。

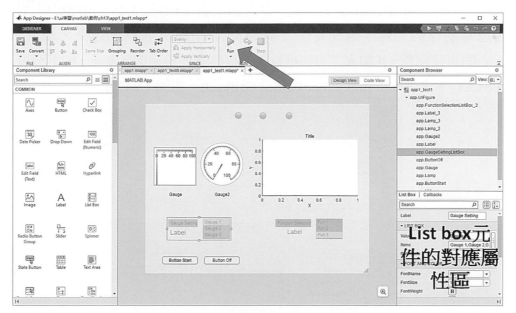

圖 13.45

把所有元件依需求，用上述原則去設定每一個元件的屬性值即可完成此 App Designer 之外觀，可依圖 13.45 箭頭處點選進行初步執行，可得此 App Designer 之外觀的結果如圖 13.46 所示。

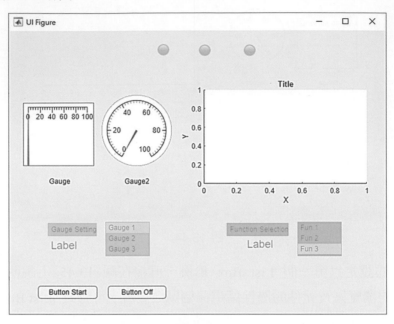

圖 13.46

至此已完成 App Designer 之外觀，執行後的畫面如圖 13.46，但應用程式用滑鼠點時無運算動作的功能。因此要使這個 App Designer 視窗動起來，仍得再加入 CallBack 的事件函數，其加入之方法可以把滑鼠移到要設定的元件上，按下滑鼠右鍵，選 Callbacks 下之 Go to ButtonStartPushed Callback，如圖 13.47 所示。

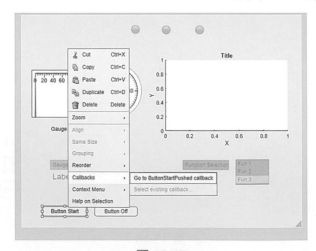

圖 13.47

有關 ButtonStartPushed 之 Callback 函數如圖 13.48 所示。

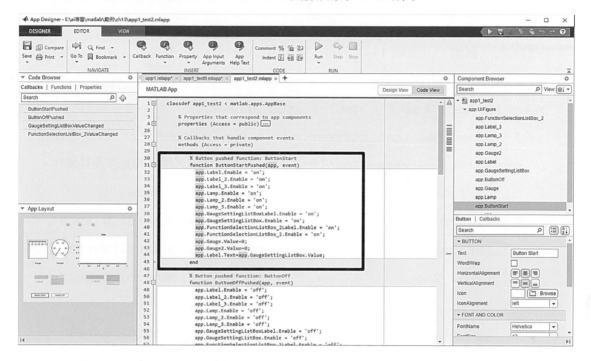

圖 13.48

填入以下內容，說明如右邊中文註解。

app.Label.Enable = 'on';   %啟動 Label。

app.Label_2.Enable = 'on';   %啟動 Label_2。

app.Label_3.Enable = 'on';   %啟動 Label_3。

app.Lamp.Enable = 'on';   %啟動 Lamp。

app.Lamp_2.Enable = 'on';   %啟動 Lamp_2。

app.Lamp_3.Enable = 'on';   %啟動 Lamp_3。

app.GaugeSettingListBoxLabel.Enable = 'on';   %啟動 ListBoxLabel。

app.GaugeSettingListBox.Enable = 'on';   %啟動 ListBox。

app.FunctionSelectionListBox_2Label.Enable = 'on';   %啟動
ListBox_2Label。

app.FunctionSelectionListBox_2.Enable = 'on';
                                              %啟動 ListBox_2。

app.Gauge.Value=0;   %設定 Gauge 的初值。

app.Gauge2.Value=0;   %設定 Gauge2 的初值。

13-61

```
app.Label.Text=app.GaugeSettingListBox.Value;   %設定 Label 顯示
```
ListBox 的內容。

完整的程式碼如下(可從圖 13.42 的程式碼檢視區切換看到)，說明如右邊中文註解。

檔名是 app1_test1.mlapp

```
classdef app1_test1 < matlab.apps.AppBase
    % Properties that correspond to app components
    properties (Access = public)        % 陳列這個程式用到的元件及其屬性。
        UIFigure                        matlab.ui.Figure
        UIAxes                          matlab.ui.control.UIAxes
        ButtonStart                     matlab.ui.control.Button
        Label_2                         matlab.ui.control.Label
        Lamp                            matlab.ui.control.Lamp
        GaugeLabel                      matlab.ui.control.Label
        Gauge                           matlab.ui.control.LinearGauge
        ButtonOff                       matlab.ui.control.Button
        GaugeSettingListBoxLabel        matlab.ui.control.Label
        GaugeSettingListBox             matlab.ui.control.ListBox
        Label                           matlab.ui.control.Label
        Gauge2Label                     matlab.ui.control.Label
        Gauge2                          matlab.ui.control.Gauge
        Lamp_2Label                     matlab.ui.control.Label
        Lamp_2                          matlab.ui.control.Lamp
        Lamp_3Label                     matlab.ui.control.Label
        Lamp_3                          matlab.ui.control.Lamp
        Label_3                         matlab.ui.control.Label
        FunctionSelectionListBox_2Labelmatlab.ui.control.Label
        FunctionSelectionListBox_2      matlab.ui.control.ListBox
    end
    methods (Access = private)    % 陳列這個程式用到的元件的 Callback 函數內容。
```

```
% Button pushed function: ButtonStart
```

function ButtonStartPushed(app, event)　%**ButtonStart** 元件的 **Callback** 函數內容。

```
    app.Label.Enable = 'on';

    app.Label_2.Enable = 'on';

    app.Label_3.Enable = 'on';

    app.Lamp.Enable = 'on';

    app.Lamp_2.Enable = 'on';

    app.Lamp_3.Enable = 'on';

    app.GaugeSettingListBoxLabel.Enable = 'on';

    app.GaugeSettingListBox.Enable = 'on';

    app.FunctionSelectionListBox_2Label.Enable = 'on';

    app.FunctionSelectionListBox_2.Enable = 'on';

    app.Gauge.Value=0;

    app.Gauge2.Value=0;

    app.Label.Text=app.GaugeSettingListBox.Value;
end
```

> **ButtonStart** 元件的 **Callback** 函數內容

```
% Button pushed function: ButtonOff
```

function ButtonOffPushed(app, event)　%**ButtonOff** 元件的 **Callback** 函數內容。

```
    app.Label.Enable = 'off';

    app.Label_2.Enable = 'off';

    app.Label_3.Enable = 'off';

    app.Lamp.Enable = 'off';

    app.Lamp_2.Enable = 'off';

    app.Lamp_3.Enable = 'off';

    app.GaugeSettingListBoxLabel.Enable = 'off';

    app.GaugeSettingListBox.Enable = 'off';

    app.FunctionSelectionListBox_2Label.Enable = 'off';

    app.FunctionSelectionListBox_2.Enable = 'off';
```

> **ButtonOff** 元件的 **Callback** 函數內容

```
        app.Gauge.Value=0;
        app.Gauge2.Value=0;
    end
    % Value changed function: GaugeSettingListBox
    function GaugeSettingListBoxValueChanged(app, event)
        value = app.GaugeSettingListBox.Value;
        switch value
            case 'Gauge 1'
            app.Label.Text=app.GaugeSettingListBox.Value;
            for i=1:30
                app.Gauge.Value=i;
                app.Gauge2.Value=i;
            end
            case 'Gauge 2'
            app.Label.Text=app.GaugeSettingListBox.Value;
            app.Gauge.Value=60;
            app.Gauge2.Value=60;
            case 'Gauge 3'
            app.Label.Text=app.GaugeSettingListBox.Value;
            app.Gauge.Value=90;
            app.Gauge2.Value=90;
          otherwise
            plot(app.UIAxes,7:10,7:10);
            app.Label.Text=app.GaugeSettingListBox.Value;
        end
    end
    % Value changed function: FunctionSelectionListBox_2
    function FunctionSelectionListBox_2ValueChanged(app, event)
        value = app.FunctionSelectionListBox_2.Value;
```

> % GaugeSettingListBox 元件的 Callback 函數內容。

```matlab
    switch value
        case 'Fun 1'
            plot(app.UIAxes,0:10,0:10);
            app.Label_3.Text=
app.FunctionSelectionListBox_2.Value;

        case 'Fun 2'
            t=0:0.1:10;
            y2=2*exp(-0.7*t).*cos(3.*t)
            plot(app.UIAxes,t,y2);
            app.Label_3.Text=
app.FunctionSelectionListBox_2.Value;

        case 'Fun 3'
            t=0:0.1:10;
            y=sin(t);
            plot(app.UIAxes,t,y);
            app.Label_3.Text=
app.FunctionSelectionListBox_2.Value;

        otherwise
            plot(app.UIAxes,7:10,7:10);
            app.Label_1.Text=app.GaugeSettingListBox_2.Value;
        end
    end
end
% App initialization and construction
methods (Access = private)
    % Create UIFigure and components
    function createComponents(app)
        % Create UIFigure
```

> ┌─────────────────────────────┐
> │ % FunctionSelectionListBox_2 │
> │ 元件的 Callback 函數內容。   │
> └─────────────────────────────┘

```matlab
app.UIFigure = uifigure;  %所有元件設定的屬性值。
app.UIFigure.Position = [100 100 640 480];
app.UIFigure.Name = 'UI Figure';
% Create UIAxes
app.UIAxes = uiaxes(app.UIFigure);
title(app.UIAxes, 'Title')
xlabel(app.UIAxes, 'X')
ylabel(app.UIAxes, 'Y')
app.UIAxes.Position = [292 186 324 213];
% Create ButtonStart
app.ButtonStart = uibutton(app.UIFigure, 'push');
app.ButtonStart.ButtonPushedFcn = createCallbackFcn(app,
@ButtonStartPushed, true);
app.ButtonStart.Position = [49 27 100 22];
app.ButtonStart.Text = 'Button Start';
% Create Label_2
app.Label_2 = uilabel(app.UIFigure);
app.Label_2.HorizontalAlignment = 'right';
app.Label_2.Enable = 'off';
app.Label_2.Position = [213 438 25 22];
app.Label_2.Text = '';
% Create Lamp
app.Lamp = uilamp(app.UIFigure);
app.Lamp.Enable = 'off';
app.Lamp.Position = [253 438 20 20];
% Create GaugeLabel
app.GaugeLabel = uilabel(app.UIFigure);
app.GaugeLabel.HorizontalAlignment = 'center';
app.GaugeLabel.Position = [65 214 42 22];
```

```
        app.GaugeLabel.Text = 'Gauge';
        % Create Gauge
        app.Gauge = uigauge(app.UIFigure, 'linear');
        app.Gauge.Position = [25 251 119 107];
        % Create ButtonOff
        app.ButtonOff = uibutton(app.UIFigure, 'push');
        app.ButtonOff.ButtonPushedFcn = createCallbackFcn(app,
@ButtonOffPushed, true);
        app.ButtonOff.Position = [167 27 100 22];
        app.ButtonOff.Text = 'Button Off';
        % Create GaugeSettingListBoxLabel
        app.GaugeSettingListBoxLabel = uilabel(app.UIFigure);
        app.GaugeSettingListBoxLabel.BackgroundColor = [0 1 1];
        app.GaugeSettingListBoxLabel.HorizontalAlignment =
'right';
        app.GaugeSettingListBoxLabel.Enable = 'off';
        app.GaugeSettingListBoxLabel.Position = [66 133 82 22];
        app.GaugeSettingListBoxLabel.Text = 'Gauge Setting';
        % Create GaugeSettingListBox
        app.GaugeSettingListBox = uilistbox(app.UIFigure);
        app.GaugeSettingListBox.Items = {'Gauge 1', 'Gauge 2',
'Gauge 3'};
        app.GaugeSettingListBox.ValueChangedFcn =
createCallbackFcn(app, @GaugeSettingListBoxValueChanged, true);
        app.GaugeSettingListBox.Enable = 'off';
        app.GaugeSettingListBox.BackgroundColor = [0 1 1];
        app.GaugeSettingListBox.Position = [163 99 76 58];
        app.GaugeSettingListBox.Value = 'Gauge 1';
        % Create Label
        app.Label = uilabel(app.UIFigure);
```

```matlab
app.Label.FontSize = 18;

app.Label.Enable = 'off';

app.Label.Position = [71 109 73 21];

% Create Gauge2Label

app.Gauge2Label = uilabel(app.UIFigure);

app.Gauge2Label.HorizontalAlignment = 'center';

app.Gauge2Label.Position = [193 214 48 22];

app.Gauge2Label.Text = 'Gauge2';

% Create Gauge2

app.Gauge2 = uigauge(app.UIFigure, 'circular');

app.Gauge2.Position = [157 251 120 120];

% Create Lamp_2Label

app.Lamp_2Label = uilabel(app.UIFigure);

app.Lamp_2Label.HorizontalAlignment = 'right';

app.Lamp_2Label.Enable = 'off';

app.Lamp_2Label.Position = [283 437 25 22];

app.Lamp_2Label.Text = '';

% Create Lamp_2

app.Lamp_2 = uilamp(app.UIFigure);

app.Lamp_2.Enable = 'off';

app.Lamp_2.Position = [323 437 20 20];

% Create Lamp_3Label

app.Lamp_3Label = uilabel(app.UIFigure);

app.Lamp_3Label.HorizontalAlignment = 'right';

app.Lamp_3Label.Enable = 'off';

app.Lamp_3Label.Position = [359 437 25 22];

app.Lamp_3Label.Text = '';

% Create Lamp_3

app.Lamp_3 = uilamp(app.UIFigure);
```

```matlab
        app.Lamp_3.Enable = 'off';

        app.Lamp_3.Position = [399 437 20 20];

        % Create Label_3

        app.Label_3 = uilabel(app.UIFigure);

        app.Label_3.FontSize = 18;

        app.Label_3.Enable = 'off';

        app.Label_3.Position = [404 109 50 22];

        % Create FunctionSelectionListBox_2Label

        app.FunctionSelectionListBox_2Label =
uilabel(app.UIFigure);

        app.FunctionSelectionListBox_2Label.BackgroundColor = [0
1 0];

        app.FunctionSelectionListBox_2Label.HorizontalAlignment
= 'right';

        app.FunctionSelectionListBox_2Label.Enable = 'off';

        app.FunctionSelectionListBox_2Label.Position = [370 133
104 22];

        app.FunctionSelectionListBox_2Label.Text = 'Function
Selection';

        % Create FunctionSelectionListBox_2

        app.FunctionSelectionListBox_2 = uilistbox(app.UIFigure);

        app.FunctionSelectionListBox_2.Items = {'Fun 1', 'Fun 2',
'Fun 3'};

        app.FunctionSelectionListBox_2.ValueChangedFcn =
createCallbackFcn(app, @FunctionSelectionListBox_2ValueChanged,
true);

        app.FunctionSelectionListBox_2.Enable = 'off';

        app.FunctionSelectionListBox_2.BackgroundColor = [0 1 0];

        app.FunctionSelectionListBox_2.Position = [489 99 76 58];

        app.FunctionSelectionListBox_2.Value = 'Fun 3';

    end
```

```
        end
    methods (Access = public)
        % Construct app      %建構元。
        function app = app1_test1
            % Create and configure components
            createComponents(app)
            % Register the app with App Designer
            registerApp(app, app.UIFigure)
            if nargout == 0
                clear app
            end
        end
        % Code that executes before app deletion
        function delete(app)      %解構元。
            % Delete UIFigure when app is deleted
            delete(app.UIFigure)
        end
    end
end
```

【註】App Designer 的元件 不用 Uicontrol 去指定，而是直接用 Object (class 的方式使用，如上程式的 ButtonStart、Label_2、Lamp 等)，呼叫元件設定用時亦是用物件導向的方式去寫 GUI 比較方便。classdef app1_test1 < matlab.apps.AppBase 是指 app1_test1 類別繼承 matlab.apps.AppBase，其中 classdef 是類別宣告。

執行結果如圖 13.49 所示，開始畫面 Lamp, ListBox, Label 皆被 Disable 掉，運作時要先按 Button Start 才會啟動其他相關元件。

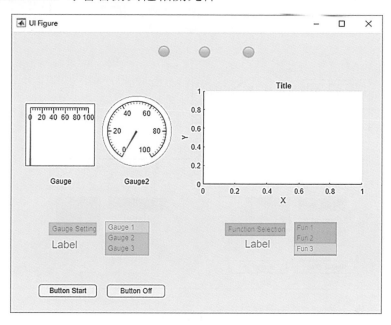

圖 13.49

當按下 Button Start 啟動後的執行結果如圖 13.50 所示：

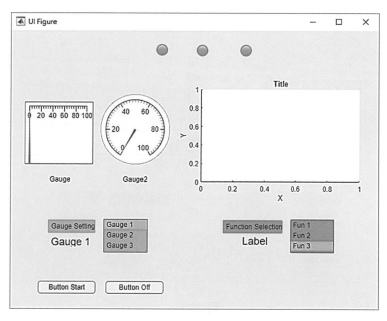

圖 13.50

在圖 13.50 用滑鼠點 Gauge 3 後的執行結果如圖 13.51 所示：

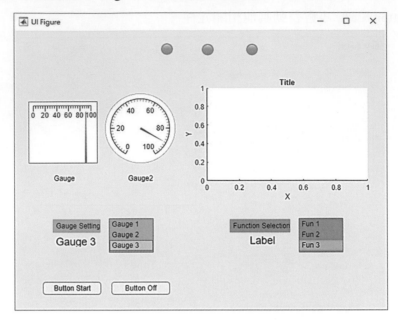

圖 13.51

在圖 13.51 用滑鼠點 Fun 2 後的執行結果如圖 13.52 所示：

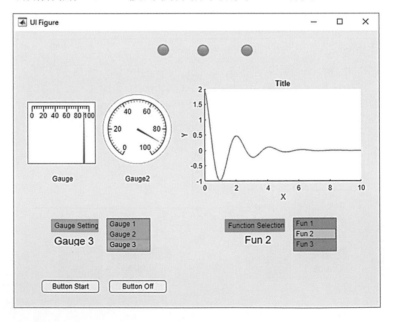

圖 13.52

在圖 13.52 用滑鼠點 Button Off 後的執行結果如圖 13.53 所示，即恢復原狀。

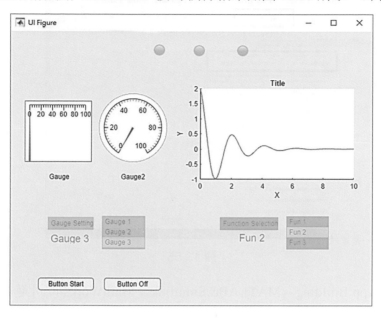

圖 13.53

Matlab 2022b 的 App Designer 的全部元件如下圖 13.54 所示：

圖 13.54

整體而言 App Designer 的元件比 GUIDE 的元件完整。此外 App Designer 官方參考網站可用 google 以 app building matlab 去搜尋，如圖 13.55。

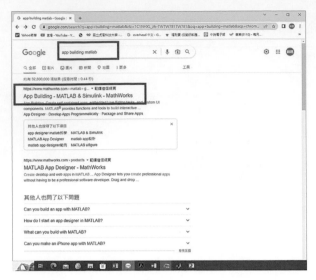

圖 13.55

用滑鼠點 App Building – MATLAB&Simulink – MathWorks 即可進入 App Designer 官方參考網站如圖 13.56。

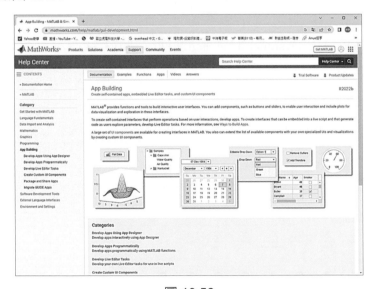

圖 13.56

從官方參考網站可更清楚瞭解 App Designer 工具的使用。整體 App Designer 的工具整合開發環境可非常方便在 MATLAB 中開發與設計視窗和 Web 的應用程式。

1. 說明 uicontrol 中的 style 的功能？

2. 說明 uicontrol 中的 callback 的功能？

3. 解釋以下這段在例 13-4 之程式的功能？

```
Button1=uicontrol('parent',mw0,...
                'style','pushbutton',...
                'position',[150 50 70 50],...
                'string','Draw',...
                'callback',['x1=str2num(get(Edit1,''string''));,',...
                        'x2=str2num(get(Edit2,''string''));,',...
                        'y1=str2num(get(Edit1,''string''));,',...
                        'y2=str2num(get(Edit2,''string''));,',...
                        'x=x1:0.1:x2;',...
                        'y=y1:0.1:y2;',...
                        'a=get(List1,''value'');,',...
                        'if a==1,',...
                            'plot(x,exp(-3*x).*sin(x)),',...
                        'end,',...
                        'if a==2,',...
                            'plot(x,cos(x)),',...
                        'end,',...
                        'if a==3,',...
                            'plot(x,exp(x)),',...
                        'end,'...
                        'if a==4,',...
                            '[r s t]=peaks;,'...
                            'mesh(r,s,t);,',...
                        'end,'...
                        'if a==5,',...
                            'plot3(x,y,sin(x).*cos(y)),',...
                        'end,'...
                        'if a==6,',...
```

```
                            'stairs(x,y);',...
                'end,'...
                'if a==7,',...
                    'stem3(x,y,sin(x).*cos(y));',...
                'end,'...
                'if a==8,',...
                    'pie(y);',...
                'end,'...
                'if a==9,',...
                    'bar(x,y),',...
                'end'...
                ]);
```

4.　說明 guide 設計視窗之原則？

5.　說明在 guide 設計視窗中之如何設定 callback 事件函數？

6.　說明在 guide 設計視窗中之如何設定元件之屬性的方法？

7.　說明 App Designer 設計視窗之原則？

8.　說明指令 classdef 的功能？

9.　比較 guide 和 App Designer 在元件的差異？

10.　比較說明指令 figure 和 uifigure 之差異？

11.　請比較例 13.4 和例 13.5 在程式設計上之差異？

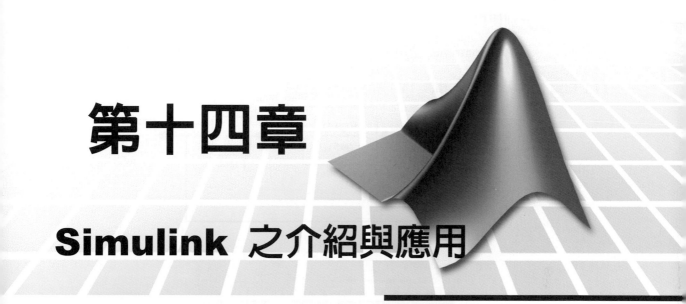

第十四章

Simulink 之介紹與應用

14.1 簡　介

　　在本章的內容中，筆者將介紹另一個重要的環境 Simulink，基本上，Simulink 在 Matlab 的分析工具中，就分析的特性而言是個非常方便之工具，不管是線性系統、數位控制、非線性系統、自駕車、馬達控制、信號處理的分析與驗證、通信系統、深度學習、電腦視覺、模糊系統、HDL、機器人系統(ROS)及 RF 設計皆是非常方便的工具，基本上其輸入方式是採用圖形輸入的方式，因此只要你知道其訊號流程圖或是系統方塊圖之後，不管是線性或是非線性要去進行分析就顯得非常簡單。因此 Simulink 有越來越受重視的傾向。此外由於 Simulink 是採用開放式的架構，亦即非常方便去發展副程式供 Matlab 使用或是轉成 C 或 C++。截至目前可提供給 Simulink 的工具有控制工具夾、數位信號處理工具夾、自駕工具夾、深度學習工具夾、通信工具夾、電腦視覺工具夾、HDL 工具夾、視覺 HDL 工具夾、無線 HDL 工具夾、影像擷取工具夾、馬達控制工具夾、辨識工具夾、機器人系統(ROS)工具夾、SoC 工具夾、車載、模糊系統、Aerospace 工具夾及 RF 設計等。以下是筆者先用幾個例子供給讀者參考，至於其設計方式將在往後各節中進行分析說明：

【例 14.1】 (一般控制系統分析)

只要把 controller 和 plant 之線性資料藉由 Simulink 輸入即可進行模擬，本例共有二個部份，分別使用不同的 controller，其分析結果的輸出如下：

Plant 是 $\dfrac{1}{s^2}$，Controller 分別是 $\dfrac{10(s+1)}{s+5}$ 及 $\dfrac{8(s+1)}{s+3}$，其訊號流程圖和結果分別如圖 14.1 和圖 14.2 及圖 14.3 和圖 14.4 所示：

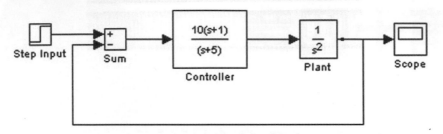

圖 14.1

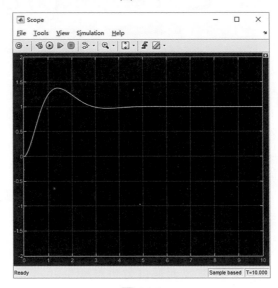

圖 14.2

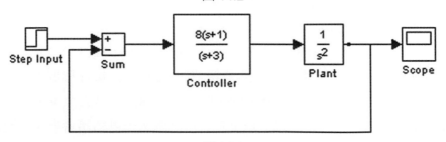

圖 14.3

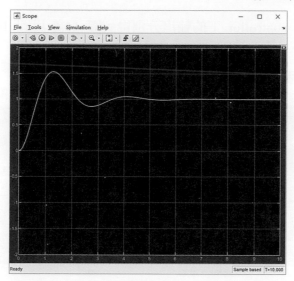

圖 14.4

【例 14.2】　(含有非線性元件之控制系統)

　　當在前例子中若加入非線性元件時，使用 Simulink 去分析時一樣很方便，只要把這個非線性元件包含進來即可。其訊號流程圖如圖 14.5 所示：

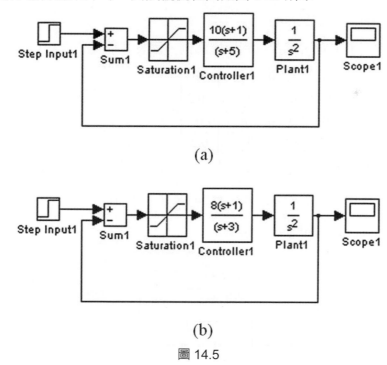

(a)

(b)

圖 14.5

其模擬在不同的 controller 下的輸出分別得到圖 14.6 用圖 14.5(a)和圖 14.7 用圖 14.5(b)。

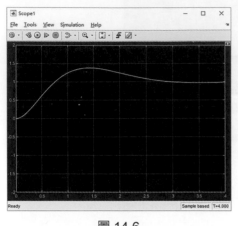

圖 14.6   圖 14.7

基本上此例只是說明當有非線性元件時，若使用 Simulink 做為分析的工具時，仍然是非常簡單方便，因為只要再把此非線性元件加入即可。在此例中的非線性元件是指 Saturation。

【例 14.3】   (時域系統之分析)

若以時域的例子來看。筆者以倒單擺為例，假設其線性化系統為

$$\dot{x} = \begin{bmatrix} 0 & 1 & 0 & 0 \\ 10.78 & 0 & 0 & 0 \\ 0 & 0 & 0 & 1 \\ -0.98 & 0 & 0 & 0 \end{bmatrix} x + \begin{bmatrix} 0 \\ -0.2 \\ 0 \\ 0.2 \end{bmatrix} u$$

$$u = -kx$$

其中 k 為 $k = [-152.06 \ -42.24 \ -8.16 \ -12.24]$。

其訊號流程圖(程式)如圖 14.8 所示：

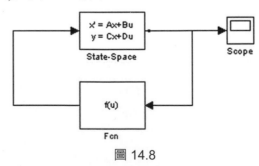

圖 14.8

從上程式看起來此例用 Simulink 來分析，看起來非常簡單，有關其結果如圖 14.9 所示：

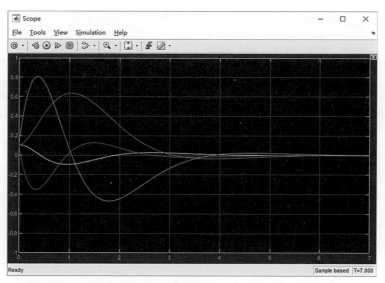

圖 14.9

【例 14.4】　(PI 控制器之分析)

此例之 Plant 是 $\dfrac{1}{s+1}$，使用 PI 控制器在 Simulink 下來分析時亦是非常方便，其程式如圖 14.10 所示：

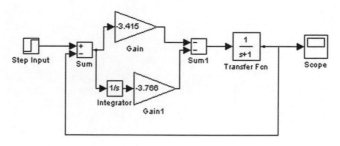

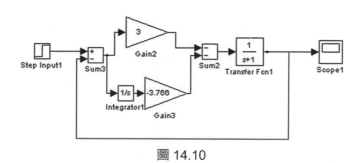

圖 14.10

圖 14.10 代表二組不同之比例增益及積分增益。有關此二組參數之分析結果分別如圖 14.11 和圖 14.12 所示：

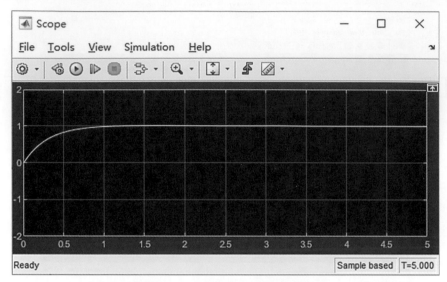

圖 14.11　穩定的 PI 參數設定。

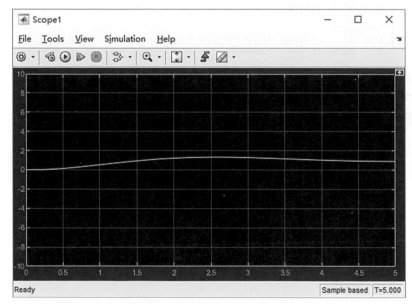

圖 14.12　不合宜的 PI 參數設定。

同理亦可擴展到分析 PD，PID 的設計。因此利用 Simulink 去分析設計 PID 之參數亦是很方便的。此外從此例中亦可看出在 Simulink 下可同時寫多個程式在同一個程式中。

【例 14.5】　(數位控制)

數位 Plant 是 $\dfrac{0.0484(z+0.9672)}{(z-1)(z-0.9048)}$ ，數位 Controller 是 $\dfrac{6.64(z-0.9048)}{(z-0.3679)}$ ，以 Simulink

做數位控制的分析，只要依序填入 Z 轉移函數的係數即可。程式如圖 14.13 所示：

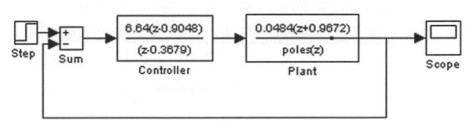

圖 14.13

模擬結果如圖 14.14 所示：

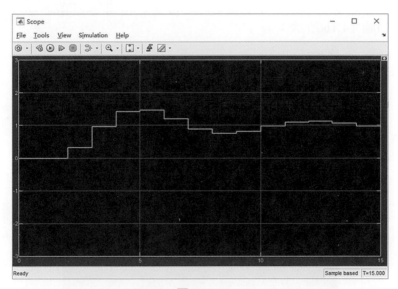

圖 14.14

有關非線性控制系統之例子如下：

【例 14.6】　(非線性系統)

一個非線性系統：$\ddot{x}-\dot{x}^3+x^2=u$，當此系統利用 Lyapunov's 直接方法去分析而得到的 u 是 $u=-2\dot{x}^3-5(x-x^3)$，直接把 u 帶入系統即可以完成此系統的 Regulator 設計。

本例是以非線性系統的穩定性之分析來做說明，有關其程式如圖 14.15，看起來是較線性系統複雜些，但是這些關係可從原系統方程式輕易獲得，所以說只要在繪製此圖時小心些即可。同時也不要填錯數字，即可順利完模擬。

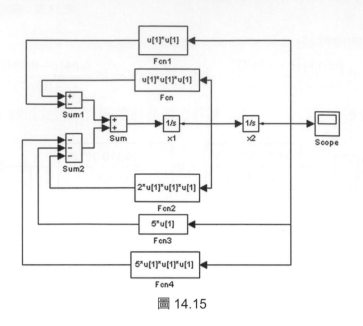

圖 14.15

模擬結果如圖 14.16 所示：

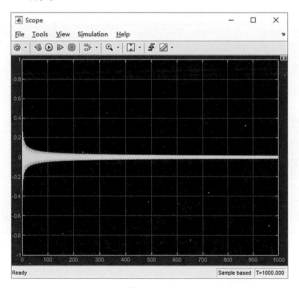

圖 14.16

從上述例子可知，要寫一 Simulink 程式首先要定義系統，其過程如下：

第一步：決定建模的目標。

第二步：辨識這個建模系統組成的元件有哪些，方便進行方塊元件的選定。

第三步：定義每一元件的系統方程式，方便進行方塊元件的公式設定。

第四步：收集每一元件的參數，方便進行方塊元件的參數設定。

14.2 Simulink 環境介紹

在上一節中均只是些說明例子而已，其詳細的設計過程將在介紹完 Simulink 之環境後，筆者再仔細的說明。接下來筆者首先進行有關 Simulink 環境的介紹，以下我們是以 Simulink 10.6 為主，至於其他版本，操作相近，讀者只要比較一下即可知道。

首先要如何進入 Simulink 的環境下呢？只要在 Matlab 命令區的環境下，鍵入 simulink 之指令或是從 HOME 頁次標籤下 SIMULINK 功能區塊點進即可，如圖 14.17 箭頭所示。

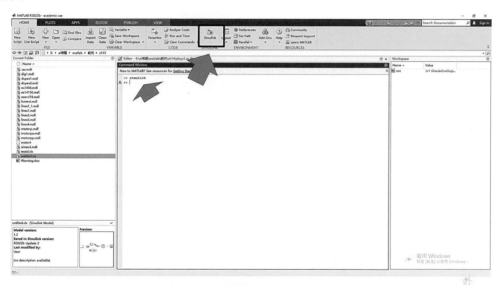

圖 14.17

當按下 Enter 鍵後會出現圖 14.18，此即是 Simulink 的環境，

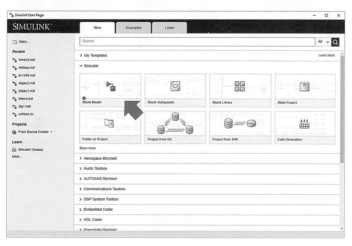

圖 14.18

再點圖 14.18 之 Blank Model 如箭頭處可進入 Simulink 程式區如圖 14.19 所示：

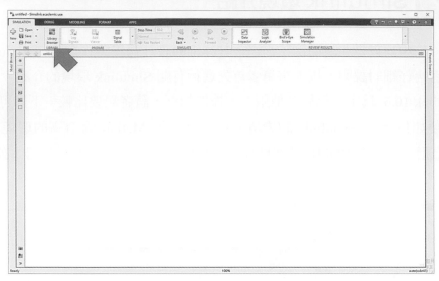

圖 14.19

在 Simulink 程式區可開啓舊的 Simulink Model 檔及建立新的 Simulink Model 檔及執行 Simulink 程式。詳細設定請參 15.3 節及編寫及執行請參 15.4 節。

另點圖 14.19 的箭頭處可啓動 Simulink Library Browser (亦即 Simulink 元件庫)如圖 14.20 所示，相關說明標示在圖 14.20 上。

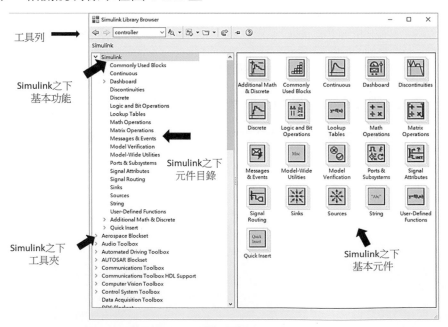

圖 14.20

在圖 14.20 中，讀者需了解 Simulink 之基本功能元件，若要做進階開發，讀者需了解 Simulink 下之工具夾的元件，以下我們將介紹其基本元件的內容有哪些？(在不同版本下元件會有些增減)

　　一般而言 Simulink 下有提供二十一大項元件庫的內容分別是：

1. Additional Math & Discrete　：外加之數學函數運算與離散型系統之元件。

2. Commonly Used Blocks　：提供些常使用之元件。

3. Continuous　：提供些連續性線性系統之分析元件。

4. Ddshboard　：儀表板常使用之元件。

5. DisContinuous　：提供些不連續性線性系統之分析元件。

6. Discrete　：提供些離散型線性系統之分析之元件。

7. Logic and Bit Operations　：提供些邏輯和位元運算之元件。

8. Lookup Tables　：提供一般查表功能之元件。

9. Math Operations　：提供些數學函數運算之元件。

10. Marix Operations　：提供些矩陣運算之元件。

11. Messages & Events　：提供些訊息與事件之元件。

12. Model-Wide Utilities　：提供 Model-Wide 公用之元件。

13. odel Verification　：提供些模型驗證之元件。

14. Ports & Subsystems　：提供些輸出入連接點和子系統之元件。

15. Signal attributes　：提供些基本信號屬性之元件。

16. Signal Routing　：提供些基本信號及系統連接如多工器或解多工器等分析元件。

17. Sink　：提供些輸出設備元件。

18. Source　：提供些訊號源元件。

19. String　：提供些字串元件。

20. User Defined Functions　：使用者定義之函數。

21. Quick Insert　：提供些 Quick Insert 元件。

這二十一項元件庫之內容如圖 14.21 所示：

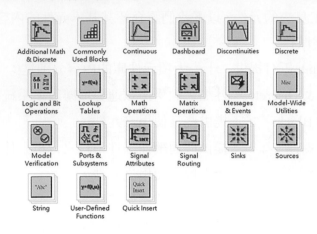

圖 14.21

其中 Commonly Used Blocks 是把其它二十一大項元件庫中一些較常用之元件收集於此，接下來筆者依序介紹一下上述一些項的元件庫之內容，其餘請讀者自行點閱。首先是 Commonly Used Blocks 元件庫，當你在 Commonly Used Blocks 下用滑鼠快點一下會出現圖 14.22。另外，所有 Simulink 元件在使用時，皆另有一些可設定的功能，因此讀者只要利用滑鼠在此元件上快點二下，即可出現所要設定之畫面依實際資料輸入即可。

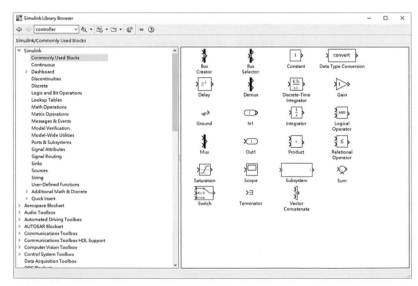

圖 14.22

Commonly Used Blocks 完整元件之內容如圖 14.23 所示：

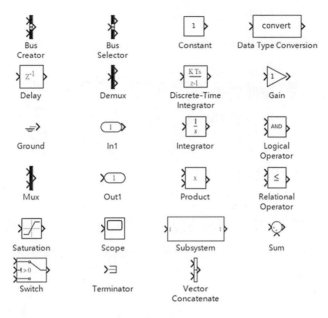

圖 14.23

　　有關圖 14.23 的 Commonly Used Blocks 元件之基本說明如下：

In1　　　　　　　　　：子系統之輸入元件。

Out1　　　　　　　　：子系統之輸出元件。

Ground　　　　　　　：接地之元件。

Terminator　　　　　：結束端之元件。

Constant　　　　　　：固定的常數之元件。

Scope　　　　　　　：示波器之元件。

Bus Creator　　　　　：匯流排的建立之元件。

Bus Selector　　　　　：匯流排的選擇之元件。

Mux　　　　　　　　：多工器元件。

Demux　　　　　　　：解多工器元件。

Switch　　　　　　　：開關切換元件。

Sum　　　　　　　　：計算和元件。

Gain　　　　　　　　：計算常數增益之元件。

Product　　　　　　　：計算乘元件。

Relational Operator　　：關係運算元件。

Logical Operator	：邏輯運算元件。
Saturation	：飽和功能之元件。
integrator	：積分器元件。
Unit Delay	：單位延遲時間元件。
Discrete-Time Integrator	：離散型積分器元件。
Data Type Conversion	：資料型態轉換之元件。
Subsystem	：子系統之建立元件。

這些元件還會出現在其它的元件庫中。

　　另若想即時了解某元件之簡單英文說明文字，可直接把滑鼠移至該元件就會出現一個說明框，可方便使用者了解該元件的使用方式如圖 14.24 所示。

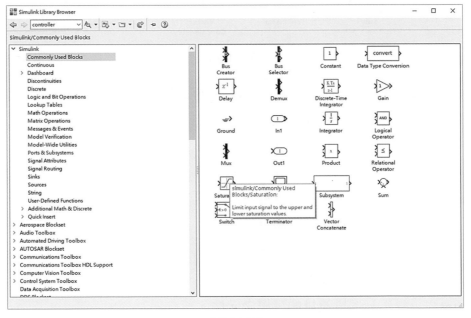

圖 14.24

當你在 Continuous 元件庫下用滑鼠點一下會出現圖 14.25。

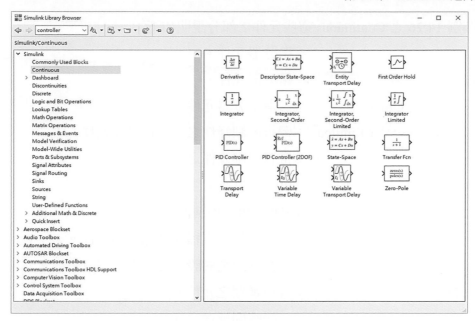

圖 14.25

　　Continuous 元件庫是提供一般連續線性系統分析中，常會用到的元件，完整元件如圖 14.26 所示：

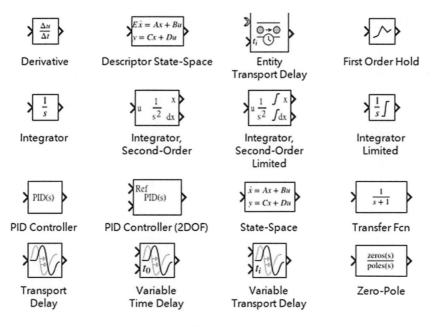

圖 14.26

有關圖 14.26 之 Continuous 這些元件之部分說明如下：

Derivative	：微分器元件。
Integrator	：積分器元件。
Integrator, Second-Order	：二階積分器元件。
Integrator, Second-Order Limited	：帶有限制條件之二階積分器元件。
Integrator Limited	：帶有限制條件之積分器元件。
PID Controller	：PID 控制器元件。
PID Controller (2DOF)	：2DOF PID 控制器元件。
State Space	：以狀態微分方程模型輸入的元件。
Transfer Fun	：以轉移函數的設定之元件。
Transport Delay	：傳輸延遲之元件。
Variable Time Delay	：可變時間延遲之元件。
Variable Transport Delay	：可變傳輸延遲時間之元件。
Zero-Pole	：用極-零點的方式輸入轉移函數之元件。

當你在 Dashboard 元件庫下用滑鼠下會出現圖 14.27。

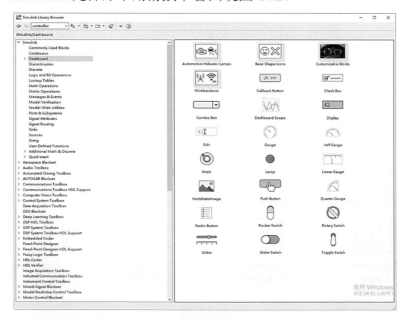

圖 14.27

Ddshboard 元件庫是提供一般儀表板常使用之元件，完整元件如圖 14.28 所示：

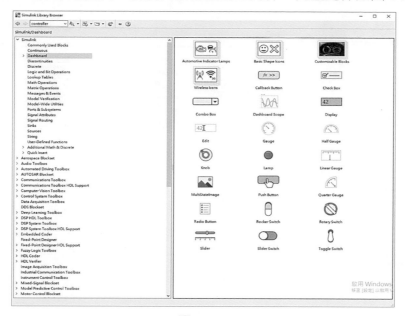

圖 14.28

有關圖 14.28 之 Ddshboard 這些元件之部分說明如下：

Ddshboard Scope 　　：儀表板示波器元件。

Gauge 　　　　　　　：儀表板顯示元件。

Half Gauge 　　　　　：半規儀表板顯示元件。

Knob 　　　　　　　　：把手元件。

Lamp 　　　　　　　　：指示燈元件。

Linear Gauge 　　　　：線性儀表板顯示元件。

Push Button 　　　　 ：Push 紐元件。

Quarter Gauge 　　　 ：四分之一線性儀表板顯示元件。

Rocker Switch 　　　 ：Rocker 開關元件。

Rotary Switch 　　　 ：Rotary 開關元件。

Slider 　　　　　　　 ：滑動元件。

Slider Switch 　　　 ：Slider 開關元件。

Toggle Switch 　　　 ：Toggle 開關元件。

當你在 Discontinuous 元件庫下用滑鼠點一下會出現圖 14.29。

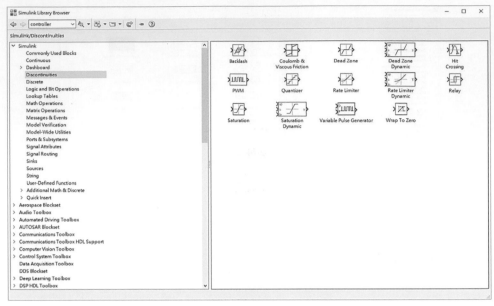

圖 14.29

Discontinuous 元件庫提供些不連續性非線性系統之分析元件，完整元件如圖 14.30 所示：

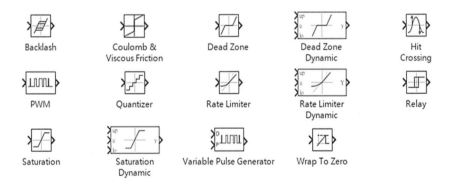

圖 14.30

在圖 14.30 中共提供十二項非線性元件，讀者宜仔細看一下，方便日後進行設計時能加以運用。亦就是說讀者可利用這些非線性元件去做非線性系統的控制及設計。

常見的幾種元件之說明：

Backlash : Backlash 功能之元件。

Coulomb & Viscous Friction : Coulomb & Viscous Friction 功能之元件。

Dead Zone : Dead Zone 功能之元件。

Dead Zone Dynamic : 具有 Dynamic 之 Dead Zone 功能之元件。

Hit Crossing : Hit Crossing 之元件。

Quantizer : 離散化功能之元件。

Rate Limiter : 斜率功能之元件。

Rate Limiter Dynamic : 具有 Dynamic 之斜率功能之元件。

Relay : 繼電器功能之元件。

Saturation : 飽和功能之元件。

Saturation Dynamic : 具有 Dynamic 之飽和功能之元件。

Wrap To Zero : Wrap To Zero 元件。

接下來若是在 Discrete 元件庫下用滑鼠點一下會出現圖 14.31。

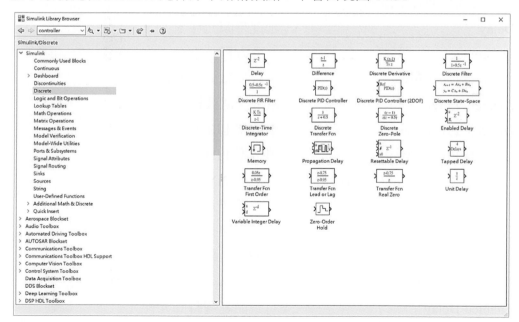

圖 14.31

基本上 Discrete 元件庫提供數位控制及數位訊號處理的一些基本元件，完整元件如圖 14.32 所示：

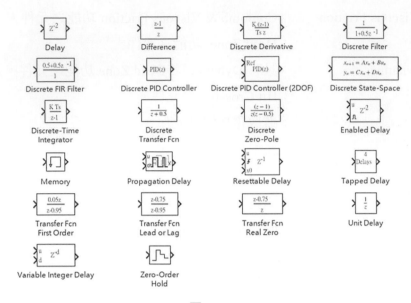

圖 14.32

常見的幾種元件之說明：

Delay	：延遲時間元件。
Difference	：差分方程。
Discrete Derivative	：離散型微分器元件。
Discrete Filter	：離散型濾波器元件。
Discrete FIR Filter	：離散型 FIR 濾波器元件。
Discrete PID Controller	：離散型 PID 控制器元件。
Discrete PID Controller (2DOF)	：離散型 2DOF PID 控制器元件。
Discrete State Space	：差分系統方程式的輸入之元件。
Discrete-Time Integrator	：離散型積分器元件。
Discrete Transfer Fun	：離散型之轉移函數輸入的元件。
Discrete Zero-Pole	：離散型極-零點輸入之元件。
Enabled Delay	：可致能延遲時間元件。
First-Order Hold	：一階保持器元件。
Memory	：Memory 延遲時間元件。
Resettable Delay	：可重置型延遲時間元件。
Tapped Delay	：Tapped 型延遲時間元件。

Transfer Fun First-Order	：具有一階保持器之轉移函數元件。
Transfer Fun Lead and Lag	：具有 Lead and Lag 之轉移函數元件。
Transfer Fun Real Zero	：具有實零點之轉移函數元件。
Variable Integer Delay	：可變整數延遲時間元件。
Unit Delay	：單位延遲時間元件。
Zero-Order Hold	：零階保持器元件。

接下來若是在 Logic and Bit Operations 元件庫下用滑鼠點一下會出現圖 14.33。

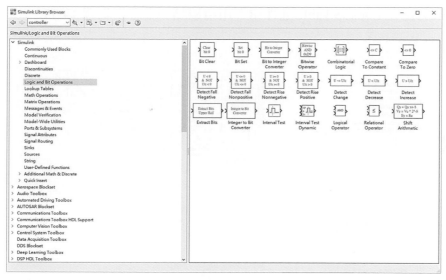

圖 14.33

完整元件如圖 14.34 所示：

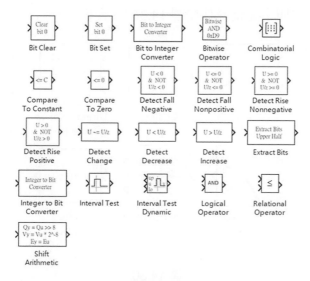

圖 14.34

邏輯與位元運算元件庫可分為三大類分別是邏輯運算元件、位元運算元件及邊緣偵測元件，有關邏輯運算元件有 logical 運算元件、Relational 運算元件、Intervat Test 元件、Intervat Test Dynamic 元件、組合 logical 運算元件、Compare To Zero 元件、Compare To Constant 元件，有關位元運算元件有位元設定元件、位元清除元件、Bitwise 運算元件、位元移位運算元件、Extract 位元元件，有關邊緣偵測元件有 Detect Increase 元件、Detect Decrease 元件、Detect Change 元件、Detect Rise Positive 元件、Detect Rise Nonnegative 元件、Detect Fall Negative 元件、Detect Fall Nonpositive 元件。

　　接下來若是在 Lookup Table 元件庫下用滑鼠點一下會出現圖 14.35。

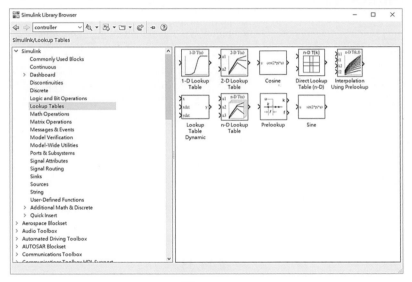

圖 14.35

Lookup Table 元件庫之完整元件如圖 14.36 所示：

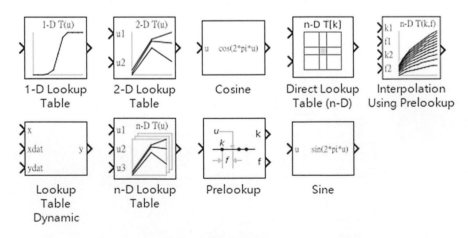

圖 14.36

常見的幾種元件之說明：

1-D Look-Up Table	：一維查表功能之元件。
2-D Look-Up Table	：(2-D)查表功能之元件。
Cosine	：Cosine 表元件。
Direct Look-Up Table (n-D)	：(n-D)直接查表功能之元件。
Interpolation Using Prelookup	：可做內插之查表功能之元件。
Lookup Table Dynamic	：動態查表元件。
n-D Look-Up Table	：直接查表元件。
Prelookup	：Prelookup 之查表元件。
Sine	：Sine 表元件。

接下來若是在 Math Operation 元件庫下用滑鼠點一下會出現圖 14.37。

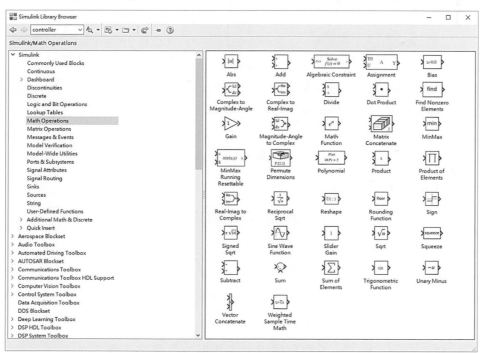

圖 14.37

Math Operation 元件庫之完整元件如圖 14.38 所示：

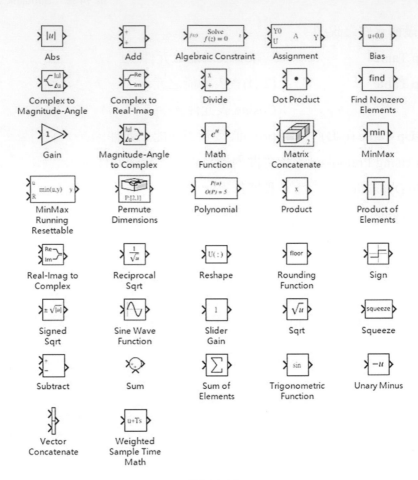

圖 14.38

常見的幾種元件之說明：

Abs   :絕對值計算之元件。

Add   :計算加之元件。

Algebraic Constraint   :代數限制計算之元件。

Assignment   :Assignment 計算元件。

Bias   :加 bias 之元件。

Complex to Magnitude-Angle   :複數轉成大小及相位計算之元件。

Complex to Real-Image   :複數轉成實部虛部計算之元件。

Divide   :除計算之元件。

Dot Product   :計算內積之元件。

Find Nonzero Elements   :找非零元素之元件。

Gain   :計算常數增益之元件。

Magnitude-Angle to Complex ：大小及相位轉成複數計算之元件。

Math Function ：數學函數計算之元件。

Matrix Cancatenate ：矩陣 Cancatenate 元件。

MinMax ：計算最大最小之元件。

MinMax Running Resettable ：計算最大最小 Running Resettable 之元件。

Permute Dimensions ：依維度重排輸入之元件。

Polynomial ：多項式計算之元件。

Product ：計算乘之元件。

Product of Element ：計算元素的乘之元件。

Real-Image to Complex ：實部虛部轉成複數計算之元件。

Reciprocal Sqrt ：開根號倒數計算元件。

Reshape ：改變向量或矩陣之輸入訊號維度元件。

Rounding Function ：四捨五入計算之元件。

Sign ：取正負號之元件。

Sign Sqrt ：取正負號之開根號計算元件。

Sine Wave Function ：Sine Wave 函數計算之元件。

Slider Gain ：可用 slider 控制常數增益之元件。

Sqrt ：開根號計算元件。

Squeeze ：多維輸入中移除單一維之元件。

Subtract ：計算減之元件。

Sum ：計算和之元件。

Sum of Elements ：元素計算和之元件。

Trigonometric Function ：三角函數計算之元件。

Unary Minus ：Unary Minus 元件。

Vector Concatenate ：向量合成元件。

Weighted Sample Time Math ：Weighted Sample Time Math 元件。

接下來若是用滑鼠點 Model Verification 元件庫一下，會出現圖 14.39。

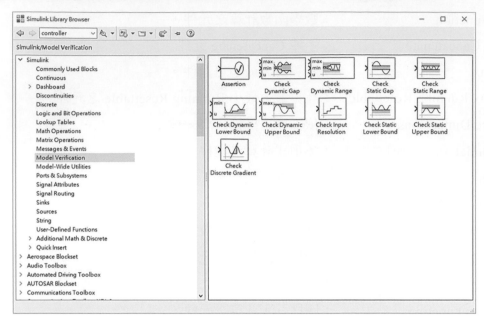

圖 14.39

Model Verification 元件庫之完整元件如圖 14.40 所示：

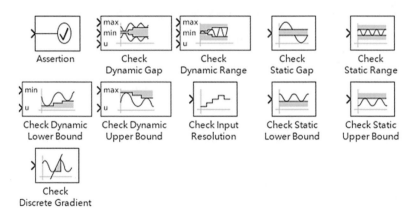

圖 14.40

在圖 14.40 中有許多 check 的設計元件，讀者有興趣可自行測試之。

接下來若是用滑鼠點 Model-Wide Utilities 元件庫一下，會出現圖 14.41。

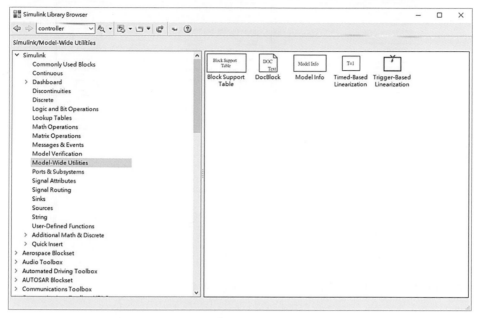

圖 14.41

Model-Wide Utilities 元件庫之完整元件如圖 14.42 所示：

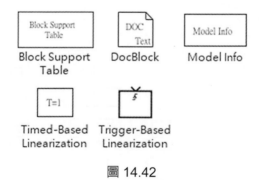

圖 14.42

有關 Model-Wide Utilities 的元件，讀者有興趣可自行測試之。

接下來若是用滑鼠點 Port & Subsystems 元件庫一下，會出現圖 14.43。

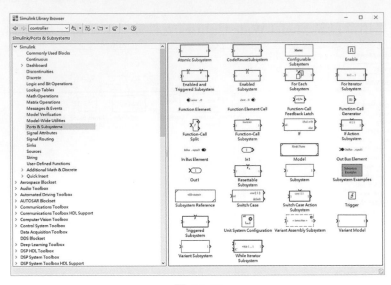

圖 14.43

Port & Subsystems 元件庫之完整元件如圖 14.44 所示：

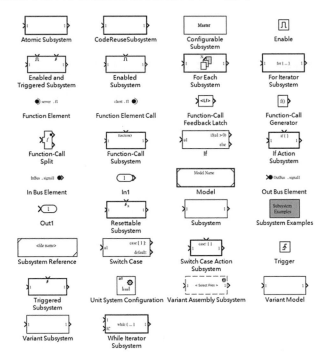

圖 14.44

在圖 14.44 中有許多觸發式的 subsystem 的設計元件，讀者有興趣可自行測試之。基本上這些元件皆是與訊號及連接有關之元件，此外在此函數庫下之 In1 和 Out1 是二個非常重要的元件，筆者將會在後面的內容中做仔細介紹之。

接下來若是用滑鼠點 Signal Attributes 元件庫一下，會出現圖 14.45。

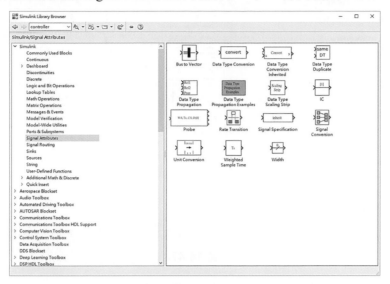

圖 14.45

Signal Attributes 元件庫之完整元件如圖 14.46 所示：

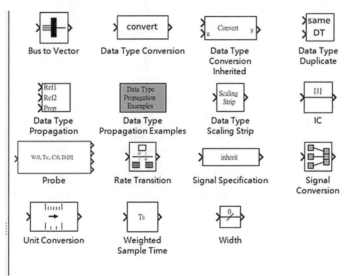

圖 14.46

在此函數庫下有提供許多資料轉換元件，讀者有興趣可自行測試之。

接下來若是用滑鼠點 Signal Routing 元件庫一下，會出現圖 14.47。

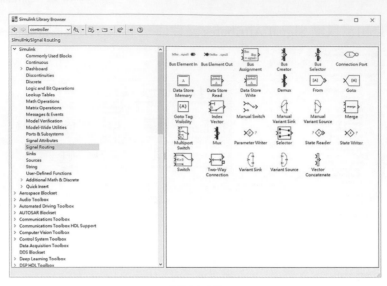

圖 14.47

Signal Routing 元件庫之完整元件如圖 14.48 所示：

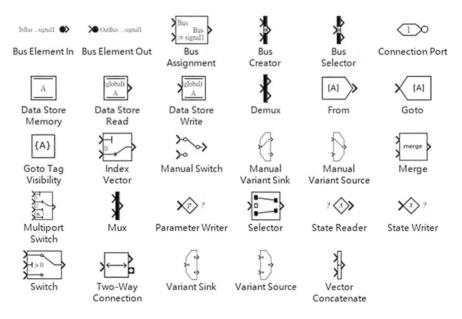

圖 14.48

Bus Assignment	：匯流排指定元件。

Bus Assignment ：匯流排指定元件。

Bus Creator ：匯流排建立元件。

Bus Selector ：匯流排選擇器元件。

Data Store Read ：資料儲存記憶器讀出之元件。

Data Store Memory ：資料儲存記憶器之元件。

Data Store Write	：資料儲存記憶器寫入之元件。
Demux	：解多工器元件。
Environment Controller	：Sim 輸出或 Coder 產生元件。
From	：接收訊號從矩陣之元件。
Goto	：送訊號到矩陣之元件。
Goto Tag Visibility	：定義 Goto block tag 的示波器元件。
Index Vector	：送訊號到矩陣之元件。
Manual Switch	：手動切換功能之元件。
Merge	：合併訊號之元件。
Multiport Switch	：多切換功能之元件。
Mux	：多工器元件。
Selector	：選擇器之元件。
Switch	：切換功能之元件。
Variant Sink	：可變的 Sink 元件。
Variant Source	：可變的 Source 元件。
Vector Concatenate	：向量連結元件。

另外若在 Sink 元件庫下，用滑鼠點一下後，會出現圖 14.49。

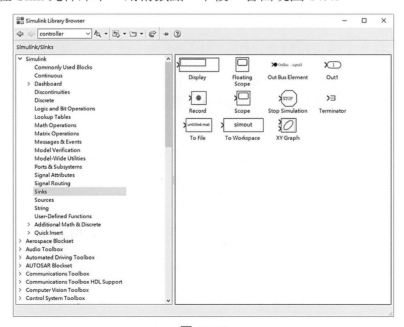

圖 14.49

Sink 元件庫之完整元件如圖 14.50 所示：

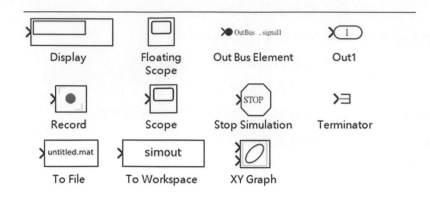

圖 14.50

從圖 14.50 中可以看到下列十一項元件：

Display　　　　　　：顯示器之元件。

Floating Scope　　 ：浮接示波器之元件。

Out Bus Element　 ：輸出 Bus Element 之元件。

Out1　　　　　　　：子系統之輸出元件。

Scope　　　　　　 ：示波器之元件。

Record　　　　　　：輸出記錄之元件。

Stop-Simulation　　：停止模擬之元件。

Terminator　　　　 ：結束端點之元件。

To-File　　　　　　：輸出至檔案之元件。

To-Workspace　　　：把資料輸出至 Matlab 的環境中之元件。

X-Y Graph　　　　 ：X-Y 圖的輸出,分別輸入 x,及 y 之元件。

基本上上列這十一個元件皆另有一些可設定的功能，因此讀者只要利用滑鼠在此元件上快點二下，即可出現所要設定之畫面依實際資料輸入即可，讀者只要試一下即可知道。

接下來若是在 Source 元件庫上用滑鼠點一下會出現下圖 14.51。

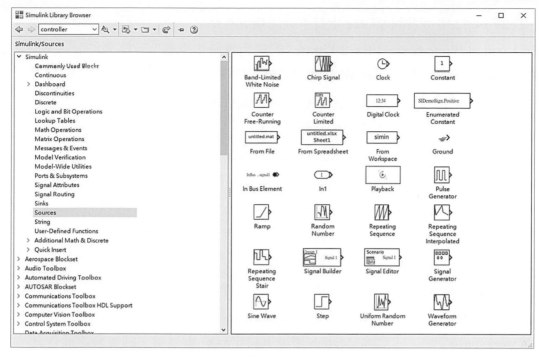

圖 14.51

Source 元件庫之完整元件如圖 14.52 所示：

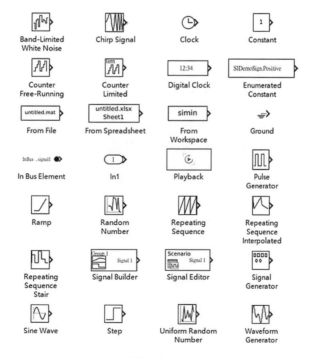

圖 14.52

從圖 14.52 中可看到 Source 中有下列的項元件：

Band-Limited White Noise：Band-Limited 的白色雜訊產生器之元件。

Chirp Signal ：chirp 信號之元件。

Clock ：提供系統的時間之元件。

Constant ：固定的常數之元件。

Counter Free-Running ：Free-Running 計數器元件。

Counter Limited ：有 Limited 的計數器元件。

Digital Clock ：提供數位系統時間之元件。

Enumerated Constant ：列舉固定的常數之元件。

Digital Clock ：數位時鐘之元件。

From File ：資料從檔案輸入之元件。

From Spreadsheet ：資料從 Spreadsheet 輸入之元件。

From workspace ：從 Matlab 環境下設定參數,做為輸入的資料之元件。

Ground ：接地之元件。

In Bus Element ：提供從 Bus Element 輸入的元件。

In1 ：提供子函數的輸入元件。

Playback ：回放元件。

Pulse Generator ：脈衝產生器元件。

Ramp ：斜波形產生器元件。

Random Number ：亂數產生器元件。

Repeating Sequence ：週期性鉅齒波形產生器元件。

Repeating Sequence Stair ：週期性方波基底鉅齒波形產生器元件。

Signal Builder ：信號建立元件。

Signal Editor ：可信號編輯建立的信號產生器元件。

Signal Generator ：信號產生器元件。

Sine wave ：弦波產生器元件。

Step ：步級輸入產生器元件。

Uniform Random Number ：均勻式亂數產生器元件。

Waveform Generator ：波形產生器元件。

基本上，上列這二十八項元件均是以做爲輸入元件爲主，只是利用不同輸入方式，或是提供不向型式的訊號而己，一般而言這二十八項元件是足夠提供做線性系統、數位控制、數位信號處理、通信系統分析及非線性系統之分析使用。

接下來若是在 User-Fefined Functions 元件庫上用滑鼠點一下會出現下圖 14.53。

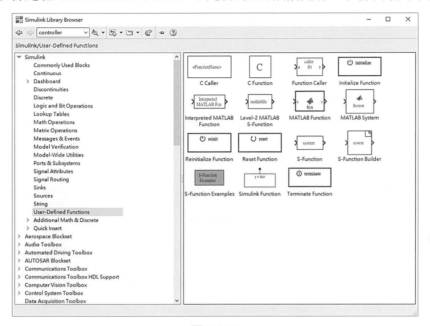

圖 14.53

User-Fefined Functions 元件庫之完整元件如圖 14.54 所示：

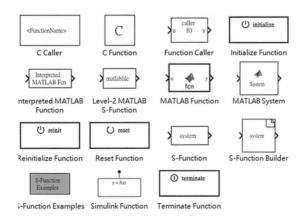

圖 14.54

接下來若是在 Additional Math & Discrete 元件庫上用滑鼠點一下會出現下圖 14.55。

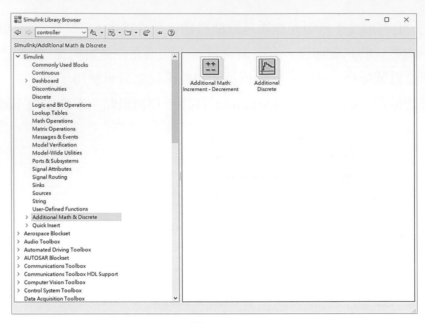

圖 14.55

　　基本上本函數庫會提供些新設計增加之數學函數運算與離散型系統之元件的內容，因此不同版本下之 Simulink 此函數庫內會有所變動，讀者只要細心的去察看一下其內容為何，即可明瞭有那些新增功能。

　　Additional Math & Discrete 元件庫之完整元件如圖 14.56 所示：

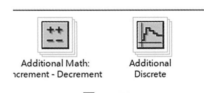

圖 14.56

　　有關 Additional Math： Increment-Decrement 之完整元件如圖 14.57 所示：

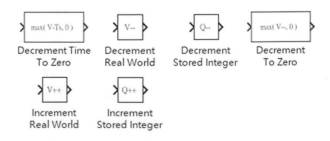

圖 14.57

有關 Additional Discrete 之完整元件如圖 14.58 所示：

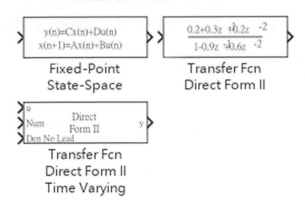

圖 14.58

　　最後筆者再一次強調的是，有關本節中各函數庫中所提供的元件到底有那些，必需要深入了解特別是圖 14.21、圖 14.23、圖 14.26、圖 14.28、圖 14.30、圖 14.32、圖 14.34、圖 14.36、圖 14.38、圖 14.40、圖 14.42、圖 14.44、圖 14.46、圖 14.48、圖 14.50、圖 14.52、圖 14.54、圖 14.56、圖 14.57 及圖 14.58 這些元件才能做更深入的應用。畢竟要設計出一個好的 Simnlink 程式，若這些基本工具不熟的話，是很難達成的。

14.3 Simulink Library Browser 與 Simulink 程式編輯器的介紹

基本上，在前節中筆者已介紹完 Simulink 中的函數庫到底提供那些基本的元件。接下來本節所要介紹的是 Simulink Library Browser 工具列與 Simulink 程式編輯器頁籤功能操作。在 2021 年的 Simulink Library Browser 與工具列上如圖 14.59 所示。

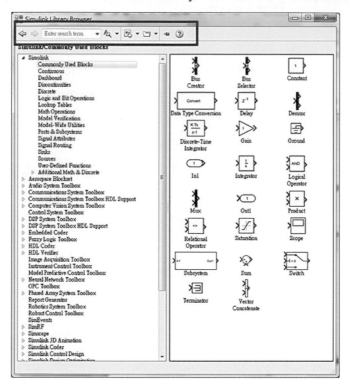

圖 14.59

Simulink Library Browser 工具列之功能，分別是上動作、下一個動作、字串搜尋、子系統或元件搜尋、開啟 Simulink 程式編輯器、開啟 Simulink 舊檔、Stay on top、Help 如圖 14.60 所示：

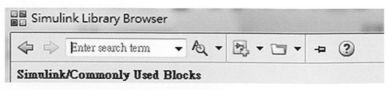

圖 14.60

2022 年的 Simulink Library Browser 與工具列上如圖 14.61 所示。

圖 14.61

　　點圖 14.61 的 1 的位置回到圖 14.59 的格式，點圖 14.61 的 2 的位置如圖 14.62 所示。

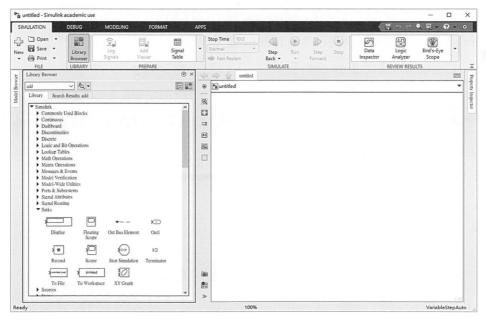

圖 14.62

2022 年的 Simulink Library Browser 與 Simulink 程式編輯器是設計在同一視窗下。但用滑鼠點圖 14.62 中的圖 14.61 之 1 的位置可恢復 Simulink Library Browser 與 Simulink 程式編輯器分開的。

接下來所要介紹的是 Simulink 程式編輯器之頁籤功能的簡單操作，Simulink 程式編輯器是由 Home 的 Simulink 開啓後可進入 Simulink 程式編輯器。在 Simulink 程式編輯器之頁籤功能有五大頁籤，分別是 SIMULATION、DEBUG、MODELING、FORMAT 及 APPS，如圖 14.62 頁籤所示：

首先介紹頁籤 SIMULATION 下的各項功能，分別如圖 14.63 所示：

圖 14.63

New　　　：開啓一個新的 Simulink 檔。(.slx 檔)。

Open　　　：開啓已存在的 Simulink 檔。

Save　　　：儲存 Simulink 檔。

Print　　　：列印檔案內容。

用滑鼠點 Library Browser 可得圖 14.64，圖 14.64 的右邊就是要寫 Simulink 程式的位置，左邊是 Simulink Library Browser。

圖 14.64

用滑鼠點 PREPARE 右邊的箭頭可得圖 14.65，圖 14.65 可進行一些 SIMULATION 的設定。詳細的設定請參圖 14.70 之說明設定。

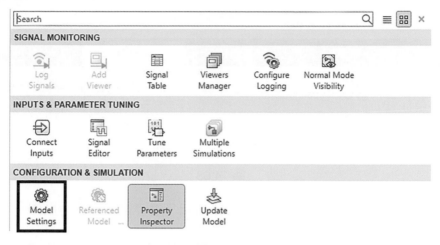

圖 14.65

接下來是圖 14.64 的 SIMULATION 頁籤的 SIMULATE，可設定 Stop Time，執行按鍵 Run，單步往前按鍵 Step Forward，單步往後按鍵 Step Back，停止按鍵 Stop。SIMULATION 頁籤的最後一個功能是 REVIEW RESULTS。

頁籤 DEBUG 下的各項功能，分別如圖 14.66 所示，讀者只要實際的操作一下，即可明瞭。

圖 14.66

頁籤 MODELING 的各項功能，分別如圖 14.67 所示，讀者只要實際的操作一下，即可明瞭。

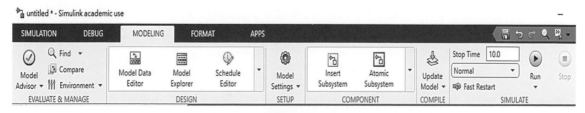

圖 14.67

頁籤 FORMAT 的各項功能，分別如圖 14.68 所示，讀者只要實際的操作一下，即可明瞭。

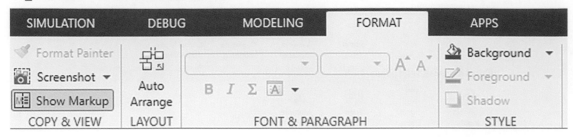

圖 14.68

頁籤 APPS 的各項功能，分別如圖 14.69 所示，讀者只要實際的操作一下，即可明瞭。

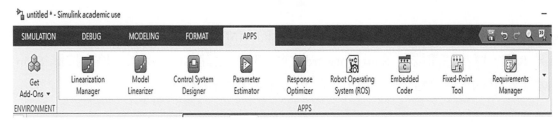

圖 14.69

另圖 14.69 的右上是儲存 Simulink 檔、Undo、Can't Redo、Find、Help。讀者只要實際的操作一下這些設定即可明瞭。

接下來是有關 Simulation 之些詳細參數設定的介紹，當完成一個 Simulink 檔案後，亦即已完成相關之訊號流程連接後，尚要在該檔案之每一個子方塊的功能均已完成設定後，才能開始進行模擬，因此當要進行模擬時，Simulation 功能表下的 PREPARE 的 Model Settings 設定是非常重要的，點選完 Model Settings 後在把 Solve details 點開可得如圖 14.70 所示：

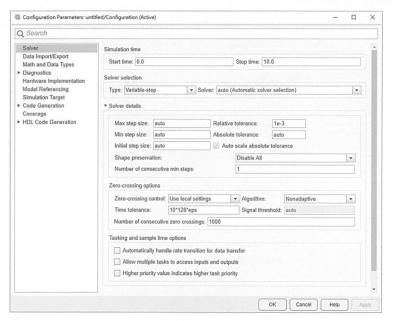

圖 14.70

　　在 Model Settings 下有 Solver 可設定 Simulation time、Solver selection 與 Solve details。有關 Simulation time 下可設定 Start Time 和 Stop time，依需求適度的設定即可。進行模擬分析時之重要工具是解微分方程之數值方法，讀者可視其需要及精密度來做適當之選擇，只要用滑鼠點一下 Solver selection 下的 Type 右邊之選項與 Solver 右邊之選項，即可完成方法之選擇；一般常用的是 ode23 或者是 ode45，其他選項視精確度需要選擇之。有關 Solve details 下之參數之設定有 Max step time、Min step time、Initial step time、Zero crossing control、Relate tolerance、Absolute tolerance 及 Automatically handle rate transition for data transfer。另外有關 Min step size 和 Max step size 之設定，最好不要太大，因易造成模擬之結果發散掉。但亦不宜設太小，當設太小時，會使程式執行時變得非常慢。此外此二者相差不宜太大。此外 Min step size 和 Max step size 若設太小，取樣點會變多，如果用示波器來顯示結果的話，尚沒有太大的問題，只是較慢而已，若是要把資料轉成 Matlab 環境下可用之資料，取樣點太多會出現 out of memory ，因此讀者在設定此二參數時，宜參考一下所用的輸出元件爲何？才來設定此二參數值。其他設定用預設即可。

有關 Data Import/Export 之設定如圖 14.71 所示：

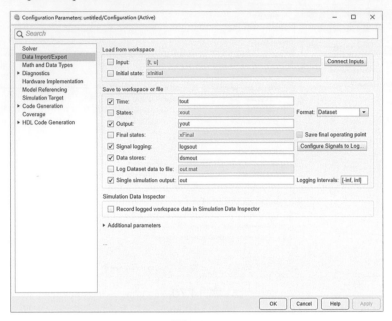

圖 14.71

有關 Math and Data types 之設定如圖 14.72 所示：

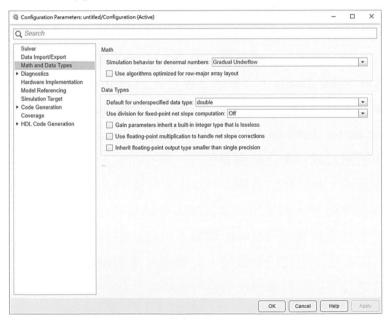

圖 14.72

另從頁籤的 MODELING 亦可找到 Model Settings 進行設定與職行模擬如圖 14.73
所示。

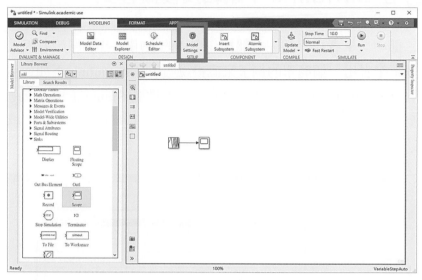

圖 14.73

　　另有關 MODELING 頁籤下的 Update Model 如圖 14.74 標示處所示，可 Update
Model 與 Refresh Blocks。

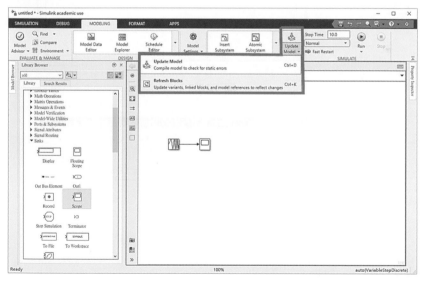

圖 14.74

　　至此筆者已把 Simulink 下的 Simulink Library Browser 與 Simulink 程式編輯器常用
的功能在此簡單介紹完畢。

14.4 在 Simulink 下編輯及模擬程式

　　在前面二節中，筆者已介紹完有關操作環境的使用，若要開始寫程式時，又該如何使用呢？以下筆者用一個簡單的例子來直接說明，在 Simulink 下如何從寫程式到執行的過程。首先先利用 HOME 頁次標籤的 Simulink 啓動 Simulink Start Page 下之 Blank Model 開一個新檔如圖 14.75 所示，並由 Simulink 程式編輯器工具列的開啓元件庫如圖 14.76 所示。

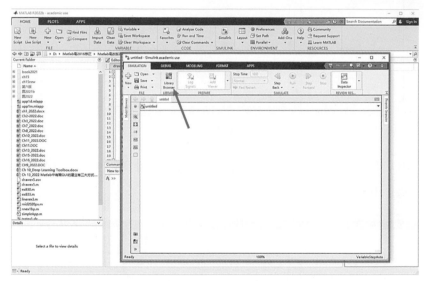

圖 14.75

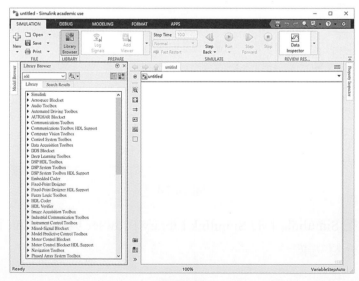

圖 14.76

接下來再用 SIMULATION 頁籤下之 Save 下的 Save As 存成一個檔案名稱為 car.slx 之檔案，此動作讀者可先做，或是留到最後再存檔均可，如圖 14.77 所示：

圖 14.77

本例採用先做存新檔案的動作，會變成一個 car.slx 的新檔案如圖 14.78 所示：

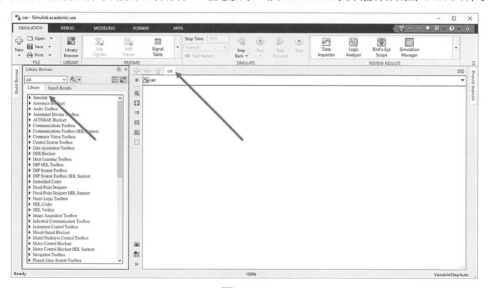

圖 14.78

接下來是把所要的元件取出來到 car.slx 上，取出來的原則是，先把所要元件的元件庫打開，直接用滑鼠點在該元件上不放，可直接拉到 car.slx 上來。例如要搬 Step 元件至 car.slx 上來，其步驟分別如下，因 Step 元件在 Sources 下，因此得先把 Library Browser 的 Simulink 點開，再移到 Source 元件庫打開如圖 14.79 所示：

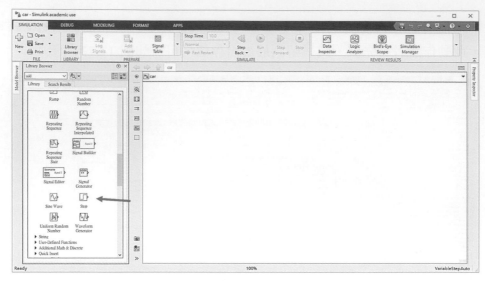

圖 14.79

其次用滑鼠點住 Step 元件不放移動，把此元件拉到 car.slx 上放開得到圖 14.80。

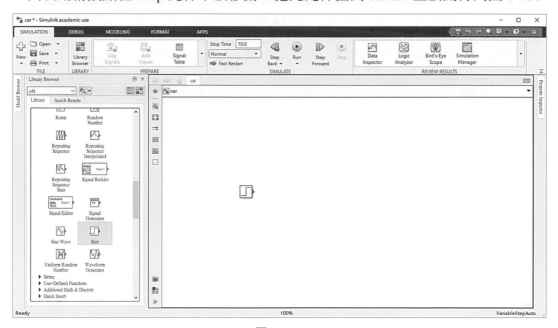

圖 14.80

同理可把 Sum 自 Math Operations 函數庫中移出到 car.slx 上。

Transfer Fun 自 Continuous 函數庫中移出至到 car.slx 上

Scope 自 Sink 中移到 car.slx 上。

經過這些動作後，在 car.slx 上即有四個基本元件了，如圖 14.81 所示：

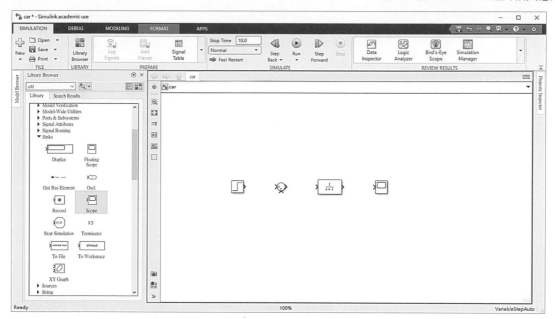

圖 14.81

　　接下來就是進行元件的連接工作，首先用滑鼠點住圖 14.82(1)之輸出箭頭的位置按住不放移至位置(2)之輸入箭頭即完成(1)到(2)之連接，其他連接方式相同。

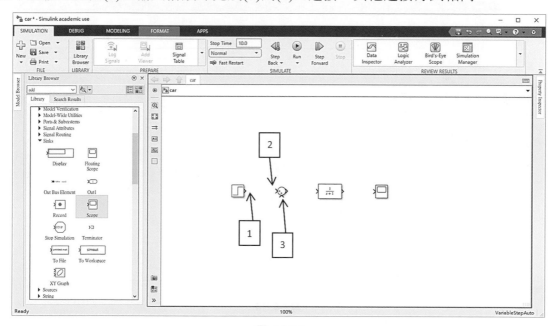

圖 14.82

　　在此要特別說明的是，當要從 Transfer fun 拉回授線至 Sum 時，筆者要特別說明之，首先點圖 14.82(3)之位置，再由 Sum 上之另一個輸入端拉一線出來如圖 14.83 箭頭所示。

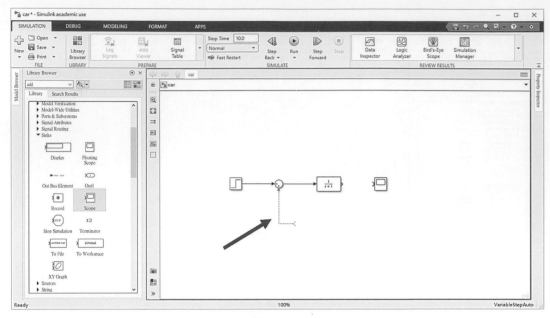

圖 14.83

再由此線端處拉一直線至欲連接處如圖 14.84 所示：

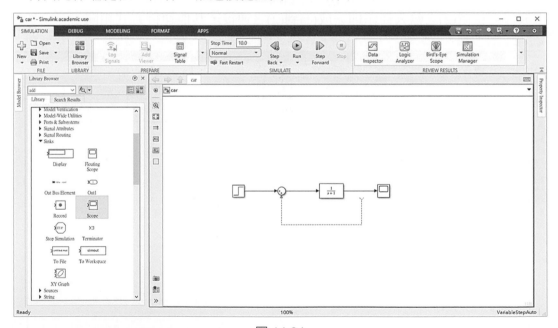

圖 14.84

最後再接至 Transfer Fcn 和 Scope 之連線處即算完成此系統之連接，如圖 14.85 所示：

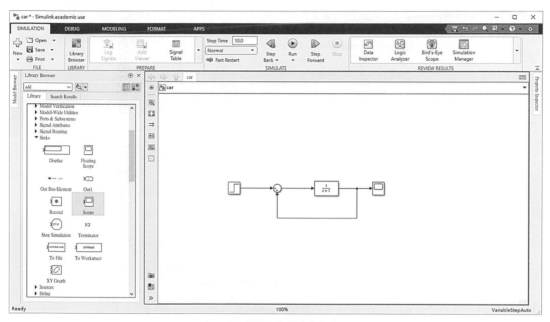

圖 14.85

當完成圖 14.85 後，即算是寫完 Simulink 訊號連接的程式，但是元件內容功能尚未設定，因此接下來的動作就是要設定每一小方塊的內容功能，首先設定 Step Input 的內容功能，其設定方式，得用滑鼠快點 Step input 二下即可出現圖 14.86。

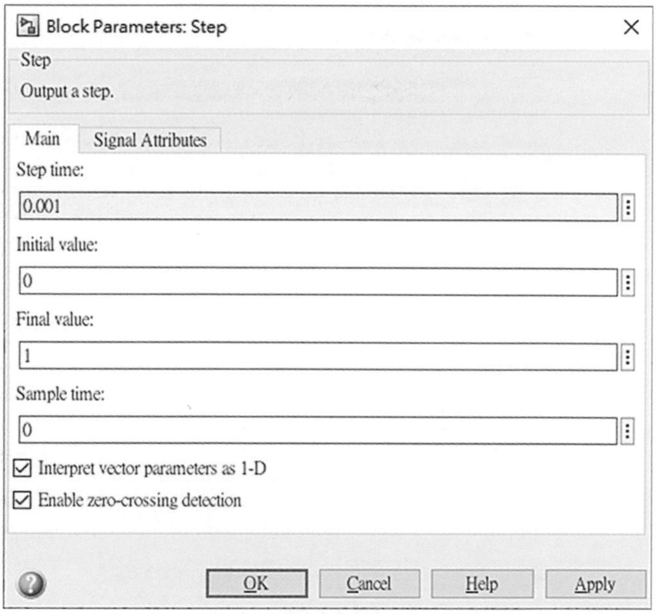

圖 14.86

其中 Step time 是指由 Initial value 到 Final Value 的時間，數值越小表示步級波反應較快，填入數值後，按下 OK 即完成 Step Input 之設定。接下來設定 Sum 的內容，同理亦用滑鼠快點 Sum 二下得圖 14.87。

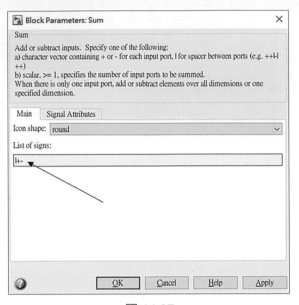

圖 14.87

在箭頭處填入正負號即可，按 OK 即可完成 Sum 之設定。

同理在設定 Transfer Fun 時，亦是用滑鼠快點 Transfer Fun 二下即可得圖 14.88，直接填入分子分母的係數即可。

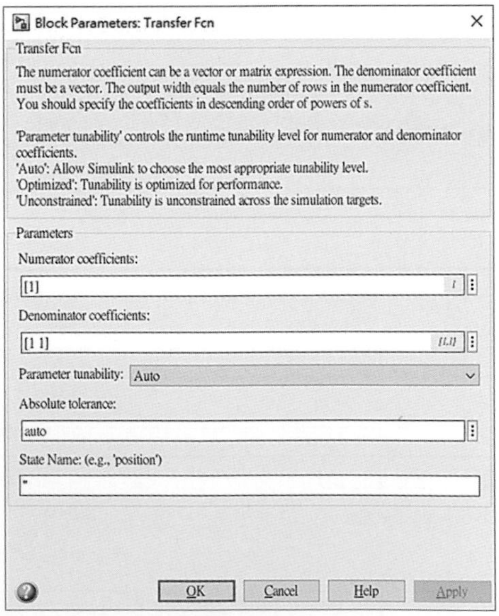

圖 14.88

接下來就是有關 Scope 之設定，同理可用滑鼠打開如圖 14.89，讀者可以自由設定水平時間和垂直大小。

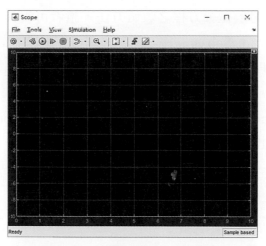

圖 14.89

至此已經完成這個簡單程式的內容之設定。另外前述這四個元件功能有些未提到之設定直接用預設即可。接下來就是開始要進行模擬，在要進行模擬之前，得先設定 Simulation 頁籤下之 PREPARE 下的 Model Settings，如圖 14.90 所示：

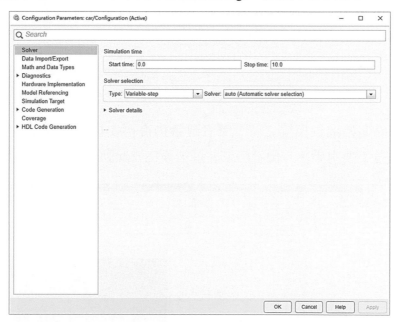

圖 14.90

有關此參數之設定原則，主要是在 Solver selection 下的 Select 下的 Type 與 Solver 之參數之設定。有關 Simulation time 下可設定 Start Time 為 0 和 Stop time 為 10。進行模擬分析時之重要工具是解微分方程之數值方法，讀者可視其需要及精密度來做適當之選擇，只要用滑鼠點一下 Solver 右邊之選項，即可完成方法之選擇；本例用 ode45，其他設定用預設即可。有關 Solver details 下之參數之設定可用滑鼠點圖 14.90 中 Solver details 如圖 14.91 所示。Solver details 下的設定有 Max step time、Min step time、Initial step time、Relate tolerance、Absolute tolerance、Zero crossing control、Algorithm、Time tolerance 及 Automatically handle rate transition for data transfer。

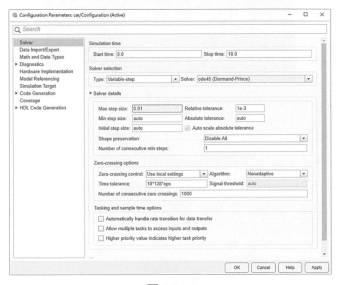

圖 14.91

最後在準備開始進行模擬之前，筆者建議仍得再安排一下視窗的平面配置如圖 14.92，原則上是不要重疊，方便看結果即可，等完成此動作後開始進行模擬。

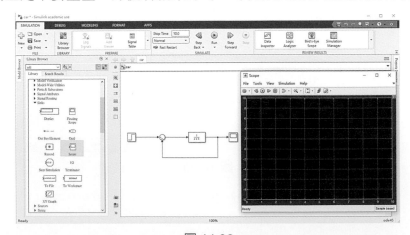

圖 14.92

第 14 章　Simulink 之介紹與應用

當完成前述的動作後即可開始進行模擬，只要使用 Simulation 頁籤下之 Run 即可進行模擬如圖 14.93。

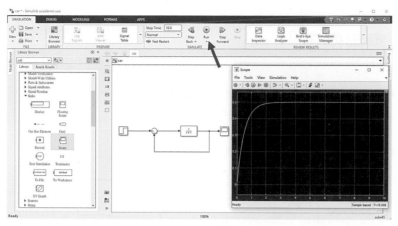

圖 14.93

　　基本上前述這個例子只是個簡單之例子，但大致上而言足以說明 Simulink 的程式要如何編寫及設定和執行，對於較複雜的例子，只要操作會比較多而已。一般而言就 Simulink 的檔案而言，不像一般的文書編輯軟體，而純粹是使用圖形輸入，因此其檔案輸入的原則可歸納成下列三大步驟：

Step1、輸入訊號流程圖的樣子，並完成接線。

Step2、進行每個小方塊內容功能的設定，其輸入語法同一般 Matlab 的設定。

Step3、進行 Simulation 頁籤下之 PREPARE 下的 Model Settings 之設定，然後開始模擬。

註解　(1)對大型系統之 Simulink 程式的輸入時，要確定讀者所做的連接方式是對的，只要稍有失誤，執行起來就不對。

　　　(2)設定每一個小方塊之內容功能亦要小心些，只要程式中任何一個小方塊設定錯誤，執行起來亦會很麻煩。(因無法得到正確的結果)

　　　(3)對複雜系統之分析，重點是在連線及設定每個元件之內容功能上宜小心。當程式執行結果不對時，就是要測試及核對這些項目是否正確為主。

　　　(4)當在做連線時的配線時，儘量要符合美觀的原則。當用滑鼠選取元件時會出現 BLOCK 頁籤，在 name 的設定可設方塊文字顯示或隱藏。

　　　(5)在 Simulink 的程式中的每個小方塊均可以自由拉大或縮小或用滑鼠點選直接修改文字，原則以方便看內容為原則。

　　　(6)在 Simulink 的程式中的每個小方塊均可用滑鼠點選後會出現 BLOCK 頁籤或用滑鼠點選後按右鍵，會出現許多方便的設定，讀者可自行練習測試之。

至此筆者以完成一個簡單的 Simulink 程式的編寫及執行的說明。接下來筆者直接用例子來說明 Simulink 的使用。

14.5 應用例子

　　在本節中筆者將用七個例子來說明 Simulink 的使用。

【例 14.7】

　　考慮一個線性系統，其系統方塊圖如圖 14.94 所示：

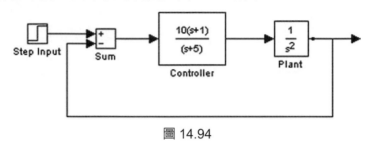

圖 14.94

使用 Simulink 來進行模擬？

首先得從元件函數庫中，把所有相關之小方塊(元件)找出來如圖 14.95 所示：

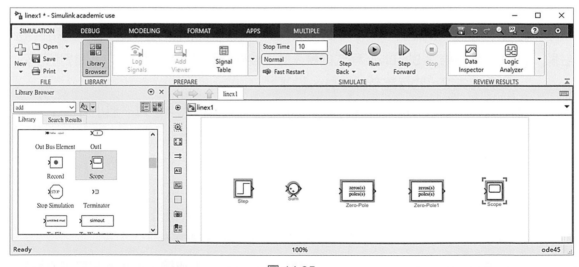

圖 14.95

接下來就是把圖 14.95 中每個元件連接起來並填入適當的值及元件名稱文字修改，並另存新檔(檔名 linex1)如圖 14.96，即表示完成 Simulink 的程式。

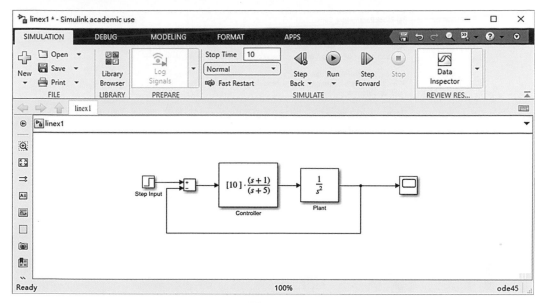

圖 14.96

依序說明每個小方塊之設定內容：

1. 有關圖 14.96 中之 Step Input 的設定如圖 14.97，分別填入 Step time、Initial Value 及 Fine Value 之數值。

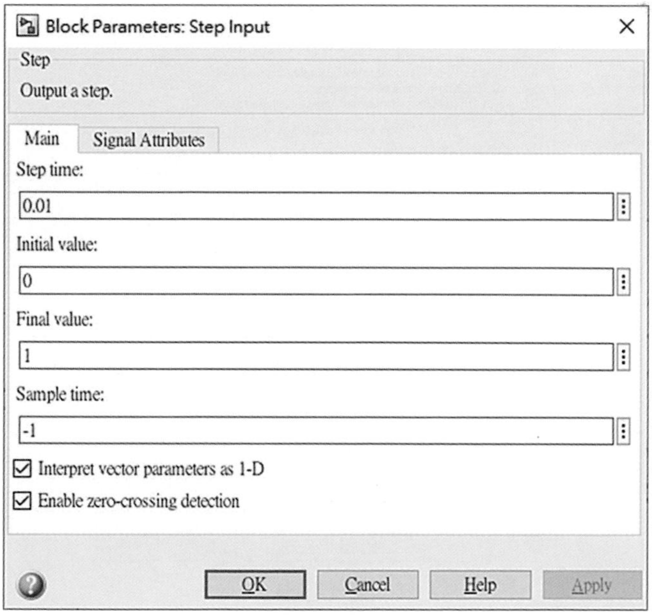

圖 14.97

2. 有關在圖 14.96 中 Sum 之設定如圖 14.98，其中正負號之順序由左而右代表在程式中由上而下。

圖 14.98

3. 有關圖 14.96 中之 Controller 之設定如圖 14.99，只要依序填入 zeros、Poles 及 Gain 之數值即可。

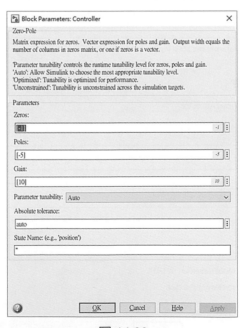

圖 14.99

4.　有關圖 14.96 中之 plant 之內容為圖 14.100，分別把分子及分母的係數填入即可。

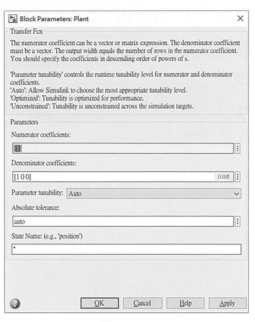

圖 14.100

5.　有關圖 14.96 中之 Scope 之內容為圖 14.101，原則上其內容之水平軸為時間軸，通常會配合 Simulation 下之時間的設定,至於垂直大小，則適度的設定，若太小只要再更改一下即可。另外當模擬後之結果之顯示刻度不適當時，可用滑鼠點一下圖 14.101 箭頭所指處下的選項，Scope 會自動調整其顯示至最好。另在 Scope 工具列上亦可使用 Run 鈕去執行 Simulink 程式。

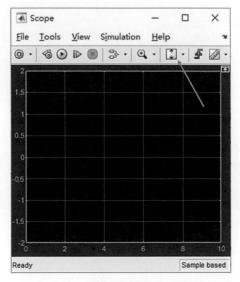

圖 14.101

從前五項已完成各小方塊之內容設定，接下來要設定的就是 Simulation 下之 Model Configuration Parameters，其設定之內容如圖 14.102 所示：

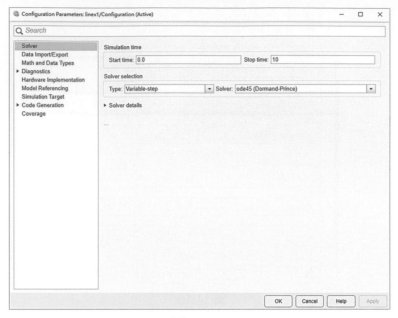

圖 14.102

當完成這些設定後，即可開始進行模擬，其模擬結果如圖 14.103 所示：

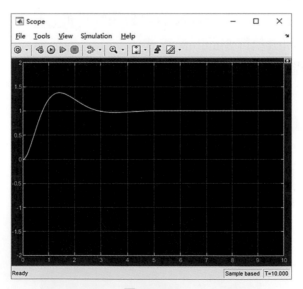

圖 14.103

另外若在圖 14.96 中之 Controller 之 zeros 改成 -3，Poles 不變，Gains 改成 20 後，其模擬結果變成圖 14.104，會出現有振盪之情形。

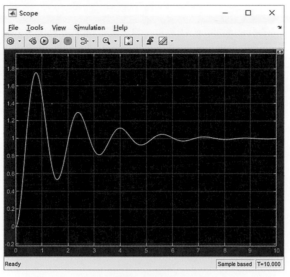

圖 14.104

【註】(1) 在圖 14.96 中之每個小方塊下的文字均可以更改，讀者可依自己的意思改較有意義的文字說明，如本例中之 Controller 和 Plant。

(2) 若要把資料轉移到 Matlab 的環境下來使用時，光只用圖 14.96 之程式中的 Scope 顯示是不夠的，得利用 Sink 函數下之 To Workspace 這個方塊才能設定變數名稱，供 Matlab 環境下使用，換句話說，若要使用 plot 去繪製和 Scope 相同之結果之圖，就得使用 To Workspace 這個元件去取代 Scope，再到 Matlab 下利用 To Workspace 下所設的變數，直接用 plot 畫出其圖形即可。

【例 14.8】

考慮一線性系統，其中包含有一個非線性元件,此系統如圖 14.105 所示：

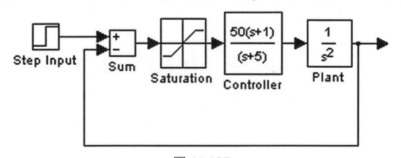

圖 14.105

使用 Simulink 來進行模擬？

首先仍得從元件函數庫中，把相關小方塊之功能找出來如圖 14.106 所示：

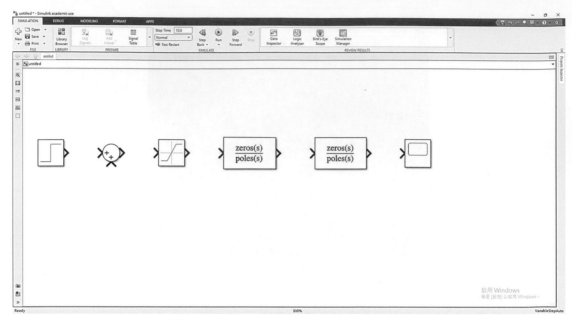

圖 14.106

接下來就是把圖 14.106 中每個元件連接起來並填入適當的值及文字修改，並另存新檔(檔名 linex2)如圖 14.107，即表示完成 Simulink 的程式。

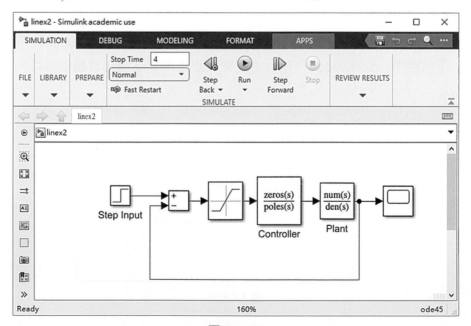

圖 14.107

依序說明每個小方塊之設定內容：

有關 Step Input 、Sum 、Controller、Plant 及 Scope 之設定方式同例 14.7，有關 Saturation 之設定如圖 14.108，依序填入下限及上限值即可。

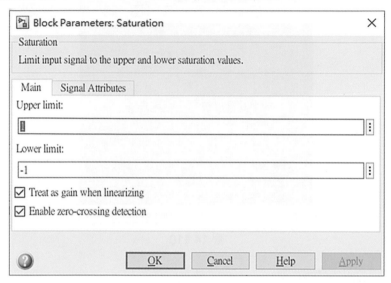

圖 14.108

至於 Simulation 下之 Configuration Parameter 之設定同例 14.7 之原則，其模擬結果如圖 14.109 所示：

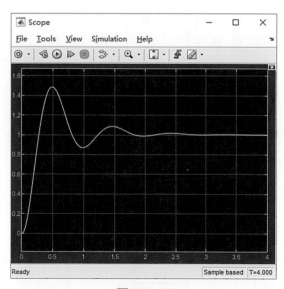

圖 14.109

若 Controller 之 Gains 改成 10，其餘不變,其模擬結果如圖 14.110 所示：

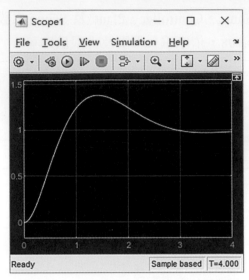

圖 14.110

【例 14.9】 線性化之倒單擺

假設線性之倒單擺的狀態方程式為

$$\dot{x} = \begin{bmatrix} 0 & 1 & 0 & 0 \\ 10.78 & 0 & 0 & 0 \\ 0 & 0 & 0 & 1 \\ -0.98 & 0 & 0 & 0 \end{bmatrix} x + \begin{bmatrix} 0 \\ -0.2 \\ 0 \\ 0.2 \end{bmatrix} u$$

$$u = -kx$$

經過分析設計後可得到 k 值為

$$k = [-152.06 \quad -42.24 \quad -8.16 \quad -12.24] \circ$$

請利用 Simulink 來分析此系統之狀態變化的結果？

有關此控制系統之架構如圖 14.111 所示：

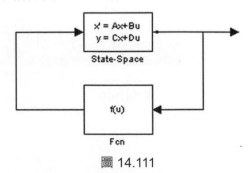

圖 14.111

首先先從元件函數庫中把所需要之小方塊找出來如圖 14.112 所示：

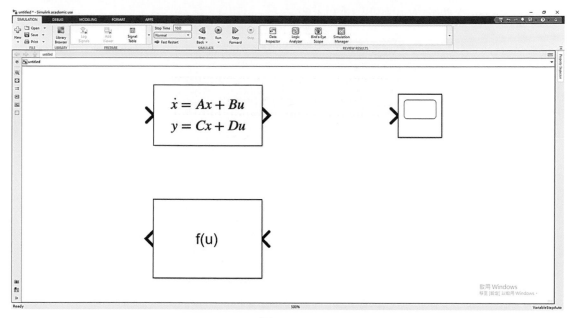

圖 14.112

接下來就是把圖 14.112 中每個元件連接起來並填入適當的值及文字修改，並另存新檔(檔名 linex3)如圖 14.113 所示，即表示完成 Simulink 的程式。

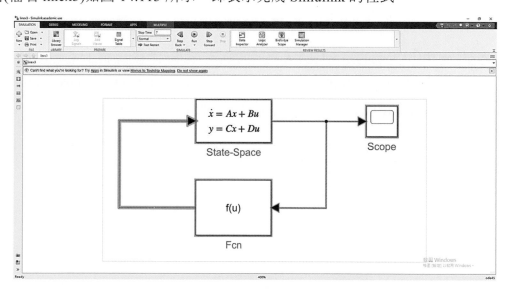

圖 14.113

依序說明每個小方塊之設定內容：

state-Space 之設定方式如圖 14.114 所示：

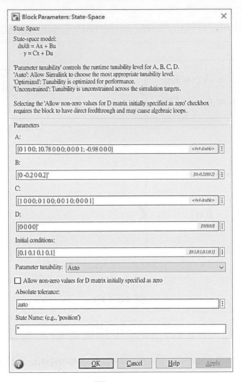

圖 14.114

這裡要特別提出說明的是，有關 A 矩陣的輸入方式，困在圖 14.114 上 A 矩陣上只有一行，所以此矩陣的輸入方式是用 A=[0 1 0 0;10.78 0 0 0; 0 0 0 1; -0.98 0 0 0]取代此外，由於此例是 state feedback，然而 State Space 的 Output 是 y 而不是 State，因此 C 矩陣設為

$$C=\begin{bmatrix} 1 & 0 & 0 & 0 \\ 0 & 1 & 0 & 0 \\ 0 & 0 & 1 & 0 \\ 0 & 0 & 0 & 1 \end{bmatrix}$$

B=[0 -0.2 0 0.2]'

所以此時 x=y，同時 D 矩陣得設為零。另外有關 Intial Conditions 的設定方式同 B 矩陣，方才能保證可運算，亦即要多加轉置方才可由橫變直。

另外有關圖 14.113 中之 Fun 的設定如圖 14.115 所示：

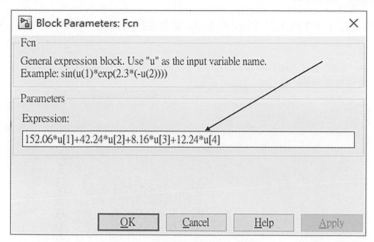

圖 14.115

因 $u = kx$

所以　$u=152.06x_1+42.24x_2+8.163x_3+12.24x_4$

因此在 Fcn 元件下填入箭頭處所指之資料即可。

有關其模擬結果如圖 14.116 所示：

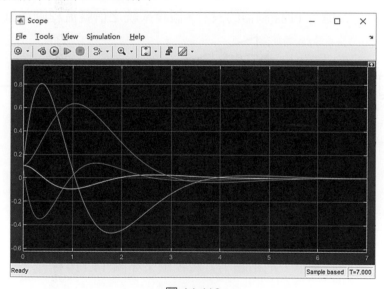

圖 14.116

當初始值改成[2 1 2 1]'時,其新的模擬結果如圖 14.117。

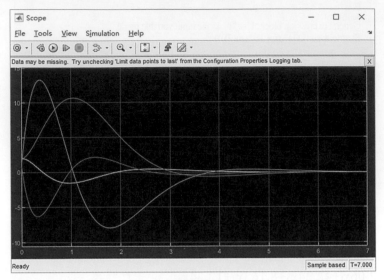

圖 14.117

【例 14.10】 PI 控制器之設計

利用 Simulink 去進行 PI 控制器的設計，假設系統之信號流程圖如圖 14.118 所示：

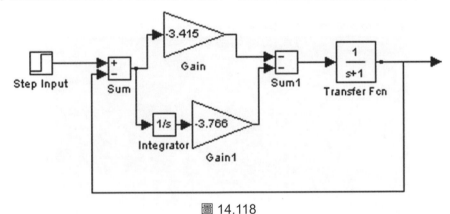

圖 14.118

首先先從元件函數庫中，把相關小方塊找出來如圖 14.119 所示：

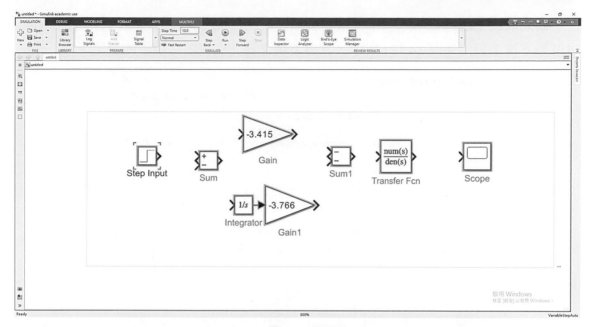

圖 14.119

接下來就是把圖 14.119 中每個元件連接起來並填入適當的值及文字修改，並另存新檔(檔名 linex4)如圖 14.120，即表示完成 Simulink 的程式。

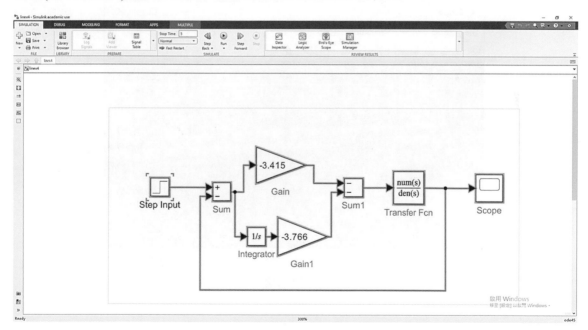

圖 14.120

當完成圖 14.120 之後，接下來就是要依序說明每個小方塊之設定內容，除了 Gain 這個小方塊之設定如圖 14.121 所示，其餘方塊之設定同先前之例子的設定。

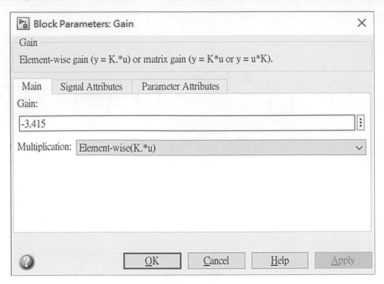

圖 14.121

所以其模擬結果如圖 14.122 所示：

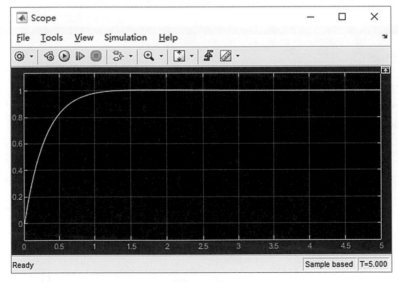

圖 14.122

當 Kp 改成 3，Ki 不變時，其程式如圖 14.123 所示：

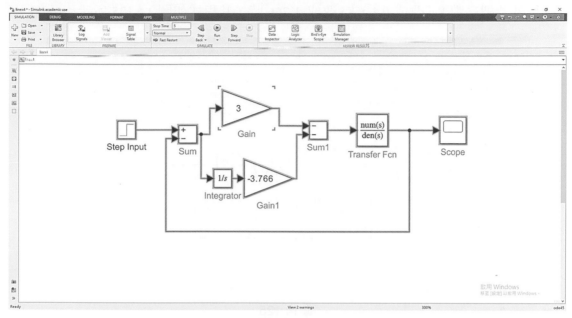

圖 14.123

其相對之模擬結果如圖 14.124 所示：

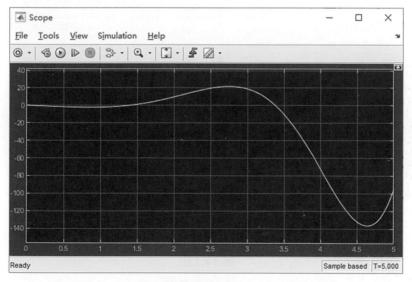

圖 14.124

從圖 14.123 上可知這一組比例積分係數不好，導致輸出不穩定。由於前組參數不好，另外若把參數 Kp 改成 0.1，Ki 改成-1.766 時，其程式如圖 14.125 所示：

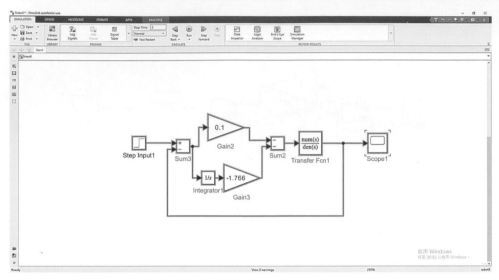

圖 14.125

　　其更改方式非常簡單，只要 Gain2 和 Gain3 重新設定即可。其對應的模擬結果如圖 14.126 所示：

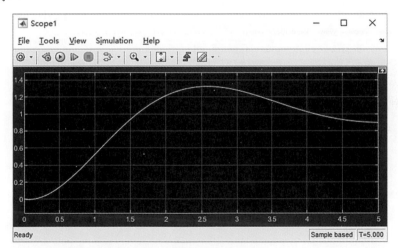

圖 14.126

　　基本上本例是以 PI 控制器來做為說明，同理可發展成為 PD 控制器或 PID 制器。此外當 Transfer Fun 1 改成其他系統時，此例的程式架構仍然可用。而且從圖 14.125 上可以很清楚的看出其控制器的結構。因此使用 Simulink 來進行這類的程式設計是非常方便而且實用的。

【例 14.11】　一個非線性系統：

$$\ddot{x} - \dot{x}^3 + x^2 = u$$

當此系統利用 Lyapunov's 直接方法去分析而得到的 u 是

$$u = -2\dot{x}^3 - 5\left(x - x^3\right)$$

直接把 u 帶入系統即可以完成此系統的 Regulator 設計。

因此我們若要使用 Simulink 去進行分析此結果是否正確,其操作方式首先把非線性系統轉成一階的微分聯立方程式如下式：

令　　　　　　　$\dot{x} = x_1, \quad x = x_2$

因此　　　　　　$\dot{x}_1 = x_1^3 - x_2^3 + u$

$$\dot{x}_2 = x_1$$

$$u = -2x_1^3 - 5\left(x_2 - x_2^3\right)$$

根據上述方程式可找出下列元件,並依需求設定三個 Sum 元件的正負號，五個 Fun 元件內的函數關係，及二個 Integrator 成 x1 與 x2，並另存新檔(檔名 simex3)如圖 14.127 所示：

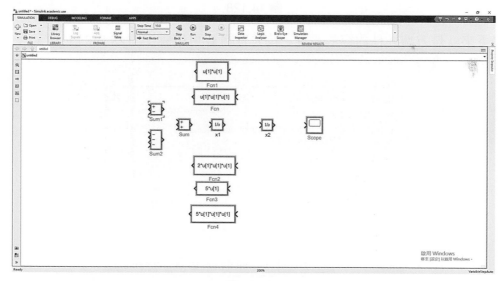

圖 14.127

接下來就是把圖 14.127 中每個元件連接起來並填入適當的值及文字修改，如圖 14.128，即表示完成 Simulink 的程式。

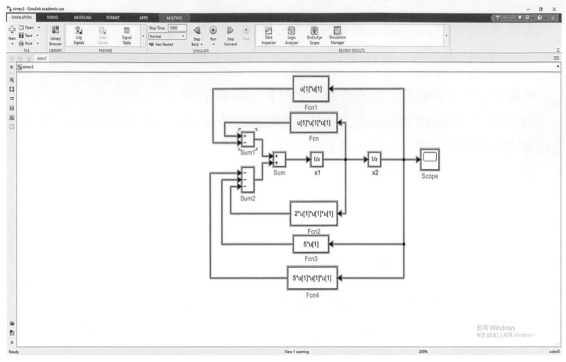

圖 14.128

接下來就是方塊元件內容的設定，首先有關 x_1^3 可用圖 14.128 中的 Fcn 表示，其內容如圖 14.129 所示：

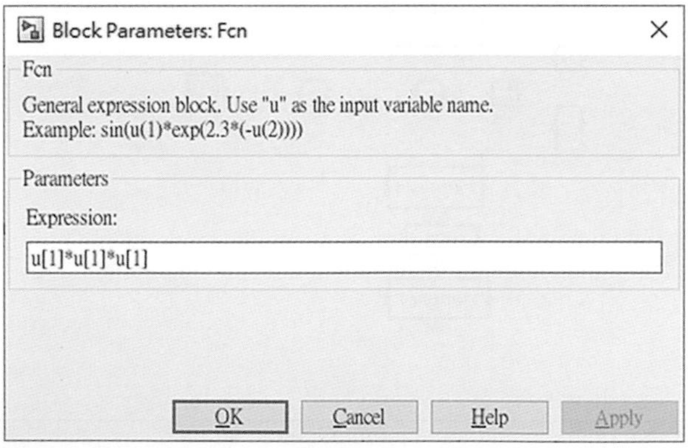

圖 14.129

另外在圖 14.128 中的 Fun1 之內容為 x_2^2，設定同 Fun 的方式，因此在圖 14.128 中之 Sum1 表示完成 $x_1^3 - x_2^2$。此外在圖 14.128 中的 Fcn4 之內容為 $5x_2^3$，其內容如圖 14.130 所示：

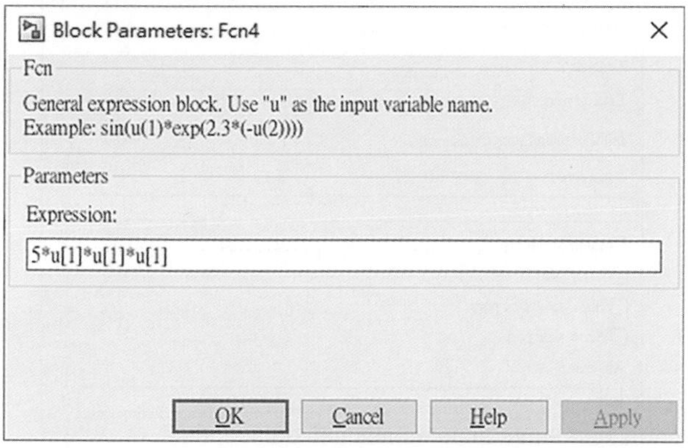

圖 14.130

　　另外圖 14.128 中之 Fun2 之內容為 $2x_1^3$，設定同 Fun 的方式；圖 14.128 中之 Fun3 之內容為 $5x_2$，設定同 Fun 的方式；所以在圖 14.128 中之 Sum2 為處理 $u = -2x_1^3 - 5x_2 - 5x_2^3$，所以 Sum2 之內容為三個負號，如圖 14.131 所示：

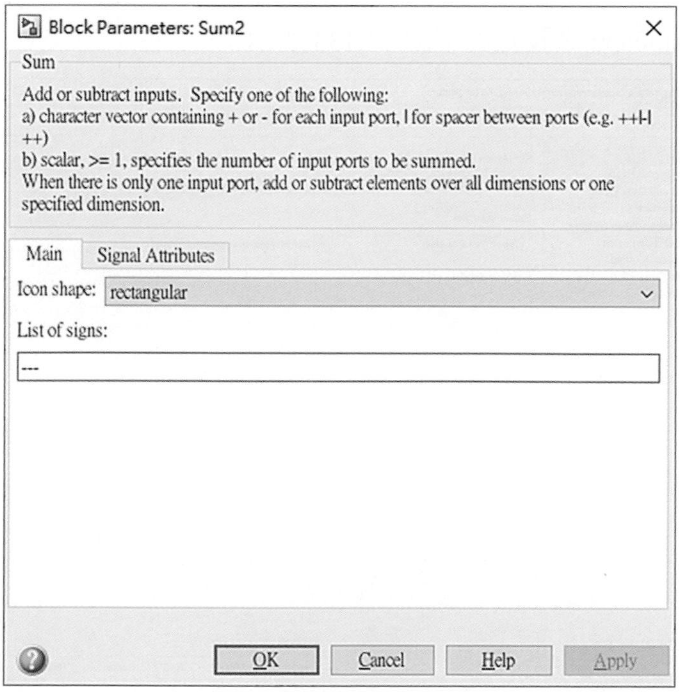

圖 14.131

由於 $\dot{x}_1 = x_1^3 - x_2^3 + u$ 因此利用圖 14.128 中之 Sum 把 Sum1 和 Sum2 加起來即完成整個系統之連接。另外有關 $x_1(0)$ 之設定如圖 14.132 所示：

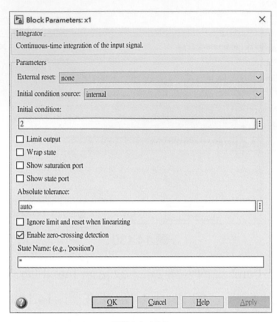

圖 14.132

同理 $x_2(0)$ 亦可設定初值，若不設定的話，使用內建值為零。另外本例有關 Model Configuration Parameters 之設定如下圖 14.133 所示：

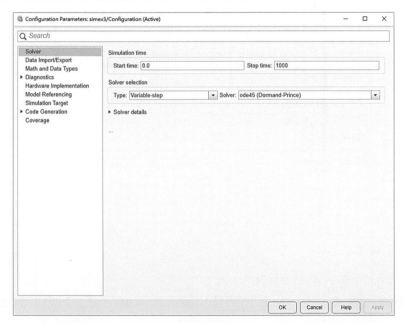

圖 14.133

其模擬結果如圖 14.134 所示：

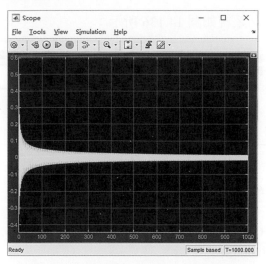

圖 14.134

另外若把 $x_1(0) = 2$，$x_2(0) = 0$ 更改成 $x_1(0) = 4$，$x_2(0) = 2$，其餘參數不變，重新再模擬一次可得下圖 14.135 之結果。

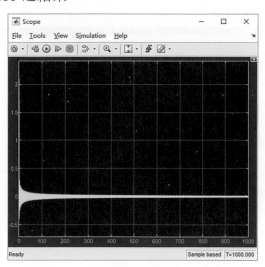

圖 14.135

基本上此例是一個非線性的例子，此程式的寫法並非是唯一的，讀者可依自己的理念，繪出功能相同，但稍有不同的信號流程圖，再重新輸入，亦有相同之結果，因此有關 Simulink 之程式寫法，每個人有不同的使用習慣，所以就會有稍許不同，但原則上只要信號流程圖決定後，程式就可依信號流程圖來完成。另外要說明的是，當元件比較多時，連線及輸入設定就得更小心，否則只要稍有失誤，就無法得到正確之結果。

【例 14.12】 數位控制的分析

假設有一個數位控制系統如圖 14.136 所示：

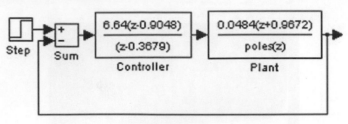

圖 14.136

其中 Controller 是 $\dfrac{6.64(z-0.9048)}{z-0.3679}$

plant 是 $\dfrac{0.0484(z+0.9048)}{(z-1)(z-0.9048)}$

試使用 Simulink 來分析此結果？

首先得先從元件函數庫中，把所需要的方塊找出來，如圖 14.137 所示：

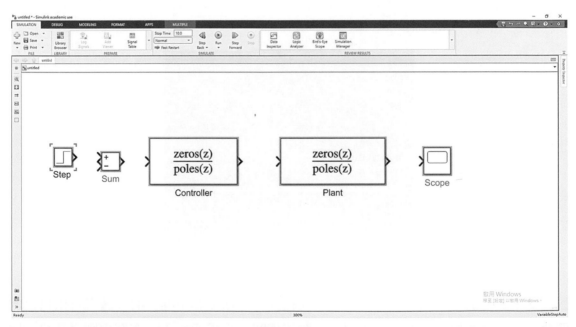

圖 14.137

其次得利用滑鼠做連接各小方塊的動作，其結果如圖 14.138 所示：

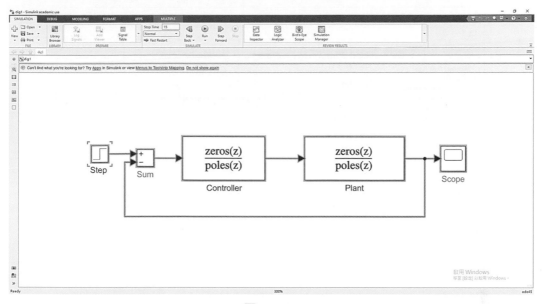

圖 14.138

接下來得進行設定圖 14.138 內各小方塊的內容，其中 Step、Sum 及 Scope 可參考先前的例子，有關 Controller 的設定，是利用滑鼠快點此方塊二下即可得到圖 14.139，分別填入零點、極點、增益及取樣時間，另外 plant 亦是使用相同的方式輸入設定，如圖 14.140。在此要特別說明的是 Discrete zero-Pole 是位於 Discrete 函數庫下。另外在各小方塊下之英文字均可以直接更改命名成讀者所要使用的名詞，以增進讀者確認方便。

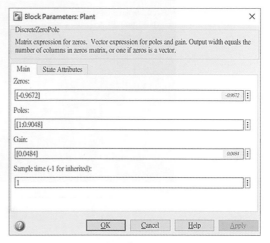

圖 14.139　　　　　　　　　　　　　　圖 14.140

最後是有關進行模擬前 Configuration Parameters 的設定，如圖 14.141 所示：

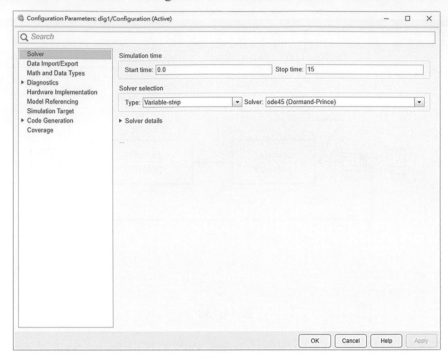

圖 14.141

依先前的設定(較大之 sampling time)，進行模擬分析，其結果如圖 14.142 所示：

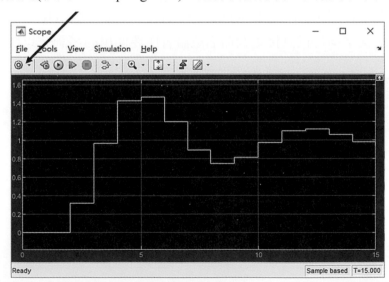

圖 14.142

此外當在 Controller 和 Plant 的 sampling time 改成較小之 0.0l 時，爲配合這些更改的設定，可點圖 14.142 中的箭頭處可出現如圖 14.143 所示，設定 Sample time 即可

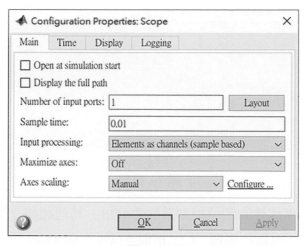

圖 14.143

Model Configuration Parameters 之設定更改如圖 14.144 所示：

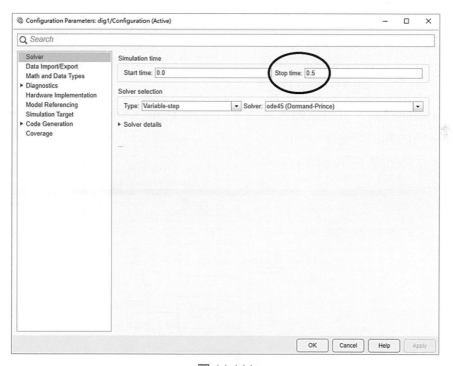

圖 14.144

其新的模擬結果，如圖 14.145 所示：

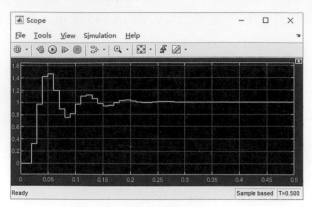

圖 14.145

基本上此例是一個線性的數位控制系統的分析，其他諸如非線性的數位控制系統之分析亦非常方便，其原則和例題 14.11 相似，只是在例 14.11 中之積分器在數位控制中改成使用 Delay 而己，餘所使用之理念則完全相同。所以讀者若有遇到非線性的數位控制分析，想利用 Simulink 來進行分析，亦是可行的，只是在寫程式時比較麻煩些而已。

【例 14.13】 數位訊號處理分析

有一 Filter 是 $\dfrac{1 + 2z^{-1} + 2z^{-2}}{1 - 0.75z^{-1} + 0.125z^{-2}}$

試利用 Simulink 去分析當輸入訊號使用 Step Input、Sine wave、Band-Limited 及 White Noise 時的輸出響應？

首先其程式如圖 14.146 所示：

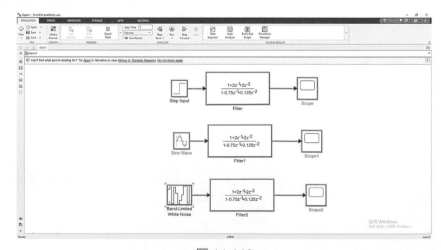

圖 14.146

另外有關 Filter 內容的設定如圖 14.147，分別輸入其分子、分母的係數，以及取樣時間。

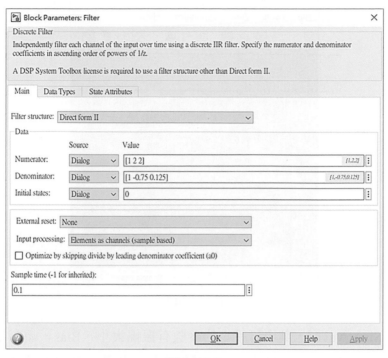

圖 14.147

另外有關 Step input 的設定如圖 14.148 所示：

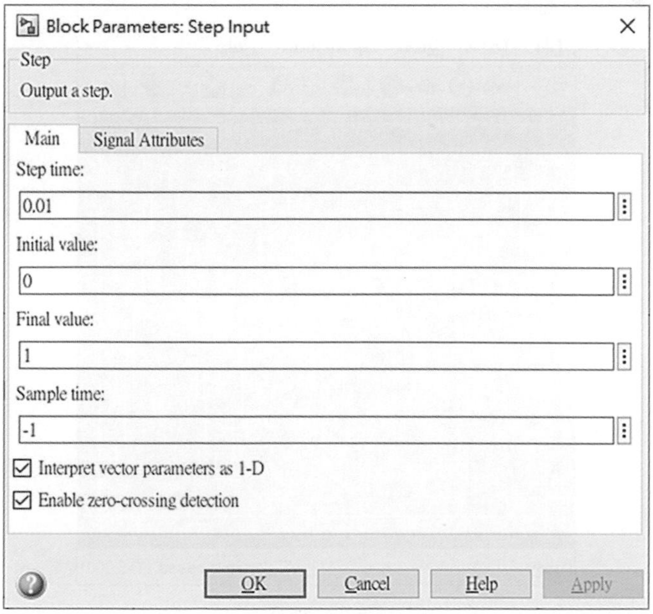

圖 14.148

其輸出結果如圖 14.149 所示：

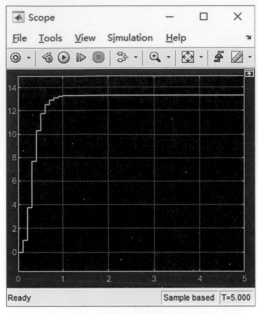

圖 14.149

當輸入是 Sine wave ，其中可設定的參數有振幅大小、Bias、頻率、相角(均使用 rads 表示)以及 Sampling time 的設定，且其他條件不變時，其輸出結果如圖 14.150 所示：

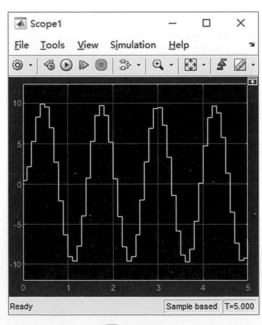

圖 14.150

接下來仍然以 Sine wave 做爲輸入訊號，其中相角改成 0.517rads，其結果如圖 14.151 所示：

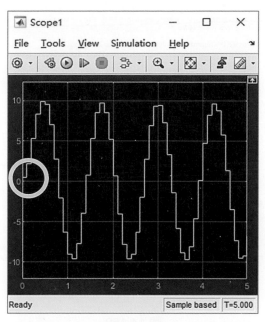

圖 14.151

當輸入爲 Band-Limited White Noise 時，有關此訊號的假定如圖 14.152 所示：

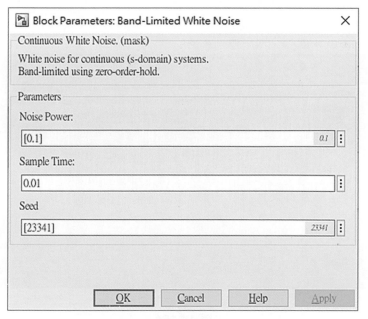

圖 14.152

另外有關 Filter 的設定亦更改了，如圖 14.153 箭頭處所示：

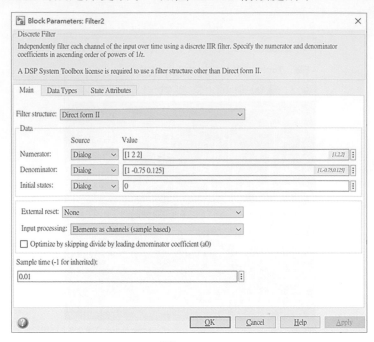

圖 14.153

其分析之輸出結果如圖 14.154 所示：

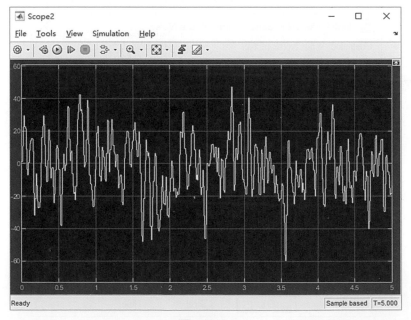

圖 14.154

基本上例 14.13 只是一個簡單的例子而已，其他 Filter 的設計，例如非線性 Filter 之設計，同樣的可以參考例 14.11 之設計理念來完成。讀者若對 Filter 的分析及設計有興趣時，可以配合 DSP System Toolbox 工具夾的使用，功能會更強大，如圖 14.155 所示：

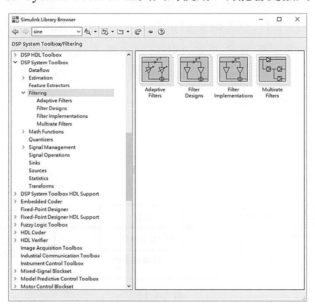

圖 14.155

　　另外在 Simulink Extras 下有提供不少現成的延伸元件可供使用，有關 Simulink Extras 下的內容如圖 14.156 所示：

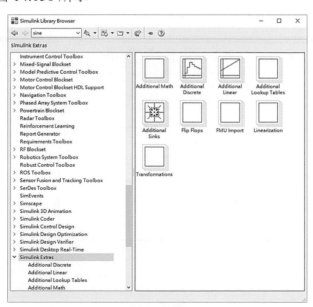

圖 14.156

讀者可自行參閱練習之。

14.6 Simulink 輸出軌跡的方法

常見的輸出軌跡方法有三種,截至目前為止,筆者所用的方法大多以使用 Scope 做為 Simulink 的輸出。接下來筆者再來介紹另外二種方法。一般而言,使用 Scope 做為輸出是比較簡單而且方便,但是當有些輸出需要由 Matlab 命令區內來繪出圖形時,光是使用 Scope 是無法完成的,因此得利用 Sinks 函數庫下之 To-Workspace 此功能。以下筆者直接使用例子來做說明:

【例 14.14】

一個控制系統如圖 14.157 所示:

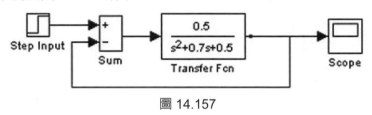

圖 14.157

希望利用 Matlab 環境下的 polt 指令來繪出此系統的輸出圖形?

解: 首先利用 Simulink 去完成此系統的模擬,先利用 Scope 做為輸出元件,如圖 14.158 的程式所示:

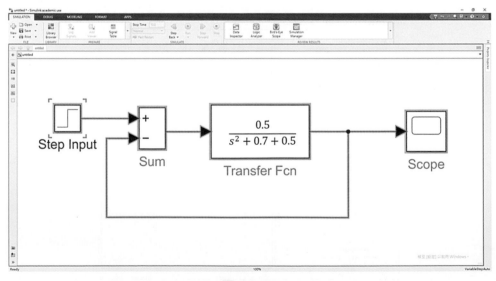

圖 14.158

其模擬結果如圖 14.159 所示：

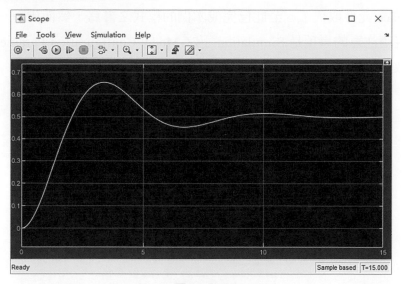

圖 14.159

　　然而使用圖 14.159 的輸出時，當要做報告時，則顯得有些不方便，因此得利用 Sinks 函數庫下之 To workspace 這個小方塊，才能完成 Simulink 的資料，轉給 Matlab 環境下供 plot 使用，有關其程式如圖 14.160 所示：

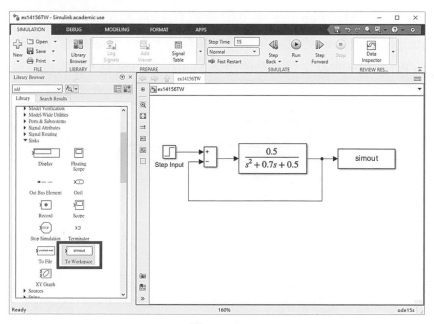

圖 14.160

在圖 14.158 中和圖 14.160 的差別只是在圖 14.158 中的 Scope 元件被圖 14.160 中的 To Workspace 元件取代了。至此已完成本例的程式之書寫，然而尚有一些設定得注意，有關這些應注意的事項是 Simulation 下之 Model Configuration Parameter 的設定得配合輸出點數的大小之規定，有關這些設定分別如圖 14.161 所示：

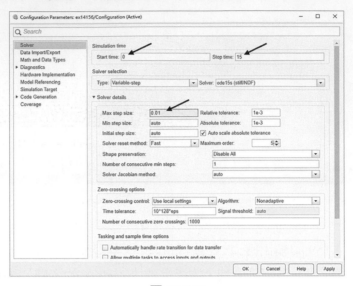

圖 14.161

時間 0 到 15 秒，Max step size 是 0.01 大概有 1500 點左右。另 To workspace 元件的 Limit data point to last 是設定有關輸出點數的大小，當設定成 inf 時代表 Model Configuration Parameter 的設定有幾點輸出到 Matlab 就有幾點，有關這些設定分別如圖 14.162：

Block Parameters: To Workspace

To Workspace

Write input to specified timeseries, array, or structure in a workspace. For menu-based simulation, data is written in the MATLAB base workspace. Data is not available until the simulation is stopped or paused.

To log a bus signal, use "Timeseries" save format.

Parameters

Variable name:

simout

Limit data points to last:

inf

Decimation:

1

Save format: Array

Save 2-D signals as: 3-D array (concatenate along third dimension)

☑ Log fixed-point data as a fi object

Sample time (-1 for inherited):

-1

OK   Cancel   Help   Apply

圖 14.162

當這些設定均完成後，即可開始進行模擬，亦即利用 Simulation 下之 Start 即可，當完成模擬後，可把游標切至 Matlab 環境如圖 14.163 所示：

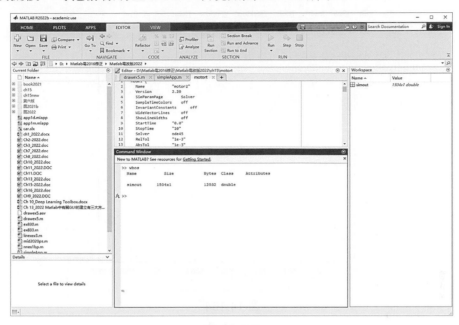

圖 14.163

在 Matlab 環境下分別鍵入以下命令，以確認在 Simulink 下的變數確實有轉到 Matlab 環境來。

```
>> who                    :確認有 simout 存在。
Your variables are：
simout
>> whos
  Name        Size              Bytes  Class          Attributes

  simout      1x1               24932  timeseries

>> plot(simout)          :利用 po1t 把圖形繪出。
```

有關其結果可得如圖 14.164 的圖形。

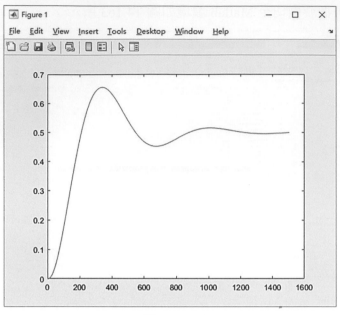

圖 14.164

當想要傳回更多的資料時,該如何做呢?筆者同樣以此例為基礎,發展以下之程式來說明,如圖 14.165 所示:

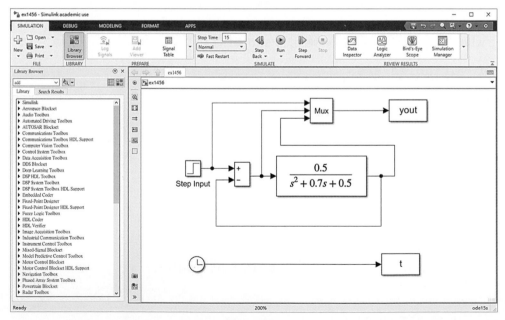

圖 14.165

在這裡筆者使用一在 Mux 元件的小方塊，稱為多工器，此功能是位於 Signal Routing 函數庫下。有關其設定如圖 14.166 所示：

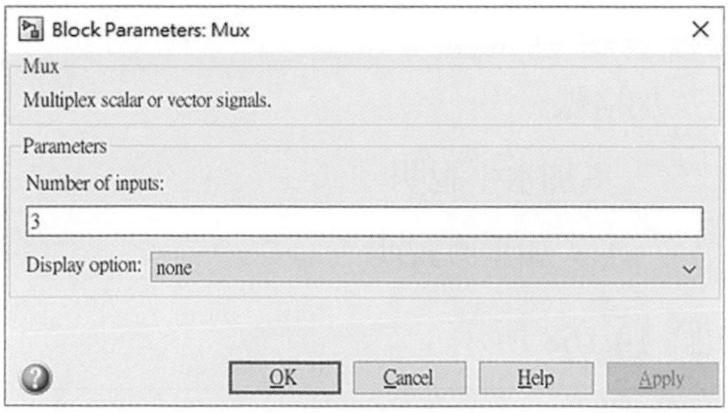

圖 14.166

　　同時在程式圖 14.165 中，只要把想要輸出的資料，接至 Mux 的輸入端而存至 simout 的變數中，並改名成 yout。同理當這些設定完成後，得再進行一次模擬。當模擬完後，再切至 Matlab 環境下，使用以下的命令：

```
>> whos                    :核對傳回變數之維度及長度。

  Name          Size          Bytes  Class      Attributes

  t            1500x1         12000  double

  yout         1500x3         36000  double

>>plot(yout)               :繪出 yout 結果。

>> axis([0 1500 0 1.5])
```

　　其結果如圖 14.167 所示：

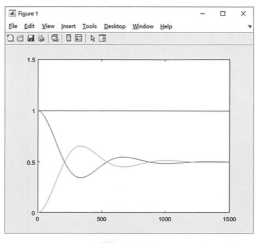

圖 14.167

當完成圖 14.167 之後，若要再做一些圖形顯示的處理亦可，此時的方式，完全同一般 Matlab 的操作方式，例如若要加入以下之命令：

```
polt(yout)
grid                :加格線。
xlabel('t')         :加水平說明。
ylabel('output')    :加垂直說明。
```

其新的輸出圖形,如圖 14.168 所示：

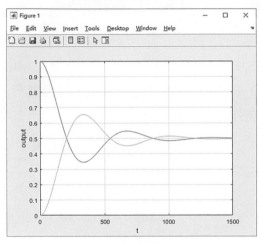

圖 14.168

```
>> plot(t,yout)    :繪出 t 與 yout 結果。
>> axis([0 1500 0 1.5])
```

其新的輸出圖形,如圖 14.169 所示：

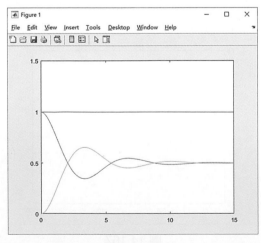

圖 14.169

至此筆者已完全把幾個常見的 Simulink 輸出軌跡的方法，使用上三個例子說明完畢，讀者可利用這些例子的理念去擴展到更複雜的系統，其理念是相同的。只是當傳輸的變數多時，有關點數和記憶體的配合宜小心些，方才不會出現記憶體不夠的缺點。

14.7　建立子系統的技術

當完成一個 Simulink 程式後，若從顯示的觀點來看，當系統較大時，看起來則有些不清楚，因為小元件實在太多了，因此筆者在此介紹 Create Subsystem 的功能去完成把許多小元件轉成一個元件的功能，如此在看 Simulink 程式時就會變得較簡單，亦就是說利用 Create Subsystem 的設定，當在寫 Simulink 程式時可以帶有分層的觀念。此功能位於頁籤 MULTIPLE 下的 Create Subsystem(這個頁籤當選定後的結果如圖 14.172 時頁籤多一個 MULTIPLE 可進行設定)。在此筆者直接使用例子來說明會比較清楚些。

【例 14.15】

首先先完成一個 Simulink 程式後如圖 14.170 所示：

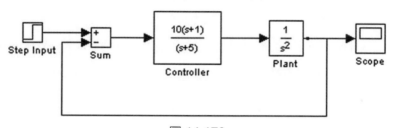

圖 14.170

筆者希望把某些小元件合併成一個新的元件，在圖 14.170 中，筆者用虛線框住三個小元件及其連線如圖 14.171 所示：

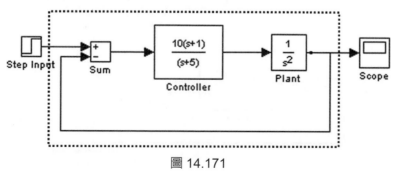

圖 14.171

試利用 Create Subsystem 的功能去精簡此 simulink 程式？

解： 首先完成此程式，且把要轉成一個新的元件的這些元件用滑鼠框起來，當選定後
的結果如圖 14.172 所示：

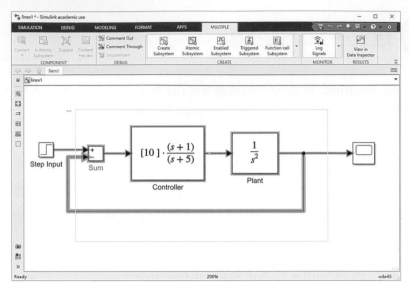

圖 14.172

頁籤多一個 MULTIPLE 可進行設定。接下來用滑鼠點一下 MULTIPLE 頁籤下的
Create Subsystem (或在選取內按下滑鼠右鍵選 Create Subsystem from Selection)其動作
如圖 14.173 所示：

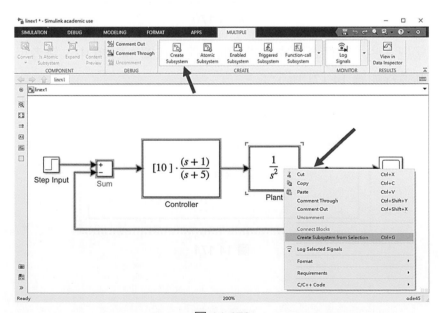

圖 14.173

當完成 Create Subsystem 的動作後，在圖 14.172 虛線內的元件會變成一個新的元件如圖 14.174 所示：

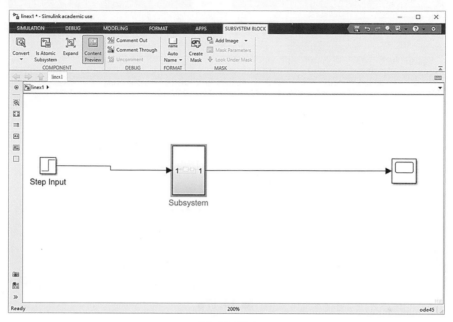

圖 14.174

頁籤多一個 SUBSYSTEM BLOCK 可進行設定。至此已完成把許多小元件利用 Create Subsystem 轉成一個新的元件的動作，然而若想要恢復原狀的話呢?那又該如何，讀者再利用 Simulink 編輯器的 Undo Create Subsystem 一次即可恢復。其動作如圖 14.175 所示：

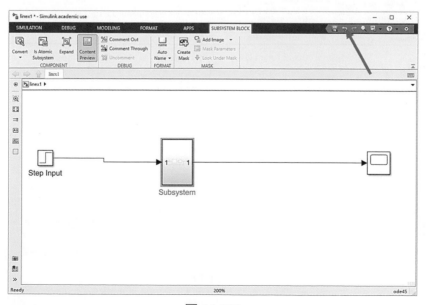

圖 14.175

其結果如圖 14.176 所示，又恢復原來之方塊圖。

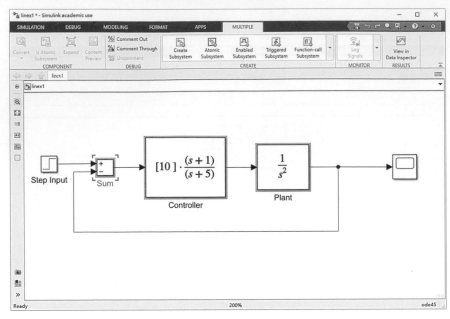

圖 14.176

一般而言利用 Create Subsystem 轉成一個小方塊的動作，通常接線會變得比較亂，但是在功能上不會有任何問題，只是得再利用滑鼠把接線部分重新整理一下即可，如圖 14.177 箭頭處，當這個部分被整理後可再得圖 14.178，此圖看起來會比較漂亮些。

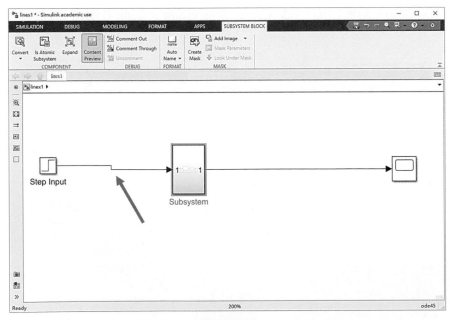

圖 14.177

例如圖 14.177 是做完 Create Subsystem 後的結果，其接線方式較不好，因此筆者再稍加整理一下其配置及接線方式，有關這些動作，均可利用滑鼠直接來完成，讀者只要試一下即可明瞭，記住一次只要選取一項即可。因此圖 14.177 可經由筆者利用滑鼠整理一下，即可得圖 14.178 所示：

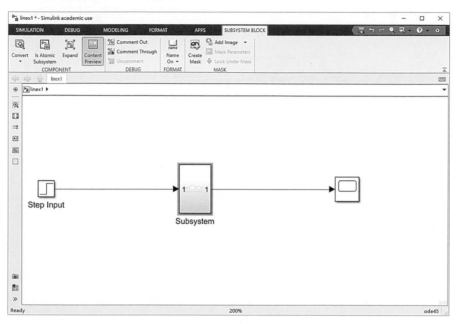

圖 14.178

在圖 14.178 的 name 可設定文字顯示或隱藏，另外圖 14.178 中的 Subsystem 亦可用滑鼠點上文字做更改小方塊的名字為 System 1，如圖 14.179 所示：

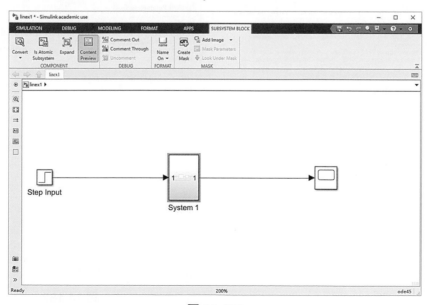

圖 14.179

在此筆者用滑鼠快點 System 1 二下可得圖 14.180。

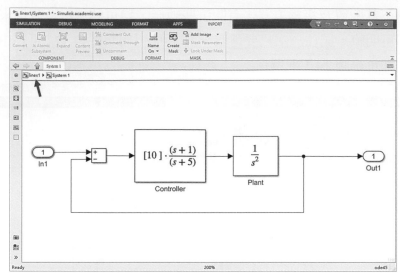

圖 14.180

在圖 14.180 中多出二個小方塊，那就是 In1 和 Out1，這二個小方塊分別是 Inport 和 Outport ，一般而言此二功能是在做轉換動作時的二個轉接點，有關其內容的設定只有編號而已，若合成後的新元件有三個輸入端，當使用 Create Subsystem 後，自然會增加三個 Inport 在此程式中。同理若此例中只有一個輸出端，因此當做完 Create Subsystem 後，會增加一個 Output。有關 Inport 和 Outport 的設定分別如圖 14.181 及圖 14.182 所示：

圖 14.181

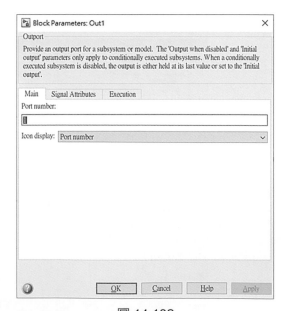

圖 14.182

若要回到 linex1 可用滑鼠點圖 14.180 的 linex1 即可。以下是利用 Create Subsystem 後的程式模擬的結果，如圖 14.183 所示：

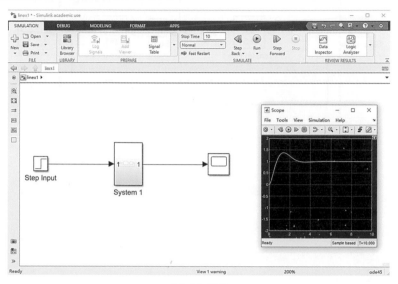

圖 14.183

　　至此，筆者使用一個較簡單的例子去完成有關 Create Subsystem 和 Undo Create Subsystem (恢復原來連接)的說明。

　　接下來筆者再用另一個例子來說明，首先先完成 Simulink 的程式如圖 14.184 所示：

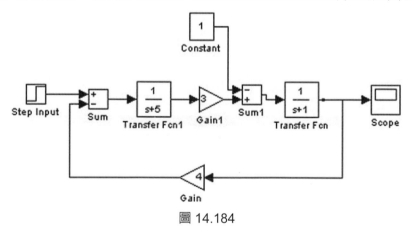

圖 14.184

　　在圖 14.184 中，共有二個輸入和一個輸出，當如圖 14.185 中虛線之內容要轉成一個新的元件時，得先用滑鼠選定後，接下來使用 Create Subsystem 後，並稍加整理一下即可得到圖 14.186 所示：

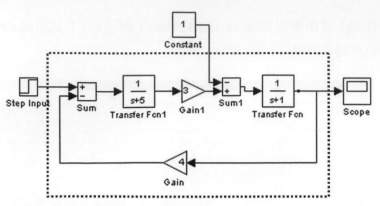

圖 14.185

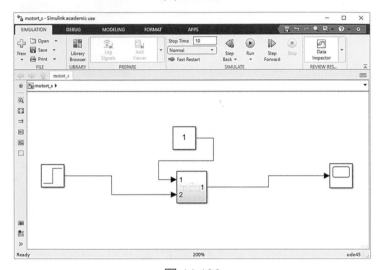

圖 14.186

另外有關 Subsystem 的內容如圖 14.187 所示：

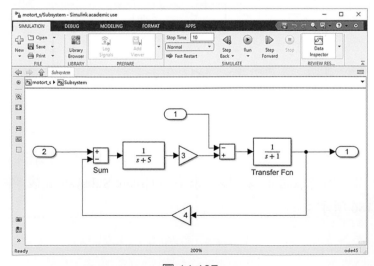

圖 14.187

此外若要再加元件至 Subsystem 時該如何處理呢？基本上可直接在 Subsystem 下直接做修編如下：首先把要加之元件從 Simulink 找出一 Saturation 元件，如圖 14.188 所示：

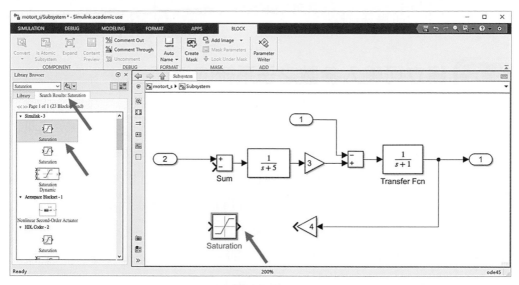

圖 14.188

　　可利用 Search 輸入 Saturation 去找出 Saturation 元件，把此元件拉至程式區，但因 Saturation 元件方向相反，可用滑鼠點上 Saturation 元件按滑鼠右鍵選 Format 下的 Rotate Conuterclockwise 二次或選 Flip Block 即可完成。其次再把連線部分完成如圖 14.189 的型式：

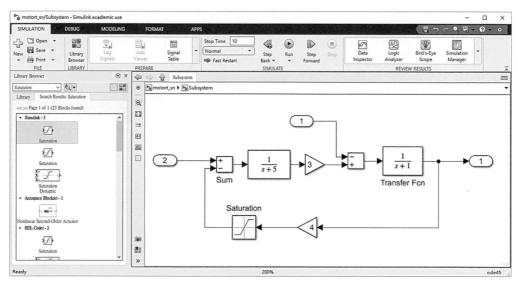

圖 14.189

至此筆者已把幾種常見的方式說明完畢，讀者可應用這些理念去擴展到更複雜的系統的合併，相信是不會有問題的。然而 Create Subsystem 的合併僅有化簡及分層的功用，但是卻不能完成具有參數之子系統呼叫的功能，有關如何完成具有參數之子系統的呼叫，則留待下一節再進行說明。

14.8 建立可輸入參數之子系統的技術

在 Simulink 下，所書寫的程式該如何把它轉成可參數輸入的子系統呢?其理念是不會很難，但是筆者認為大概是讀者在看 Simulink 使用手冊中較麻煩的一部分，原因是可能所引用的觀念是以前 Matlab 所沒用過的，所以較不易入門，在此筆者用一些較簡單的方式來帶領讀者進入此領域，方便把 Simulink 用得更完美一點。

一般而言這個過程大概可分為以下二個動作：

1. 首先是建立一個 Subsystem 的內容，亦即一般的 Simulink 程式，但是輸入的部分可用 Inport 來取代，輸出可用 Outport 來取代，如圖 14.190 圓圈標示所示：

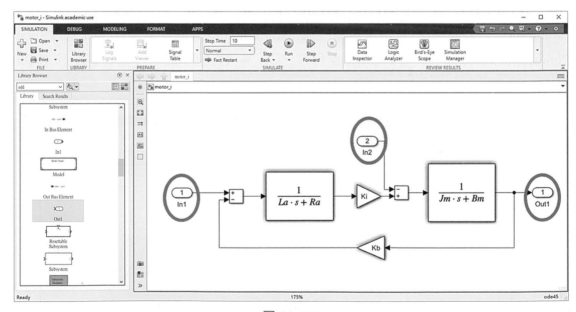

圖 14.190

用滑鼠選要轉成可參數輸入的子系統之所有元件(因用 Inport 及 Outport 所以元件全選)如圖 14.191 所示：

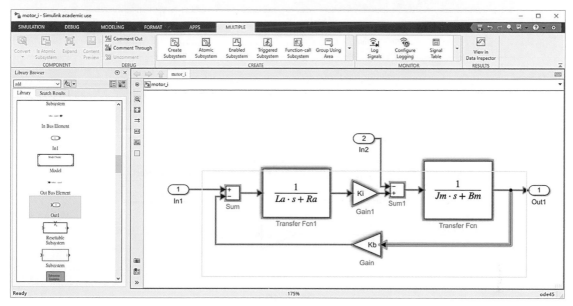

圖 14.191

使用 MULTIPLE 頁籤的 Create Subsystems 這個功能完成子系統的建立如圖 14.192 所示：

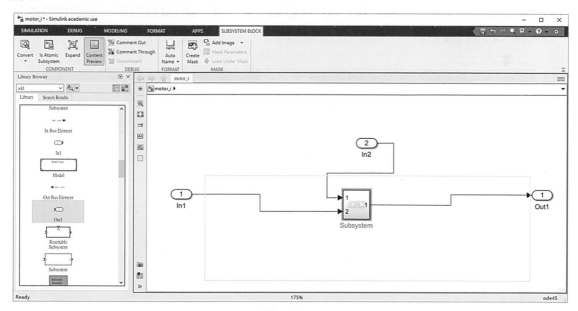

圖 14.192

要建立一個 Subsystem 的內容其實也可以使用把整個程式寫好如圖 14.193：

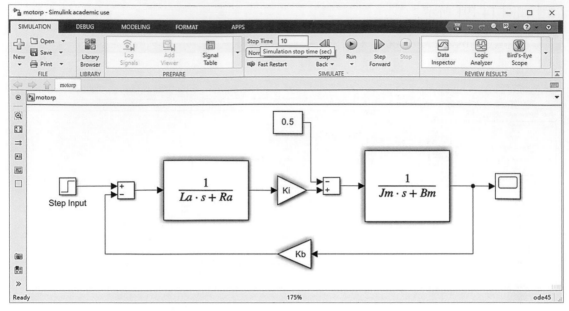

圖 14.193

步驟一：

用滑鼠選要轉成可參數輸入的子系統之所有元件，然後再使用位於 MULTIPLE 頁籤的 Create Subsystems 這個功能完成子系統的建立。再使用滑鼠整理一下元件及線即可得如圖 14.194 所示：

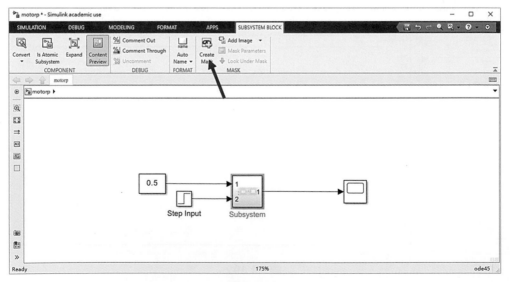

圖 14.194

步驟二：

　　當完成步驟一之後，接下來就是要如何的使用步驟一的 Subsystem 成可參數輸入，先點選 Subsystem 出現圖 14.194，再點 Create Mask 這個功能出現圖 14.195 之內容。

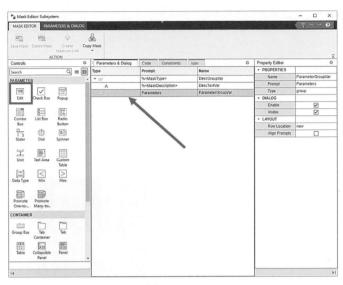

圖 14.195

　　基本上先點圖 14.195 的方框 Edit 就會出現一排可輸入參數，只要在 Parameter & Dialog 上如箭頭所指處輸入參數資料的名稱即可亦即填入先前在 Subsystem 下所設之參數名稱。填完後按 Save Mask 可得到圖 14.196 的變化。

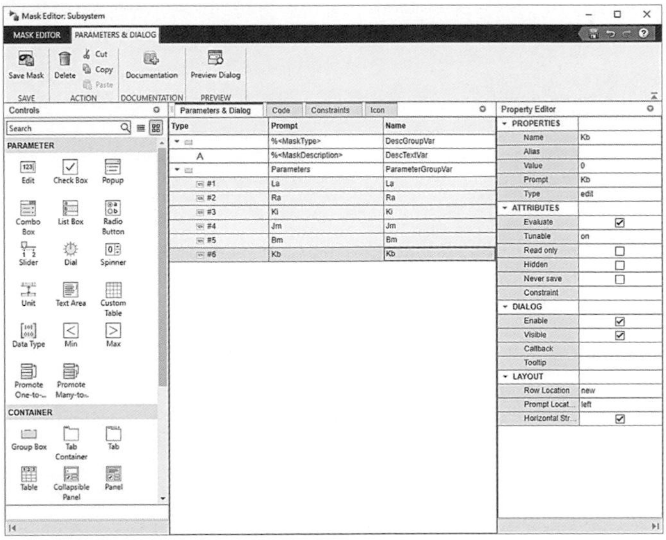

圖 14.196

其中 La、Ra、Ki、Jm、Bm 及 Kb 均是未知數，亦即有待由程式以參數輸入之設定。用滑鼠點圖 14.196 標示處 Edit 即可新增參數輸入，完成參數設定後，再按下 ok 離開。在利用滑鼠快點二下圖 14.197 之 Subsystem 即可得參數輸入之對話盒如圖 14.197 紅色圈所示：

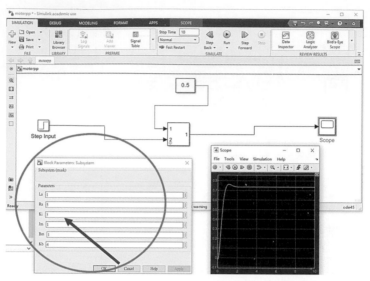

圖 14.197

在圖 14.197 紅色圈中，有六個空白處待填入資料，如圖 14.197 標示處所指。至此步驟二算完成。

基本上，完成 Mask 之後，想放棄 Mask，得再利 Delete Mask 一次後恢復 Subsystem 程式。

【例 14.16】

當一個直流馬達的系統方塊圖如圖 14.198。

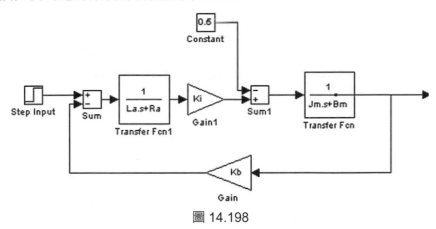

圖 14.198

其中 La、Ra、Ki、Jm、Bm 及 Kb 均是未知數，亦即有待由程式以參數輸入之設定，試寫一個程式來完成此例的應用？

解： 首先，先完成整個程式如圖 14.199 所示：

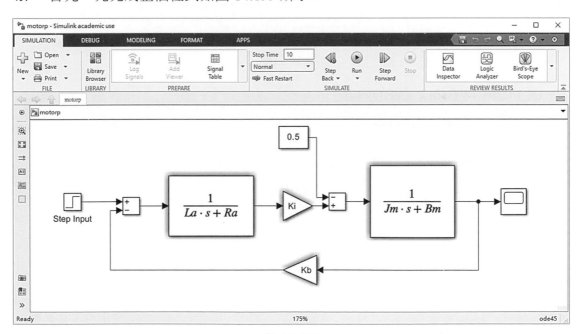

圖 14.199

相關的方塊圈之內容分別如下列各圖所示，其中圖 14.200 為 TransferFun 1 元件的內容。

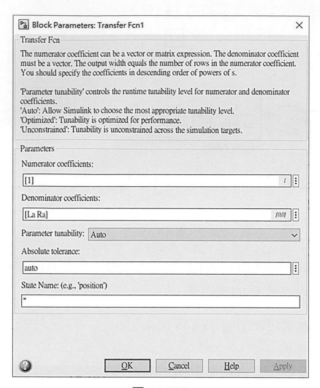

圖 14.200

圖 14.201 為 Gain 1 元件的內容。

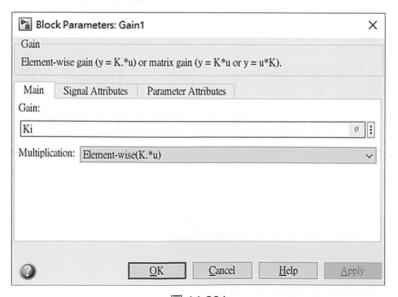

圖 14.201

圖 14.202 為 Transfer Fun 元件的內容。

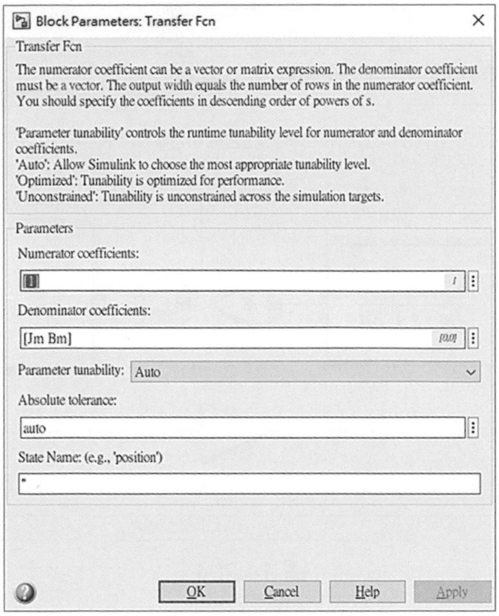

圖 14.202

圖 14.203 為 Gain 元件的內容。

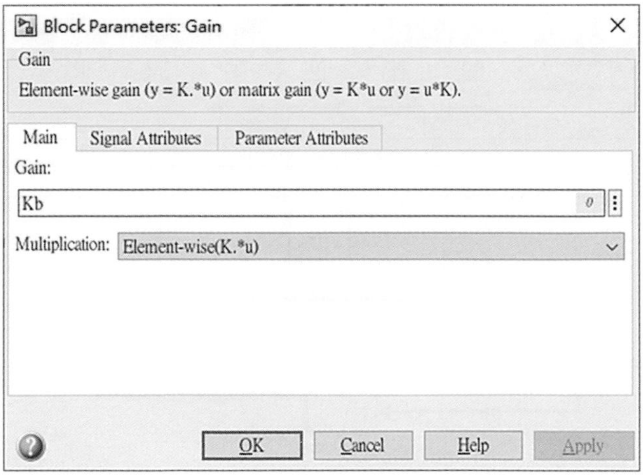

圖 14.203

　　上述這些元件帶有參數，若不做 Mask Subsystem 是無法執行的，因此當各個小方塊之內容均設正確後，筆者把帶有參數之元件選取下來如圖 14.204 所示：

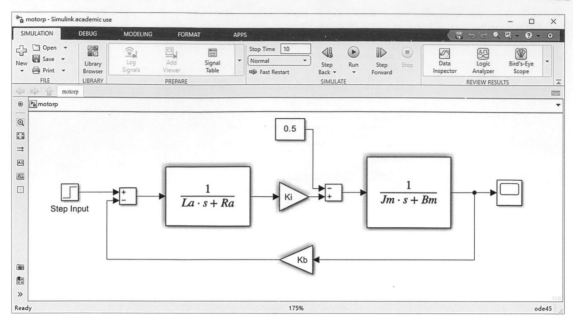

圖 14.204

進行 Mask Subsystem 時得先完成 Create Subsystem 的內容如圖 14.205 所示：

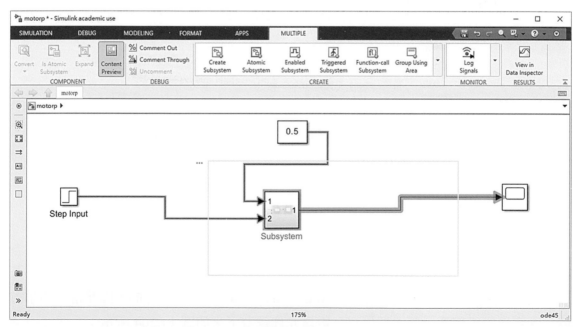

圖 14.205

點圖 15.205 之 Subsystem 可得圖 14.206

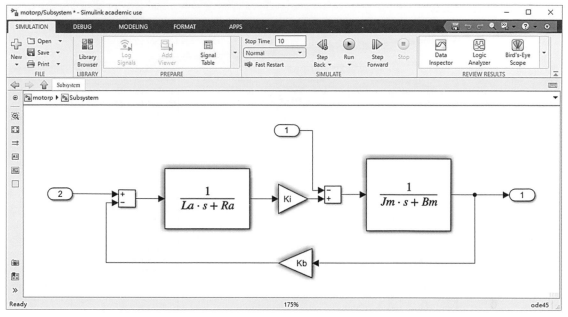

圖 14.206

針對 Subsystem 這個小方塊進行 Create Mask 時，會出現圖 14.207 所示：

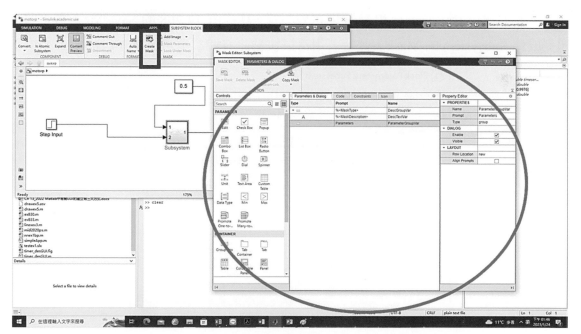

圖 14.207

設定有待輸入之參數的資料如圖 14.208 所示：

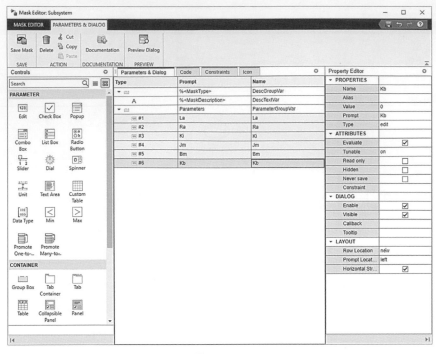

圖 14.208

至於 Code、Constraints 和 Icon 則可暫不管，經由圖 14.208 的 Save Mask 設定後，即完成此 Subsystem 的 Mask，此時若用滑鼠快點此方塊二下可得圖 14.209。

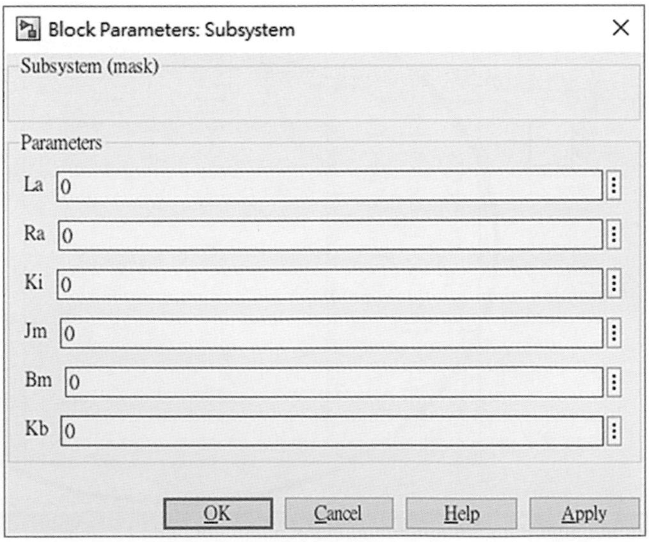

圖 14.209

因此在圖 14.209 中會出現 6 個待輸入空白，因此，只要在空白處填入參數可得圖 14.210：

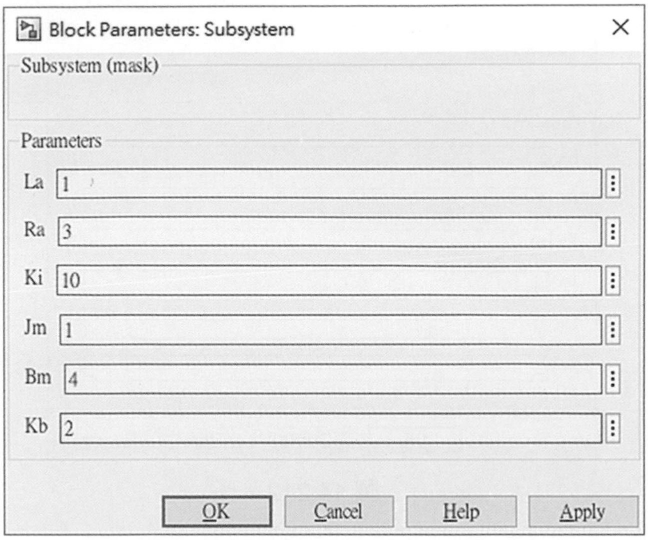

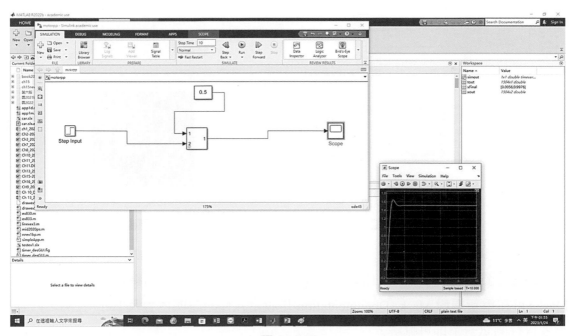

圖 14.210

當參數填完後按下 OK 後，即可進行模擬。就以圖 14.210 的參數進行模擬可得圖 14.211：

圖 14.211

此外，當 motorpp 的參數需要改成圖 14.212 的內容時，此時之結果如圖 14.213 所示：

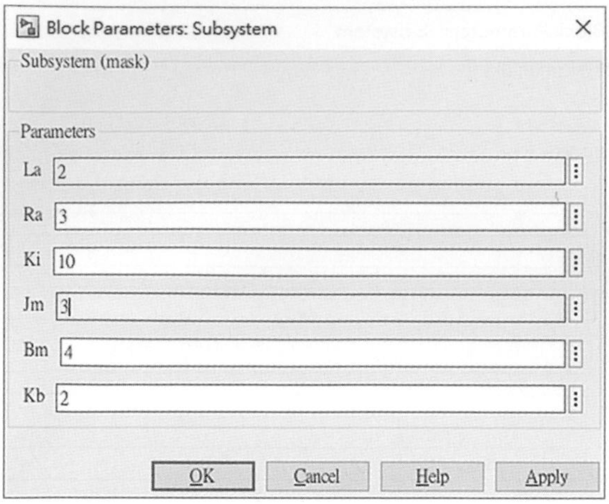

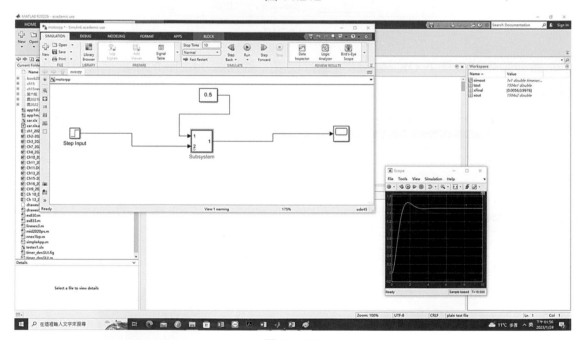

圖 14.212

圖 14.213

　　最後，針對圖 14.213 中 Subsystemm，用滑鼠點選後，按右鍵選 Mask 的 Editor Mask，可在重新編輯 Mask。Documentation 是設定元件的說明內容及 Help 查閱之內容，讀者自行測試一下即可瞭解。

1. 試說明在 Simulink 下編輯檔案和在 Matlab 下編輯檔案的方式有何不同?

2. 試說明 Sinks 函數庫下的 Scope 和 To workspace 在使用上的差別?

3. 試說明 Extras 函數庫在不同版本的 Simulink 之間的角色?

4. 試說明在 Simulink 下之功能表上之 Simulations 下的 Model Configuration Parameters 設定的重要性?

5. 試說明若要把 Simulink 下之程式,改成立體有陰影時該如何操作之?

6. 試說明如何從函數庫中取出想要的小方塊功能到所設計的程式上?

7. 試說明在 Simulink 程式中如何來連接各個方塊?

8. 試說明當一個矩陣為 $\begin{bmatrix} 1 & 2 & 3 \\ 1 & 2 & 1 \\ 3 & 13 & 7 \end{bmatrix}$

   如何設定在 State-Space 下之此矩陣?

9. 試說明在 Source 函數庫下之 Step 下的 Step time 之意義?

10. 仿例 14.10 去設計一個用 Simulink 完成的 PID 控制系統?

11. 試說明在 Continuous 函數庫下之 Zero-Pole 和 Transfer Fcn 有何不同?

12. 試說明 Discontinuous 函數庫內提供有多少功能?

13. 試說明在 Simulink 的程式下,若有小方塊要旋轉 90° 時該如何做?若要水平翻轉又該如何處理?

14. 試說明 Inport 和 Outport 的重要性?

15. 建立可輸入參數之子系統的技術為何?

16. 試說明當完成有關 Create Subsystem 後要恢復原來連接的操作為何?

17. 在 Simulink 下使用 Create Subsystem 之目的?

18. 當 Subsystem 在進行 Mask Subsystem 動作時,會有那幾項功能得進行設定?

19. 試當系統方塊圈如下圍所示：

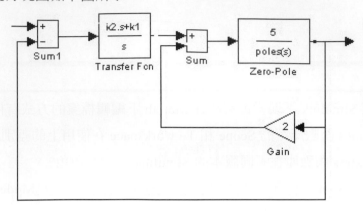

當輸入為步級輸入,試使用 Simulink 去進行分析

(a)求 kl=1，k2=2 時之輸出響應？

(b)把上圖寫成 Subsystem 時，其中 k1、k2 得由主程式傳入數值，試利用主副程式的模擬分析？

20. 在 Simulink 的程式下，結果的輸出有那幾種？請說明之。

國家圖書館出版品預行編目(CIP)資料

MATLAB 程式設計實務 / 鄭錦聰編著. -- 六版. --
　　新北市 ： 全華圖書股份有限公司, 2023.04
　　　　面 ； 　公分
　　ISBN 978-626-328-445-6(平裝附光碟)

　　1. CST：MATLAB(電腦程式)

312.49M384　　　　　　　　　　　112005309

MATLAB 程式設計實務

作者 / 鄭錦聰

發行人 / 陳本源

執行編輯 / 張峻銘

出版者 / 全華圖書股份有限公司

郵政帳號 / 0100836-1 號

圖書編號 / 05919057

六版二刷 / 2024 年 8 月

定價 / 新台幣 780 元

ISBN / 978-626-328-445-6(平裝附光碟)

全華圖書 / www.chwa.com.tw

全華網路書店 Open Tech / www.opentech.com.tw

若您對書籍內容、排版印刷有任何問題，歡迎來信指導 book@chwa.com.tw

臺北總公司(北區營業處)
地址：23671 新北市土城區忠義路 21 號
電話：(02) 2262-5666
傳真：(02) 6637-3695、6637-3696

南區營業處
地址：80769 高雄市三民區應安街 12 號
電話：(07) 381-1377
傳真：(07) 862-5562

中區營業處
地址：40256 臺中市南區樹義一巷 26 號
電話：(04) 2261-8485
傳真：(04) 3600-9806(高中職)
　　　(04) 3601-8600(大專)

歡迎加入 全華會員

● 會員獨享

會員尊購書折扣、紅利積點、生日禮金、不定期優惠活動…等。

● 如何加入會員

掃 QRcode 或填妥讀者回函卡直接傳真 (02) 2262-0900 或寄回，將由專人協助登入會員資料，待收到 E-MAIL 通知後即可成為會員。

如何購買 全華書籍

1. 網路購書

全華網路書店「http://www.opentech.com.tw」，加入會員購書更便利，並享有紅利積點回饋等各式優惠。

2. 實體門市

歡迎至全華門市（新北市土城區忠義路 21 號）或各大書局選購。

3. 來電訂購

(1) 訂購專線：(02) 2262-5666 轉 321-324
(2) 傳真專線：(02) 6637-3696
(3) 郵局劃撥（帳號：0100836-1 戶名：全華圖書股份有限公司）
※ 購書未滿 990 元者，酌收運費 80 元。

OpenTech.com.tw 全華網路書店

全華網路書店 www.opentech.com.tw
E-mail: service@chwa.com.tw

※ 本會員制如有變更則以最新修訂制度為準，造成不便請見諒。